Orchestration von Vertrauen in interorganisationalen Wissensnetzwerken der Fabrikplanung

Trust Orchestration in Interorganisational Knowledge Networks of Factory Planning

Von der Fakultät für Maschinenwesen
der Rheinisch-Westfälischen Technischen Hochschule Aachen
zur Erlangung des akademischen Grades eines
Doktors der Ingenieurwissenschaften
genehmigte Dissertation

vorgelegt von

Dennis Schneidermann

Berichter/in:

Univ.-Prof. Dr.-Ing. Dipl.-Wirt. Ing. Günther Schuh
Univ.-Prof. Dr.-Ing. Peter Burggräf, MBA

Tag der mündlichen Prüfung: 30. August 2022

ERGEBNISSE AUS DER PRODUKTIONSTECHNIK

Dennis Schneidermann

Orchestration von Vertrauen in interorganisationalen Wissensnetzwerken der Fabrikplanung

Herausgeber:
Prof. Dr.-Ing. T. Bergs
Prof. Dr.-Ing. Dipl.-Wirt. Ing. G. Schuh
Prof. Dr.-Ing. C. Brecher
Prof. Dr. Ing. R. H. Schmitt

Band 12/2023

WZL | RWTH AACHEN UNIVERSITY

Fraunhofer IPT

Bibliografische Information der Deutschen Nationalbibliothek
Die Deutsche Nationalbibliothek verzeichnet diese Publikation in der Deutschen Nationalbibliografie; detaillierte bibliografische Daten sind im Internet über https://portal.dnb.de abrufbar.

Dennis Schneidermann:

Orchestration von Vertrauen in interorganisationalen Wissensnetzwerken der Fabrikplanung

1. Auflage, 2023

Gedruckt auf holz- und säurefreiem Papier, 100% chlorfrei gebleicht.

Wissenschaftsverlag des Instituts für Industriekommunikation und Fachmedien an der RWTH Aachen
Steinbachstr. 25, 52074 Aachen
Internet: www.apprimus-verlag.de, E-Mail: info@apprimus-verlag.de

Druck: CPI Druckdienstleistungen GmbH
Ferdinand-Jühlke-Straße 7 | 99095 Erfurt

ISBN 978-3-98555-153-8

D 82 (Diss. RWTH Aachen University, 2022)

Vorwort

Die vorliegende Arbeit entstand während meiner Tätigkeit als wissenschaftlicher Mitarbeiter in der Abteilung Fabrikplanung am Lehrstuhl für Produktionssystematik des Werkzeugmaschinenlabors WZL der Rheinisch-Westfälischen Technischen Hochschule Aachen. Hier habe ich in den letzten Jahren ein gleichermaßen praxisnahes und herausforderndes Umfeld gefunden, das die Entstehung dieser Arbeit erst ermöglichte. Für die Schaffung dieses Umfelds und die Möglichkeit zur Promotion möchte ich Herrn Professor Günther Schuh recht herzlich danken. Des Weiteren gilt mein besonderer Dank Herrn Professor Peter Burggräf für seine Unterstützung und Förderung sowie Begleitung über den gesamten Dissertationsprozess.

Herrn Professor Uwe Reisgen danke ich für die Übernahme des Prüfungsvorsitzes sowie Herrn Professor Mikhail Itskov für die Übernahme des Beisitzes.

Die Zeit am Lehrstuhl wäre nicht derart lehrreich, bereichernd und kurzlebig gewesen ohne die vielen tollen Kollegen und Menschen, die ich während meiner Zeit am WZL kennenlernen durfte. Die zahlreichen intensiven Gespräche und Diskussionen mit meinen Kolleginnen und Kollegen am Lehrstuhl sowie Projektpartnern aus Industrie und Forschung haben diese Arbeit erst ermöglicht.

Bedanken möchte ich mich bei meinem Oberingenieur Dr. Matthias Dannapfel, der mich als wissenschaftlicher Mitarbeiter einstellte, für sein Vertrauen in meine Person, die stete Förderung und die Unterstützung im Dissertationsprozess. Ebenfalls bedanken möchte ich mich bei meinem langjährigen Gruppenleiterkollegen und späteren Oberingenieur Tobias Adlon für die gemeinsame Zeit. Sebastian Patrick Vierschilling danke ich für die immerwährende Motivation und gegenseitige Unterstützung in unzähligen gemeinsamen Stunden auf Dienstreisen und am Lehrstuhl. Dem Arbeitskreis Fabrikplanung danke ich für die Offenheit und intensiven Diskussionen zu praxisnahen Fragestellungen und dem Diskurs zu dieser Arbeit. Ganz besonderer Dank gilt der Gruppe Werksstrukturplanung nicht nur für die zahlreichen Forschungswochenenden, sondern auch die gegenseitige Unterstützung und den Spaß am und neben dem Lehrstuhl – darunter Dr. Hanno Voet, Dr. Matthias Bertling, Dr. Jérôme Henkel, Julian

Utsch, Tingni Xu, Ann-Marie Schönecker, Dr. Matthias Ebade-Esfahani, Steffen Schupp, Jonas Dackweiler, Corinna Geukes und Marius Groß. Dank gilt auch all meinen Abschlussarbeitern und studentischen Mitarbeitern, die mich mit vollem Einsatz unterstützt haben und auf die ich mich stets verlassen konnte. Nicht zuletzt haben sie durch ihre Unterstützung zum Gelingen dieser Arbeit beigetragen. Herausheben möchte ich an dieser Stelle Christopher Kurm und Fabian Wenhold.

Mein besonders großer Dank gebührt meiner Familie, allen voran meinen Eltern Beate und Gerd sowie meinem Bruder Dustin. Ihr habt mich auf meinem gesamten Lebensweg vorbehaltlos unterstützt und es mir ermöglicht, meinen Weg zu gehen. Eure Liebe, Unterstützung und Vertrauen haben mich zu dem Menschen gemacht, der ich heute bin. Weiterhin danken möchte ich meinem viel zu früh verstorbenen Opa Ulli, der mich erst dazu ermutigt hat den Weg zur Promotion einzuschlagen. Zuletzt gilt mein größter Dank dir, liebe Svenja, für deinen liebevollen Rückhalt in all den Jahren, für die stete Aufmunterung und den Optimismus sowie deine selbstlose Rücksichtnahme und dein unendliches Verständnis für die vielen entgangenen gemeinsamen Stunden.

Euch widme ich diese Arbeit.

Ladenburg, im Dezember 2022

Dennis Schneidermann

Zusammenfassung

Produzierende Unternehmen stehen heute in einer von Unwägbarkeiten und Disruptionen geprägten Geschäftswelt enormen Herausforderungen gegenüber. Megatrends wie Digitalisierung und Urbanisierung erfordern eine strategische Neuausrichtung. Zudem müssen Unternehmen auf unerwartete Ereignisse wie dem Ausbruch einer globalen Pandemie im Jahr 2020 und den damit verbundenen Folgen im Fabrikbetrieb und den Lieferketten reagieren. Diese globalen Entwicklungen bedingen eine häufigere Neu- und Umplanung von Fabriken als zentralen Ort der Wertschöpfung. Die Fabrikplanung bestimmt hierbei maßgeblich die Leistungsfähigkeit der Produktionsstätten und mithin die Wettbewerbsfähigkeit eines Unternehmens. Die Komplexität und Interdisziplinarität von Fabrikplanungsprojekten erfordert jedoch fachspezifische Kompetenzen und Erfahrungswissen, das in vielen Unternehmen nur bedingt vorhanden ist. Als Reaktion darauf bilden sich interorganisationale Wissensnetzwerke, in denen unternehmensübergreifend Erfahrungen ausgetauscht und gemeinsam Wissen aufgebaut wird, ohne die Fabrikplanung unternehmensorganisatorisch verankern zu müssen. Aus der Managementperspektive scheitern diese Netzwerke jedoch häufig, da Ressentiments gegenüber der Kooperation – allen voran gegenseitiges Vertrauen der Netzwerkmitglieder – nicht hinreichend adressiert werden.

Das Ziel dieser Arbeit besteht in der Entwicklung eines Orchestrationsmodells, welches die Entwicklung von Vertrauen in interorganisationalen Wissensnetzwerken der Fabrikplanung ermöglicht. Mit Hilfe des entwickelten Modells werden Netzwerkorchestratoren befähigt, Vertrauen in einem solchen Netzwerk aufzubauen und zu etablieren, um einen offenen Wissens- und Erfahrungsaustausch zu ermöglichen.

Das entwickelte Orchestrationsmodell gliedert sich in fünf Teilmodelle und greift auf bestehende Ansätze aus der Managementkybernetik zurück. Neben der Beschreibung eines interorganisationalen Wissensnetzwerks als Regelstrecke im kybernetischen Regelkreis, wird ein Messglied zur Erfassung des Vertrauenslevels in diesem entwickelt. Aufbauend auf den Wirkmechanismen der Vertrauensgenese werden sodann konkrete Strategien als Handlungsanleitung für die Orchestration von Vertrauen in interorganisationalen Wissensnetzwerken der Fabrikplanung abgeleitet.

Summary

Today manufacturing companies face enormous challenges in an uncertain and disruptive business environment. Megatrends such as digitalization and urbanization require strategic reorientation. Furthermore, companies have to react on unexpected occurrences such as a global pandemic in year 2020 along with all the consequences affecting factory operations and supply chains. These global developments lead to higher frequencies in planning and replanning of factories, the central place of value creation. Factory planning determines the capabilities of manufacturing facilities and therefore the competitiveness of a company. The complexity and interdisciplinarity of factory planning projects requires specialist competencies and practical knowledge that in many companies is available only to a certain extent. In response to this, interorganizational knowledge networks are formed, in which experiences are shared and knowledge is mutually built across companies without formerly embedding factory planning in the companies organization. From the management perspective these network types often fail because resentments against the network cooperation – above all the mutual trust among network members – are not addressed properly.

The objective of this dissertation is to develop a model for trust orchestration in interorganizational knowledge networks of factory planning. This model enables network orchestrators to develop and sustain trust in such a network type in order to facilitate an open exchange of knowledge and lessons learned.

The developed model for trust orchestration is divided into five partial models which are built upon existing concepts from management cybernetics. Besides describing the interorganizational knowledge network as controlled object in the cybernetic control system, a measurement tool is developed for the purpose of assessing the trust level. On the basis of antecedents to trust, strategies as a guideline for trust orchestration in interorganizational knowledge networks of factory planning are derived.

Inhaltsverzeichnis

Verzeichnis der Abbildungen VII

Verzeichnis der Tabellen XI

Verzeichnis der Abkürzungen XIII

1 Einleitung 1

1.1 Motivation 1

1.2 Zielsetzung der Arbeit 4

1.3 Forschungskonzeption 4

1.3.1 Wissenschaftstheoretischer Bezugsrahmen 5

1.3.2 Forschungsmethodologie 7

1.4 Forschungsfrage 10

1.5 Aufbau der Arbeit 11

2 Der Betrachtungsbereich: Wissensnetzwerke in der Fabrikplanung 13

2.1 Grundlagen der Fabrikplanung 13

2.1.1 Begriffsdefinition 14

2.1.2 Domänen der Fabrikplanungsontologie 17

2.1.3 Studie: Herausforderungen von Unternehmen im Kontext Fabrikplanung ... 28

2.2 Fabrikplanung als Kernkompetenz in Unternehmen ... 36

2.3 Netzwerke zum unternehmensübergreifenden Wissensaufbau ... 40

2.3.1 Begriffsdefinition ... 41

2.3.2 Netzwerktypen und Koordinationsformen ... 43

2.3.3 Studie: Ressentiments von Unternehmen gegenüber Netzwerkkooperationen ... 48

2.3.4 Wachstumsdilemma von Netzwerken ... 53

2.4 Handlungsbedarf aus Sicht der Praxis ... 56

3 Der Gestaltungsbereich: Orchestration von Vertrauen in Netzwerken ... 61

3.1 Strategisches Management von Netzwerken ... 62

3.1.1 Strategie ... 62

3.1.2 Systemorientiertes Management ... 68

3.1.3 Netzwerkorchestration ... 77

3.2 Grundlagen der Vertrauensforschung ... 82

3.2.1 Diskurs über den Vertrauensbegriff ... 82

3.2.2 Weiterführende Grundlagen des Vertrauensphänomens ... 87

3.2.3 Vertrauen im organisationalen Kontext ... 90

3.3 Bestehende Ansätze zur Messung von Vertrauen ... 95

3.3.1 Strukturierte Literaturanalyse ... 95

3.3.2 Vorstellung bestehender Ansätze zur Messung von Vertrauen ... 98

3.3.3 Bewertung bestehender Ansätze zur Messung von Vertrauen ... 106

3.4 Bestehende Ansätze zur Entwicklung von Vertrauen ... 108

3.4.1 Vorstellung bestehender Ansätze zur Entwicklung von Vertrauen ... 108

3.4.2 Bewertung bestehender Ansätze zur Entwicklung von Vertrauen ... 119

3.5 Handlungsbedarf aus Sicht der Forschung ... 121

4 Konzeption eines Orchestrationsmodells zur Vertrauensentwicklung in interorganisationalen Wissensnetzwerken der Fabrikplanung ... 125

4.1 Anforderungen an das Orchestrationsmodell ... 125

4.1.1 Inhaltliche Anforderungen ... 125

4.1.2 Formale Anforderungen ... 128

4.2 Grundlagen der Modellkonzeption ... 129

4.2.1 Modelltheorie ... 130

4.2.2 Managementkybernetik ... 131

4.3 Konzeption des Orchestrationsmodells ... 133

4.3.1 Die Orchestration von Vertrauen als kybernetischer Regelungsprozess ... 134

4.3.2 Elemente des Orchestrationsmodells ... 136

5 Detaillierung des Orchestrationsmodells ... 157

5.1 Teilmodell 1: Wissensnetzwerke in der Fabrikplanung ... 157

5.1.1 Regelstrecke interorganisationales Wissensnetzwerk als lebensfähiges System ... 158

5.1.2 Die Rolle des Netzwerkorchestrators ... 162

5.1.3 Einflussgrößen auf das Wissensnetzwerk ... 163

5.1.4 Fallstudie eines interorganisationalen Wissensnetzwerks in der Fabrikplanung ... 167

5.2 Teilmodell 2: Messung von Vertrauen in Wissensnetzwerken ... 171

5.2.1 Das Messglied: Vertrauensskala für interorganisationale Wissensnetzwerke ... 171

5.2.2 Konzeption und Durchführung des Trust Games und der Vertrauensmessung ... 175

5.2.3 Ergebnisse des Trust Games ... 178

5.2.4 Ergebnisse der Vertrauensmessung ... 181

5.2.5 Diskussion der Ergebnisse und Rückführung in das Orchestrationsmodell ... 183

5.3 Teilmodell 3: Faktoren zur Entstehung von Vertrauen ... 184

5.3.1 Der Regler: Teilmodell der Faktoren zur Entstehung von Vertrauen ... 184

5.3.2 Matching der Vertrauensskala mit den Faktoren zur Vertrauensentstehung ... 185

5.4 Teilmodell 4: Wirkmechanismen der Vertrauensgenese ... 186

5.4.1 Konzeption und Durchführung der Card-Sort-Methode ... 186

5.4.2 Konzeption und Durchführung der Tiefeninterviews ... 188

5.4.3 Ergebnisse der Card-Sort-Methode und der Tiefeninterviews ... 191

5.4.4 Der Regler: Teilmodell der Wirkmechanismen der Vertrauensgenese ... 202

5.5 Teilmodell 5: Strategien zur Orchestration von Vertrauen ... 206

5.5.1 Der Regler: Teilmodell der Strategien zur Orchestration von Vertrauen ... 207

5.5.2 Handlungsfelder und Strategien auf normativer Ebene ... 208

5.5.3 Handlungsfelder und Strategien auf strategischer Ebene ... 211

5.5.4 Handlungsfelder und Strategien auf operativer Ebene ... 214

5.5.5 Handlungsfelder und Strategien auf taktisch-koordinierender Ebene ... 216

5.6 Rekapitulation des Orchestrationsmodells ... 219

6 Validierung und kritische Reflexion ... 221

6.1 Retrospektive Validierung des Orchestrationsmodells am Beispiel des Wissensnetzwerks FP-1 ... 221

6.1.1 Ausgangssituation im Wissensnetzwerk FP-1 ... 221

6.1.2 Anwendung des Orchestrationsmodells ... 222

6.1.3 Kritische Reflexion der Anwendungserfahrung ... 227

6.2 Prospektive Validierung des Orchestrationsmodells am Beispiel des Wissensnetzwerks FP-2 ... 228

6.2.1 Ausgangssituation im Wissensnetzwerk FP-2 ... 228

6.2.2 Anwendung des Orchestrationsmodells ... 229

6.2.3 Kritische Reflexion der Anwendungserfahrung ... 232

7 Zusammenfassung und Ausblick ... 235

Literaturverzeichnis ... 239

A Anhang ... 261

A.1 Studie „Netzwerkbasierte Fabrikplanung“ ... 261

A.2 Klassifizierung von Netzwerktypen ... 265

A.3 Strategietypen ... 267

A.4 Originalwortlaut der Wirkmechanismen von Vertrauen ... 268

A.5 Wirkmechanismen und Strategien zur Vertrauensentstehung ... 269

A.6 Weiterführende Ergebnisse der Vertrauensmessung ... 271

A.7 Items der Card-Sort-Methode 274

Verzeichnis der Abbildungen

Abbildung 1-1: Wissenschaftssystematik 5

Abbildung 1-2: Explorativer Forschungszyklus 8

Abbildung 1-3: Heuristischer Bezugsrahmen 9

Abbildung 1-4: Aufbau der Arbeit 12

Abbildung 2-1: Wirkungsbereiche der Fabrikplanung 16

Abbildung 2-2: Grundfälle der Fabrikplanung 18

Abbildung 2-3: Zielgrößen und Nutzenpotenziale der Fabrikplanung 20

Abbildung 2-4: Bewertungsmodell der Fabrikplanung nach BURGGRÄF 21

Abbildung 2-5 Einordnung der Elemente einer Fabrik nach BERGHOLZ 22

Abbildung 2-6: Grundprinzip der zustandsbasierten Fabrikplanung 26

Abbildung 2-7: Eigenschaften der Stichprobe 31

Abbildung 2-8: Fabrikplanungsexpertise in produzierenden Unternehmen 33

Abbildung 2-9: Personalressourcen in Fabrikplanungsprojekten 34

Abbildung 2-10: VRIO-Schema zur Analyse von Kernkompetenzen 37

Abbildung 2-11: Formen von Kooperationen und Unternehmensnetzwerken 43

Abbildung 2-12: Modell eines Wissensnetzwerks 46

Abbildung 2-13: Koordinationsformen von Unternehmensnetzwerken 47

Abbildung 2-14: Gestaltungselemente für eine netzwerkbasierte Fabrikplanung 52

Abbildung 2-15: Kausalitätskreisdiagramm des Wachstumsdilemmas 55

Abbildung 3-1: Systemorientierte Managementtheorie 68

Abbildung 3-2: Struktur und Elemente eines Systems 69

Abbildung 3-3: Grundprinzip eines geschlossenen Regelkreises 71

Abbildung 3-4: Das Modell lebensfähiger Systeme 73

Abbildung 3-5: Stadien des Vertrauens nach LEWICKI und BUNKER 89

Abbildung 3-6: Historische Entwicklung der Veröffentlichungen zu „Trust" 91

Abbildung 3-7: Ebenen organisationalen Vertrauens 91

Abbildung 3-8: Vorgehen zur strukturierten Literaturanalyse 96

Abbildung 3-9: Modell zur Entstehung von Vertrauen nach MAYER ET AL. 110

Abbildung 4-1: Inhaltliche Anforderungen an das Orchestrationsmodell 126

Abbildung 4-2: Konzept des Orchestrationsmodells als kybernetischer Regelkreis 133

Abbildung 4-3: Orchestrationsmodell zur Vertrauensentwicklung in interorganisationalen Wissensnetzwerken der Fabrikplanung 135

Abbildung 4-4: Interorganisationales Wissensnetzwerk als lebensfähiges System 138

Abbildung 4-5: Ergebnis der Vertrauensmessung im Wissensnetzwerk 142

Abbildung 4-6: Relevanz der Wirkmechanismen zur Vertrauensentstehung 148

Abbildung 4-7: Wirkmodell zur Entstehung von Vertrauen in interorganisationalen Wissensnetzwerken der Fabrikplanung 149

Abbildung 4-8: Handlungsfelder der Strategien zur Orchestration von Vertrauen 152

Abbildung 5-1: Interorganisationales Wissensnetzwerk als lebensfähiges System 159

Abbildung 5-2: Zusammenhang von Wachstum & Vertrauen in Wissensnetzwerken 166

Abbildung 5-3: Mixed-Methods-Ansatz zur empirischen Erforschung von Vertrauen 170

Abbildung 5-4: Vorgehen zur Entwicklung der Vertrauensskala 173

Abbildung 5-5: Ablauf des Trust Games in vier Stufen 176

Abbildung 5-6: Ergebnisse des Trust Games 179

Abbildung 5-7: Ergebnis der Vertrauensmessung im Wissensnetzwerk 182

Abbildung 5-8: Ablauf der Card-Sort-Methode 188

Abbildung 5-9: Prozentuale Verteilung der Top-3 genannten Wirkmechanismen 192

Abbildung 5-10: Wirkmechanismen der Kategorien "relevant" und "sehr relevant" 192

Abbildung 5-11: Wirkmechanismen der Kategorie "nicht relevant" 193

Abbildung 5-12: Einfluss des Netzwerkwachstums auf das Vertrauen und Misstrauen 201

Abbildung 5-13: Wirkmodell der Vertrauensgenese 203

Abbildung 5-14: Handlungsfelder der Strategien zur Orchestration von Vertrauen 208

Abbildung 5-15: Checkbox Netzwerksatzung 210

Abbildung 5-16: Checkbox Code of Conduct 211

Abbildung 5-17: Checkbox Vermarktung des Wissensnetzwerks 212

Abbildung 5-18: Checkbox Auswahlkriterien für Netzwerkmitglieder 214

Abbildung 5-19: Checkbox Prozess der Gewährung eines Vertrauensvorschusses 215

Abbildung 5-20: Checkbox Kommunikation 218

Abbildung 5-21: Checkbox interpersonale Beziehungen im Wissensnetzwerk 218

Abbildung 6-1: Vertrauensmessung im Wissensnetzwerk FP-1 223

Abbildung 6-2: Vertrauensmessung im Wissensnetzwerk FP-2 229

Abbildung A-1: Morphologie für Unternehmenskooperationen 266

Abbildung A-2: Ordnungsrahmen Strategietypen 267

Verzeichnis der Tabellen

Tabelle 3-1: Synonyme, Operatoren und Suchbegriffe der Literaturrecherche 97

Tabelle 3-2: Überblick über Ansätze zur Messung von Vertrauen in Netzwerken 99

Tabelle 3-3: Überblick über Ansätze zur Entstehung von Vertrauen 109

Tabelle 4-1: Faktoren zur Entstehung von Vertrauen 146

Tabelle 5-1: Vertrauensskala zur Messung von Vertrauen in Wissensnetzwerken 175

Tabelle 5-2: Teilnehmerpaarungen des Trust Games 176

Tabelle 5-3: Fragebogen-Items zur Dokumentation des Trust Games 178

Tabelle 5-4: Rückführung bewerteter Items auf Faktoren zur Vertrauensentstehung 185

Tabelle 5-5: Standardisierte Fragen aus dem Interviewleitfaden 189

Tabelle 5-6: Teilnehmerspezifische Fragen aus dem Interviewleitfaden 190

Tabelle 6-1: Entwicklung der Wirkmechanismen zur Vertrauensgenese 224

Tabelle 6-2: Vergleich der Wirkmechanismen zur Vertrauensgenese 230

Tabelle A-1: Hypothesen der Studie „Netzwerkbasierte Fabrikplanung“ 262

Tabelle A-2: Fragebogen Teil 1 der Studie „Netzwerkbasierte Fabrikplanung“ 263

Tabelle A-3: Fragebogen Teil 2 der Studie „Netzwerkbasierte Fabrikplanung“ 265

Tabelle A-4: Wirkmechanismen von Vertrauen im Originalwortlaut 269

Tabelle A-5: Verknüpfung der Wirkmechanismen und Strategien zur Vertrauensentstehung 271

Tabelle A-6: Einzelwerte je Teilnehmer der Vertrauensmessung im Wissensnetzwerk ... 272

Tabelle A-7: Messwerte der einzelnen Items der Vertrauensmessung ... 273

Tabelle A-8: Diskrepanzen bezüglich der Offenheit und des Informationsaustausches ... 274

Tabelle A-9: Faktoren zur Bewertung im Rahmen der Card-Sort-Methode ... 275

Verzeichnis der Abkürzungen

AG:	Aktiengesellschaft
B2B	Business-to-Business
Beeinfl.:	Beeinflussbarkeit durch den Netzwerkorche
bzw.:	beziehungsweise
ca.:	circa
d. h.:	das heißt
DSE:	Dynamische, selbstverstärkende Eigenschaften und Verhaltensweisen
et al.:	et alii bzw. et aliae
f.:	folgende
ff.:	fortfolgende
FuE:	Forschung und Entwicklung
ggf.:	gegebenenfalls
ggü.:	gegenüber
GmbH:	Gemeinschaft mit beschränkter Haftung
Hrsg.:	Herausgeber
ID:	Identifikationsnummer
i. H. v.:	in Höhe von
IKT:	Informations- und Kommunikationstechnologie
IN:	Interview
ISE:	Inhärente, stabile Eigenschaften und Verhaltensweisen

J.:	Jahre
Jg.:	Jahrgang
k. A.:	keine Angabe
Kat.:	Kategorie
KMU:	Kleine und mittlere Unternehmen
Max.:	Maximum
Min.:	Minimum
Nr.:	Nummer
OEM:	Original Equipment Manufacturer
p:	Signifikanzwert
ROP:	Return on Planning
RWTH:	Rheinisch-Westfälische Technische Hochschule
S.:	Seite
S+R:	Strukturen und Regelprozesse
VDI:	Verein deutscher Ingenieure
vgl.:	vergleiche
VSM:	Viable System Model
$\overline{x}$:	Mittelwert
z. B.:	zum Beispiel

1 Einleitung

Worauf es in letzter Konsequenz ankommt,
ist das gegenseitige Vertrauen![1]

(Fredmund Malik)

1.1 Motivation

Im Zeitalter der Digitalisierung hat ein Begriff Einzug in die Geschäftswelt gehalten, der die dynamische Unternehmensumwelt im 21. Jahrhundert treffend beschreibt: VUCA steht für die englischen Begriffe *Volatilität*, *Unsicherheit*, *Komplexität* und *Mehrdeutigkeit*.[2] Während der Begriff seinen militärischen Ursprung in der Beschreibung der multilateralen Welt nach dem Ende des kalten Krieges hat, umschreibt er heute eine schnelllebige und von Unwägbarkeiten sowie Disruptionen geprägte Geschäftswelt, denen sich Unternehmen und vor allem Führungskräfte ausgesetzt sehen.[3] Insbesondere das produzierende Gewerbe steht heute großen Herausforderungen gegenüber – drei Beispiele:

- Junge Start-ups und Unternehmen der Softwarebranche drängen in den Markt der Elektromobilität und des vernetzten Fahrens und greifen etablierte OEM in ihrem Kerngeschäft an.[4]

[1] Malik (2019), Führen Leisten Leben, S. 135

[2] Vgl. Bennett und Lemoine (2014), What a difference a word makes, S. 311ff.; Bennett und Lemoine (2014), What VUCA really means for you, S. 27; Die englischen Originalbegriffe lauten "volatility", "uncertainty", "complexity" und "ambiguity"

[3] Vgl. Mack et al. (2016), Managing in a VUCA World, S. 5ff.

[4] Vgl. Schneider und Grösser (2013), Elektromobilität, S. 39; Setzer (2018), Mit Standgas in die Zukunft

- Handelsstreits und verstärkter Protektionismus durch z. B. Strafzölle erfordern ein Neudenken der globalen Produktionsnetzwerke und fördern den Trend zur De-Globalisierung und dem Abriss globaler Wertschöpfungsketten.[5]
- Der Klimawandel drängt die Unternehmen dazu, ihre Fabriken grüner zu gestalten und ihre Lieferketten zu optimieren.[6]

Neben der strategischen Ausrichtung produzierender Unternehmen unter dem Einfluss von Megatrends wie Digitalisierung und Urbanisierung,[7] treten unerwartete Herausforderungen durch den Ausbruch einer globalen Pandemie wie COVID-19 im Jahr 2020 auf, die neue Konzepte wie resiliente Fabriken und Wertschöpfungsketten erfordern.[8] Auch in solch turbulenten Zeiten verliert die Produktion in Deutschland nicht minder an Bedeutung. Zwar ging die Gesamtwirtschaftsleistung im Pandemie-Jahr 2020 um 4,9% zurück, im produzierenden Gewerbe gar um 9,7%.[9] Mit knapp einem Viertel Anteil an der Bruttowertschöpfung trägt das produzierende Gewerbe aber immer noch maßgeblich zum Wohlstand in Deutschland bei.[10]

Die Fabrik als zentraler Ort der Wertschöpfung steht somit im Mittelpunkt dieser globalen Entwicklungen. Der Fabrikplanung, als Befähiger der Leistungsfähigkeit einer Fabrik, wird vor diesem Hintergrund eine Schlüsselrolle in der Sicherung der Wettbewerbsfähigkeit eines Unternehmens zuteil.[11] Neben der hohen Dynamik und Planungsunsicherheiten durch häufige Prämissenänderungen, sind Fabrikplanungsprojekte durch eine hohe Komplexität aufgrund der Interdisziplinarität der verschiedenen Planer charakterisiert.[12] Dies erfordert fachspezifische Kompetenzen und Erfahrungswissen in den Unternehmen, die aber selten vorhanden sind. So hat eine am Werkzeugmaschinenlabor WZL der RWTH Aachen University im Jahr 2018 durgeführte

---

[5] Vgl. Goodhart und Pradhan (2020), Great Demographic Reversal, S. 1ff.; Handelsblatt (2019), BMW Mexiko; Manager Magazin (2019), Tesla-Fabrik in China; FOCUS Online (2019), Eskalation im Handelskrieg

[6] Vgl. BCG (2020), Green Factory; Capgemini (2020), CO2-neutrale Fabrik; Daimler AG (2019), Factory 56

[7] Vgl. Burggräf et al. (2022), Die Fabrik der Zukunft, S. 436ff.; Westkämper (2014), Re-Industrialization of Europe, S. 18f.

[8] Vgl. Nasr (2020), Building manufacturing resilience, S. 22; Verma und Gustafsson (2020), COVID-19 research trends, S. 253ff.; die WHO stufte am 11.03.2020 die weltweite Ausbreitung von COVID-19 als Pandemie ein, vgl. RKI (2020), Risikobewertung zu COVID-19

[9] Vgl. Statista (2021), BIP in Deutschland; Handelsblatt (2021), Wirtschaftsleistung 2020

[10] Vgl. Statista (2021), Anteil Wirtschaftszweige an Bruttowertschöpfung

[11] Vgl. Burggräf et al. (2022), Network-based factory planning, S. 1173f.; Dannapfel (2019), Systemisches Management-Modell Fabrikplanung, S. 1f.; Schenk et al. (2014), Fabrikplanung und Fabrikbetrieb, S. 7ff.

[12] Vgl. Burggräf et al. (2019), Integrated factory modelling, S. 143ff.; Burggräf et al. (2021), Fabrikplanung, S. 2f.; Grundig (2015), Fabrikplanung, S. 20f.; Meckelnborg (2015), Integrative Fabrikplanung durch effiziente Koordinationsmodelle, S. 3ff.; Schuh et al. (2006), Komplexitätswissenschaft in der Fabrikplanung, S. 167ff.; Schuh et al. (2011), Condition based factory planning, S. 89ff.

Studie ergeben, dass in vielen Unternehmen weder definierte Planungsprozesse oder Planungsstandards vorhanden sind, noch die Fabrikplanung unternehmensorganisatorisch verankert ist. Hinzu kommt, dass viele Unternehmen ihre Fabriken mit geringer Frequenz seltener als alle fünf Jahre neu oder umplanen, so dass meist nicht auf Erfahrungswissen zurückgegriffen werden kann.[13] In der Folge leidet die Effektivität und Effizienz in Projekten und mithin der Return on Planning, Zeit- und Kostenziele werden nicht erreicht und der Innovationsgrad in den Fabriken bleibt aufgrund von fehlendem Know-how gering.[14] Im Ergebnis wird die volle Leistungsfähigkeit der Fabrik nicht ausgeschöpft und die Wettbewerbsfähigkeit des Unternehmens geschmälert.

Interorganisationale Wissensnetzwerke stellen demgegenüber einen interessanten Ansatz dar. Durch den Austausch von Wissen und Erfahrungen über Unternehmensgrenzen hinweg können Synergien gehoben, Ressourcen geteilt und die Innovationsfähigkeit gesteigert werden ohne Bereiche wie die Fabrikplanung unternehmensorganisatorisch verankern zu müssen.[15] Netzwerke entstehen in vielen Bereichen der Geschäftswelt und führen zu größerem Erfolg durch die unternehmensübergreifende Kooperation.[16] Häufig scheitern Netzwerke jedoch aufgrund nicht abgestimmter Strategien, insbesondere aber durch Ressentiments gegenüber der Kooperation.[17] Neben der Angst vor Know-how Abfluss oder der Gefahr opportunistischen Verhaltens verhindert vor allem mangelndes Vertrauen in den Netzwerkpartner einen offenen Wissensaustausch.[18] Der Anspruch, durch Wachstum des Netzwerks eine stetig hohe Diversität und Heterogenität der Netzwerkunternehmen sicherzustellen, verschärft diese Problematik.[19] Dem Management von interorganisationalen Wissensnetzwerken kommt somit vor dem Hintergrund einer vertrauensvollen Kooperation eine hohe Bedeutung zu. Ein Management-Modell zur Gestaltung und Lenkung von Vertrauen in

[13] Vgl. Burggräf et al. (2021), Network-based factory planning: Survey data; die Studie wurde im Journal Data in Brief eingereicht, Veröffentlichung ausstehend, Stand: April 2022; vgl. auch die Auswertung der empirischen Studie in Kapitel 2.1.3

[14] Vgl. Burggräf et al. (2022), Network-based factory planning, S. 1173ff.; Burggräf (2012), Wertorientierte Fabrikplanung, S. 97ff.; Burggräf et al. (2021), Fabrikplanung, S. 2ff.; Reinema et al. (2013), Agiles Projektmanagement, S. 113ff.

[15] Vgl. Burggräf et al. (2022), Network-based factory planning, S. 1173

[16] Vgl. Bogers et al. (2017), Open innovation research landscape, S. 8ff.; Burggräf et al. (2022), Network-based factory planning, S. 1173ff.; Nee (2014), Strategien für Wertschöpfungsnetzwerke, S. 44ff.; Svare et al. (2019), Trust in innovation networks, S. 1ff.

[17] Vgl. Gausdal et al. (2016), High-trust networks, S. 194ff.; Harrigan (1988), Strategic Alliances, S. 205ff.; Nee (2014), Strategien für Wertschöpfungsnetzwerke, S. 2f.; Scheuss (2016), Handbuch der Strategien, S. 116ff.

[18] Vgl. Burggräf et al. (2021), Network-based factory planning: Survey data; die Studie wurde im Journal Data in Brief eingereicht, Veröffentlichung ausstehend, Stand: April 2022; vgl. auch die Auswertung der empirischen Studie in Kapitel 2.3.3

[19] Vgl. Kapitel 2.3.4

Netzwerken, das sich vor allem mit den Besonderheiten interorganisationaler Wissensnetzwerke im Bereich der Fabrikplanung auseinandersetzt, existiert jedoch bislang nicht.

1.2 Zielsetzung der Arbeit

Die Zielsetzung der Arbeit greift den Handlungsbedarf aus Praxis und Theorie auf. In der Praxis ist dies eine mangelnde Expertise im Bereich Fabrikplanung in den Unternehmen, die in der Folge Netzwerkkooperationen als organisationalen Ersatz zum Austausch von Wissen und Erfahrungen eingehen. Diese scheitern jedoch häufig aufgrund von Ressentiments gegenüber der Kooperation – allen voran Vertrauen – die nicht hinreichend durch das Management des Netzwerks adressiert werden. In der Theorie ist ein Defizit in der Unkenntnis über die Wirkmechanismen, durch die Vertrauen in interorganisationalen Wissensnetzwerken in Bereichen wie der Fabrikplanung entsteht, zu erkennen. Bislang herrscht eine unzureichende Übertragbarkeit bestehender Managementansätze auf die Netzwerkorchestration zur Entwicklung und Etablierung von Vertrauen. Die vorliegende Arbeit soll daher einen Beitrag zur Gestaltung und Lenkung von interorganisationalen Wissensnetzwerken der Fabrikplanung vor dem Hintergrund einer vertrauensvollen Kooperation leisten.

Ziel ist die Entwicklung eines Orchestrationsmodells zur Vertrauensentwicklung in interorganisationalen Wissensnetzwerken der Fabrikplanung.

Ein Netzwerkorchestrator als Manager oder Koordinator eines solchen Wissensnetzwerks soll damit eine praktische Handlungsanleitung erhalten, Vertrauen in einem interorganisationalen Wissensnetzwerk der Fabrikplanung aufzubauen und zu etablieren, um einen nachhaltig offenen Wissens- und Erfahrungsaustausch unter den Netzwerkmitgliedern zu befähigen. Die Orchestration von Vertrauen wird als Schlüsselgröße angesehen, damit unternehmensübergreifend eine überlegene Expertise im Bereich Fabrikplanung im Netzwerk entwickelt werden kann.

1.3 Forschungskonzeption

Wissenschaftliche Forschung lässt sich nach BINDER und KANTOWSKY mit einer Reise vergleichen: „Von einem bestimmten Ort aus beginnt der Forschende seine Reise, in deren Verlauf er – günstigenfalls – unbekannte Ortschaften und Länder oder gar unentdeckte Kontinente auffindet, neue Wege durch unerschlossenes Gelände bahnt und neue Menschen kennenlernt, und so eine neue Wirklichkeit für sich und die ‚scientific community' erschließt."[20] In diesem Sinne kann auch die vorliegende Arbeit als Dokumentation einer Forschungsreise aufgefasst werden. Um den Weg dieser Reise und die gewonnenen Erkenntnisse nachvollziehbar zu machen, ist es erforderlich, zunächst den wissenschaftstheoretischen Bezugsrahmen und die dem Erkenntnisprozess zugrundliegende Forschungsmethodologie zu erörtern.

1.3.1 Wissenschaftstheoretischer Bezugsrahmen

Jeder Erkenntnisprozess entspringt einer gewissen Weltsicht des Autors, die auf nicht weiter begründbaren ersten Prinzipien beruht („basic beliefs") und deren ultimative Wahrheit nicht nachgewiesen werden kann. Daher muss die zu erläuternde Erkenntnisperspektive als grundlegende Überlegung akzeptiert werden.[21] Nachfolgend werden die inhärenten Vorurteile beschrieben, mit denen der wissenschaftliche Erkenntnisprozess in Angriff genommen wird und die die mögliche Erkenntnis begrenzen.[22] Dazu erfolgt zunächst eine Einordnung der Arbeit in das Spektrum der Wissenschaften, um die grundlegende Erkenntnisperspektive darzulegen. Nach ULRICH und HILL lässt sich hierbei eine fundamentale Aufgliederung in Formal- und Realwissenschaften unterscheiden (siehe Abbildung 1-1).[23]

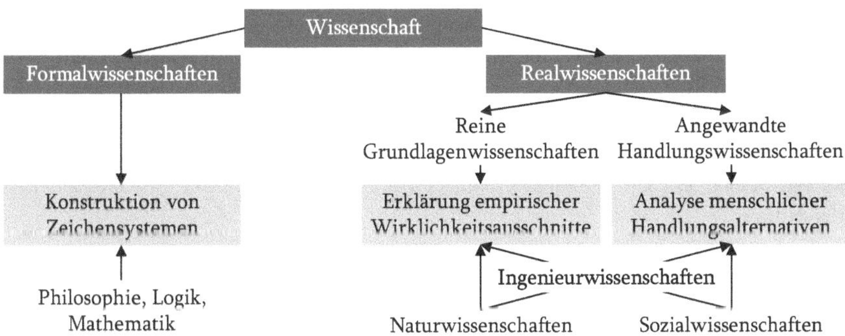

Abbildung 1-1: Wissenschaftssystematik[24]

[20] Binder und Kantowsky (1996), Technologiepotentiale, S. 3

[21] Vgl. Guba und Lincoln (1994), Competing Paradigms in Qualitative Research, S. 107

[22] Vgl. Ulrich (1984), Systemorientierter Ansatz der BWL, S. 31

[23] Vgl. Ulrich und Hill (1976), Wissenschaftstheoretische Grundlagen (Teil I), S. 305

[24] In Anlehnung an Ulrich und Hill (1976), Wissenschaftstheoretische Grundlagen (Teil I), S. 305

Die Formalwissenschaften, zu denen die Philosophie, die Logik und die Mathematik gehören, verfolgen das Ziel, Zeichensysteme mit Regeln zur Verwendung dieser Zeichen zu konstruieren. Die Realwissenschaften hingegen haben sinnlich wahrnehmbare Wirklichkeitsausschnitte zum Forschungsgegenstand, die sie empirisch zu beschreiben, erklären und gestalten versuchen. Sie lassen sich in reine Grundlagenwissenschaften und angewandte Handlungswissenschaften unterteilen. Während die Grundlagenwissenschaften primär versuchen, empirische Wirklichkeitsausschnitte zu erklären (Naturwissenschaften), steht bei den Handlungswissenschaften die Analyse menschlicher Handlungsalternativen zur Gestaltung sozialer und technischer Systeme im Mittelpunkt (Sozialwissenschaften). Im gesellschaftlichen Bereich wird auch die Betriebswirtschaftslehre zu den angewandten Sozialwissenschaften gezählt. Die Ingenieurwissenschaften beinhalten sowohl Elemente der reinen Grundlagenwissenschaften, als auch der angewandten Handlungswissenschaften.[25] In seiner Rede „Der Ingenieur als Ökonom" aus dem Jahre 1886 argumentierte TOWNE, dass für die moderne Wissenschaft *Management* die Vereinigung eines guten Ingenieurs und eines guten Geschäftsmannes in einer Person erforderlich sei. Er beschreibt diese Wissenschaftsdisziplin als eine Ansammlung von Methoden, die analysiert und verbessert werden könnten und ordnet sie der Ökonomie zu.[26] Dem Verständnis von TOWNE folgend, lässt sich dieses Dissertationsvorhaben als Managementthema auf der Schnittstelle zwischen Ingenieurwissenschaften und Betriebswirtschaftslehre verorten. Neben dem Fokus auf die Fabrikplanung als ingenieurwissenschaftliche Disziplin, bedingen der hohe Praxisbezug und der Anspruch, menschliche Entscheidungsprozesse durch ein Orchestrationsmodell für Vertrauen zu unterstützen, auch Elemente aus der Betriebswirtschaftslehre als angewandte Sozialwissenschaft in den wissenschaftlichen Diskurs mit einzubeziehen. Die Arbeit ist somit den *angewandten Handlungswissenschaften* zuzuordnen.

Nach KUHN hängt wissenschaftlicher Fortschritt von der Existenz eines Paradigmas – einem allgemein anerkannten, zentralen Grundmodell – ab.[27] Diese Arbeit folgt dem *systemtheoretischen Ansatz* nach HANS ULRICH, der als eines der zentralen Paradigmen in der Betriebswirtschaftslehre aufgefasst wird.[28] Der systemtheoretische Ansatz bezeichnet eine angewandte, den realen Problemstellungen nachgehende Lehre, die sich mit Problemen der Gestaltung, Lenkung und Entwicklung sozialer und technischer Systeme beschäftigt. Sie ist interdisziplinär, integrativ, offen und praxisnah und weist

[25] Vgl. Ulrich und Hill (1976), Wissenschaftstheoretische Grundlagen (Teil I), S. 305

[26] Vgl. Kiechel (2013), Das Jahrhundert des Managements, S. 28

[27] Vgl. Kuhn (1967), Struktur wissenschaftlicher Revolutionen, S. 28ff.

[28] Vgl. Ulrich und Hill (1976), Wissenschaftstheoretische Grundlagen (Teil I), S. 308f.

somit einen engen Bezug zu den Ingenieurwissenschaften auf.[29] In Bezug auf die vollzogene Forschungsreise entspricht der systemtheoretische Ansatz der Weltsicht des Autors, deren zentrale Navigierhilfe im Erkenntnisprozess das systemorientierte Management darstellt.

1.3.2 Forschungsmethodologie

Der systemtheoretische Ansatz folgt dem Grundsatz von ASHBY, wonach das „Verstehen" nur jener Systeme möglich ist, die gerade so komplex sind, dass man sie noch zu beherrschen vermag. Der Ansatz akzeptiert somit aufgrund der Komplexität des Untersuchungsbereichs, dass dieser sich der vollständigen kausalanalytischen Erklärbarkeit entzieht.[30] Ausgangspunkt der Forschungsreise bildet daher eine genaue Beschreibung und Analyse des Untersuchungsbereichs, damit der Forscher ein Verständnis über das komplexe System und dessen immanente Interdependenzen gewinnt. Hierfür hat sich in den angewandten Handlungswissenschaften der *explorative Forschungsansatz* nach KUBICEK herausgebildet, an dem sich das forschungsmethodologische Vorgehen dieser Arbeit orientiert.[31] Der Forschungsansatz zielt weniger auf Erkenntnissicherung ab, sondern vielmehr auf Verständniszuwachs für eine bessere Beherrschbarkeit der zukünftigen Realität durch das Gewinnen kontra-intuitiver Erkenntnisse oder die Analyse der Zusammenhänge unbeabsichtigter Wirkungen.[32] Die Konstruktion wissenschaftlicher Aussagen folgt hierbei einem iterativen Lernprozess, der auf systematisch gewonnenem Erfahrungswissen beruht: Durch Fragen an die Realität und der Analyse der dabei gewonnenen praktischen Erfahrungen sowie Übersetzung dieser in Theorien, entstehen neue Fragen, die schlussendlich zu Erkenntnissen über die Realität führen.[33] Auf Basis dieses Ansatzes entwickelt TOMCZAK einen Forschungszyklus, auf dem der Forschungsprozess der vorliegenden Arbeit beruht (vgl. Abbildung 1-2).[34]

[29] Vgl. Ulrich und Hill (1976), Wissenschaftstheoretische Grundlagen (Teil I), S. 308f.

[30] Vgl. Ashby (1966), Mathematical models, S. 89ff.; Ulrich (1984), Systemorientierter Ansatz der BWL, S. 34ff.

[31] Vgl. Kubicek (1977), Heuristische Bezugsrahmen, S. 12ff.

[32] Vgl. Kubicek (1977), Heuristische Bezugsrahmen, S. 7

[33] Vgl. Kubicek (1977), Heuristische Bezugsrahmen, S. 14

[34] Vgl. Tomczak (1992), Forschungsmethoden, S. 84

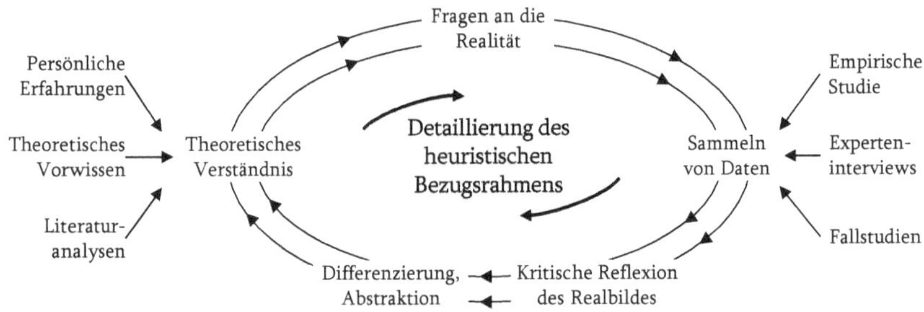

Abbildung 1-2: Explorativer Forschungszyklus[35]

Im Mittelpunkt des Forschungszyklus steht der heuristische Bezugsrahmen, der das Vorverständnis des Forschers abbildet und den Forschungsprozess steuert. Dieser findet seinen Ursprung in einem generellen Phänomen, das bislang unzureichend verstanden oder beherrscht wird. Durch das Zusammenführen verschiedener Elemente dieses Phänomens entsteht die theoretische Perspektive der wissenschaftlich zu diskutierenden Theorien in dieser Arbeit.[36]

Wesentliche Elemente des *heuristischen Bezugsrahmens* dieser Arbeit sind die *Expertise im Themenfeld Fabrikplanung*, *interorganisationale Wissensnetzwerke* und *Ressentiments gegenüber Netzwerkkooperationen*. Unternehmen sehen sich großen Herausforderungen im komplexen Gebiet der Fabrikplanung gegenüber, die oftmals mit unzureichender Effektivität und Effizienz durchgeführt wird. Den Unternehmen mangelt es an Expertise im Bereich Fabrikplanung, insbesondere an Wissen über methodische Vorgehensweisen und Standards sowie Erfahrungen aus vergangenen Projekten. Interorganisationale Wissensnetzwerke bieten daher eine Plattform für den unternehmensübergreifenden Austausch von Wissen und Erfahrungen. Netzwerkkooperationen unterliegen jedoch zahlreichen Ressentiments, die zum Scheitern von Netzwerken führen können. Der *Netzwerkorchestration* kommt somit eine besondere Bedeutung für die Sicherstellung einer erfolgreichen Kooperation zu. Für den offenen Austausch von Wissen und Erfahrungen zum Aufbau von Expertise ist die *Entstehung von Vertrauen* eine entscheidende Schlüsselgröße. In der Zusammenführung des heuristischen Bezugsrahmens ergibt sich somit die *Orchestration von Vertrauen in interorganisationalen Wissensnetzwerken der Fabrikplanung* als das zentrale, zu untersuchende Phänomen in diesem Dissertationsvorhaben.

[35] In Anlehnung an Tomczak (1992), Forschungsmethoden, S. 84

[36] Vgl. Kubicek (1977), Heuristische Bezugsrahmen, S. 15f.; Tomczak (1992), Forschungsmethoden, S. 84

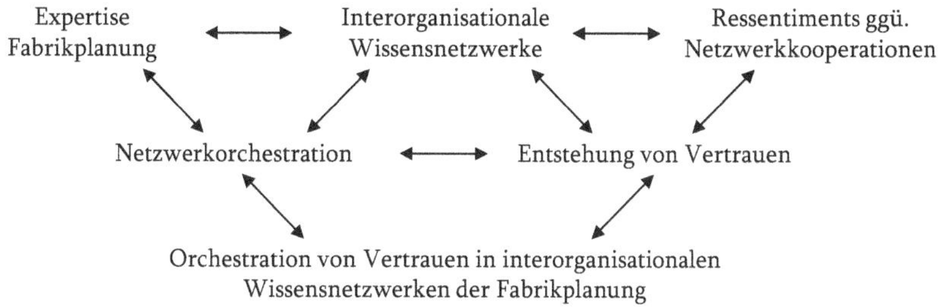

Abbildung 1-3: Heuristischer Bezugsrahmen

In der Entwicklung des heuristischen Bezugsrahmens, der sich im Laufe des Forschungszyklus durch das Hinzugewinnen neuer Erkenntnisse durchaus verändert, nimmt der Forscher eine zentrale Rolle ein. Schließlich ist er derjenige, der die Fragen an die Realität formuliert und vorhandenes Wissen sowie praktische Erfahrungen in den Forschungsprozess mit einbringt. Der heuristische Bezugsrahmen ermöglicht es dem Forscher, seinen Betrachtungs- und Gestaltungsbereich kennenzulernen und sein Vorverständnis durch das systematische Gewinnen von Erfahrungswissen zu vergrößern.[37] Dieses Vorverständnis sowie die eingebrachten Erfahrungen des Autors basieren auf einer mehrjährigen Tätigkeit als wissenschaftlicher Mitarbeiter in der Abteilung Fabrikplanung am Werkzeugmaschinenlabor WZL der RWTH Aachen University. Im Zuge der Institutstätigkeit gewann der Autor durch die Leitung und Durchführung zahlreicher Industrieberatungsprojekte ein tiefgehendes Verständnis für die betrieblichen Herausforderungen in der fabrikplanerischen Praxis. Über die Mitarbeit in Forschungsprojekten sowie der Konzeptionierung innovativer Forschungsvorhaben wurden diese Erfahrungen in einen theoretischen Zusammenhang gebracht und mit anderen Forschern interdisziplinär diskutiert, was schlussendlich zur Forschungsidee der vorliegenden Arbeit führte. Einen maßgeblichen Anteil daran trug die Durchführung einer empirischen *Studie zur netzwerkbasierten Fabrikplanung*, in der die organisationalen Herausforderungen von Unternehmen im Themenfeld Fabrikplanung evaluiert und relevante Ressentiments von Unternehmen gegenüber Netzwerkkooperationen erforscht wurden. Die Möglichkeit der Beobachtung und Analyse eines realen, interorganisationalen Wissensnetzwerks in der Fabrikplanung durch die Leitung des *Arbeitskreises Fabrikplanung* verstärkte die Motivation zur tiefergehenden Auseinandersetzung mit dem Management von Netzwerken und bot zugleich eine Plattform

[37] Vgl. Kubicek (1977), Heuristische Bezugsrahmen, S. 15f.

für die explorative Gewinnung von Erkenntnissen. Der Dialog mit den Fabrikplanungsexperten in diesem Wissensnetzwerk, welche sich branchenübergreifend zur integrierten Fabrik-, Produktionssystem- und Industriebauplanung austauschen, trug in besonderem Maße zur Problemdifferenzierung sowie Lösungsfindung im Forschungsprozess bei. Ergänzt wurde der Erkenntnisgewinn durch konstruktive Gespräche und Diskussionen mit Experten aus Industrie und Forschung, die unter anderem aus der Konzipierung und Verantwortung für die Organisation des *Forums Building the Future* mit der Teilveranstaltung *Kongress Exzellente Fabriken planen+bauen* hervorgegangen sind. Nicht zuletzt schärften Fachgespräche mit Vorgesetzten, Kollegen und Projektpartnern die Motivation und Lösungsentwicklung für die übergeordnete Fragestellung der vorliegenden Arbeit.

1.4 Forschungsfrage

Die Formulierung grundlegender Forschungsfragen steht im Mittelpunkt des explorativen Forschungsansatzes nach KUBICEK, mit Hilfe derer der Betrachtungsbereich eingegrenzt und entsprechend der Forschungsprozess gelenkt werden soll.[38] Basierend auf der dargelegten Problemstellung und der daraus abgeleiteten Zielsetzung soll daher für die vorliegende Arbeit die folgende handlungsleitende Forschungsfrage formuliert werden:

Wie muss ein interorganisationales Wissensnetzwerk in der Fabrikplanung orchestriert werden, damit das Wachstumsdilemma im Sinne eines antizipierten Vertrauensverlusts durch ein wachsendes Netzwerk überwunden werden kann?

Zur Beantwortung der Forschungsfrage wird die Problemstellung durch untergeordnete Teilforschungsfragen detailliert und der weitere Forschungsprozess strukturiert:

1. Wie können Netzwerke orchestriert werden? (Kapitel 3.1.3)
2. Welche konstituierenden Merkmale und Faktoren lassen Vertrauen entstehen? (Kapitel 3.4 und 4.3.2)
3. Welche Anforderungen an die Entwicklung von Vertrauen lassen sich aus interorganisationalen Wissensnetzwerken und dem Aufbau von Expertise in der Fabrikplanung ableiten? (Kapitel 4.1)
4. Wie kann Vertrauen in interorganisationalen Wissensnetzwerken der Fabrikplanung gemessen werden? (Kapitel 3.3 und 4.3.2)

[38] Vgl. Kubicek (1977), Heuristische Bezugsrahmen, S. 14

5. Welche Wirkmechanismen müssen für die Genese von Vertrauen in interorganisationalen Wissensnetzwerken der Fabrikplanung berücksichtigt werden? (Kapitel 4.3.2)
6. Welche Netzwerkstrukturen und Strategien muss ein Orchestrator etablieren, um Vertrauen zu säen und zu erhalten? (Kap. 4.3.2)

1.5 Aufbau der Arbeit

Dem Ansatz der „Strategie angewandter Forschung" nach ULRICH folgend, beginnt der Forschungsprozess mit der Erfassung des praxisrelevanten Problems und endet mit der Implementierung in der Praxis.[39] Abbildung 1-4 stellt die Kapitelstruktur der vorliegenden Dissertation den Phasen der angewandten Forschung gegenüber.

In *Kapitel 1* wurde die Problemstellung der Arbeit dargelegt, woraus die Zielsetzung abgeleitet und das forschungsmethodologische Vorgehen definiert wurden.

In *Kapitel 2* erfolgt die Analyse des Betrachtungsbereichs, in dem das Themenfeld der Wissensnetzwerke in der Fabrikplanung terminologisch definiert und inhaltlich abgegrenzt wird. Zunächst werden die Grundlagen des Forschungsfelds Fabrikplanung beschrieben und die Herausforderungen von Unternehmen in diesem Feld durch eine empirische Studie evaluiert. Anschließend wird die Fabrikplanung im Lichte der Kernkompetenztheorie erörtert, woraus sich die grundsätzliche Möglichkeit des Wissens- und Erfahrungsaustauschs in interorganisationalen Wissensnetzwerken ergibt. Daher werden abschließend die Grundlagen zu Netzwerkkooperationen analysiert und der konkrete Handlungsbedarf aus Sicht der Praxis abgeleitet.

Dieser Handlungsbedarf bildet die Grundlage für die Analyse des Gestaltungsbereichs der Orchestration von Vertrauen in Netzwerken in *Kapitel 3*. Zunächst wird auf das strategische Management von Netzwerken eingegangen, indem grundlegende Ansätze aus der systemorientierten Managementlehre und der Netzwerkorchestration diskutiert werden. Parallel dazu erfolgt eine tiefergehende Betrachtung des interdisziplinären Forschungsfelds zu organisationalem Vertrauen. Darauf aufbauend werden theoretische Ansätze zur Messung von Vertrauen in Netzwerken einerseits und zu den spezifischen Faktoren der Entstehung von Vertrauen andererseits analysiert. Abschließend werden die Anknüpfungspunkte an die wissenschaftlichen Ansätze diskutiert und der Handlungsbedarf aus der Theorie abgeleitet.

[39] Vgl. Ulrich (1984), Betriebswirtschaftslehre als anwendungsorientierte Sozialwissenschaft, S. 192ff.

In *Kapitel 4* werden zunächst die Anforderungen aus Theorie und Praxis aggregiert, denen das Orchestrationsmodell zur Vertrauensentwicklung in interorganisationalen Wissensnetzwerken der Fabrikplanung genügen muss. Daraufhin wird der konzeptionelle Rahmen des Lösungsmodells, abgeleitet aus der Modelltheorie und Managementkybernetik, vorgestellt. Anschließend werden die einzelnen Teilmodelle des Orchestrationsmodells eingeführt und die wesentlichen Erkenntnisse in diesen dargelegt.

Die detaillierte Vorstellung der Teilmodelle sowie die Beschreibung des forschungsmethodischen Vorgehens, das zu den Erkenntnissen geführt hat, erfolgen in *Kapitel 5*. Hierzu wird eine Fallstudie für die empirischen Analysen eingeführt und eine vierstufige Forschungsmethodik zur Erkenntnisgewinnung entwickelt. Anschließend wird das Orchestrationsmodell im Gesamtzusammenhang rekapituliert.

In *Kapitel 6* wird das entwickelte Orchestrationsmodell im Anwendungszusammenhang validiert. Die praktische Anwendung und kritische Reflexion erfolgt in einer retrospektiven und prospektiven Validierung anhand von zwei Praxisbeispielen.

Abschließend werden in *Kapitel 7* die wesentlichen Ergebnisse der Dissertation zusammengefasst und ein Ausblick für den zukünftigen Forschungsbedarf gegeben.

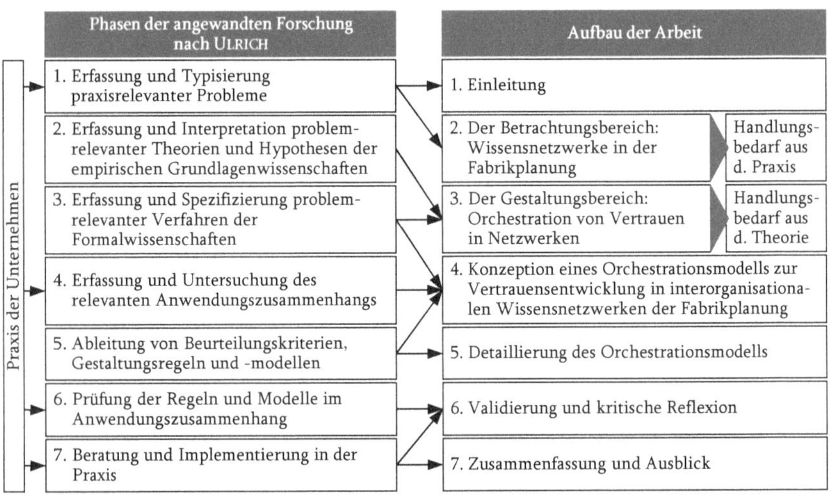

Abbildung 1-4: Aufbau der Arbeit[40]

[40] In Anlehnung an Ulrich (1984), Betriebswirtschaftslehre als anwendungsorientierte Sozialwissenschaft, S. 193

2 Der Betrachtungsbereich: Wissensnetzwerke in der Fabrikplanung

Die künftige Leistungs- und Innovationsfähigkeit von Unternehmen hängt immer mehr davon ab, inwieweit es einem Unternehmen gelingt, aus neuem Wissen neue ökonomische Werte zu schaffen.[41]

(Ralph Scheuss)

Das vorliegende Kapitel beschreibt den Betrachtungsbereich der Wissensnetzwerke in der Fabrikplanung. Ausgangspunkt der Untersuchungen sind die Grundlagen der Fabrikplanung und aktuelle Herausforderungen von Unternehmen in diesem Bereich (Kapitel 2.1). Anschließend wird auf die Notwendigkeit unternehmensorganisatorischer Strukturen zum Aufbau von Expertise in der Fabrikplanung eingegangen und Möglichkeiten zur Abbildung einer grundlegenden Planungskompetenz in Unternehmen erörtert (Kapitel 2.2). Darauf aufbauend werden die Grundlagen zu Netzwerkkooperationen beschrieben. Im Speziellen wird der Netzwerktyp interorganisationales Wissensnetzwerk vorgestellt und auf grundlegende Ressentiments in Kooperationen eingegangen (Kapitel 2.3). Abschließend erfolgt eine zusammenfassende Analyse und Diskussion des resultierenden Handlungsbedarfs aus Sicht der Praxis (Kapitel 2.4).

2.1 Grundlagen der Fabrikplanung

Im nachfolgenden Kapitel werden die grundlegenden Begrifflichkeiten in der Fabrikplanung anhand der vier Dimensionen Ziel, Objekt, Subjekt und Vorgehensweisen zur Planung beschrieben. Anschließend wird eine vom Autor durchgeführte empirische Studie zu den Herausforderungen von Unternehmen in der Fabrikplanung vorgestellt.

[41] Scheuss (2016), Handbuch der Strategien, S. 169

2.1.1 Begriffsdefinition

Die Geschichte der Fabrik reicht zurück bis ins 18. Jahrhundert. Die Entwicklung von handwerklichen Betrieben hin zur industrialisierten Produktion ließ die Fabrik zum zentralen Symbol der industriellen Revolution werden.[42] Die Mechanisierung und räumliche Trennung von Familienleben und Arbeit waren zwei wesentlich neue Elemente der Fabrik.[43] Dem Faktor Mensch wurde in der Fabrik eine neue Rolle zuteil. Im Gegensatz zu handwerklichen Betrieben bestand für die Fabrik seit Beginn der industriellen Revolution die Vision einer automatisierten, menschenleeren Fabrik.[44] URE verstand unter dem Begriff Fabriksystem „to substitute mechanical science for hand skill, and the partition of a process into its essential constituents"[45]. Qualifizierte Handarbeit wurde also durch den Einsatz von Maschinen ersetzt.

BABBAGE war einer der ersten, der sich in seinem 1832 veröffentlichten Werk ‚On the Economy of Machinery and Manufactures' wissenschaftlich mit dem heutigen Verständnis von *Fabrikplanung* auseinandersetzte.[46] Das Babbage-Prinzip der Teilung von Arbeitsprozessen zur Senkung von Lohnkosten ist heute gängiges Prinzip in der Produktion.[47] Seither wurden in Forschung und Praxis zahlreiche Ansätze und Methoden zur Fabrikplanung entwickelt, jedoch herrscht bis heute kein einheitliches Begriffsverständnis. Etymologisch leitet sich der Begriff Fabrik aus dem lateinischen Wort *fabrica* ab, was übersetzt *Werkstätte* bedeutet. Die Fabrik kann somit als industrieller Produktionsbetrieb bezeichnet werden, dessen Ziel die Gewinnung, Veredelung oder Verarbeitung von Stoffen zur Erzeugung von Konsumgütern oder Produktionsmitteln ist.[48] Die Planung hingegen bezeichnet die „gedankliche Vorwegnahme einer zielgerichteten aktiven Zukunftsgestaltung."[49] Dabei schließt sie die systematische Definition von Zielen sowie das Vorgehen und die Mittel zur Zielerreichung ein.[50] Zur Abgrenzung des Begriffs Fabrikplanung sollen an dieser Stelle stellvertretend zwei weit verbreitete Definitionen nach AGGTELEKY und VDI aufgeführt werden:

---

[42] Vgl. Landes und Becker (1973), Der entfesselte Prometheus, S. 15ff.; Uhl (2015), Räume der Arbeit

[43] Vgl. Bayerl und Troitzsch (1985), Die Antizipation der Industrie, S. 87ff.; Uhl (2012), Humane Rationalisierung, S. 12f.

[44] Vgl. Uhl (2019), Eine lange Geschichte der menschenleeren Fabrik, S. 77f.

[45] Vgl. Ure (1835), The philosophy of manufactures, S. 20

[46] Vgl. Babbage (1832), On the Economy of Machinery and Manufactures

[47] Vgl. Babbage (1832), On the Economy of Machinery and Manufactures, S. 131ff.

[48] Vgl. Kettner et al. (1984), Leitfaden der systematischen Fabrikplanung, S. 1

[49] Pawellek (2014), Ganzheitliche Fabrikplanung, S. 17

[50] Vgl. Pawellek (2014), Ganzheitliche Fabrikplanung, S. 17; REFA (1985), Methodenlehre der Planung und Steuerung (Teil 1), S. 18; VDI 5200 Blatt 1 (2011), Fabrikplanung, S. 4

AGGTELEKY aus dem Jahr 1970: „Die Fabrikplanung ist ein vielseitiges, komplexes und weitläufiges Planungsgebiet, in dem die verschiedenen Teilaufgaben durch die einheitliche Zielsetzung zu einem geschlossenen Ganzen zusammengefaßt werden. Es besteht aus einem hierarchisch aufgebauten System von Ermittlungen, Untersuchungen und Entscheidungen, bei dem die Ergebnisse der Teiluntersuchungen weitgehend die Aufgabenstellung der nachfolgenden Teilarbeiten bestimmen, die benachbarten Gebiete sich gegenseitig beträchtlich beeinflussen können und eine genaue Koordinierung erfordern."[51]

VDI-Richtlinie 5200 aus dem Jahr 2011: „Fabrikplanung – systematischer, zielorientierter in aufeinander aufbauende Phasen strukturierter und unter Zuhilfenahme von Methoden und Werkzeugen durchgeführter Prozess zur Planung einer Fabrik von der Zielfestlegung bis zum Hochlauf der Produktion."[52]

Deutlich wird der in die Zukunft gerichtete Projektgedanke und die Interdisziplinarität der Aufgabenstellung, die einer strukturierten und methodischen Vorgehensweise bedarf. Der Projektcharakter der Fabrikplanung zeichnet sich durch die Einmaligkeit, Neuartigkeit und Komplexität der Aufgabenstellung sowie zeitlichen und finanziellen Restriktionen aus.[53]

Im Kontext der Unternehmensorganisation ist die Fabrikplanung hierbei als Teil der Unternehmensplanung einzuordnen (siehe Abbildung 2-1).[54] Sie weist Berührpunkte mit allen drei Ebenen der strategischen, taktischen und operativen Planung im Unternehmen auf und bildet die Schnittstelle zwischen Unternehmensstrategieplanung und projektorientierter Detailplanung und Realisierung auf technischer Ebene.[55] Auf strategischer Ebene werden die langfristigen Unternehmensziele festgelegt, die der Fabrikplanung als Zielvorgabe und Richtlinie dienen.[56] Insofern kann die Fabrikplanung als Fortführung und Implementierung der strategischen Unternehmensplanung angesehen werden. Typische Aufgaben der Fabrikplanung sind hierbei die Entscheidung und Planung neuer Standorte im Unternehmensnetzwerk sowie die langfristige Werksentwicklung. Da die Tragweite dieser Entscheidungen hinsichtlich finanzieller Ressourcen und der Dauerhaftigkeit enorm ist, müssen diese eng mit der sonstigen

[51] Aggteleky (1970), Fabrikplanung, S. 3

[52] VDI 5200 Blatt 1 (2011), Fabrikplanung, S. 3

[53] Vgl. Grundig (2015), Fabrikplanung, S. 20f.

[54] Vgl. Aggteleky (1987), Fabrikplanung, S. 26; Felix (1998), Unternehmens- und Fabrikplanung, S. 56; Grundig (2015), Fabrikplanung, S. 11; Pawellek (2014), Ganzheitliche Fabrikplanung, S. 19

[55] Vgl. Hernández Morales (2003), Systematik der Wandlungsfähigkeit in der Fabrikplanung, S. 8; Pawellek (2014), Ganzheitliche Fabrikplanung, S. 19; Schmigalla (1995), Fabrikplanung, S. 14

[56] Vgl. Schmigalla (1995), Fabrikplanung, S. 15

strategischen Unternehmensplanung abgestimmt werden.[57] Auf taktischer und operativer Ebene hingegen erfolgt die mittel- und kurzfristige Planung von beispielsweise Maschinen- und Anlagenkapazitäten oder der Anpassung der Produktionssteuerung. Auch hier weist die Fabrikplanung eine enge Verknüpfung zu anderen Unternehmensbereichen wie der Entwicklung, technischen Investitionsplanung oder der Produktionsprogrammplanung auf.[58]

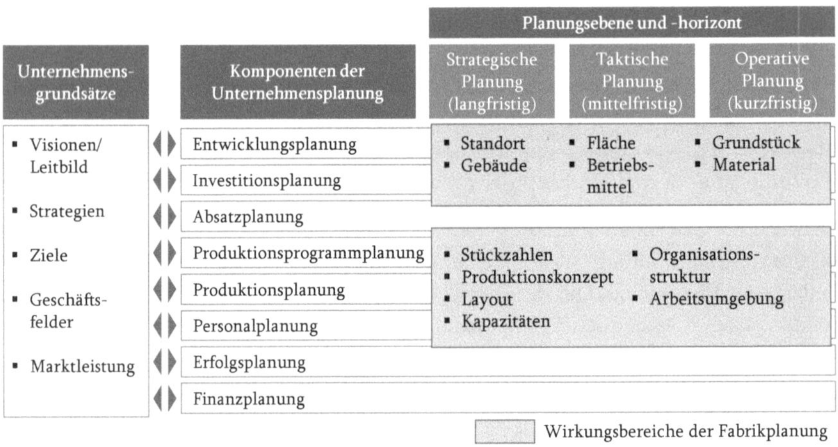

Abbildung 2-1: Wirkungsbereiche der Fabrikplanung[59]

Der Fabrik und damit ebenso der Fabrikplanung wurde seit jeher auch eine soziale und volkswirtschaftliche Bedeutung zuteil. Während zur Zeit der industriellen Revolution die Fabrik insbesondere für die vielen sozialen Probleme verantwortlich gemacht wurde,[60] verfolgen Fabrikplaner heute das übergeordnete Ziel einen technisch wirtschaftlichen Ablauf des Produktionsprozesses bei gleichzeitig guten Arbeitsbedingungen für die Mitarbeiter zu gestalten.[61]

---

[57] Vgl. Aggteleky (1987), Fabrikplanung, S. 149

[58] Vgl. Aggteleky (1987), Fabrikplanung, S. 29; Hernández Morales (2003), Systematik der Wandlungsfähigkeit in der Fabrikplanung, S. 13

[59] In Anlehnung an Hernández Morales (2003), Systematik der Wandlungsfähigkeit in der Fabrikplanung, S. 13

[60] Vgl. Uhl (2015), Räume der Arbeit

[61] Vgl. Felix (1998), Unternehmens- und Fabrikplanung, S. 33; Kettner et al. (1984), Leitfaden der systematischen Fabrikplanung, S. 3

Zur erfolgreichen Gestaltung von Fabrikplanungsprojekten müssen eine Vielzahl von Planungsaufgaben koordiniert werden, die von einer hohen Zahl an interdisziplinären Planungsbeteiligten durchgeführt wird.[62] Die Fabrikplanung unterliegt hierbei den Herausforderungen klassischer Projekte, unterscheidet sich jedoch nach BURGGRÄF in den vier Dimensionen Anlass und Ziel, Objekt, Subjekt und Vorgehensweisen in der Planung.[63] Diese *Domänen der Fabrikplanungsontologie* bilden den Forschungsgegenstand dieser Arbeit und werden nachfolgend näher beschrieben.

2.1.2 Domänen der Fabrikplanungsontologie

In diesem Kapitel werden die vier Domänen der Fabrikplanungsontologie nach BURGGRÄF vorgestellt. Zunächst werden Anlässe und Ziele von Fabrikplanungsprojekten beschrieben. Anschließend werden spezielle Eigenschaften und Randbedingungen der Fabrik als Objekt der Planung erörtert. Sodann werden die Protagonisten der Planung sowie typische Vorgehensweisen und Methoden in der Planung vorgestellt.

Anlässe und Ziele der Fabrikplanung

Auslöser von Fabrikplanungsprojekten sind vielfältiger Natur. Sie resultieren aus Veränderungen innerhalb der Fabrik oder gehen mit einer Änderung der unternehmensinternen oder -externen Anforderungen an die Fabrik einher.[64] Zu den fabrikinternen Planungsursachen zählen produktionsorganisatorische Änderungen, die Einführung einer neuen Produktionstechnologie oder der Austausch in die Jahre gekommener Maschinen. Unternehmensintern veranlassen meist strategische Entscheidungen wie der Zukauf von Unternehmen oder die Schließung von Standorten ein neues Planungsprojekt. Weiterhin ist die Entscheidung über die Entwicklung eines neuen Produkts ein häufiger Planungsanlass. Zu den unternehmensexternen Einflüssen zählen eine veränderte Marktsituation durch z. B. den Eintritt neuer Wettbewerber, neue gesetzliche Vorgaben, aber auch global politische Einflüsse insbesondere bei international aufgestellten Unternehmen.[65]

[62] Vgl. Nöcker (2012), Zustandsbasierte Fabrikplanung, S. 17; Meckelnborg (2015), Integrative Fabrikplanung, S. 3ff.; Schenk et al. (2014), Fabrikplanung und Fabrikbetrieb, S. 24f.; Felix (1998), Unternehmens- und Fabrikplanung, S. 789ff.

[63] Vgl. Burggräf (2012), Wertorientierte Fabrikplanung, S. 14ff.

[64] Vgl, VDI 5200 Blatt 1 (2011), Fabrikplanung, S. 4

[65] Vgl, VDI 5200 Blatt 1 (2011), Fabrikplanung, S. 5

Neben dem Planungsanlass unterscheiden sich Fabrikplanungsprojekte in Art und Umfang deutlich. Nach GRUNDIG können fünf Planungsgrundfälle unterschieden werden (siehe Abbildung 2-2).[66]

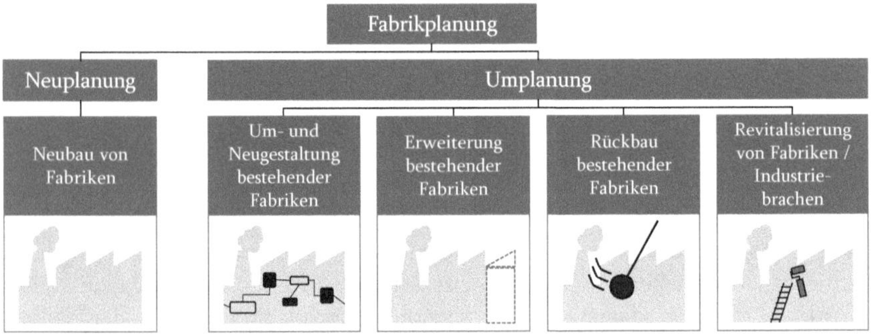

Abbildung 2-2: Grundfälle der Fabrikplanung[67]

Der Neubau einer Fabrik beschreibt die Planung und Realisierung eines neuen Fabriksystems auf der grünen Wiese, auch Greenfield-Projekte genannt.[68] Charakteristisch für diesen Planungsfall sind geringe Restriktionen und damit verbunden weitgehende gestalterische Freiheiten des Planers.[69] Die weiteren vier Planungsfälle beschreiben die Umplanung von Fabriken, auch Projekte im Brownfield genannt. Während dieser Typus der deutlich häufigere Planungsfall in der Praxis ist, bietet er auch den geringeren Lösungsraum, da der Planer zahlreiche Restriktionen aufgrund bestehender Strukturen berücksichtigen muss.[70] Die Um- und Neugestaltung einer bestehenden Fabrik verfolgt meist das Ziel der Modernisierung der gewachsenen Strukturen und stellt oft eine kontinuierliche Planungsaufgabe dar. Der Planungsfall der Erweiterung einer bestehenden Fabrik kommt immer dann zum Tragen, wenn die Kapazitäten infolge eines gestiegenen Auftragseingangs erhöht werden müssen und eine weitere Verdichtung der Flächen nicht mehr möglich ist. Im Gegensatz dazu werden beim Rückbau von Fabriken vorhandene Kapazitäten abgebaut. Als letzter Planungsfall wird die Revitali-

[66] Vgl. Grundig (2015), Fabrikplanung, S. 18ff.; Burggräf et al. (2021), Fabrikplanung, S. 3ff.

[67] In Anlehnung an REFA (1985), Methodenlehre der Planung und Steuerung (Teil 5), S. 149; Grundig (2015), Fabrikplanung, S. 18ff.

[68] Vgl. Grundig (2015), Fabrikplanung, S. 18

[69] Vgl. REFA (1985), Methodenlehre der Planung und Steuerung (Teil 5), S. 150

[70] Vgl. REFA (1985), Methodenlehre der Planung und Steuerung (Teil 5), S. 149

sierung von Fabriken beschrieben. Die hiermit gemeinte industrielle Umnutzung stillgelegter Fabriksysteme wird heute vor dem Hintergrund der Flächenverknappung in Deutschland zunehmend wichtiger.[71]

Analog zu klassischen Projekten verfolgen auch Fabrikplanungsprojekte bestimmte Ziele. Diese leiten sich grundsätzlich aus den strategischen Unternehmenszielen ab.[72] Somit leistet die Fabrikplanung einen Beitrag zur Steigerung der Wettbewerbsfähigkeit des Unternehmens. Die Ziele der Planung können verschiedenartig systematisiert werden. PAWELLEK wählt eine zeitliche Orientierung und unterscheidet kurz-, mittel- und langfristige Ziele.[73] HERNÁNDEZ MORALES unterteilt die Ziele anhand der Merkmale einer zu planenden Fabrik in die vier Dimensionen Wirtschaftlichkeit, Attraktivität, Flexibilität und Wandlungsfähigkeit.[74] Die Wirtschaftlichkeit stellt die langfristige Wettbewerbsfähigkeit des Unternehmens sicher, während die Attraktivität das Wohlbefinden der Mitarbeiter in den Mittelpunkt stellt. Flexibilität ermöglicht der Fabrik auf kurzfristige Kapazitätsschwankungen reagieren zu können, ohne Änderungen an der Struktur vornehmen zu müssen. Wandlungsfähigkeit hingegen ermöglicht der Fabrik mittelfristig Strukturveränderungen unter minimalem Aufwand vorzunehmen, sollte der Handlungsspielraum der Flexibilität ausgeschöpft sein.[75] Ähnliche Ziele für die Fabrikplanung werden in der VDI 5200 definiert. Hier werden Flexibilität und Wandlungsfähigkeit, Produkt- und Produktionsprozessqualität, Geschwindigkeit, Wirtschaftlichkeit, Mitarbeiterorientierung, Kommunikationsunterstützung sowie Attraktivität, Nachhaltigkeit und Transparenz unterschieden.[76] Es wird deutlich, dass sich Fabrikplanungsprojekte im klassischen Zieldreieck aus Kosten, Zeit und Qualität bewegen und die Ziele somit einem nativen Spannungsfeld unterliegen. Aus diesem Grund erfahren die einzelnen Zieldimensionen eine unterschiedliche Gewichtung in Projekten.[77]

BURGGRÄF legt mit einem wertorientierten Ansatz eine lebenszyklus- und zahlungsstromorientierte Sichtweise für die Ziele der Fabrikplanung zugrunde.[78] Übergeordnetes Ziel ist eine Nutzenmaximierung durch Einflussnahme auf positive und negative

---

[71] Vgl. Grundig (2015), Fabrikplanung, S. 18ff.; der Klimaschutzplan der Bundesregierung sieht ein Netto-Null-Ziel für den Flächenneuverbrauch in Deutschland bis 2050 vor (Flächenkreislaufwirtschaft), vgl. dazu Umweltbundesamt (2020), Siedlungs- und Verkehrsfläche

[72] Vgl. Schmigalla (1995), Fabrikplanung, S. 21; VDI 5200 Blatt 1 (2011), Fabrikplanung, S. 5

[73] Vgl. Pawellek (2014), Ganzheitliche Fabrikplanung, S. 10

[74] Vgl. Hernández Morales (2003), Systematik der Wandlungsfähigkeit in der Fabrikplanung, S. 14

[75] Vgl. Hernández Morales (2003), Systematik der Wandlungsfähigkeit in der Fabrikplanung, S. 14f.

[76] Vgl, VDI 5200 Blatt 1 (2011), Fabrikplanung, S. 5

[77] Vgl, VDI 5200 Blatt 1 (2011), Fabrikplanung, S. 5

[78] Vgl. Burggräf (2012), Wertorientierte Fabrikplanung, S. 98

Zahlungsströme im Lebenszyklus einer Fabrik. Durch Erhöhung der Anlaufgeschwindigkeit und Minimierung der Investitionskosten werden die negativen Zahlungsströme verringert. Eine Maximierung der Produktivität und Wandlungsfähigkeit hingegen erhöhen die positiven Zahlungsströme (siehe Abbildung 2-3).[79]

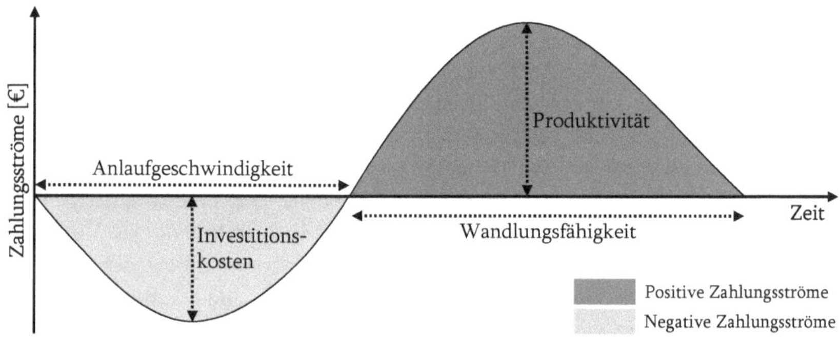

Abbildung 2-3: Zielgrößen und Nutzenpotenziale der Fabrikplanung[80]

Während sich die gängigen Zielgrößen meist auf das Planungsobjekt der Fabrik beziehen, erweitert BURGGRÄF diese mit dem Modell des *Return on Planning (ROP)* um die Betrachtung des Planungsprozesses. In Anlehnung an den Return on Investment (ROI) beschreibt die Kennzahl ROP den Mehrwert einer Planung. Hierzu wird der Planungsnutzen ins Verhältnis zum Planungsaufwand gesetzt.[81] Der Nutzen der Planung entsteht durch das Planungsergebnis und wird durch die eben vorgestellten Zielgrößen Investitionskosten, Anlaufgeschwindigkeit, Produktivität und Wandlungsfähigkeit repräsentiert. Weiterhin hat die Komplexität der Planungsaufgabe einen Einfluss auf das Planungsergebnis.[82] Die Ausprägung dieser Größen bestimmt die *Effektivität* einer Planung, die ein Gütemaß für das Planungsergebnis darstellt. Sie beschreibt, ob bei einem bestimmten Mitteleinsatz ein besseres oder schlechteres Planungsergebnis erzielt wird.[83] Der Aufwand der Planung wird im Wesentlichen durch den erforderlichen Personaleinsatz der beteiligten Planer bestimmt. Treiber hierfür sind der Umfang, Inhalt und die Intensität der Planung. Auch die Kompetenz der Planer hat einen wesentlichen Einfluss auf den Aufwand. Durch Erfahrungswissen und Eingespieltheit

[79] Vgl. Burggräf (2012), Wertorientierte Fabrikplanung, S. 100ff.
[80] In Anlehnung an Burggräf (2012), Wertorientierte Fabrikplanung, S. 101
[81] Vgl. Burggräf (2012), Wertorientierte Fabrikplanung, S. 98; Burggräf et al. (2021), Fabrikplanung, S. 50ff.
[82] Vgl. Burggräf (2012), Wertorientierte Fabrikplanung, S. 99ff.; Burggräf et al. (2021), Fabrikplanung, S. 50ff.
[83] Vgl. Burggräf (2012), Wertorientierte Fabrikplanung, S. 168f.; Burggräf et al. (2021), Fabrikplanung, S. 50ff.

im Planungsteam kann eine Planungsaufgabe schneller und mit weniger Aufwand bewältigt werden.[84] Diese Größen beeinflussen die *Effizienz* einer Planung, die ein Maß für die Wirtschaftlichkeit der Planung ist. Sie beschreibt, ob ein bestimmtes Planungsergebnis mit mehr oder mit weniger Aufwand erreicht wird.[85]

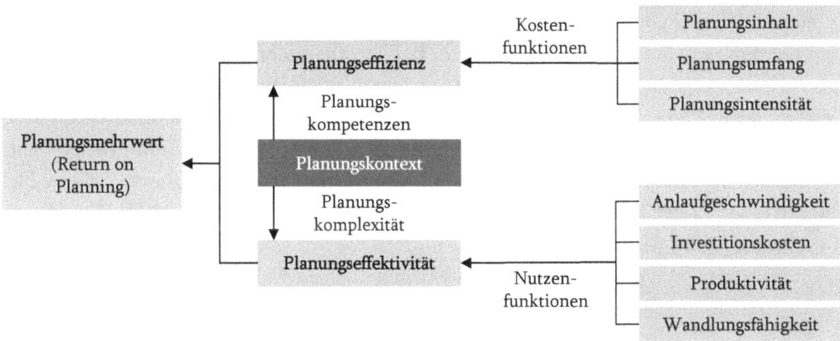

Abbildung 2-4: Bewertungsmodell der Fabrikplanung nach BURGGRÄF[86]

Die Planungseffizienz und Planungseffektivität stellen zwei grundlegende Kenngrößen in der Bewertung von Fabrikplanungsprojekten dar, die elementar für den weiteren Verlauf dieser Arbeit sind. Auf das Konzept des Return on Planning wird daher an späterer Stelle noch einmal zurückgegriffen.

Die Fabrik als Objekt der Planung

Die Fabrik wird in der VDI-Richtlinie 5200 als „Ort, an dem Wertschöpfung durch arbeitsteilige Produktion industrieller Güter unter Einsatz von Produktionsfaktoren stattfindet"[87] definiert. Sie stellt somit den zentralen Ort der Wertschöpfung eines produzierenden Unternehmens dar. Aus einer gesamtunternehmerischen Perspektive kann die Fabrik dabei in die Wertkette eines Unternehmens eingeordnet werden.[88] Hierbei werden die Aktivitäten der Beschaffung, Ein- und Ausgangslogistik und die Produktion von der Fabrik erbracht. Gemäß WESTKÄMPER lässt sich die Produktion in der Fabrik als Prozesskette darstellen, welche als Input u. a. Räume, Energie, Informationen und Rohmaterial besitzt und diese mittels Technik, Organisation und Personal

[84] Vgl. Burggräf (2012), Wertorientierte Fabrikplanung, S. 99ff.; Burggräf et al. (2021), Fabrikplanung, S. 50ff.
[85] Vgl. Burggräf (2012), Wertorientierte Fabrikplanung, S. 167f.; Burggräf et al. (2021), Fabrikplanung, S. 50ff.
[86] In Anlehnung an Burggräf (2012), Wertorientierte Fabrikplanung, S. 104
[87] VDI 5200 Blatt 1 (2011), Fabrikplanung, S. 3
[88] Vgl. Porter (2014), Wettbewerbsvorteile, S. 64ff.

in Fertigteile, Produkte und Abfälle transformiert.[89] Die Fabrik kann somit auch als Stätte der Umwandlung bezeichnet werden.[90]

Im Verständnis dieser Arbeit wird eine ganzheitliche Sichtweise auf die Fabrik als Objekt der Planung eingenommen. Die Systemtheorie ermöglicht eine Betrachtung aller Elemente einer Fabrik und der Relationen untereinander in ihrer Gesamtheit.[91] Hierbei werden sämtliche Sachverhalte wie z. B. Fabrikbereiche oder Produktionsprozesse als System aufgefasst.[92] Nach SCHMIGALLA sowie weiterführend SCHENK UND WIRTH lässt sich auf dieser Basis ein Produktionssystem durch ein geordnetes Tripel, bestehend aus den drei Größen Prozess, Elementmenge und Struktur beschreiben.[93] BERGHOLZ entwirft einen differenzierten systemorientierten Ansatz, welcher sämtliche Elemente einer Fabrik anhand ihrer Kategorie, Funktion und hierarchischen Einordnung beschreibt (siehe Abbildung 2-5).[94]

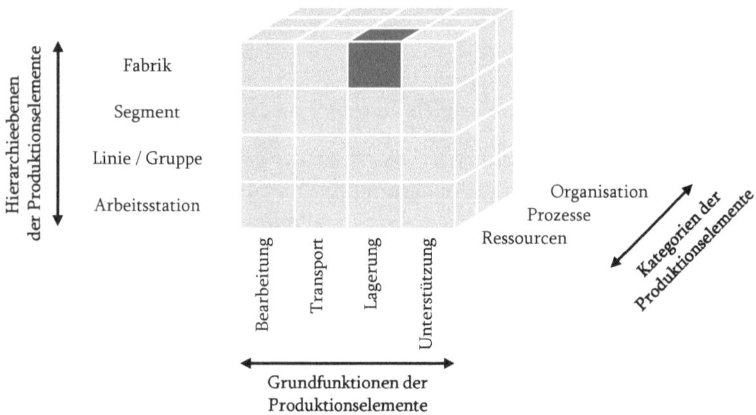

Abbildung 2-5 Einordnung der Elemente einer Fabrik nach BERGHOLZ[95]

[89] Vgl. Westkämper (2006), Einführung in die Organisation der Produktion, S. 195f.

[90] Vgl. Felix (1998), Unternehmens- und Fabrikplanung, S. 33

[91] Vgl. Burggräf et al. (2021), Fabrikplanung, S. 13ff.; Schenk et al. (2014), Fabrikplanung und Fabrikbetrieb, S. 121; Schmigalla (1995), Fabrikplanung, S. 81f.

[92] Vgl. Burggräf et al. (2021), Fabrikplanung, S. 13ff.; Pawellek (2014), Ganzheitliche Fabrikplanung, S. 28f.

[93] Vgl. Schenk et al. (2014), Fabrikplanung und Fabrikbetrieb, S. 121ff.; Schmigalla (1995), Fabrikplanung, S. 81f.

[94] Vgl. Bergholz (2005), Objektorientierte Fabrikplanung, S. 123ff.

[95] In Anlehnung an Bergholz (2005), Objektorientierte Fabrikplanung, S. 139

Besonderes Merkmal der Fabrik ist ihre Komplexität als sozio-technisches System. HERNÁNDEZ MORALES leitet aus den systemtheoretischen Überlegungen von ULRICH acht charakteristische Merkmale von Fabriksystemen ab. Dazu gehören die Ganzheit und die Teile, Vernetztheit, Offenheit, Komplexität, Dynamik, Lenkbarkeit, Entwicklungsfähigkeit sowie eine Zweck- und Zielorientierung. Die Analyse der Fabrik entlang dieser Dimensionen verdeutlicht die Komplexität des Fabriksystems.[96]

Der Mensch als Subjekt der Planung

Der Mensch als Protagonist der Planung stellt die wesentliche Ressource zur Durchführung eines Fabrikplanungsprojekts dar.[97] Fabrikplanungsprojekte können, wie eingangs zu diesem Kapitel dargestellt, vielfältige Ausprägungen annehmen und besitzen gemäß des Planungsziels für das Objekt der Planung oftmals eine außerordentliche Komplexität. Dies erfordert die Integration zahlreicher Spezialisten, um ein Projekt erfolgreich zu gestalten.[98] Nach FELIX können dazu mehr als 100 verschiedene Rollen unterschieden werden.[99] Eine Schlüsselaufgabe in einem Fabrikplanungsprojekt besteht folglich in der Aufstellung und Koordination eines interdisziplinären Teams. Für die beteiligten Subjekte der Planung können hierbei verschiedene Perspektiven unterschieden werden: der Planer als Individuum, das Planungsteam sowie diverse Anspruchsgruppen aus dem Projektumfeld.[100]

Der Planer benötigt ob der Komplexität der Aufgabenstellung und der Diversität des interdisziplinären Planungsteams ein umfassendes Kompetenzprofil. AGGTELEKY sieht die Hauptaufgabe des Fabrikplaners in der Durchführung und Koordination der Planungsaktivitäten.[101] Er nimmt somit im Wesentlichen die Rolle des Projektleiters ein. Neben essentiellen Kompetenzen und Erfahrung im Projektmanagement muss der Planer in sämtlichen Gewerken (u. a. Technologie-, Kapazitäts-, Fertigungsmittel- Logistik-, Layout- und Gebäudeplanung) zumindest grundlegende Kenntnisse aufweisen, um das Planungsteam aus Spezialisten effizient koordinieren zu können. Weiterhin

---

[96] Vgl. Hernández Morales (2003), Systematik der Wandlungsfähigkeit in der Fabrikplanung, S. 38ff.; Ulrich und Probst (2001), Anleitung zum ganzheitlichen Denken, S. 25ff.; weitergehende Ausführungen zu den Kategorien und zur Fabrik als System finden sich insbesondere bei Hernández Morales (2003); die Systemtheorie für den Kontext dieser Arbeit wird in Kapitel 3.1.2 ausführlich diskutiert

[97] Vgl. Burggräf (2012), Wertorientierte Fabrikplanung, S. 32

[98] Vgl. Burggräf et al. (2019), Integrated factory modelling, S. 143ff.; Burggräf et al. (2021), Fabrikplanung, S. 36f.

[99] Vgl. Felix (1998), Unternehmens- und Fabrikplanung, S. 789ff.

[100] Vgl. Burggräf et al. (2021), Fabrikplanung, S. 38f.; Meckelnborg (2015), Integrative Fabrikplanung durch effiziente Koordinationsmodelle, S. 23

[101] Vgl. Aggteleky (1987), Fabrikplanung, S. 70f.

sind weitreichende soziale Kompetenzen erforderlich, um die Führungsrolle im Planungsteam auszufüllen. Dazu gehören u. a. das Motivieren des Teams, die Durchsetzung von Entscheidungen, aber auch das Lösen von Konflikten.[102] Für den Fabrikplaner gibt es jedoch kein klar definiertes Berufsbild mit zugehörigem Ausbildungskonzept, so dass die Fertigkeiten häufig, basierend auf einer technischen Grundausbildung mit Produktionsbezug, durch Erfahrung und Training in Projekten ausgebildet werden.[103] Weiterhin spielt die Motivation jedes einzelnen Planers für den Erfolg eines Projekts eine wichtige Rolle. Diese drückt sich durch die Bereitschaft aus, sein Wissen und seine Fertigkeiten in das Projekt einzubringen.[104] Neben der Handlungskompetenz, bestehend aus der Qualifikation und Motivation, muss der Fabrikplaner auch von der Unternehmensleitung mit der entsprechenden Legitimation ausgestattet werden. Das bedeutet, dass ihm ein weitreichender Handlungs- und Entscheidungsspielraum eingeräumt wird und dem Fabrikplaner zusammen mit dem internen Planungsteam ausreichend Ressourcen im Sinne von Zeit und Budget zur Verfügung stehen.[105]

Das Planungsteam setzt sich wie eingangs beschrieben aus Spezialisten unterschiedlicher Fachdisziplinen zusammen. Das Kernteam bilden in der Regel neben dem Fabrikplaner als Projektleiter, Architekten, Bauingenieure, Produktions- und Logistikplaner sowie Betriebswirte. Aufgabenspezifisch werden dann die Fachplaner hinzugezogen, die die inhaltliche Durchführung der Planungsaufgaben übernehmen.[106] Diese Heterogenität im Planungsteam kann schnell zu Zielkonflikten und lokalen Optimierungen der Planer führen ohne das Gesamtergebnis im Auge zu behalten. Aus diesem Grund sollte der Projektleiter gemeinsam mit dem Team Regeln für die Zusammenarbeit definieren.[107] Diese umfassen Verhaltensregeln wie beispielsweise, dass jeder Planer die Verantwortung für sein Teilgebiet übernimmt, methodische Regeln, Vorgehensregeln und Dokumentationsregeln.[108]

Das Projektumfeld setzt sich aufgrund der weitreichenden Konsequenzen von Fabrikplanungsprojekten aus verschiedenen Anspruchsgruppen zusammen, die direkt oder indirekt im Projekt involviert oder von diesem betroffen sind. BURGGRÄF nennt den Auftraggeber als wichtigste Person im Projektumfeld, der das notwendige Kapital zur

[102] Vgl. Aggteleky (1987), Fabrikplanung, S. 71

[103] Vgl. Aggteleky (1987), Fabrikplanung, S. 74; Dannapfel (2019), Systemisches Management-Modell Fabrikplanung, S. 21; Landwehr (2007), Berufsbild Fabrikplaner, S. 175ff.

[104] Vgl. Burggräf (2012), Wertorientierte Fabrikplanung, S. 32f.

[105] Vgl. Burggräf (2012), Wertorientierte Fabrikplanung, S. 32f.

[106] Vgl. Meckelnborg (2015), Integrative Fabrikplanung durch effiziente Koordinationsmodelle, S. 23

[107] Vgl. Wiendahl et al. (2014), Handbuch Fabrikplanung, S. 543f.

[108] Vgl. Wiendahl et al. (2014), Handbuch Fabrikplanung, S. 544

Verfügung stellt und die Zielsetzung für das Planungsprojekt maßgeblich vorgibt.[109] Hiervon abzugrenzen sind die Mitarbeiter des eigenen Unternehmens, die, wenn auch nicht alle aktiv in die Planung mit eingebunden, oftmals von den Veränderungen an einem Standort betroffen sind. Daher sollte durch das Planungsteam eine transparente Informationspolitik betrieben werden, um die verschiedenen Anspruchsgruppen im Unternehmen abzuholen und implizites Detailwissen strukturiert im Projekt aufzunehmen.[110] Auch externe Anspruchsgruppen wie Anwohner und Kommunen können einen Einfluss auf den Projekterfolg nehmen, weshalb auch diese Gruppe bereits in frühen Phasen des Planungsprozesses eingebunden werden sollte.

Vorgehensweisen zur Planung von Fabriken

Zur erfolgreichen Durchführung eines Fabrikplanungsprojekts nutzt der Planer verschiedene Methoden, Werkzeuge und Vorgehensweisen. Die Anfänge der Fabrikplanung gehen, wie in Kapitel 2.1.1 beschrieben, bis zur industriellen Revolution zurück. Einen ersten systematisierten, phasenorientierten Ansatz zur Planung einer Fabrik präsentiert MEIßNER im Jahr 1956.[111] Seitdem wurden in der Wissenschaft, insbesondere im deutschsprachigen Raum, zahlreiche systematische Vorgehensweisen für Fabrikplanungsprojekte entwickelt. Klassische und im Fachbereich weit bekannte Ansätze finden sich bei AGGTELEKY, KETTNER, GRUNDIG und FELIX.[112] Auf eine detaillierte Ausführung dieser Ansätze soll an dieser Stelle verzichtet werden. Gute Zusammenfassungen finden sich beispielsweise bei BURGGRÄF und NÖCKER.[113] Vielmehr soll im Folgenden das Aachener Verständnis der zustandsbasierten, integrativen Fabrikplanung, die von NÖCKER ursprünglich entworfen und von MECKELNBORG und KRUNKE weiterentwickelt wurde, vorgestellt werden. Dieses Verständnis der Fabrikplanung liegt dieser Arbeit zu Grunde.

Den klassischen Ansätzen gemein ist der Fokus auf ein zeitlich sequentielles Vorgehen im Projekt. Grob werden in diesen Ansätzen die konsekutiven Phasen der Zielplanung, Konzeptplanung und Ausführungsplanung unterschieden, in denen die Planungsprozesse iterativ vom Groben ins Feine durchlaufen werden.[114] Problematisch hierbei ist

[109] Vgl. Burggräf (2012), Wertorientierte Fabrikplanung, S. 35

[110] Vgl. Pawellek (2014), Ganzheitliche Fabrikplanung, 33, 45ff.

[111] Vgl. Meißner (1956), Fabrikplanung

[112] Vgl. Aggteleky (1987), Fabrikplanung, S. 31ff.; Felix (1998), Unternehmens- und Fabrikplanung, S. 87ff.; Grundig (2015), Fabrikplanung, S. 50ff.; Kettner et al. (1984), Leitfaden der systematischen Fabrikplanung, S. 5

[113] Vgl. Burggräf (2012), Wertorientierte Fabrikplanung, S. 27ff.; Nöcker (2012), Zustandsbasierte Fabrikplanung, S. 33ff.

[114] Vgl. Aggteleky (1987), Fabrikplanung, S. 31ff.; Kettner et al. (1984), Leitfaden der systematischen Fabrikplanung, S. 5

jedoch die zugrundeliegende Grundannahme, dass sämtliche Planungsprämissen zu Beginn eines Projekts feststehen und sich über den Projektverlauf nicht mehr ändern.[115] Dies wird der Komplexität in Projekten jedoch nicht gerecht. Vielmehr ist im heutigen dynamischen Projektumfeld eine agile Herangehensweise erforderlich.[116]

Im Mittelpunkt der zustandsbasierten Fabrikplanung nach NÖCKER als systemorientierter Ansatz steht daher der Austausch von Informationen zwischen den verschiedenen Fachdisziplinen in einem Projekt. Dazu werden zusammengehörige Planungsaufgaben in Planungsmodulen gekapselt, die über Ein- und Ausgangsinformationen als Schnittstellen miteinander vernetzt sind. So entsteht eine Modullandkarte als Gegenentwurf zu einem Phasenmodell.[117] Abbildung 2-6 zeigt das Grundprinzip der zustandsbasierten Fabrikplanung.

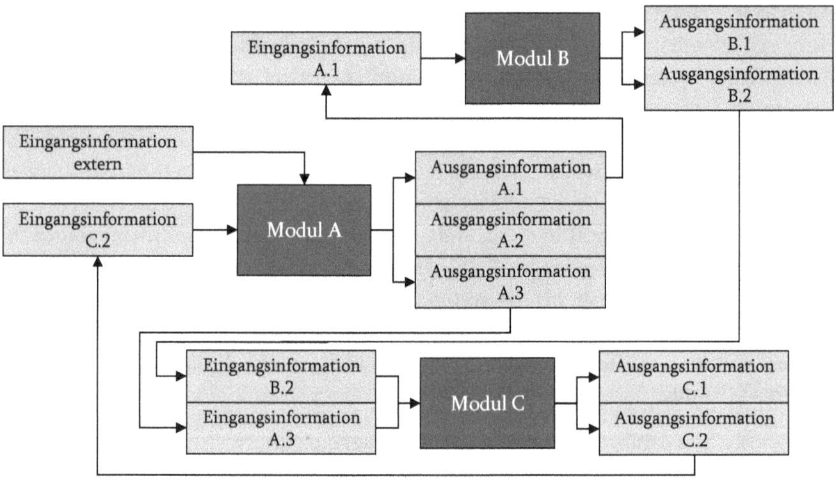

Abbildung 2-6: Grundprinzip der zustandsbasierten Fabrikplanung[118]

Ein Modul besitzt gewisse Eingangsinformationen, die benötigt werden, um eine Planungsaufgabe zu erledigen. Innerhalb des Moduls werden die Eingangsinformationen

[115] Vgl. Nöcker (2012), Zustandsbasierte Fabrikplanung, S. 45

[116] Vgl. Bertling et al. (2019), The Minimal Viable Production System, S. 24ff.; Kampker et al. (2014), Das Aachener Fabrikplanungsvorgehen, S. 192ff.; Kampker et al. (2013), Factory Planning Scrum; Schuh et al. (2006), Komplexitätswissenschaft in der Fabrikplanung, S. 167ff.

[117] Vgl. Burggräf et al. (2021), Fabrikplanung, S. 29ff.; Nöcker (2012), Zustandsbasierte Fabrikplanung, S. 144ff.

[118] In Anlehnung an Nöcker (2012), Zustandsbasierte Fabrikplanung, S. 136

in Ausgangsinformationen transferiert. Diese wiederum dienen als Eingang für verschiedene andere Module, worüber eine weitreichende Vernetzung der Planungsinformationen in einem Projekt erfolgt.[119] Während NÖCKER zunächst die Module für die Planung des Produktionssystems definiert, erweitert MECKELNBORG diese um die Planungsmodule des Industriebaus, also der Gebäudeplanung, und verknüpft diese zu einer gesamtheitlichen Modullandkarte für die Fabrikplanung.[120] Weiterhin entwickelt er eine agile Projektmanagementmethodik für die Durchführung von Fabrikplanungsprojekten, in denen die iterative Konkretisierung von Planungsinformationen zentrale Aufgabe ist.[121] Diese iterative Konkretisierung von Planungsinformationen ist Forschungsgegenstand der Arbeit von KRUNKE, in der ein Reifegradmodell für die Fabrikplanung entwickelt wird.[122] Durch den modularen Aufbau dieses Planungsvorgehens können Projekte je nach Umfang und Planungstiefe individuell konfiguriert werden. Weiterhin ermöglicht die Transparenz der Informationsflüsse in einem dynamischen Projektumfeld schnell auf Prämissenänderungen reagieren zu können und gleichzeitig durch eine Parallelisierung von Teilaufgaben die Planungszeit zu reduzieren.[123]

Die Modullandkarte in ihrer aktuellen Fassung umfasst 34 Planungsmodule, die über 263 unterschiedliche interne und externe Planungsinformationen vernetzt sind. In Summe gibt es 397 Verbindungen zwischen Ein- und Ausgangsinformationen.[124] Diese enorme Vernetzung mit zahlreichen interdisziplinären Schnittstellen verdeutlicht die Komplexität von Fabrikplanungsprojekten und erklärt die Herausforderungen von Unternehmen in diesem Bereich, die im nachfolgenden Kapitel näher beschrieben werden.

Anknüpfend an die dargestellten Vorarbeiten widmet sich VOET in seiner Arbeit der Standardisierung in der Fabrikplanung und entwirft eine Methodik für die Entwicklung von Baukastensystemen für die Fabrikplanung.[125] Angelehnt an Baukästen aus der Produktentwicklung besteht die Kernidee darin, dass Unternehmen kooperativ einen Fabrikbaukasten entwickeln, der das Wissen für einen bestimmten Planungsbereich, beispielsweise ein Produktionslogistikkonzept für Unternehmen der modularen Vorfertigung von Holzfertigteilen für den Häuserbau, konserviert. Diese Standards können

[119] Vgl. Burggräf et al. (2021), Fabrikplanung, S. 29ff.; Nöcker (2012), Zustandsbasierte Fabrikplanung, S. 134ff.

[120] Vgl. Meckelnborg (2015), Integrative Fabrikplanung durch effiziente Koordinationsmodelle, S. 109ff.

[121] Vgl. Meckelnborg (2015), Integrative Fabrikplanung durch effiziente Koordinationsmodelle, S. 146ff.

[122] Vgl. Krunke (2017), Reifegradmanagement in der Fabrikplanung, S. 101ff.

[123] Vgl. Nöcker (2012), Zustandsbasierte Fabrikplanung, S. 140f.

[124] Die Modullandkarte wird in der Abteilung Fabrikplanung des Werkzeugmaschinenlabors WZL der RWTH Aachen im Rahmen von Industrieberatungs- und Forschungsprojekten stetig weiterentwickelt und kann beim aktuellen Oberingenieur angefragt werden

[125] Vgl. Voet (2018), Baukastensysteme für die Fabrikplanung, S. 121ff.

aber auch branchenübergreifend erarbeitet werden. Auf diese Weise gelingt es, die Planungsaufwände zu reduzieren und somit im Kontext des Return on Planning die Zielgröße der Planungseffizienz zu verbessern.[126]

2.1.3 Studie: Herausforderungen von Unternehmen im Kontext Fabrikplanung

Im vorangegangenen Kapitel wurde gezeigt, dass die Fabrik als System einen komplexen, vernetzten Charakter besitzt und Fabrikplanungsprojekte hochdynamisch und interdisziplinär sind. Der Mensch als Protagonist der Planung spielt hierbei eine bedeutende Rolle, da seine Erfahrungen und Expertise maßgeblich den Projekterfolg bestimmen. Dies stellt die produzierenden Unternehmen in der heutigen Zeit jedoch vor große Herausforderungen. Fabriken werden nicht tagtäglich umgeplant oder gar neu geplant, so dass erwartungsgemäß auf die Erfahrungen aus vergangenen Projekten oftmals nicht zurückgegriffen werden kann. Für viele Unternehmen lohnt es sich aufgrund der geringen Planungsfrequenz zudem schlichtweg nicht, die Fabrikplanung unternehmensorganisatorisch, z. B. in Form einer eigenen Abteilung, zu verankern. In der Folge übernehmen häufig Produktionsleiter oder andere leitende Angestellte aus dem Produktionsbereich die Koordination von Fabrikplanungsprojekten neben dem Tagesgeschäft.[127] Um diese und weitere Herausforderungen tiefgehend zu untersuchen, wurde am Werkzeugmaschinenlabor WZL der RWTH Aachen University eine quantitative empirische Studie durchgeführt.

Der Autor folgt hierbei dem empirischen Forschungsprozess nach DÖRING UND BORTZ, der sich über neun Phasen erstreckt und von der Formulierung des Forschungsproblems über Festlegung des Untersuchungsdesigns und Aufbau von Hypothesen hin zur Datenauswertung und Ergebnispräsentation ein sequentielles Vorgehen beschreibt. Im Folgenden wird das Studiendesign und die empirische Erhebung beschrieben, bevor auf die statistischen Auswertungsmethoden und die Studienergebnisse eingegangen wird.[128]

Studiendesign

Die Studie verfolgte zwei Ziele: Einerseits sollten die Herausforderungen von Unternehmen im Umfeld der Fabrikplanung empirisch erforscht werden. Die Kooperation von Unternehmen in einem Netzwerk im Rahmen von Fabrikplanungsprojekten stellt einen neuartigen, vielversprechenden Ansatz dar. Andererseits sollten daher im Rah-

---

[126] Vgl. Voet (2018), Baukastensysteme für die Fabrikplanung, S. 105ff.

[127] Vgl. Burggräf et al. (2022), Network-based factory planning, S. 1173ff.

[128] Vgl. Döring und Bortz (2016), Forschungsmethoden und Evaluation, S. 23ff.

men der Studie Implikationen für die Gestaltung einer netzwerkbasierten Fabrikplanung abgeleitet werden. In der Folge ergibt sich eine Zweiteilung der Studie, der zweite Teil wird in Kapitel 2.3.3 detailliert beschrieben.

Die durchgeführte Studie besitzt einen explanativen Charakter, das bedeutet, dass theoretisch wohlbegründete Hypothesen mit Daten validiert werden sollen.[129] Zur Herleitung der Hypothesen wurde eine strukturierte Literaturrecherche nach LEVY und ELLIS sowie BROCKE ET AL. durchgeführt und um Projekterfahrungen des Autors ergänzt.[130] Aus der Analyse von über 30 internationalen Journal-Artikeln und zwölf Werken aus der Fachliteratur wurden 67 aktuelle, relevante Aussagen zu Herausforderungen in der Fabrikplanung extrahiert. Diese wurden zu 15 Kernherausforderungen konsolidiert und im Rahmen einer Clusteranalyse zu thematischen Blöcken zusammengefasst. Für den ersten Teil der Studie ergeben sich Herausforderungen in den folgenden fünf Feldern:

- Erfahrung / Kompetenz
- Frequenz
- Kapazität / Ressourcen
- Strategische Werkeentwicklung
- Verhandlungsposition / Markt

Im nächsten Schritt wurden eine Kernhypothese je Cluster sowie weitere Unterhypothesen aus den Herausforderungen gebildet. Die zu untersuchenden Zusammenhänge je Hypothese wurden definiert, in Diagramme überführt und schließlich die Fragen zur Validierung abgeleitet. Der entstandene Fragebogen besteht aus vier Teilen: Eine grundlegende Einleitung in das Thema sowie Begriffsklärungen für den Studienteilnehmer, zwei inhaltliche Blöcke mit den Fragen abgeleitet aus den Hypothesen und die Erfassung sozio-demographischer und unternehmensbezogener Daten zum Zwecke der statistischen Analyse.[131]

Für den ersten Teil der Herausforderungen in der Fabrikplanung wurden 17 Fragen gestellt. Zur besseren Vergleichbarkeit der Antworten wurden vorwiegend geschlossene Fragen formuliert. Die Antwortmöglichkeiten wurden entweder mit einer Mehr-

[129] Vgl. Döring und Bortz (2016), Forschungsmethoden und Evaluation, S. 24

[130] Vgl. Levy und Ellis (2006), Systems approach literature review; Brocke et al. (2009), Reconstructing the giant

[131] Die formulierten Hypothesen je Cluster sowie der komplette Fragebogen können im Detail im Anhang in Tabelle A-1 bis Tabelle A-3 nachgelesen werden

fachauswahl vordefiniert oder es erfolgte eine Einschätzung auf einer vierstufigen Likert-Skala. Dabei wurde eine gerade Antwortskala gewählt, um den Studienteilnehmer dazu zu zwingen sich für eine Seite der Antwortskala zu entscheiden und dem Effekt der Tendenz zur Mitte vorzubeugen.[132]

Empirische Erhebung

Die Datenerhebung mittels Fragebogen erfolgte über das Online-Tool soscisurvey.de und fand im Herbst 2018 über einen Zeitraum von drei Monaten statt. Die Kontaktaufnahme der Studienteilnehmer erfolgte per E-Mail an Führungskräfte und Planer aus dem Produktionsbereich von Unternehmen. Hierzu wurde auf eine umfassende Kontaktdatenbank des Werkzeugmaschinenlabors WZL der RWTH Aachen zurückgegriffen. Die Gesamtbearbeitungszeit des Fragebogens betrug in etwa 25 Minuten. Der Gesamtrücklauf betrug 103 vollständig ausgefüllte Fragebögen. Zwölf Fragebögen wurden in der Auswertung nicht berücksichtigt, da entweder eine Dopplung des Unternehmens vorlag oder die Person einem Dienstleisterunternehmen ohne eigener Produktion zugehörig war. In Summe ergibt sich somit eine Stichprobe von 91 Personen. Diese setzt sich zusammen aus zwölf Personen aus dem Top-Managements (Vorstand oder Geschäftsführung), 49 Personen aus dem mittleren Management (Bereichs- oder Abteilungsleitung), 14 Personen aus dem unteren Management (Gruppen- oder Projektleitung) und 13 angestellten Planern aus Fachabteilungen, wobei 3 Personen keine Angabe machten. Von den Befragten gehören 28,6% zur Branche Maschinen- und Anlagenbau, 24,2% zur Branche Automobil (OEM und Zulieferer), 17,6% gehören zur Elektroindustrie und 29,6% zu sonstigen Branchen, u. a. Metall, Konsumgüter, Chemie und Pharma. Die Größe der Unternehmen nach Mitarbeiterzahl und Umsatz ist von kleinen und mittleren Unternehmen bis zu Großkonzernen homogen verteilt (siehe Abbildung 2-7).

[132] Vgl. Franzen (2019), Antwortskalen in standardisierten Befragungen, S. 848

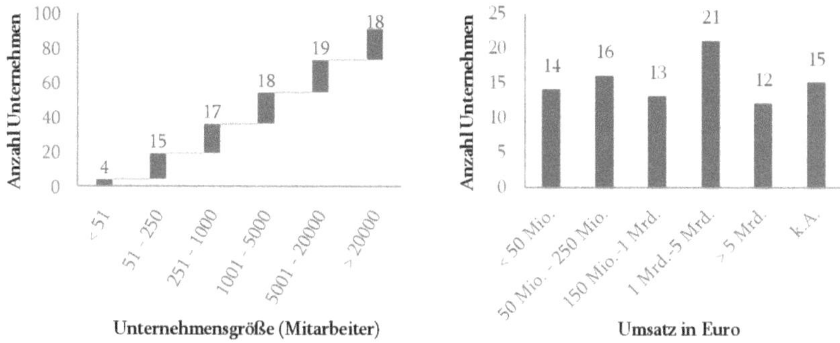

Abbildung 2-7: Eigenschaften der Stichprobe

Statistische Auswertungsmethoden

Die Datenauswertung erfolgte über IBM SPSS Statistics sowie Microsoft Excel. Hierzu wurden die Rohdaten aus dem Online-Tool ausgeleitet und anonymisiert. Zur Auswertung wurden Mittel der deskriptiven sowie schließenden Statistik verwendet. Deskriptiv wurden die Daten in Diagrammen visuell ausgewertet und Median, Minimal- und Maximalwerte sowie Anteile an der Gesamtmenge berechnet. Hierzu wurden die einzelnen Fragen in der Regel in Relation zur Unternehmensgröße gesetzt. Als Maß für die Unternehmensgröße wurde die Anzahl der Mitarbeiter herangezogen. Auf Seiten der schließenden Statistik wurden Korrelationsanalysen mit Signifikanztests durchgeführt, um die Zusammenhänge zwischen zwei Variablen zu erklären und die aufgestellten Hypothesen verifizieren oder falsifizieren zu können. Als statistisches Mittel wurde Cramérs V gewählt, da die zu untersuchenden bivariaten Zusammenhänge entweder aus zwei nominalen Variablen bestanden oder aus einer nominalen und einer metrischen Variable. Darüber hinaus wurden logistische Regressionsmodelle aufgestellt, die Aussagen über die unterschiedlichen Ausprägungen bei variierender Unternehmensgröße oder Branchenzugehörigkeit ermöglichen.[133] Hierüber werden beispielsweise Aussagen möglich, um das Wievielfache sich die Wahrscheinlichkeit einer eigenen Fabrikplanungsabteilung in einem Unternehmen der Automobilindustrie im Vergleich zum Maschinen- und Anlagenbau erhöht. Die abhängige Variable

---

[133] Zur Auswahl der verwendeten statistischen Mittel und weitergehenden Hintergründen siehe Döring und Bortz (2016), Forschungsmethoden und Evaluation, S. 657ff.; Cleff (2012), Deskriptive Statistik und moderne Datenanalyse, S. 79ff.

entstammt der jeweiligen Hypothese. Als Kovariablen wurden die Unternehmensgröße und die Branchenzugehörigkeit definiert.

Studienergebnisse Teil I

Nachfolgend werden die wichtigsten Ergebnisse des ersten Teils der Studie zu den Herausforderungen von Unternehmen im Umfeld der Fabrikplanung zusammengefasst. Eine ausführliche Auswertung aller Fragen und Hypothesen befindet sich im Anhang. Darüber hinaus wurden die anonymisierten Rohdaten der Studie im Journal Data in Brief zur Veröffentlichung eingereicht und sind somit frei zugänglich.[134]

Die Tendenz einer eigenen Fabrikplanungsabteilung oder eines internen Experten auf dem Gebiet der Fabrikplanung steigt mit zunehmender Unternehmensgröße. Dieser Zusammenhang konnte als statistisch hochsignifikant nachgewiesen werden und besitzt eine mittelstarke Ausprägung (p = 0,001; Cramérs V = 0,532 bzw. Cramérs V = 0,490). In einem großen Unternehmen mit mehr als 250 Mitarbeitern ist die Wahrscheinlichkeit für eine eigene Fabrikplanungsabteilung fünfmal wahrscheinlicher als in einem KMU. Interessant zu beobachten sind die Extremausprägungen. Das kleinste Unternehmen mit einer eigenen Fabrikplanungsabteilung hat nur 40 Mitarbeiter, wohingegen das größte Unternehmen ohne eigener Fabrikplanungsabteilung 100.000 Mitarbeiter hat. Auch über die Branchen hinweg gibt es große Unterschiede. Im Maschinen- und Anlagenbau kommt eine organisatorische Verankerung am seltensten vor. Nimmt man diese Branche als Referenz, so ist die Wahrscheinlichkeit für eine eigene Abteilung in der Elektroindustrie dreimal so hoch, in der Automobilindustrie beträgt sie gar das 18-fache. Die große Mehrheit der Unternehmen kann jedoch auf keine organisatorischen Strukturen in der Fabrikplanung zurückgreifen. Während 57% der befragten Unternehmen keine eigene Fabrikplanungsabteilung besitzen, haben 56% noch nicht einmal einen Fabrikplanungsexperten im Haus.

[134] Vgl. Burggräf et al. (2021), Network-based factory planning: Survey data; die Studie wurde im Journal Data in Brief eingereicht, Veröffentlichung ausstehend, Stand: April 2022

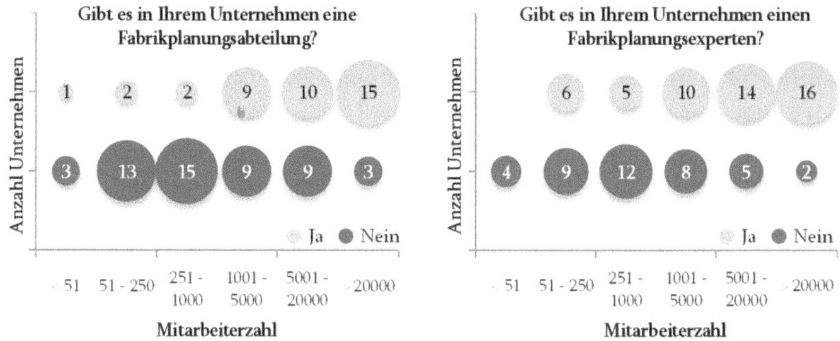

Abbildung 2-8: Fabrikplanungsexpertise in produzierenden Unternehmen

Eng verknüpft mit der unternehmensorganisatorischen Verankerung ist die Selbsteinschätzung bezüglich der Expertise auf dem Gebiet der Fabrikplanung. Die große Mehrheit derjenigen Unternehmen (85%), die weder eine Fabrikplanungsabteilung besitzen, noch einen standardisierten Planungsprozess oder Fabrikstandards nutzen, stufen ihre Expertise als gering oder sehr gering ein. Hingegen schätzen 86% der befragten Unternehmen mit eigener Abteilung und methodischem Vorgehen ihre Expertise hoch oder sehr hoch ein. Allerdings trifft dies auf lediglich 37% aller befragten Unternehmen zu. Es kann somit festgehalten werden, dass die Mehrheit der Unternehmen aktuell keine Expertise für die Durchführung von Fabrikplanungsprojekten aufweist. Aber auch Unternehmen mit bereits hoher selbsteingeschätzter Expertise betonen, dass diese oftmals nur auf eigene Erfahrungswerte zurückzuführen ist und der Erfahrungsaustausch mit anderen Unternehmen sinnvoll wäre.

Neben der fehlenden Expertise können die meisten Unternehmen auch nicht auf Erfahrungswerte zurückgreifen. Der Zusammenhang zwischen der Frequenz von Fabrikplanungsprojekten und der Unternehmensgröße konnte ebenfalls als statistisch hochsignifikant nachgewiesen werden mit einem mittleren Zusammenhang ($p = 0{,}005$; Cramérs $V = 0{,}346$). Bei 62% aller Unternehmen vergehen mehr als zwei Jahre zwischen zwei Fabrikplanungsprojekten. Als Fabrikplanungsprojekt wurden dabei im Rahmen der Studie Tätigkeiten von einer Veränderung des Fertigungslayouts oder der Neugestaltung von Montagearbeitsplätzen bis hin zur Erweiterung bestehender Gebäude oder gar Planung eines neuen Standorts aufgefasst. Während in sehr großen Unternehmen mit mehr als 5.000 Mitarbeitern noch 94% der befragten Unternehmen zumindest alle fünf Jahre ein Fabrikplanungsprojekt durchführen und sogar 64% alle zwei Jahre, nimmt die Frequenz bei KMU deutlich ab. In der kleinsten Kategorie der

Unternehmen mit weniger als 250 Mitarbeitern werden bei 89% der befragten Unternehmen seltener als alle zwei Jahre die Fabriken neu oder umgeplant und bei knapp der Hälfte (53%) vergehen sogar mehr als fünf Jahre zwischen zwei Projekten. Dies steht im Kontrast zur erwarteten Häufigkeit von Fabrikplanungsprojekten in der Zukunft, da 81% aller befragten Unternehmen erwarten, dass diese zunehmen wird.

Eine weitere zu beobachtende Herausforderung in Unternehmen, insbesondere in jenen ohne fester organisatorischer Verankerung der Fabrikplanung, besteht in den zugewiesenen Rollen und den aufgebrachten Kapazitäten in Fabrikplanungsprojekten. Knapp die Hälfte der befragten Unternehmen (49%) gab an, dass sie keine spezifischen Mitarbeiter haben, deren Haupttätigkeit Fabrikplanungsaufgaben sind. In der Folge werden Projekte daher häufig vom Führungspersonal übernommen (siehe Abbildung 2-9). Diese können jedoch nur einen gewissen Anteil ihrer Arbeitszeit für die Projekte aufwenden, da sie diese neben dem operativen Tagesgeschäft durchführen. Während Mitarbeiter, deren Haupttätigkeit Fabrikplanungsprojekte sind, im Mittel 66% ihrer Arbeitszeit für das Projekt aufbringen (im Median sogar 80%), bringen Mitarbeiter in Unternehmen ohne eigens dafür abgestellte Mitarbeiter durchschnittlich lediglich 25% ihrer wöchentlichen Arbeitszeit für Projektaufgaben auf (Median 20%).

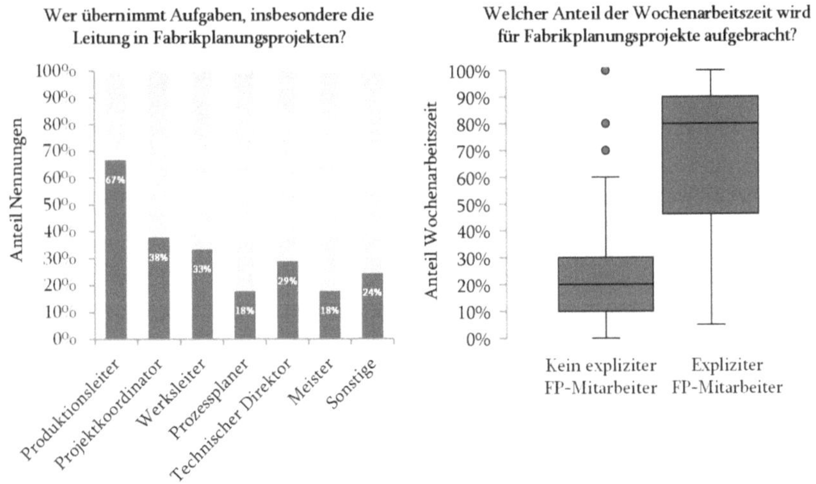

Abbildung 2-9: Personalressourcen in Fabrikplanungsprojekten

Eine strategische Perspektive nimmt die Mehrzahl der Unternehmen ein. Von allen befragten Unternehmen gaben 68% an, dass sie eine strategische Werkeentwicklung durchführen, d. h. der Planungshorizont für die Entwicklung ihrer Standorte und Fabriken mehrere Jahre bis Jahrzehnte beträgt. Der Zusammenhang mit der Unternehmensgröße ist ebenfalls hochsignifikant und von mittelstarker Ausprägung ($p = 0{,}001$; Cramérs $V = 0{,}486$). Es können leichte Branchenunterschiede identifiziert werden. Mit dem Maschinen- und Anlagenbau als Referenz für die geringste strategische Perspektive, ist eine strategische Werkeentwicklung in der Elektroindustrie 2,6 mal wahrscheinlicher und beträgt in der Automobilindustrie das dreifache. Diejenigen Unternehmen, die keine strategische Werkeentwicklung durchführen, verspüren zu Projektbeginn zu großen Teilen einen hohen Zeitdruck (76%). Als Gründe für den fehlenden strategischen Weitblick nannten die Unternehmen allen voran mangelnde personelle Kapazitäten (55%). Die Nichteinschätzbarkeit zukünftiger Entwicklungen ist für 52% der befragten Unternehmen eine Herausforderung. Lediglich vier Unternehmen gaben an, dass das Thema für sie keine Relevanz besitzt. Dies entspricht knapp 4% der Gesamtstichprobe und unterstreicht die Bedeutung einer strukturierten strategischen Werkeentwicklung.

Zusammenfassend ist festzuhalten, dass in der Mehrzahl der Unternehmen keine Fabrikplanungsexpertise in Form einer eigenen Abteilung oder eines Experten vorhanden ist und zu viel Zeit zwischen zwei Projekten vergeht, als dass auf Erfahrungswerte zurückgegriffen werden könnte. Kleinere Unternehmen sind davon stärker betroffen als größere. Dies führt zu einer verminderten Planungseffektivität. Weiterhin werden Fabrikplanungsprojekte selten durchgeführt und werden dann oftmals mit wenig Ressourcen neben dem Tagesgeschäft bearbeitet. Dies führt zu geringerem Erfolg und einer verminderten Planungseffizienz. Die in Kapitel 2.2 eingeführte zentrale Größe des Return on Planning (ROP) wird somit durch diese Herausforderungen negativ beeinflusst. Nicht nur leidet in der Folge die Wirtschaftlichkeit der Planung, sondern auch das Planungsergebnis trifft nicht die Erwartungen der Stakeholder. Gleichzeitig sehen die Unternehmen jedoch die Tendenz einer höheren Frequenz von Fabrikplanungsprojekten in der Zukunft und nahezu alle befragten Unternehmen erachten eine strategische Entwicklung ihrer Standorte und Fabriken für wichtig.[135]

Für Unternehmen stellt sich somit die zentrale Frage wie sie die fehlende Expertise in der Fabrikplanung aufbauen können, ohne zwingend umfassende interne organisatorische Strukturen etablieren zu müssen. Im folgenden Kapitel werden daher alternative

[135] Vgl. auch die Ergebnisse aus der Studie „Fabrik der Zukunft", Burggräf et al. (2022), Die Fabrik der Zukunft, S. 436ff.

Ansätze hierfür untersucht. Hierzu wird zunächst auf die Notwendigkeit einer Internalisierung der Fabrikplanungskompetenz eingegangen, indem die Zunft der Fabrikplanung im Lichte der Kernkompetenztheorie erörtert wird.

2.2 Fabrikplanung als Kernkompetenz in Unternehmen

In der wissenschaftlichen Auseinandersetzung mit dem strategischen Management von Unternehmen ist in den 1990er Jahren der ressourcenorientierte Ansatz als Gegenpol zum marktorientierten Ansatz vermehrt in den Fokus gerückt. Statt bei der strategischen Ausrichtung vor allem das Wettbewerbsumfeld zu fokussieren, stehen einzigartige interne Ressourcen, Fähigkeiten und Kompetenzen im Mittelpunkt des „Resource-based View".[136] Ausgehend von den zentralen Arbeiten von PRAHALAD und HAMEL sowie etwas später BARNEY, hat sich in diesem Zuge die *Kernkompetenztheorie* entwickelt. Unternehmen erzielen genau dann nachhaltige Wettbewerbsvorteile, wenn sie über einzigartige Kernkompetenzen verfügen und diese gezielt einzusetzen wissen.[137] PRAHALAD und HAMEL definieren eine Kernkompetenz wie folgt: „A core competence is a bundle of skills and technologies that enables a company to provide a particular benefit to customers."[138] Demzufolge muss eine Kernkompetenz einen hohen Beitrag zum *wahrgenommenen Kundennutzen* leisten, im Wettbewerb *einzigartig* sein und *ausbaufähig* sein, damit sie auf neue Produkte oder in andere Märkte übertragen werden kann.[139]

Zur Überprüfung, ob eine Ressource oder Fähigkeit zu nachhaltigen Wettbewerbsvorteilen führt, entwickelt BARNEY ein Prüfschema mit vier zentralen Merkmalen. Demnach handelt es sich um eine Kernkompetenz, wenn eine Ressource oder Fähigkeit *wertvoll*, *selten*, *nicht* oder nur *schwer imitierbar* und *nicht substituierbar* ist.[140] Dieses VRIN-Schema, abgeleitet aus den englischen Begriffen „valuable", „rare", „imperfectly imitable" und „non substitutable", entwickeln BARNEY und HESTERLEY weiter zum VRIO-Schema, in dem die Nicht-Substituierbarkeit durch die *Organisation* des Unternehmens ersetzt wird. Ein Unternehmen ist nur dann in der Lage einen besonders

---

[136] Vgl. Rüegg-Stürm und Grand (2020), Das St. Galler Management-Modell, S. 92ff.

[137] Vgl. Prahalad und Hamel (1990), The Core Competence of the Corporation, S. 79ff.; Barney (1991), Firm Resources and Sustained Competitive Advantage, S. 99ff.

[138] Vgl. Hamel und Prahalad (1994), Competing for the future, S. 199

[139] Vgl. Hamel und Prahalad (1994), Competing for the future, S. 204ff.

[140] Vgl. Barney (1991), Firm Resources and Sustained Competitive Advantage, S. 105f.

nachhaltigen Wettbewerbsvorteil zu erlangen, wenn die Organisation des Unternehmens so aufgebaut und ausgerichtet ist, dass das volle Potenzial der wertvollen, seltenen und schwer imitierbaren Ressourcen und Fähigkeiten ausgeschöpft wird.[141]

In Abbildung 2-10 ist das VRIO-Schema mit dem Bezug zum Wettbewerbseffekt bzw. der Ausbildung organisationaler Stärken und Schwächen dargestellt. Ist eine Ressource oder Fähigkeit wertvoll, spricht man von einer *organisationalen Stärke* und es kann im Wettbewerb zumindest eine Parität mit Konkurrenten erreicht werden. Ist sie darüber hinaus selten, kann ein Unternehmen zumindest einen temporären Wettbewerbsvorteil erlangen und man bezeichnet sie nicht nur als Stärke, sondern sie stellt auch eine *distinktive Kompetenz* dar. Zu einem nachhaltigen Wettbewerbsvorteil wird eine Ressource oder Fähigkeit erst dann, wenn diese schwer bzw. nur zu sehr hohen Kosten durch andere Unternehmen zu imitieren ist. In diesem Fall spricht man von einer *nachhaltigen, distinktiven Kompetenz*, die, wenn ihr volles Potenzial durch die Organisation der Unternehmung ausgeschöpft wird, auch als *Kernkompetenz* bezeichnet wird. Ist eine Ressource oder Fähigkeit hingegen mit überschaubarem Aufwand bzw. Kosten von anderen Unternehmen imitierbar, führt diese nur temporär zu einem Wettbewerbsvorteil gegenüber der Konkurrenz. Die organisatorischen Gegebenheiten bestimmen darüber hinaus den Grad der Ausnutzung der Ressourcen und Fähigkeiten und können beispielsweise dazu führen, dass trotz des Vorhandenseins einer wertvollen, seltenen und schwer imitierbaren Fähigkeit kein nachhaltiger Wettbewerbsvorteil erzielt wird.[142]

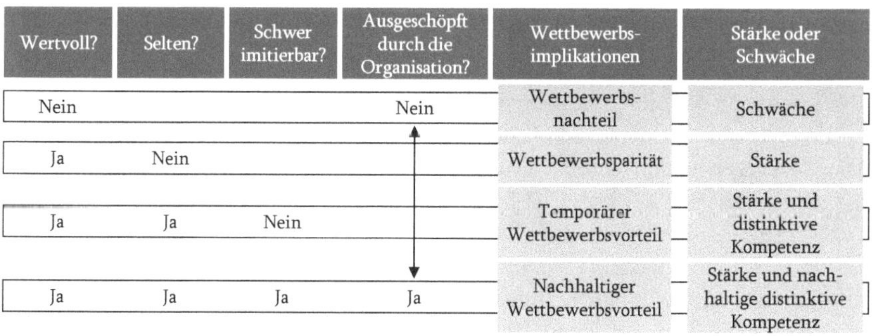

Abbildung 2-10: VRIO-Schema zur Analyse von Kernkompetenzen[143]

[141] Vgl. Barney und Hesterly (2015), Strategic Management and Competitive Advantage, S. 88ff.

[142] Vgl. Barney und Hesterly (2015), Strategic Management and Competitive Advantage, S. 103f.

[143] In Anlehnung an Barney und Hesterly (2015), Strategic Management and Competitive Advantage, S. 103f.

Für den weiteren Diskurs über die Notwendigkeit der Internalisierung der Fabrikplanung in Unternehmen, stellt sich nun die Frage nach der Charakterisierung der Fabrikplanung als Kernkompetenz. Wird die Fabrikplanung als Kernkompetenz eingestuft, ist sie die Grundlage für die Ausbildung nachhaltiger Wettbewerbsvorteile und eine organisatorische Verankerung damit unverzichtbar. Im Folgenden soll daher eine Einschätzung anhand des vorgestellten VRIO-Schemas nach BARNEY und HESTERLEY erfolgen.

Die Fabrikplanung kann zunächst als *wertvolle* Fähigkeit charakterisiert werden. Im Rahmen der Fabrikplanung wird die Leistungsfähigkeit des zukünftigen Fabriksystems bestimmt, sowohl hinsichtlich der Wirtschaftlichkeit, als auch der technologischen Innovationskraft des Produktionssystems. Zudem ist die Tragweite von Entscheidungen bezüglich finanzieller Ressourcen und Dauerhaftigkeit oftmals enorm.[144] Mit einer erfolgreichen Fabrikplanung wird also die Grundlage für eine wettbewerbsfähige Produktion geschaffen und ist für Unternehmen entscheidend, um keine Nachteile gegenüber Konkurrenten am Markt durch eine verminderte Leistungsfähigkeit zu erleiden.

Die vorgestellte empirische Studie hat gezeigt, dass wenige Unternehmen interne Strukturen in der Fabrikplanung besitzen, sei es durch eine eigene Abteilung oder ein Expertenteam. Damit einher geht, dass nur wenige Unternehmen einem strukturierten Fabrikplanungsprozess folgen oder Fabrikstandards entwickeln, um die Effektivität und Effizienz von Projekten zu erhöhen. Darüber hinaus kann oftmals auch auf kein Erfahrungswissen zurückgegriffen werden, da in vielen Unternehmen der Abstand zwischen zwei Fabrikplanungsprojekten zu groß ist. Demzufolge ist die Fabrikplanung eine *selten* anzutreffende Kompetenz in Unternehmen.

Die Frage nach der Imitierbarkeit von Fabrikplanungskompetenzen ist nicht eindeutig zu beantworten. Auf der einen Seite kann argumentiert werden, dass die Fabrik ein komplexes System darstellt, das vielfältige Interdependenzen der verschiedenen Elemente aufweist wie in Kapitel 2.1 beschrieben.[145] Fabrikplanungskompetenzen zu erwerben ist somit immer mit einem gewissen Aufwand verbunden, da hierfür in Personalressourcen und digitale Tools investiert werden muss. Soll der Aufbau schnell erfolgen, müssen Know-how und Erfahrung durch den Einkauf von Experten gewonnen werden. Auf der anderen Seite ist die Fabrikplanung kein unbekanntes Feld und wird bereits seit vielen Jahrzehnten wissenschaftlich erforscht und vielerorts professionell durchgeführt. Zahlreiche Methoden, Vorgehensweisen und digitale Tools sind somit hinlänglich bekannt und am Markt frei zugänglich. Daraus lässt sich schlussfolgern,

[144] Vgl. Kapitel 2.1

[145] Vgl. Burggräf et al. (2021), Fabrikplanung, S. 13ff.

dass der Aufbau von Fabrikplanungskompetenzen zwar mit einem gewissen Aufwand verbunden ist, die *Imitierbarkeit* aber grundsätzlich möglich ist.

Hinsichtlich der *Organisation* der Kompetenz Fabrikplanung lässt sich keine allgemeingültige Aussage treffen, da dies unternehmensspezifisch gestaltet ist. Die empirische Studie hat jedoch gezeigt, dass eine organisatorische Verankerung nur bei wenigen Unternehmen gegeben ist. Somit ist unternehmensindividuell zu bewerten, wie gut eventuell vorhandene Ressourcen und Fähigkeiten in diesem Bereich ausgeschöpft werden. Je besser die organisatorische Gestaltung, desto eher kann hierdurch ein Wettbewerbsvorteil erwachsen. Die Frage der Organisation stellt somit einen Anpassungsfaktor dar, der über den Grad der Ausschöpfung der Kompetenz Fabrikplanung im Unternehmen entscheidet.[146]

Gemäß dem VRIO-Schema kann die Fabrikplanung somit nicht als Kernkompetenz eingestuft werden. Weder die Nicht-Imitierbarkeit, noch die organisatorischen Strukturen sind in den meisten Unternehmen gegeben. Die Fabrikplanung ist jedoch eine wertvolle und seltene Fähigkeit, so dass von einer distinktiven Kompetenz gesprochen werden kann, die zumindest einen temporären Wettbewerbsvorteil verspricht. Sie stellt somit eine nicht zu vernachlässigende Fähigkeit in Unternehmen dar. Aufgrund der Tragweite der Entscheidungen und der Stellhebel für die zukünftige Leistungsfähigkeit des Fabriksystems, wird die Fabrikplanung daher als *notwendige Planungskompetenz* charakterisiert.

Für Unternehmen stellt sich somit die grundlegende Frage, wie diese Planungskompetenz abgebildet werden kann. Hierfür sind insbesondere Ansätze von Interesse, die keine umfassende Internalisierung und den Aufbau fester organisatorischer Strukturen erfordern. Den entgegengesetzten Pol zur Internalisierung stellt der Markt dar. Unternehmen könnten grundsätzlich sämtliche Fabrikplanungsaufgaben durch externe Dienstleister erbringen lassen. Hierfür stehen am Markt zahlreiche professionelle Planungsbüros und Beratungsunternehmen zur Verfügung. Dies ist jedoch nur bedingt zielführend, da dieser Ansatz zum einen auf Dauer sehr kostspielig ist, zum anderen erfordert die erfolgreiche Durchführung von Fabrikplanungsprojekten ein tiefes Verständnis der Produktionsprozesse sowie der zahlreichen Schnittstellen zu anderen Unternehmensbereichen. Außerdem verhindert die Externalisierung die Hebung von unternehmensspezifischen Synergien und es werden keine Planungsstandards entwickelt. Vielversprechender sind daher Hybridansätze, die einen optimalen Mix aus Marktkomponenten und einem gewissen Maß an internen Strukturen ermöglichen.

[146] Vgl. Barney und Hesterly (2015), Strategic Management and Competitive Advantage, S. 104

Eine solche Mischform stellt die *unternehmensübergreifende Kooperation in einem Wissensnetzwerk* dar. Die intern abzubildenden Ressourcen werden hierbei auf ein Minimum beschränkt, während gleichzeitig die Potenzierung von Wissen durch einen interorganisationalen Wissens- und Erfahrungsaustausch maximiert wird.

Unternehmensnetzwerke entstehen seit vielen Jahren in den verschiedensten Bereichen, beispielhaft zu nennen sind Wertschöpfungsnetzwerke zur gemeinsamen Produktion von Gütern oder Innovationsnetzwerke zur gemeinsamen Entwicklung innovativer Produkte.[147] Aus der Netzwerkforschung sind zahlreiche positive Effekte dieser Kooperationsform bekannt, so dass dies einen interessanten und vielversprechenden Lösungsansatz für die skizzierten Herausforderungen von Unternehmen im Bereich der Fabrikplanung darstellt. Im nachfolgenden Kapitel soll daher auf die Grundalgen von Netzwerken und Kooperationen näher eingegangen werden und der Typus Wissensnetzwerk als Ersatz intraorganisationaler Strukturen in der Fabrikplanung untersucht werden.

2.3 Netzwerke zum unternehmensübergreifenden Wissensaufbau

In den vorangegangenen Kapiteln wurde ein grundlegendes Verständnis über die Fabrikplanung geschaffen und die Herausforderung der Unternehmen erörtert, Expertise in diesem Bereich aufzubauen, ohne umfassende interne organisatorische Strukturen etablieren zu müssen. In diesem Kontext wurde bereits auf Netzwerke als Möglichkeit des unternehmensübergreifenden Wissensaufbaus eingegangen. Im nachfolgenden Kapitel sollen daher Unternehmensnetzwerke näher untersucht werden. Dazu werden nach einer Begriffsdefinition zunächst die Grundlagen von Netzwerkkooperationen sowie der spezifische Netzwerktypus interorganisationales Wissensnetzwerk vorgestellt. Anschließend werden anhand einer empirischen Studie des Autors relevante Ressentiments in Netzwerkkooperationen erörtert, die eine Kooperation schlimmstenfalls zum Scheitern bringen können. Abschließend wird das Wachstumsdilemma von Netzwerken diskutiert und Implikationen für die weitere Untersuchung abgeleitet.

[147] Vgl. Bogers et al. (2017), Open innovation research landscape, S. 8ff.; Nee (2014), Strategien für Wertschöpfungsnetzwerke, S. 44ff.

2.3.1 Begriffsdefinition

Kooperationen zwischen Menschen mit dem Zweck wirtschaftliche Aktivitäten zu bündeln existieren bereits viele Jahrhunderte. Dennoch taucht der Begriff in der wirtschaftswissenschaftlichen Literatur erstmals in den 1950er Jahren auf.[148] Etymologisch leitet sich der Begriff Kooperation aus dem lateinischen Wort *cooperare* ab, was übersetzt *zusammenarbeiten* bedeutet. Eine Kooperation beschreibt also im weitesten Sinne die Zusammenarbeit zwischen verschiedenen Unternehmen oder am Wirtschaftsleben beteiligten Personen.[149] BODE ET AL. definieren eine Kooperation wie folgt: „Eine Kooperation ist die Zusammenarbeit von mindestens zwei rechtlich und wirtschaftlich selbstständigen Unternehmen, die im Vergleich zum individuellen Vorgehen einen höheren Grad der Zielerfüllung erreichen wollen. Diese freiwillige Zusammenarbeit erfolgt auf der Basis gemeinsamer Ziele und kann vertraglich oder durch gemeinsame Absprachen vereinbart und gegebenenfalls extern koordiniert werden."[150] Dieses Verständnis liegt dieser Arbeit zu Grunde. Die Definition legt dar, dass durch die Kooperation ein zusätzlicher Nutzen geschaffen werden soll, der erst durch das Zusammenwirken mehrerer Unternehmen entsteht. Daher wird im Folgenden auf verschiedene Effekte eingegangen, die das Eingehen einer Kooperation motivieren.

Die Motive für eine Zusammenarbeit sind vielfältig und eng verknüpft mit dem Ziel, das im Rahmen der Kooperation verfolgt wird. Durch das Eingehen von Unternehmenskooperationen, insbesondere in vom Hauptsitz weit entfernten Regionen, können neue, oft noch unbekannte Märkte erschlossen werden.[151] Weiterhin kann durch Kooperationen der Zugang zu Technologien ermöglicht werden und durch Know-how Transfer die Produktqualität erhöht werden.[152] Andere Unternehmen schließen sich zusammen, um durch eine verteilte Wertschöpfung Kosten zu senken oder um als Einkaufskonglomerat eine größere Verhandlungsmacht am Markt zu erlangen.[153] Ein weiterer wichtiger Faktor ist die Generierung neuer Eindrücke, Ideen und Anregungen

[148] Vgl. Vizjak (1990), Wachstumspotentiale durch strategische Partnerschaften, S. 28

[149] Vgl. Apelt (1999), Vertrauen in der zwischenbetrieblichen Kooperation, S. 7

[150] Bode et al. (2011), Messung von Kooperationserfolg, S. 665

[151] Vgl. Rumer (1994), Internationale Kooperationen, S. 31ff.; Scheuss (2016), Handbuch der Strategien, S. 116f.

[152] Vgl. Maaß et al. (2006), FuE-Kooperationen, S. 33ff.; Rumer (1994), Internationale Kooperationen, S. 31ff.

[153] Vgl. Brand und Herrmann (2012), Elektromobile Wertschöpfungskette, S. 717ff.; Nee (2014), Strategien für Wertschöpfungsnetzwerke, S. 44ff.

durch einen strukturierten Wissensaustausch, der ein organisationales Lernen ermöglicht.[154] Auf diese Weise kann auch die Innovationsfähigkeit eines Unternehmens erhöht werden.[155] Weiterhin kann der Wissensaustausch beispielsweise in der gemeinsamen Erarbeitung von Standards münden, um interne Planungsaufwände in der Zukunft zu minimieren und bessere Planungsergebnisse zu erzielen.[156] In Summe entstehen durch die Zusammenarbeit diverse Synergieeffekte, die die Wettbewerbsfähigkeit entscheidend erhöhen und die von keinem Unternehmen aus eigener Kraft im jeweiligen Ausmaß erreicht werden können.[157] Demgegenüber stehen aber auch gewisse Risiken, die Unternehmen in einer Kooperation in Kauf nehmen. Zum einen muss erst einmal eine Vertrauensbeziehung zwischen den Kooperationspartnern aufgebaut werden. Zum anderen herrscht eine hohe Komplexität durch zahlreiche Schnittstellen. Weiter zu nennen ist die Gefahr des Verlusts von eigenem Know-how und die Entstehung eines Abhängigkeitsverhältnisses.[158] Diese Risiken und Herausforderungen wurden in einer empirischen Studie des Autors tiefergehend untersucht und werden in Kapitel 2.3.3 näher beleuchtet. Meist überwiegen die Vorteile einer Kooperation, insbesondere dann, wenn die Risiken gut einkalkuliert sind und mit Maßnahmen entgegengewirkt wird. Daher können Kooperationen heute an vielen Stellen in der Wirtschaftswelt beobachtet werden. Zur Übersicht eignet sich eine Betrachtung der Gestaltungsformen von Unternehmenskooperationen, worauf im nachfolgenden Kapitel eingegangen wird.

Der Begriff Netzwerk oder Unternehmensnetzwerk ist von dem Begriff der Kooperation abzugrenzen. Wenn auch die beiden Begriffe in der Literatur oft synonym verwendet werden und dadurch die semantische Trennschärfe verwischt, beschreiben beide Begriffe doch eine unterschiedliche Perspektive auf die zwischenbetriebliche Interaktion.[159] Die Kooperation nimmt grundsätzlich eine Prozessperspektive ein und beschreibt die Art und Weise wie zwei oder mehrere Unternehmen zusammenarbeiten. Das Netzwerk hingegen legt den Fokus auf die Struktur der interorganisationalen

[154] Vgl. Caspers et al. (2004), Interorganisatorische Wissensnetzwerke, S. 2ff.; Maaß et al. (2006), FuE-Kooperationen, S. 33f.; Sydow und van Well (2010), Wissensintensiv durch Netzwerkorganisation, S. 143ff.

[155] Vgl. Bogers et al. (2017), Open innovation research landscape, S. 8ff.; Dhanaraj und Parkhe (2006), Orchestrating Innovation Networks, S. 659ff.; Hagedoorn und Schakenraad (1994), Strategic technology alliances, S. 291ff.; Svare et al. (2019), Trust in innovation networks, S. 1ff.

[156] Vgl. Voet (2018), Baukastensysteme für die Fabrikplanung, S. 121ff.

[157] Vgl. Becker et al. (2011), Netzwerke, S. 4f.; Hartlieb et al. (2003), Innovationsnetzwerke, S. 213f.

[158] Vgl. Harrigan (1988), Strategic Alliances, S. 205ff.; Nee (2014), Strategien für Wertschöpfungsnetzwerke, S. 53f.; Scheuss (2016), Handbuch der Strategien, S. 116ff.

[159] Vgl. Wegehaupt (2004), Führung von Produktionsnetzwerken, S. 11f.

Zusammenarbeit, also durch welche formalen und organisatorischen Merkmale die Interaktionsbeziehung gestaltet ist. Dies ist in Analogie zur Trennung zwischen Aufbau- und Ablauforganisation zu sehen, wie sie in der klassischen Organisationstheorie vorgenommen wird.[160]

2.3.2 Netzwerktypen und Koordinationsformen

Die Einordnung verschiedener Gestaltungsformen von Kooperationen kann gemäß SCHUH ET AL. entlang der Dimensionen Zeithorizont und Flexibilität erfolgen (siehe Abbildung 2-11).[161] In der Literatur finden sich häufig drei Grundtypen: die strategische Allianz, das Joint Venture und das Unternehmensnetzwerk.[162] Weitere davon abzugrenzende Kooperationsformen sind das Konsortium, strategisches Netzwerk, fokales Netzwerk, Cluster, Plattform, virtuelle Unternehmen und Märkte. Eine detaillierte Darstellung der Eigenschaften dieser Kooperationsformen findet sich bei SCHUH ET AL.[163] Zur feineren Unterscheidung der verschiedenen Gestaltungsformen von Kooperationen können diese in einer Morphologie klassifiziert werden (vgl. Abbildung A-1).

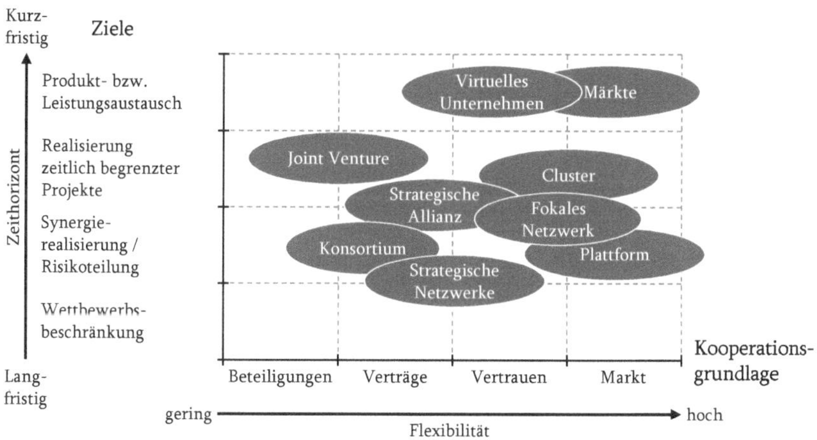

Abbildung 2-11: Formen von Kooperationen und Unternehmensnetzwerken[164]

[160] Vgl. Schuh et al. (2011), Vernetzte Wertschöpfung, S. 477ff.

[161] Vgl. Schuh et al. (2011), Vernetzte Wertschöpfung, S. 486ff.

[162] Vgl. Hess (2002), Netzwerkcontrolling, S. 10; Höfer (1996), Strategische Allianzen und Spieltheorie, S. 35ff.; Kraege (1997), Controlling strategischer Unternehmungskooperationen, S. 70ff.

[163] Vgl. Schuh et al. (2011), Vernetzte Wertschöpfung, S. 486ff.

[164] In Anlehnung an Schuh et al. (2011), Vernetzte Wertschöpfung, S. 488

Unternehmensnetzwerk

Der Grundtyp Unternehmensnetzwerk ist wenig einheitlich definiert.[165] Dies folgt nicht zuletzt aus der weiter oben beschriebenen synonymen Verwendung mit dem Begriff Kooperation. Es existieren aber auch zahlreiche weitere Synonyme, die in der Literatur Verwendung finden. Beispielhaft seien an dieser Stelle Netzwerk, Netzwerkkooperation oder Wertschöpfungsnetzwerk genannt. Dementsprechend weisen die Definitionen der beiden Begriffe diverse Gemeinsamkeiten auf.[166] Nach SIEBERT ist ein Unternehmensnetzwerk definiert durch die „koordinierte Zusammenarbeit zwischen mehreren rechtlich selbstständigen und formal unabhängigen Unternehmen."[167] Diese Definition ist sehr eng an jener zum Begriff Kooperation nach BODE ET AL.[168] SYDOW ET AL. erweitern diese daher: „Unternehmensnetzwerke sind eine Organisationsform ökonomischer Aktivitäten, welche die Koordinationspotenziale von Markt und Hierarchie (Organisation) in intelligenter Weise miteinander verknüpft und die sich infolge durch komplex-reziproke, eher kooperative denn kompetitive und relativ stabile Beziehungen zwischen mehr als zwei rechtlich selbstständigen, wirtschaftlich jedoch mehr oder weniger abhängigen Unternehmungen auszeichnet."[169] Die Dauer der Kooperationsbeziehung kann rein projektbezogen und damit kurzfristiger Natur sein. Häufiger jedoch sind die Beziehungen langfristiger Natur bzw. zeitlich unbefristet.[170] Des Weiteren besitzen Unternehmensnetzwerke drei zentrale Eigenschaften:[171]

- Funktionen der Kooperationspartner werden zwar eng koordiniert, aber nicht fusioniert
- Mindestens drei, häufig jedoch mehr Kooperationspartner bilden das Unternehmensnetzwerk
- Ziel des Unternehmensnetzwerks ist der permanente Austausch von Leistungen

Das Ziel von Unternehmensnetzwerken, insbesondere in jenen mit Fokus auf Wertschöpfung besteht gemäß KOTHANDARAMAN und WILSON darin, eine Überlegenheit im

[165] Vgl. Hess (2002), Netzwerkcontrolling, S. 11
[166] Vgl. Corsten (2001), Koordination in Unternehmungsnetzwerken, S. 3f.
[167] Siebert (2010), Ökonomische Analyse von Unternehmensnetzwerken, S. 9
[168] Vgl. Kapitel 2.3.1
[169] Sydow und van Well (2010), Wissensintensiv durch Netzwerkorganisation, S. 149
[170] Vgl. Hess (2002), Netzwerkcontrolling, S. 11
[171] Vgl. Schuh et al. (2011), Vernetzte Wertschöpfung, S. 479; Wegehaupt (2004), Führung von Produktionsnetzwerken, S. 15f.

Kundennutzen zu erzielen. Dies wird durch die Kernfähigkeiten der am Netzwerk beteiligten Unternehmen sowie der Beziehungen untereinander erzielt.[172]

Wissensnetzwerk

Wissensnetzwerke stellen eine Spezialform von Unternehmensnetzwerken dar. Im Gegensatz zu Wertschöpfungsnetzwerken besteht das Ziel nicht darin, einen überlegenen Kundennutzen zu erzielen, sondern Wissen als zentrale Ressource des Netzwerks durch interorganisationale Aktivitäten dauerhaft zu steigern.[173] Wissensnetzwerke können grundsätzlich innerhalb eines Unternehmens oder zwischen verschiedenen Unternehmen aufgebaut werden. Im Rahmen dieser Arbeit sollen jedoch nur interorganisationale Wissensnetzwerke betrachtet werden. Nach CASPERS ET AL. kann demzufolge unter einem Wissensnetzwerk die Kooperation mehrerer Wissensträger aus verschiedenen Organisationen verstanden werden, die ihr Spezialwissen in eine gemeinsam genutzte Wissensbasis einbringen. Darüber hinaus wird zur Lösung diverser Probleme neues Wissen erzeugt und im Netzwerk integriert. Somit besteht der Zweck von Wissensnetzwerken darin, mittels Wissenserzeugung und Wissensnutzung den individuellen Nutzen für jedes Netzwerkmitglied zu maximieren.[174] Im Gegensatz zu Unternehmensnetzwerken, können auch wissenschaftliche oder staatliche Organisationen Teil eines Wissensnetzwerks sein.[175] Aufbauend auf der oben genannten allgemeinen Definition für Netzwerke nach SYDOW, lassen sich interorganisationale Wissensnetzwerke nach KREIS-HOYER und GRÜNBERG definieren als „Zusammenarbeit zwischen mehr als zwei wissenschaftlichen und/oder wirtschaftlichen Akteuren (Organisationen oder Personen) mit dem Ziel, strategische Vorteile zu erlangen durch Produktion und/oder Nutzung und/oder Diffusion von vorhandenem und neuem Wissen.“[176]

In Analogie zu KOTHANDARAMAN und WILSON kann ein Modell für ein Wissensnetzwerk in der Fabrikplanung aufgebaut werden, dessen Ziel es ist, eine überlegene Expertise im Bereich Fabrikplanung im Netzwerk zu erzielen und diese kontinuierlich auszubauen.[177] Diese wird durch das Kernwissen und die Erfahrungen der Unternehmen erzeugt und durch die interorganisationalen Beziehungen und des damit verbundenen Wissensaustausches ermöglicht. Gleichzeitig sind es die Unternehmensbeziehungen, die dazu führen, dass das Kernwissen in den Unternehmen erhalten bleibt. Die erforderliche Expertise im Bereich Fabrikplanung legt fest, welches Kernwissen

[172] Vgl. Kothandaraman und Wilson (2001), The Future of Competition, S. 384
[173] Vgl. Sydow und van Well (2010), Wissensintensiv durch Netzwerkorganisation, S. 146
[174] Vgl. Caspers et al. (2004), Interorganisatorische Wissensnetzwerke, S. 4f.
[175] Vgl. Kreis-Hoyer und Grünberg (2004), Typologie von Wissensnetzwerken, S. 111
[176] Kreis-Hoyer und Grünberg (2004), Typologie von Wissensnetzwerken, S. 111
[177] Vgl. Kothandaraman und Wilson (2001), The Future of Competition, S. 384

der Unternehmen wertvoll für das Netzwerk ist. Zusätzlich verstärkt die überlegene Expertise des Netzwerks die Beziehungen zwischen den Kooperationspartnern. Darüber hinaus werden die interorganisationalen Beziehungen durch das Kernwissen der Unternehmen eingeschränkt, da Unternehmen Kooperationsbeziehungen nur eingehen, wenn der Konterpart über ein einzigartiges Kernwissen verfügt, das für das eigene Unternehmen bereichernd ist.

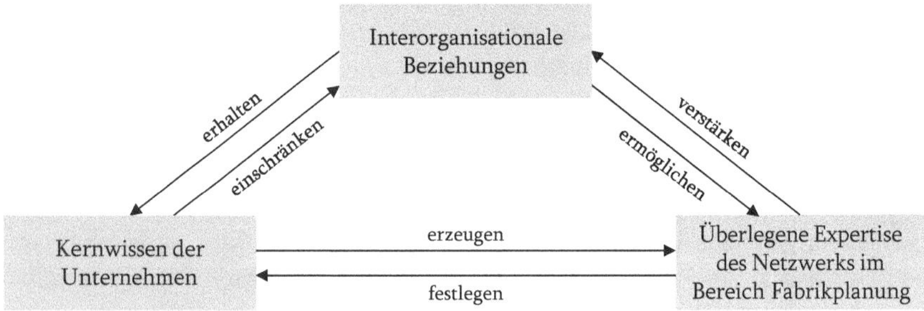

Abbildung 2-12: Modell eines Wissensnetzwerks[178]

Koordinationsformen

Netzwerke und gemeinhin auch Wissensnetzwerke können als komplexe Systeme aufgefasst werden. Sie unterliegen generell einer hohen Dynamik der Systemelemente und der Systemumwelt und die vielfältigen Vernetzungen sind teils nur schwer identifizierbar. Darüber hinaus sind sie durch ein begrenztes Steuerungspotenzial gekennzeichnet.[179] Nichtsdestotrotz oder gerade deshalb kommt dem Management von Netzwerken eine besondere Bedeutung zu. Viele Autoren bedienen sich hierfür der Systemtheorie, um Modelle für die Koordination von Netzwerken abzuleiten.[180] Hierbei kann grundsätzlich zwischen geführten und ungeführten Netzwerken unterschieden werden. WEGEHAUPT verknüpft die Netzwerkstruktur mit der Koordinationsform, um vier grundlegende Koordinationstypen für Netzwerke abzuleiten (siehe Abbildung 2-13).

[178] In Anlehnung an Kothandaraman und Wilson (2001), The Future of Competition, S. 384

[179] Vgl. Gratl (2002), Management virtueller Unternehmensnetzwerke, S. 110

[180] Vgl. Gratl (2002), Management virtueller Unternehmensnetzwerke, S. 107ff.; Wegehaupt (2004), Führung von Produktionsnetzwerken, S. 102ff.

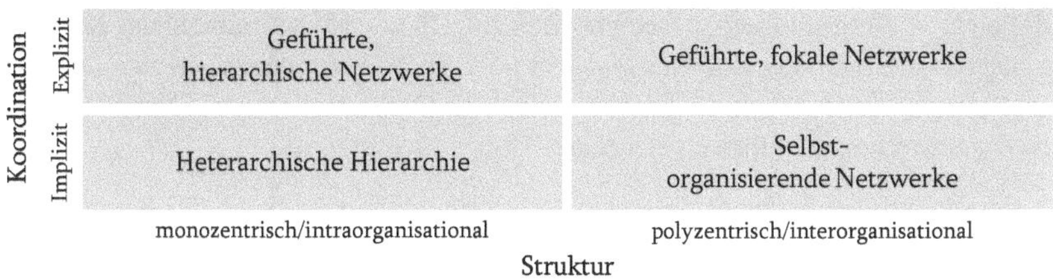

Abbildung 2-13: Koordinationsformen von Unternehmensnetzwerken[181]

In ungeführten Netzwerken erfolgt die Koordination nur implizit durch ein selbstorganisierendes, autonomes System. Das Netzwerk koordiniert sich also aus sich selbst heraus und es existiert keine übergeordnete Instanz, die in das Netzwerkgeschehen von außen eingreift. Unterschieden werden hierbei die heterarchische Hierarchie innerhalb eines Unternehmens und selbstorganisierende, interorganisationale Netzwerke.[182]

In geführten Netzwerken hingegen erfolgt die Koordination explizit durch eine zentrale Instanz. Handelt es sich um ein Netzwerk innerhalb eines Unternehmens, spricht man von einem geführten, hierarchischen Netzwerk. Eine typische koordinierende Instanz ist hierbei der Projektmanager. Hat das Netzwerk eine interorganisationale Struktur, spricht man von einem geführten, fokalen Netzwerk, dessen zentrale Instanz ein Community-Manager ist, der eher eine lenkende denn hierarchisch-weisungsbefugte Rolle einnimmt.[183] Obwohl beide Koordinationsformen in der Praxis beobachtbar sind, scheinen geführte, fokale Netzwerke erfolgreicher zu sein.[184] Die Funktionen der fokalen Instanz beziehen sich dabei vornehmlich auf das normative und strategische Management des Netzwerks.[185]

In der englischsprachigen Wissenschaftscommunity wird bei diesem Typ von Netzwerk von dem Prozess der Orchestration bzw. dem Netzwerkorchestrator gesprochen, der die Führung und Koordination des Netzwerks übernimmt. Dieser kann aus dem Netzwerk gestellt werden, d. h. ein Unternehmen übernimmt diese Rolle oder aber eine neutrale Instanz von außen, z. B. eine wissenschaftliche Organisation nimmt diese

[181] Wegehaupt (2004), Führung von Produktionsnetzwerken, S. 24

[182] Vgl. Wegehaupt (2004), Führung von Produktionsnetzwerken, S. 24

[183] Vgl. Wegehaupt (2004), Führung von Produktionsnetzwerken, S. 24

[184] Vgl. Bickhoff et al. (2014), Mit Virtuellen Unternehmen zum Erfolg, S. 93ff.; Harrigan (1988), Strategic Alliances, S. 205ff.; Scheuss (2016), Handbuch der Strategien, S. 224

[185] Vgl. Wegehaupt (2004), Führung von Produktionsnetzwerken, S. 25

Rolle ein.[186] Aufgrund seiner metaphorisch zutreffenden Beschreibung des Koordinationsprozesses bzw. der Rolle als Manager oder Koordinator eines Netzwerks, werden im Rahmen dieser Arbeit die zentralen Begriffe *Orchestration eines Netzwerks* bzw. *Netzwerkorchestrator* fortan verwendet.[187]

Basierend auf den bis hierhin dargelegten Vorüberlegungen, kann der Betrachtungsbereich dieser Arbeit wie folgt eingegrenzt werden:

Der Fokus dieser Arbeit liegt auf dem Paradigma eines ***geführten, interorganisationalen Netzwerks****, welches durch eine zentrale koordinierende Instanz – dem* ***Netzwerkorchestrator*** *– explizit geführt wird. Ein Netzwerk wird hierbei als komplexes System in einer dynamischen Umwelt verstanden, dem mit Ansätzen des systemischen Managements begegnet werden muss. Die Arbeit betrachtet als Spezialform des Unternehmensnetzwerks das* ***Wissensnetzwerk*** *gemäß obiger Definition, das neben wirtschaftlichen Akteuren auch wissenschaftliche Organisationen als Teilnehmer haben kann und die Erlangung einer* ***überlegenen Expertise auf dem Gebiet der Fabrikplanung*** *durch die Erzeugung, Nutzung und Diffusion von Kernwissen einzelner Unternehmen sowie externer Experten zum Ziel hat.*

2.3.3 Studie: Ressentiments von Unternehmen gegenüber Netzwerkkooperationen

Eingangs zu Kapitel 2.3 wurde neben zahlreichen Vorteilen von interorganisationalen Netzwerken angeführt, dass gewisse Risiken und Herausforderungen bestehen, die einer erfolgreichen Kooperation entgegenstehen. Die in Kapitel 2.1.3 vorgestellte empirische Studie verfolgte daher neben der Erforschung unternehmensspezifischer Herausforderungen in der Fabrikplanung als zweites wesentliches Ziel, Implikationen für die Gestaltung einer netzwerkbasierten Fabrikplanung abzuleiten. Der Aufbau und die Ergebnisse des zweiten Teils der Studie werden nachfolgend beschrieben.

Studiendesign Teil II

In der Kooperation von Unternehmen in einem Netzwerk können *Ressentiments* beobachtet werden. Der Duden definiert ein Ressentiment als eine gefühlsmäßige, oftmals unbewusste Abneigung gegenüber jemandem, die auf Vorurteilen beruht.[188] Wer-

[186] Vgl. Burggräf et al. (2022), Network-based factory planning, S. 1173ff.; Dhanaraj und Parkhe (2006), Orchestrating Innovation Networks, S. 659ff.; Giudici et al. (2018), Open-System Orchestration, S. 1369ff.; Nambisan und Sawhney (2011), Orchestration Processes in Network-Centric Innovation, S. 40ff.

[187] Der Begriff Netzwerkorchestration wird in Kapitel 3.1.3 im Kontext des Managements von Netzwerken ausführlich diskutiert

[188] Vgl. Duden (2021), Ressentiment

den diese Ressentiments nicht hinreichend durch den Netzwerkorchestrator adressiert, leidet die Effektivität der Zusammenarbeit und kann im schlimmsten Fall zum Scheitern des Netzwerks führen.[189]

Basierend auf der in Kapitel 2.1.3 vorgestellten strukturierten Literaturrecherche wurden daher 77 Aussagen zu Ressentiments von Unternehmen gegenüber Netzwerkkooperationen extrahiert. Diese wurden zunächst zu 39 Kernaussagen konsolidiert und schließlich über eine Clusteranalyse zu thematischen Blöcken zusammengefasst. Für den zweiten Teil der Studie ergeben sich somit Ressentiments von Unternehmen gegenüber Netzwerkkooperationen in den folgenden 13 Feldern:

- Akzeptanz
- Autonomie / Abhängigkeit
- Koordination
- Kapazität / Ressourcen
- Kultur / Werte
- Netzwerkbildung / Kooperationspartner
- Opportunismus
- Recht / Verträge
- Leistungsmodell
- Verantwortlichkeiten / Rollen
- Vertrauen / Zuverlässigkeit
- Wissensabfluss / Wissensmissbrauch
- Zweck und Ziele des Netzwerks

Diese Cluster beschreiben nicht nur die Herausforderungen, die in der Kooperation mehrerer Unternehmen auftreten, sondern bieten gleichzeitig wertvolle Anhaltspunkte zur Gestaltung eines Netzwerks. Werden die Ressentiments durch den Netzwerkorchestrator berücksichtigt und ihnen mit entsprechenden Maßnahmen, Strukturen und Prozessen aktiv entgegengewirkt, erhöht dies die Wahrscheinlichkeit für eine langfristig erfolgreiche Kooperation.

[189] Vgl. Burggräf et al. (2022), Network-based factory planning, S. 1173ff.; Gausdal et al. (2016), High-trust networks, S. 194ff.; Harrigan (1988), Strategic Alliances, S. 205ff.; Scheuss (2016), Handbuch der Strategien, S. 224

Für den zweiten Teil der Studie wurden 31 Fragen gestellt. Abgeleitet aus den Kernhypothesen und Unterhypothesen je Cluster wurde zunächst die Relevanz des jeweiligen Ressentiments bzw. Gestaltungselements abgefragt. Hierzu wurde eine vierstufige Likert-Skala gewählt (sehr gering, gering, hoch, sehr hoch). Die gerade Antwortskala wurde gewählt, um den Studienteilnehmer dazu zu zwingen sich für eine Seite der Antwortskala zu entscheiden und dem Effekt der Tendenz zur Mitte vorzubeugen.[190] Weitere Fragen innerhalb eines Clusters dienten des tieferen Verständnisses über ein Ressentiment bzw. der Ableitung von Implikationen an die Netzwerkgestaltung und wurden vorwiegend geschlossen formuliert. Die Einschätzung erfolgte entweder auf einer vierstufigen Likert-Skala oder die Antwortmöglichkeiten wurden mit einer Mehrfachauswahl vordefiniert.[191]

Studienergebnisse Teil II

Nachfolgend werden die wichtigsten Ergebnisse des zweiten Teils der Studie zu den Ressentiments von Unternehmen gegenüber Netzwerkkooperationen im Umfeld der Fabrikplanung zusammengefasst. Eine ausführliche Auswertung aller Fragen und Hypothesen befindet sich im Anhang. Darüber hinaus wurden die anonymisierten Rohdaten der Studie im Journal Data in Brief zur Veröffentlichung eingereicht und sind somit frei zugänglich.[192]

Den Ansatz einer netzwerkbasierten Fabrikplanung, in dem Unternehmen Erfahrungen und Best Practices austauschen, um beispielsweise für ein bestimmtes Themenfeld einen gemeinsamen Fabrikstandard zu entwickeln, finden 85% aller Studienteilnehmer interessant. Mit Bezug auf eine mögliche Partizipation des eigenen Unternehmens in so einem Netzwerk, gaben 69% an, dass sie diesen Ansatz interessant finden.

Als relevanteste drei Themengebiete wurden von den Unternehmen genannt:

- Vertrauen / Zuverlässigkeit (98% Relevanz, Platz 2 unter den Top 3)
- Zweck und Ziele des Netzwerks (92% Relevanz, Platz 1 unter den Top 3)
- Netzwerkbildung / Kooperationspartner (92% Relevanz, Platz 3 unter den Top 3)

Die Etablierung von unternehmensübergreifendem Vertrauen und eine ausgeprägte Zuverlässigkeit der Kooperationspartner spielt die größte Rolle für den Erfolg einer

[190] Vgl. Franzen (2019), Antwortskalen in standardisierten Befragungen, S. 848

[191] Die formulierten Hypothesen je Cluster sowie der komplette Fragebogen können im Detail im Anhang in Tabelle A-1 bis Tabelle A-3 nachgelesen werden

[192] Vgl. Burggräf et al. (2021), Network-based factory planning: Survey data; die Studie wurde im Journal Data in Brief eingereicht, Veröffentlichung ausstehend, Stand: April 2022

Kooperation. Von allen befragten Unternehmen stuften 98% dieses Gestaltungselement als relevant ein. 49 von 91 Unternehmen schätzen die Relevanz gar als sehr hoch ein. Kein anderes Gestaltungselement wurde für wichtiger erachtet. Bei der Nennung der Top 3 Gestaltungselemente wurde *Vertrauen / Zuverlässigkeit* von 40% der befragten Unternehmen genannt (zweithäufigste Nennung). Die Unternehmensgröße hat dabei keinen Einfluss auf die Relevanz. Dies unterstreicht die außerordentliche Wichtigkeit dieses Ressentiments.

Das Gestaltungselement *Zweck und Ziele des Netzwerks* erreichte mit 92% Zustimmung einen ähnlich hohen Relevanzwert und wurde sogar von 65% der befragten Unternehmen unter den Top 3 genannt (häufigste Nennung). Auch hier wurde die Wichtigkeit dieses Gestaltungelements über alle Unternehmensgrößen hinweg betont. Interessant zu beobachten ist, dass nur 37% der Unternehmen einen fest definierten Zweck des Netzwerks bevorzugen. Die große Mehrheit hingegen wünscht sich eine vorgegebene Vision durch den Netzwerkorchestrator und möchte an der strategischen Ausgestaltung des Netzwerks partizipieren.

Das Gestaltungselement *Netzwerkbildung und Kooperationspartner* wurde am dritthäufigsten von allen Unternehmen unter den Top 3 genannt (34%). Auch hierfür wurde die Relevanz von 92% der Unternehmen als hoch oder sehr hoch eingestuft. Lediglich einige kleinere und mittlere Unternehmen mit weniger als 1.000 Mitarbeitern sehen die Auswahl der Kooperationspartner als nicht so wichtig an. An vorderster Stelle ist den Unternehmen bei der Wahl der Kooperationspartner wichtig, dass diese kein unmittelbarer Konkurrent sind (78%). Weiterhin sollte für 55% der befragten Unternehmen die Kultur des kooperierenden Unternehmens zur eigenen passen. Ähnliche Produktionsprozesse finden 49% wichtig, wohingegen eine ähnliche Unternehmensgröße (42%) oder die gleiche Branche (24%) weniger wichtig sind. Für die Unternehmen ist also der Austausch über verschiedene Branchen hinweg durchaus bereichernd.

Das Ranking der übrigen Gestaltungselemente gemäß der Nennung unter den Top 3 sowie die Einschätzung der generellen Relevanz kann der Abbildung 2-14 entnommen werden. Weitere wichtige Implikationen für die Gestaltung eines Netzwerks im Umfeld der Fabrikplanung werden nachfolgend zusammengefasst.

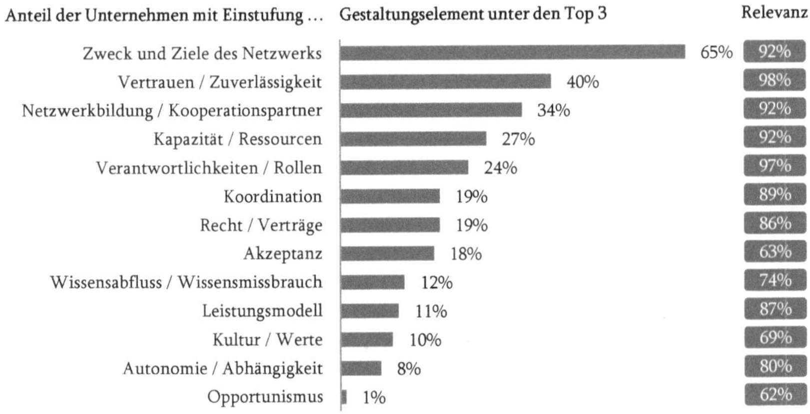

Abbildung 2-14: Gestaltungselemente für eine netzwerkbasierte Fabrikplanung

Die Gefahr von *Autonomieverlust* und ein sich abhängig machen von anderen Kooperationspartnern stuft zwar die Mehrheit als relevant ein (80%), allerdings verknüpfen sie dies nicht mit einer vertraglichen Bindung im Netzwerk. Lediglich 21% der befragten Unternehmen bevorzugen eine lose Kooperation ohne vertragliche Bindung. Hingegen würde sich knapp die Hälfte für eine gemeinsame Entwicklung von Methoden und Standards vertraglich verpflichten und 66% sogar für einen Wissens- und Erfahrungsaustausch mit anderen Unternehmen. Dies steht im Einklang mit der Einschätzung eines befürchteten *Wissensabflusses oder Wissensmissbrauchs.* Knapp drei Viertel der Unternehmen bestätigen, dass eine gewisse Öffnung gegenüber den Kooperationspartnern notwendig ist und befürworten, dass dem Verlust von Know-how präventiv entgegengewirkt wird. Erwartungsgemäß wird der Wissensaustausch mit Unternehmen der gleichen Branche (76%) oder gar unmittelbaren Konkurrenten (89%) von den meisten kritisch angesehen. Um das eigene Know-how zu schützen, sprechen sich 91% der befragten Unternehmen dafür aus, dass zum Austausch sensibler Unternehmensdaten *rechtliche Regelungen* getroffen werden. Auch für die Regelung des Leistungsumfangs der Kooperation im Rahmen von Verträgen sprechen sich 81% der befragten Unternehmen aus. Der *Netzwerkorchestrator* nimmt hierbei als zentrale Instanz eine steuernde Rolle ein, indem er Strukturen, Regeln und Prozesse für das Netzwerk etabliert, klare Verantwortlichkeiten zuweist, die Netzwerkaktivitäten definiert und vereinbarte Projektergebnisse bei den Kooperationspartnern einfordert. Dies wurde von 89% der Studienteilnehmer bestätigt. Dennoch würden lediglich 22% der befragten Unternehmen einen Netzwerkorchestrator aus dem eigenen Unternehmen stellen. Die Mehrheit der Unternehmen, die keinen Netzwerkorchestrator stellen würde, wäre aber bereit diese Dienstleistung entgeltlich in Anspruch zu nehmen (57%). Nahezu alle Unternehmen (92%) stimmen zu, dass sie sich einem klaren *Ressourcenplan* verpflichten würden, um die gemeinsamen Ziele zu erreichen. Als wichtigste Aktivitäten für die sie Mitarbeiter bereitstellen würden, nennen sie den Wissens- und Erfahrungsaustausch und die Entwicklung von Methoden, Prozessen und Standards für die Fabrikplanung.

Die Studie bringt zwei wesentliche Erkenntnisse zum Vorschein. Zum einen existiert eine Vielzahl von relevanten Ressentiments, die die Kooperation in einem Netzwerk allenfalls behindern, wenn nicht sogar zum Scheitern führen können. Allen Ressentiments voran kommt dem *Vertrauen* unter den Netzwerkmitgliedern die größte Bedeutung zu. Herrscht kein Vertrauen unter den Mitgliedern, tauschen diese sich auch nicht offen über Erfahrungen und ihr Wissen aus und befürchten ausgenutzt zu werden. Der eigentliche Zweck des Netzwerks, Expertise im Bereich der Fabrikplanung aufzubauen und gemeinsam Methoden und Standards zu entwickeln wird torpediert.

Zum anderen ist die Koordination des Netzwerks durch eine zentrale, unabhängige Instanz unerlässlich. Zahlreiche Studien sowie Experten aus dem Bereich der Netzwerkforschung belegen, dass Netzwerke, die sich selbst überlassen werden zum Scheitern verurteilt sind.[193] Vielmehr braucht es einen *Netzwerkorchestrator*, der die Fäden im Netzwerk zusammenhält, indem er Strukturen, Regeln und Prozesse etabliert, Netzwerkaktivitäten definiert und eine gemeinsame Plattform zum Austausch, sei es digital oder in Form von physischen Netzwerktreffen, koordiniert.

Vor dem Hintergrund des Stellenwerts des Ressentiments Vertrauen kommt dem Netzwerkorchestrator im Rahmen der Lenkung des Netzwerks die bedeutende Rolle zuteil, Vertrauen unter den Kooperationspartnern zu säen und nachhaltig zu etablieren, um ein langfristig erfolgreich operierendes Netzwerk zu führen.

2.3.4 Wachstumsdilemma von Netzwerken

In den vorangegangenen Kapiteln wurde gezeigt, dass ein großer Bedarf in den Unternehmen besteht, Expertise im Bereich der Fabrikplanung aufzubauen, eine Internalisierung sich aber oftmals nicht lohnt. Wissensnetzwerke stellen eine gute Möglichkeit

[193] Vgl. Bickhoff et al. (2014), Mit Virtuellen Unternehmen zum Erfolg, S. 93ff.; Dhanaraj und Parkhe (2006), Orchestrating Innovation Networks, S. 659ff.; Harrigan (1988), Strategic Alliances, S. 205ff.; weitere Ansätze zur Netzwerkorchestration werden in Kapitel 3.1.3 vorgestellt

dar, fabrikplanungsspezifisches Wissen in den kooperierenden Unternehmen aufzubauen und über Synergieeffekte im Netzwerk eine überlegene Expertise zu erreichen. Gemäß den Ausführungen in Kapitel 2.3.2 entsteht eine Nutzenmaximierung für jedes Netzwerkmitglied, wenn durch die kooperierenden Unternehmen relevante Erfahrungen und Wissen in eine gemeinsame Wissensbasis eingebracht werden. Für Unternehmen ist neues Wissen insbesondere dann bereichernd, wenn dadurch neue Einsichten gewonnen werden können.[194] Es lässt sich logisch argumentieren, dass für bereichernde Einsichten eine gewisse Diversität und Heterogenität unter den Netzwerkmitgliedern erforderlich ist. Je mehr Unternehmen aus verschiedenen Branchen mit unterschiedlichen Projekterfahrungen in der Fabrikplanung in einem Netzwerk partizipieren, desto breiter und tiefgehender ist das Wissen, das innerhalb des Netzwerks erzeugt und transferiert werden kann. Es kann folglich ein proportionaler Zusammenhang zwischen der Größe des Netzwerks und dem Nutzen für die Netzwerkmitglieder beschrieben werden. Hierbei bleibt zu untersuchen, ob der Zusammenhang stetig proportional wächst oder ein abnehmender Grenznutzen existiert.

Die empirische Studie hat offenbart, dass Vertrauen im Rahmen einer Netzwerkkooperation eine Schlüsselrolle spielt. Netzwerkmitglieder, die sich gegenseitig vertrauen, sind eher bereit über relevante Projekterfahrungen und unternehmensinternes Know-how zu sprechen und somit nützliches Wissen preiszugeben.[195] Der offene Austausch relevanter Informationen wiederum ist die Grundlage für eine Erweiterung der Wissensbasis im Netzwerk und steigert den Nutzen für die Kooperationspartner.[196] Insofern kann ein proportionaler Zusammenhang zwischen dem Vertrauen und dem Nutzen für die Kooperationspartner beschrieben werden. Auch hier bleibt zu untersuchen, ob dieser Zusammenhang ein stetig steigender Verlauf ist, eine Art Sprungfunktion einnimmt oder ein abnehmender Grenznutzen verzeichnet werden kann.

Während die Größe des Netzwerks und das Vertrauen unter den Kooperationspartnern den Nutzen im Wissensnetzwerk erhöhen, geht von dem Wachstum des Netzwerks ein zu antizipierender negativer Einfluss auf das Vertrauen aus. Da tiefes Vertrauen vor allem auf der Kenntnis der Einstellungen und Verhaltensweisen eines In-

[194] Vgl. Caspers et al. (2004), Interorganisatorische Wissensnetzwerke, S. 4f. sowie die Ausführungen in Kapitel 2.3.2

[195] Vgl. Abrams et al. (2003), Interpersonal trust in knowledge-sharing networks, S. 64ff.; Cheikhrouhou et al. (2013), Trust categories and their impacts, S. 87ff.; Evans und Wensley (2009), Influence of network structure on trust, S. 41ff.; Giest (2019), Trust dynamics in innovation networks, S. 325ff.

[196] Vgl. Caspers et al. (2004), Interorganisatorische Wissensnetzwerke, S. 2ff.; Sydow und van Well (2010), Wissensintensiv durch Netzwerkorganisation, S. 144ff.

teraktionspartners beruht und durch gemachte Erfahrungen bzw. Interaktionshandlungen mit einer Person entsteht, ist dieses Vertrauen zu Beginn einer persönlichen wie professionellen Interaktionsbeziehung zunächst nicht vorhanden.[197] Allenfalls kann einer Person eine positive Einstellung entgegengebracht werden und ihr ein Vertrauensvorschuss gegeben werden. Das Vertrauen benötigt dann jedoch Zeit, um sich aufzubauen und zu verstärken.[198] Mit jedem neuen Netzwerkmitglied wird dieser Effekt begünstigt, da hierdurch zunächst unbekannte Personen in das Wissensnetzwerk eintreten, über die man noch keine ausreichenden Informationen hat, um sie einschätzen zu können. Bei sehr schnellem Wachstum könnte man gar an einen Punkt gelangen, an dem sich weniger Netzwerkmitglieder ausreichend kennen und vertrauen als Netzwerkmitglieder, die bereits eine stabile Vertrauensbeziehung aufgebaut haben. Zu untersuchen bleibt an dieser Stelle jedoch, ab welchem Zuwachs über welchen Zeitraum negative Effekte von Vertrauensverlust oder Misstrauen gegenüber neuen Netzwerkmitgliedern eintreten und ab wann sie bedrohlich für einen offenen Wissensaustausch im Netzwerk werden.

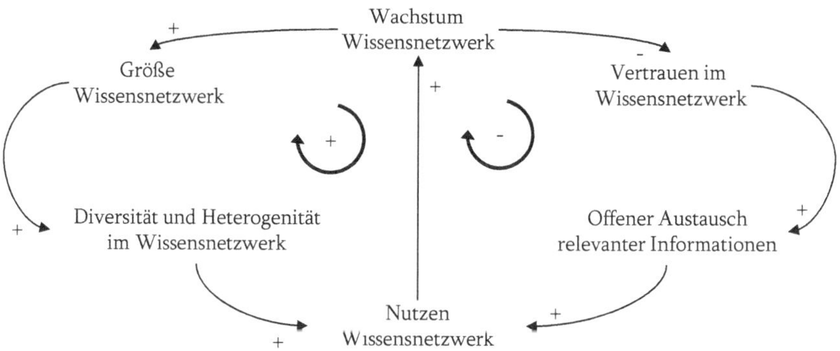

Abbildung 2-15: Kausalitätskreisdiagramm des Wachstumsdilemmas

Abbildung 2-15 veranschaulicht die dargelegten Argumente in einem Kausalitätskreisdiagramm, in dem eine positive und eine negative Rückkopplungsschleife erkennbar werden. Das Wachstum des Wissensnetzwerks vergrößert die Anzahl der Netzwerkmitglieder, was wiederum eine steigende Diversität und Heterogenität bedingt. Wie

[197] Vgl. Lewicki und Bunker (1995), Trust in relationships, S. 144ff.; Shapiro et al. (1992), Business on a handshake, S. 369ff.; Vaske (2016), Misstrauen und Vertrauen, S. 28ff.

[198] Vgl. Lewicki et al. (2006), Models of interpersonal trust development, S. 1004f.; Zand (1972), Trust and managerial problem solving, S. 238

oben gezeigt, hat dies einen positiven Einfluss auf den Nutzen, den die Teilnehmer aus dem Wissensnetzwerk ziehen. Ein positiver Nutzen wiederum macht das Netzwerk für außenstehende Unternehmen attraktiver und beeinflusst das Wachstum des Netzwerks somit positiv. Dies führt zu einer positiven Rückkopplungsschleife.

Ein hohes Vertrauen unter den Kooperationspartnern erhöht den offenen Austausch relevanter Informationen, der die Wissensbasis im Netzwerk vergrößert und somit den Nutzen für jeden einzelnen Kooperationspartner steigert. Dies wirkt sich wiederum positiv auf das Wachstum des Netzwerks aus. Das Wachstum beeinflusst jedoch das Vertrauen unter den Kooperationspartnern wie dargelegt negativ, was zu einer negativen Rückkopplungsschleife führt.

Der Anspruch eines Netzwerks stetig zu wachsen, um den Nutzen für die Netzwerkmitglieder zu erhöhen, steht somit im Widerspruch zum notwendigen Aufbau von Vertrauen, das durch ein wachsendes Netzwerk sinkt. Dies führt zu einem *Wachstumsdilemma des Netzwerks*, das einer langfristig erfolgreichen Kooperation entgegensteht. Einmal mehr wird hierdurch die bedeutende Rolle des Netzwerkorchestrators unterstrichen, dessen Aufgabe im Rahmen des Managements des Netzwerks ist, dieses Wachstumsdilemma aufzulösen, indem er Vertrauen zwischen den Netzwerkmitgliedern gezielt aufbaut und nachhaltig etabliert. Dabei gilt es, das Netzwerk behutsam wachsen zu lassen und dessen Einfluss auf das Vertrauen zu beobachten und zu lenken. Diesbezüglich stellt sich nun die Frage wie Vertrauen überhaupt gemessen werden kann und insbesondere durch welche Wirkmechanismen Vertrauen entsteht. Dies, im Kontext des Managements von Netzwerken, wird in Kapitel 3 tiefergehend untersucht.

2.4 Handlungsbedarf aus Sicht der Praxis

Die Fabrik als zentraler Ort der Wertschöpfung in produzierenden Unternehmen hat eine bedeutende Rolle für den wirtschaftlichen Erfolg.[199] Die Planung des komplexen, vernetzten Systems Fabrik ist jedoch ein hochdynamischer und interdisziplinärer Prozess, der Erfahrung und Expertise der beteiligten Planer bedarf.[200] Im heutigen Unternehmensumfeld stellt die Fabrikplanung daher die Unternehmen vor große Herausforderungen. Aufgrund der geringen Frequenz von Fabrikplanungsprojekten, können

[199] Vgl. Burggräf et al. (2022), Die Fabrik der Zukunft, S. 436ff.

[200] Vgl. Burggräf et al. (2022), Network-based factory planning, S. 1173ff.; Burggräf et al. (2019), Integrated factory modelling, S. 143ff.

die Unternehmen meist nicht auf Erfahrungen aus vergangenen Projekten zurückgreifen. Zudem haben sie in den meisten Fällen keine Expertise im Haus durch eine spezifische Fachabteilung oder einen Fabrikplanungsexperten. In der Folge führen fehlende Methoden und Standards zu einem schlechten ROP durch Effizienz- und Effektivitätsverluste in der Planung.

Da sich eine Internalisierung der Fabrikplanungskompetenz durch eine organisatorische Verankerung einer eigenen Abteilung oftmals nicht lohnt, suchen Unternehmen nach anderen Wegen diese Kompetenzen abzubilden. Der entgegengesetzte Pol zu einer vollständigen Integration stellt die Externalisierung durch Einholen von Dienstleistungen dar. Dieser Ansatz ist jedoch nur bedingt zielführend, da er zum einen sehr kostspielig ist und zum anderen für die erfolgreiche Durchführung von Projekten ein tiefes Verständnis der Produktionsprozesse sowie der Schnittstellen zu anderen Unternehmensbereichen notwendig ist. Außerdem werden durch eine reine Externalisierung keine unternehmensspezifischen Synergien gehoben oder Planungsstandards für das Unternehmen entwickelt. Die Fabrikplanung stellt folglich eine notwendige Planungskompetenz in jedem Unternehmen dar, die zu einem bestimmten Mindestmaß vorhanden sein muss.

In einer turbulenten Unternehmensumwelt werden in verschiedenen Bereichen verstärkt Netzwerke gebildet.[201] Die Fähigkeit strategische Netzwerke aufzubauen und zu entwickeln wird gar als bedeutender Erfolgsfaktor in der Zukunft gesehen.[202] Kooperationen verfolgen dabei je nach Bereich unterschiedliche Zwecke, u. a. den Zugang zu neuen Märkten oder Technologien, Transfer von Know-how, die Minimierung von finanziellem Risiko und Erzielung von Kostenvorteilen sowie eine Erhöhung der Innovationsfähigkeit durch Wissensaustausch und die gemeinsame Erarbeitung von Standards.[203] Wissensnetzwerke als Spezialform von Unternehmensnetzwerken eröffnen hierbei die Möglichkeit, strukturiert von anderen Unternehmen oder wissenschaftlichen Organisationen zu lernen.[204] Durch einen offenen interorganisationalen Wissensaustausch kann eine gemeinsame Wissensbasis aufgebaut und zu einer überlegenen Expertise des Netzwerks im Bereich der Fabrikplanung entwickelt werden. Für die Unternehmen ermöglicht das Wissensnetzwerk, Expertise im Bereich der Fabrik-

[201] Vgl. Bogers et al. (2017), Open innovation research landscape, S. 8ff.; Nee (2014), Strategien für Wertschöpfungsnetzwerke, S. 44ff.; Svare et al. (2019), Trust in innovation networks, S. 1ff.

[202] Vgl. Partanen und Möller (2012), How to build a strategic network, S. 481

[203] Vgl. Kapitel 2.3.1

[204] Vgl. Svare et al. (2019), Trust in innovation networks, S. 1ff.

planung aufzubauen und stetig durch Impulse und die Erfahrungen anderer Unternehmen weiterzuentwickeln, ohne notwendigerweise die Fabrikplanung durch größere organisatorische Strukturen zu internalisieren.[205]

Unternehmen hegen jedoch diverse Ressentiments gegenüber Netzwerkkooperationen, die letztlich zum Scheitern der Kooperation führen können.[206] Erfolgreiche Kooperationen zeigen, dass die Koordination eines Netzwerks durch eine zentrale Instanz, dem Netzwerkorchestrator, essenziell ist.[207] Allen Ressentiments voran kommt dem Vertrauen unter den Kooperationspartnern eine besondere Bedeutung zu.[208] Erst ein hohes etabliertes Vertrauen ebnet den Weg für einen kooperativen, offenen Wissensaustausch. Im umgekehrten Fall eines mangelnden Vertrauens oder gar Misstrauens gegenüber anderen Netzwerkmitgliedern werden bewusst Informationen zurückgehalten, so dass eine gemeinsame Wissensbasis, die zu einer überlegenen Expertise führt, erst gar nicht entstehen kann.[209] Vertrauen bildet sich jedoch erst mit der Zeit aus und kommt in eingespielten Teams zum Tragen, die bereits über einen längeren Zeitraum interagieren.[210] Gleichzeitig ist ein Wachstum von Wissensnetzwerken gefordert, damit die Heterogenität und Diversität der kooperierenden Unternehmen zu stetig neuen Impulsen und wertvollen Einsichten für alle Netzwerkmitglieder führen. Die Aufnahme immer neuer Netzwerkmitglieder lässt jedoch ein sinkendes Vertrauensniveau erwarten. Dies wird als Wachstumsdilemma von Wissensnetzwerken bezeichnet, das es aufzulösen gilt, möchte man eine langfristig erfolgreiche Kooperation gestalten.

Daher muss aus Sicht der Praxis das Vertrauen in einem Wissensnetzwerk aktiv durch einen Orchestrator aufgebaut und erhalten werden. Dazu muss verstanden werden, durch welche Wirkmechanismen Vertrauen im Netzwerkkontext entsteht und wie das Vertrauensniveau gemessen werden kann. Die vorliegende Arbeit greift die Praxisdefizite hinsichtlich einer mangelnden Expertise und organisatorischen Verankerung der

205 Vgl. Burggräf et al. (2022), Network-based factory planning, S. 1173ff.

206 Vgl. Burggräf et al. (2022), Network-based factory planning, S. 1173ff.

207 Vgl. Bickhoff et al. (2014), Mit Virtuellen Unternehmen zum Erfolg, S. 93ff.; Dhanaraj und Parkhe (2006), Orchestrating Innovation Networks, S. 659ff.; Harrigan (1988), Strategic Alliances, S. 205ff.; weitere Ansätze zur Netzwerkorchestration werden in Kapitel 3.1.3 vorgestellt

208 Vgl. Gausdal et al. (2016), High-trust networks, S. 194ff.; siehe auch Kapitel 2.3.3 sowie die bereits 1988 von der Harvard-Professorin Kathrin Harrigan durchgeführte Studie zum Erfolg kooperativer Strategien: Harrigan (1988), Strategic Alliances, S. 205ff.; Scheuss (2016), Handbuch der Strategien, S. 224

209 Vgl. Svare et al. (2019), Trust in innovation networks, S. 1ff.

210 Vgl. Lewicki et al. (2006), Models of interpersonal trust development, S. 1004f.; Vaske (2016), Misstrauen und Vertrauen, S. 28; Zand (1972), Trust and managerial problem solving, S. 238

Fabrikplanung in den Unternehmen sowie dem Aufbau von Vertrauen in Wissensnetzwerken auf.

*Das zu entwickelnde Modell wird es **Orchestratoren von interorganisationalen Wissensnetzwerken in der Fabrikplanung** ermöglichen, **Vertrauen** gezielt unter den Kooperationspartnern aufzubauen und in das **Management des Netzwerks** zu integrieren. Daraus resultierend wird es gelingen, einen **nachhaltig offenen Wissensaustausch** zu etablieren, der zu einer **überlegenen Expertise im Bereich der Fabrikplanung im Wissensnetzwerk** führt.*

Im folgenden Kapitel wird daher die Theorie zum strategischen Management von Netzwerken sowie zur Entstehung von Vertrauen im organisationalen Kontext herangezogen.

3 Der Gestaltungsbereich: Orchestration von Vertrauen in Netzwerken

It is widely acknowledged that networks are forming a major area in the field of strategic management.[211]

(Jukka Partanen & Kristian Möller)

Die Erarbeitung eines Orchestrationsmodells zur Vertrauensentwicklung in interorganisationalen Wissensnetzwerken der Fabrikplanung setzt neben der Kenntnis des Betrachtungsbereichs und aktuellen Herausforderungen in Unternehmen insbesondere eine Analyse der theoretischen Grundlagen des Gestaltungsbereichs voraus. Der Fokus liegt hierbei auf der Orchestration von Vertrauen in Netzwerken. Um diesen Kontext wissenschaftlich zu erfassen, werden zwei grundlegende Bereiche parallel betrachtet. Zunächst werden theoretische Ansätze zum strategischen Management von Netzwerken erörtert (Kapitel 3.1). Hierin wird ein Grundverständnis über die Orchestration von Netzwerken erzeugt und bestehende Ansätze zur Netzwerkorchestration auf ihre Verwendbarkeit für die Ziele dieser Arbeit untersucht. Die zweite Säule bildet der Bereich Vertrauensforschung. Hierzu werden zunächst grundlegende Begriffe dargelegt und ein Überblick über das Forschungsfeld aus verschiedenen wissenschaftlichen Perspektiven gegeben (Kapitel 3.2). Sodann wird untersucht, inwieweit bereits Ansätze in der Theorie existieren, die dem Forschungsziel dieser Arbeit gerecht werden und die gezielte Entwicklung von Vertrauen in Wissensnetzwerken ermöglichen. Hierzu werden bestehende Ansätze zur Messung von Vertrauen (Kapitel 3.3) und zur Entwicklung von Vertrauen (Kapitel 3.4) analysiert und hinsichtlich ihrer Anknüpfungspunkte bewertet. Abschließend wird der Handlungsbedarf aus Sicht der Theorie auf Basis der dargelegten wissenschaftlichen Ansätze abgeleitet (Kapitel 3.5).

[211] Partanen und Möller (2012), How to build a strategic network, S. 481

3.1 Strategisches Management von Netzwerken

Das strategische Management von Netzwerken bildet die erste Säule des Gestaltungsbereichs dieser Arbeit. Nachfolgend wird daher ein Überblick über den Begriff Strategie und verschiedene Schulen der Strategielehre gegeben. Weiterhin wird das systemorientierte Management aufgrund seiner Bedeutung für Netzwerke als komplexe Systeme vorgestellt. Anschließend werden theoretische Ansätze zur Netzwerkorchestration diskutiert und für die Ziele dieser Arbeit bewertet.

3.1.1 Strategie

In der Literatur finden sich zahlreiche unterschiedliche Definitionen des Begriffs *Strategie.*[212] Es scheint als würde jeder Autor eine andere Auffassung von Inhalt und Reichweite des Strategiebegriffes besitzen, was die Komplexität strategischer Phänomene widerspiegelt.[213] Die etymologischen Wurzeln gehen zum einen auf die griechische Antike zurück, in der „Strategos" einen Heerführer bezeichnete,[214] und zum anderen auf den chinesischen Kulturkreis um 400 v. Chr., in dem Strategie als Entscheidungspfad zwischen Überleben und Aussterben aufgefasst wurde.[215] Das eigentliche Wort *Strategie* stammt aus dem Altgriechischen und setzt sich aus zwei Wortteilen zusammen: *Stratos* steht für „etwas, das alles andere umfasst" und *igo* heißt übersetzt „tun und handeln".[216] Strategie bedeutet demzufolge „sein Denken, Entscheiden und Handeln an den übergeordneten oder obersten Zielen oder Zielvoraussetzungen zu orientieren und sich dabei nicht durch vordergründige Dringlichkeiten, d. h. Augenblicksvorteile und -nachteile, ablenken zu lassen.[217]

Ausgehend von einer Reinterpretation des Strategiebegriffs durch CLAUSEWITZ, der erste Parallelen zwischen Militär und Wirtschaft zog und unter Strategie den „Gebrauch des Gefechts zum Zweck des Krieges"[218] verstand, fand der Begriff durch den

[212] Vgl. Hungenberg (2011), Strategisches Management in Unternehmen, S. 5

[213] Vgl. Welge et al. (2017), Strategisches Management, S. 17ff.

[214] Vgl. Welge et al. (2017), Strategisches Management, S. 17; Hungenberg (2011), Strategisches Management in Unternehmen, S. 5

[215] Vgl. Schuh und Kampker (2011), Strategie und Management produzierender Unternehmen, S. 64

[216] Vgl. Gälweiler (2005), Strategische Unternehmensführung, S. 65f.

[217] Gälweiler (2005), Strategische Unternehmensführung, S. 66

[218] Vgl. Clausewitz (1915), Vom Kriege, S. 9

mathematisch-spieltheoretischen Ansatz von NEUMANN und MORGENSTERN, die Strategie als Planung einer bestimmten Folge von Spielzügen auffassten,[219] Einzug in die Betriebswirtschaftslehre.[220] Nach der klassischen Definition handelt es sich bei einer Strategie um die „Festlegung der unternehmerischen Langzeitziele vor dem Hintergrund verschiedener Handlungsalternativen".[221] CHANDLER greift bei seiner Definition inhaltlich auf den militärischen Ursprung zurück und sieht eine Strategie als das Ergebnis formaler und rationaler Planungen.[222] Neben CHANDLER sind die Forschungsarbeiten von ANDREWS und ANSOFF zu nennen, die den Begriff in der Wirtschaftstheorie in den 1960er und '70er Jahren fest verankerten.[223] Dieser Sichtweise folgend, ist die Strategie somit ein umfassendes Maßnahmenbündel, das von der Unternehmensführung bewusst geplant wird.[224]

Die Schule um MINTZBERG kritisiert diese Sichtweise einer von Rationalität geprägten strategischen Planung. Vielmehr existiere nach seiner Auffassung in Unternehmen ein deutlich breiteres Spektrum an Strategietypen.[225] Zudem werde es angesichts einer zunehmenden Geschwindigkeit und einer abnehmenden Stetigkeit des Umweltwandels immer schwieriger, Strategien als ein komplexes Maßnahmenbündel zu formulieren.[226] Stattdessen beschreibt er seine „Five P's", in denen Strategien in der Praxis auftauchen:[227]

- Strategie als *Plan* deckt sich mit dem klassischen Verständnis einer Strategie als rationalen Maßnahmenplan.
- Strategie als *List* („Ploy") hat den Charakter von spontanen, taktischen Maßnahmen mit dem Ziel, den Konkurrenten zu überraschen und knüpft an den militärischen Ursprung des Begriffes an.
- Strategien als *Muster* („Pattern") entstehen zufällig aus dem Handeln und den Entscheidungen des Unternehmens und sind demzufolge erst ex post erkennbar.

[219] Vgl. Neumann und Morgenstern (1947), Theory of games, S. 79

[220] Vgl. Schuh und Kampker (2011), Strategie und Management produzierender Unternehmen, S. 64

[221] Vgl. Chandler (1962), Strategy and Structure, S. 13

[222] Vgl. Schuh und Kampker (2011), Strategie und Management produzierender Unternehmen, S. 64; Welge et al. (2017), Strategisches Management, S. 18

[223] Vgl. Andrews (1980), Concept of Corporate Strategy, S. 17ff.; Ansoff (1965), Corporate Strategy, S. 103ff.; Hungenberg (2011), Strategisches Management in Unternehmen, S. 5

[224] Vgl. Macharzina und Wolf (2018), Unternehmensführung, S. 255ff.

[225] Vgl. Welge et al. (2017), Strategisches Management, S. 21ff.

[226] Vgl. Macharzina und Wolf (2018), Unternehmensführung, S. 257f.

[227] Vgl. Mintzberg et al. (1998), Strategy safari, S. 9ff.; Welge et al. (2017), Strategisches Management, S. 21f.

- Strategie als *Position* beschreibt die Positionierung des Unternehmens im Markt, die sowohl geplant als auch zufällig erreicht werden kann.
- Strategie als *Perspektive* spiegelt sich in der Denkhaltung des Managements wider. Diese Strategie ist nicht schriftlich fixiert, sondern sie äußert sich in dem Einfluss der vom Management geteilten, visionären Grundhaltung auf das strategische Verhalten des Unternehmens.

Auf Grundlage dieser empirischen Beobachtungen formuliert MINTZBERG einen neuen Strategiebegriff, wonach die Strategie als Grundmuster im Strom der unternehmerischen Entscheidungen und Handlungen bezeichnet wird. Nach diesem Verständnis führt das Handeln des Unternehmens zur Strategie, weniger ist das Handeln ein Resultat aus der formulierten Strategie.[228] Die Strategie ergibt sich somit erst rückblickend aus den Entscheidungen und Handlungen des Unternehmens zu einem kohärenten Muster. Daraus folgen nach MINTZBERG drei Strategietypen: Beabsichtigte Strategien, die tatsächlich realisiert werden, beabsichtigte Strategien, die nicht realisiert werden und realisierte Strategien, die nicht beabsichtigt werden, sog. „emergent strategies“. Letzterer entspricht dem Muster im Strom der Entscheidungen und stellt den von MINTZBERG am häufigsten beobachteten Strategietypus dar.[229]

Die Stärke dieses Strategieverständnisses, die konzeptionelle Offenheit, ist zugleich eine Schwäche. Auf der einen Seite erlaubt sie neben formalisierten, geplanten Strategien auch die Existenz anderer Wege, die zum strategischen Erfolg führen. Andererseits macht es der Ansatz schwierig, den Geltungsbereich einzugrenzen, was im Extremfall dazu führt, dass jede unternehmerische Entscheidung als strategisch bezeichnet wird.[230]

Auch MALIK fasst Strategie nicht als Plan im engeren Sinne auf, da die Zukunft nicht in vollem Maße planbar sei. Für ihn ist Strategie „Versuch und Irrtum mit Richtung, also Evolution.“[231] Er distanziert sich dabei von den Auffassungen verschiedener Autoren wie MINTZBERG oder PORTER.[232] Vielmehr hat für ihn einzig die Systematik GÄLWEILERS universelle Gültigkeit, die von Steuerungs- und Orientierungsmechanismen geprägt ist und das Bild eines Navigationssystems zeichnet. Nach GÄLWEILER heißt

[228] Vgl. Mintzberg und McHugh (1985), Strategy Formation, S. 160ff.; Macharzina und Wolf (2018), Unternehmensführung, S. 258

[229] Vgl. Welge et al. (2017), Strategisches Management, S. 21ff.; Mintzberg et al. (1998), Strategy safari, S. 10ff.

[230] Vgl. Welge et al. (2017), Strategisches Management, S. 23f.

[231] Vgl. Malik (2013), Management, S. 195

[232] Vgl. Malik (2013), Management, S. 197

Strategie, „bevor man etwas beginnt, systematisch zu durchdenken, wie man von Anfang an handeln muss, um auf Dauer im Geschäft erfolgreich zu sein.“[233] Dabei müssen Strategien immer einen offenen Zeithorizont haben.[234] Dieser Auffassung ist auch DRUCKER, für den es bei der Strategie nicht um Entscheidungen in der Zukunft geht, sondern um die Zukunftswirkung heutiger Entscheidungen.[235]

Die vorangegangenen Ausführungen zeigen die große Vielfalt in der Welt der Strategien. Zur leichteren Einordnung dieses Strategienspektrums bietet sich daher ein Ordnungsrahmen an (siehe Abbildung A-2 im Anhang). Grundsätzlich können alle in der Literatur diskutierten Strategien unter drei Gliederungsprinzipien subsummiert werden. Die Differenzierung nach den organisatorischen Ebenen unterscheidet Strategien gemäß der hierarchischen Struktur eines diversifizierten Unternehmens. Die Unterscheidung von Strategien nach der organisatorischen Entwicklungsrichtung bezieht sich auf das Leistungsprogramm der Unternehmung. Während die ersten beiden Gliederungsprinzipien alle intraorganisationalen Strategien vereinen, subsummiert das dritte Gliederungsprinzip der Differenzierung nach den organisatorischen Grenzen alle interorganisationalen Strategien. Dies sind die beiden Strategietypen der Internationalisierung und der *Kooperation*.[236]

Kooperative Strategien

Kooperative Strategien sind für das Management von Netzwerken von besonderer Bedeutung, da sie unternehmensübergreifend das strategische Verhalten der Kooperationspartner abstimmen.[237] Ihr Hauptzweck besteht darin, proaktiv eine geeignete Organisationsumwelt für das Netzwerk zu schaffen.[238] Im Zentrum kooperativer Strategien steht die Schaffung von Wettbewerbsvorteilen durch Kooperation statt Wettbewerb.[239] NALEBUFF und BRANDENBURGER erklären die Phänomene kooperativen Verhaltens mit Hilfe der Spieltheorie, wonach alle Spieler ihre Position in einer Win-win-Situation verbessern können. Die Autoren prägten dazu den Begriff der *Koopetition*.[240] Der Begriff ist eine Kombination der englischen Begriffe „cooperation“ (Zusammenarbeit) und „competition“ (Wettbewerb) und bezeichnet die Steigerung der gemeinsa-

[233] Malik (2013), Management, S. 193; Gälweiler (2005), Strategische Unternehmensführung, S. 70
[234] Vgl. Malik (2013), Management, S. 194
[235] Vgl. Drucker (1965), Sinnvoll wirtschaften, S. 270ff.; Malik (2013), Management, S. 194
[236] Vgl. Welge et al. (2017), Strategisches Management, S. 467ff.
[237] Vgl. Astley (1984), Collective Strategy, S. 526ff.
[238] Vgl. Sydow und Möllering (2015), Produktion in Netzwerken, S. 214f.
[239] Vgl. Child et al. (2005), Cooperative Strategy, S. 1
[240] Vgl. Brandenburger und Nalebuff (2009), Coopetition, S. 33ff.

men Wettbewerbsfähigkeit durch eine gleichermaßen wettbewerbsorientierte wie kooperative Beziehung. Durch den Zusammenschluss von Unternehmen verlagert sich der Wettbewerb zwischen einzelnen Unternehmen hin zu Netzwerk gegen Netzwerk.[241] Zur Gestaltung von kooperativen Strategien kann das bekannte *PARTS-Modell* herangezogen werden, welches fünf Kernthemen einer Kooperation adressiert:[242]

- „Players" beschreibt die Auswahl der Partner für die Kooperation. Hierbei sollten alle in Frage kommenden Spieler identifiziert werden und auch Konkurrenten mit einbezogen werden.
- „Added Values" definiert den Mehrwert, der für die Netzwerkmitglieder und die Kunden aus der Kooperation hervorgehen soll.
- „Rules" bezeichnet die Spielregeln der Zusammenarbeit, im Rahmen derer auch definiert werden sollte wer diese aufstellt und ändern darf.
- „Tactics" beschreibt die Verhaltensweisen der Kooperationspartner, die unterstützend, aber auch gefährdend für die Kooperation sein könnten.
- „Scope" regelt den Umfang der Kooperation und grenzt ab, welche Leistungen im Netzwerk erbracht werden sollen und welche nicht.

Bei der Verfolgung kooperativer Strategien im Netzwerk ist dabei zu berücksichtigen, dass nicht die bloße Formulierung und Umsetzung der Strategien zum Erfolg führt, sondern Kooperationen oftmals an sozialen Problemen wie dem Verlust gegenseitigen Vertrauens scheitern.[243]

Systemische Strategien

Ein weiterer für diese Arbeit relevanter Strategietypus sind die *systemischen Strategien*, die insbesondere im deutschsprachigen Raum durch die Arbeiten zum St. Galler Management-Modell große Popularität erfahren haben.[244] Die Autoren wählen in ihrem Modell einen naturwissenschaftlichen Zugang zum Verständnis einer Unternehmung und fassen diese als ein *komplexes System* auf, in dem die Systemelemente vielfältig und wechselseitig interagieren.[245] Um die Lebensfähigkeit eines solchen komplexen Systems sicherzustellen und langfristig im Wettbewerb erfolgreich zu sein, werden *ordnende Kräfte* benötigt. Diese unterteilen sich in *Governance*, *Strategie*, *Struktur*

---

[241] Vgl. Kothandaraman und Wilson (2001), The Future of Competition, S. 380; Partanen und Möller (2012), How to build a strategic network, S. 481

[242] Vgl. Brandenburger und Nalebuff (2009), Coopetition, S. 109ff.; Scheuss (2016), Handbuch der Strategien, S. 223f.

[243] Vgl. Harrigan (1988), Strategic Alliances, S. 205ff.; Scheuss (2016), Handbuch der Strategien, S. 224

[244] Vgl. Schuh und Kampker (2011), Strategie und Management produzierender Unternehmen, S. 77

[245] Vgl. Rüegg-Stürm und Grand (2020), Das St. Galler Management-Modell, S. 44ff.

und *Kultur* der Unternehmung.[246] Der Strategie wird hierbei eine Ausrichtungsfunktion zuteil, die die Voraussetzungen für den langfristigen unternehmerischen Erfolg schafft. Den Ausführungen RÜEGG-STÜRMS entsprechend besitzt der Begriff Strategie zwei Perspektiven. Aus der *Aufgabenperspektive* muss eine Strategie inhaltlich zu den folgenden fünf Fragestellungen Auskunft geben:[247]

- Welche *Anspruchsgruppen* sollen vom Unternehmen befriedigt werden?
- Wie ist das *Leistungsangebot* und der damit verbundene Nutzen für die Zielgruppe definiert?
- Welche *Kernkompetenzen* sind im Unternehmen bereits vorhanden und welche müssen noch aufgebaut werden?
- Wie sieht im Sinne des Fokus der Wertschöpfung die *optimale Fertigungstiefe* des Unternehmens aus?
- Wie werden die *Kooperationsfelder* gestaltet, d. h. welche Kooperationspartner werden ausgewählt und wie sieht die Zusammenarbeit mit diesen aus?

Die bloße Formulierung von Zielen ist jedoch nicht ausreichend, sondern eine Strategie muss ebenfalls konkrete Wege zur Realisierung der angestrebten Ziele aufzeigen. Dies bildet die *Praxisperspektive* ab – die Festlegung einer konkreten Vorgehensweise anhand verschiedener Gestaltungsdimensionen der Strategie-Entwicklung.[248]

*In dieser Arbeit werden **Strategien als Denk- und Handlungswerkzeuge** verstanden, die die Führungskraft bei der Bewältigung komplexer Probleme zur **Gestaltung der Zukunft eines Systems** unterstützen. Im Kontext der Orchestration von Wissensnetzwerken in der Fabrikplanung bedeutet dies eine Handlungsanleitung zu geben, die Netzwerkkooperation derart zu gestalten, dass das **strategische Verhalten der Kooperationspartner** abgestimmt ist und **gegenseitiges Vertrauen** etabliert wird, um einen **nachhaltig offenen Wissensaustausch** zu ermöglichen.*

Da die Fabrikplanung als solche und Wissensnetzwerke in der Fabrikplanung im Speziellen als komplexe Systeme charakterisiert werden können,[249] wird nachfolgend auf die Grundsätze des systemorientierten Managements eingegangen.

[246] Vgl. Rüegg-Stürm und Grand (2020), Das St. Galler Management-Modell, 52ff., 86ff.
[247] Vgl. Rüegg-Stürm und Grand (2020), Das St. Galler Management-Modell, S. 88ff.
[248] Vgl. Rüegg-Stürm und Grand (2020), Das St. Galler Management-Modell, S. 212ff.
[249] Vgl. Kapitel 2.3.2

3.1.2 Systemorientiertes Management

In Kapitel 2.3 ist das Verständnis von Wissensnetzwerken als komplexe Systeme begründet worden. Für die Gewinnung von Erkenntnissen zur Gestaltung und Lenkung von Wissensnetzwerken in der Fabrikplanung wird nachfolgend auf die Grundlagen der Systemtheorie und der Kybernetik eingegangen. Diese bilden in ihrer Zusammenführung die Grundlage für ein ganzheitliches, systemorientiertes Management von Netzwerken. Beide Wissenschaften behandeln das gleiche Problem. Während die Systemtheorie auf Fragen der Elemente und Struktur eines Systems eingeht, fokussiert die Kybernetik Funktionen und Mechanismen der Führung und Koordination von Systemen.[250]

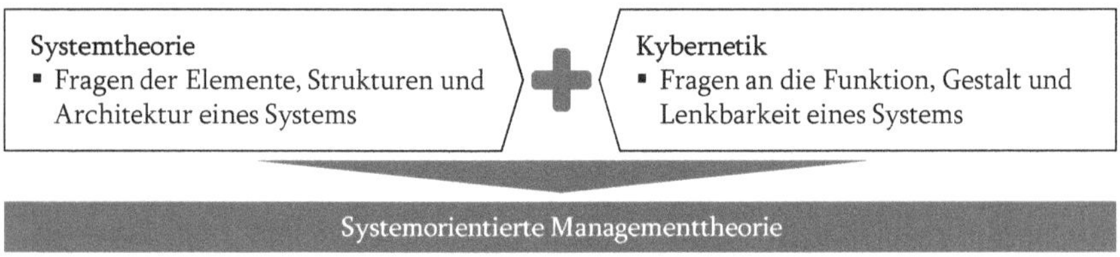

Abbildung 3-1: Systemorientierte Managementtheorie

Grundlagen der Systemtheorie

Die Systemtheorie setzt sich mit der Strukturierung von Systemen auseinander. Ein System besteht aus Elementen, die die einzelnen Bestandteile des Systems bilden. Diese weisen Eigenschaften auf und besitzen wechselseitige, beeinflussbare Relationen zueinander.[251] Ein System grenzt sich von seiner Umwelt ab, zu der es definierte Beziehungen haben kann (offenes System) oder es erfolgt keine Interaktion mit der Systemumwelt (geschlossenes System).[252] Zudem kann ein System weitere Teilsysteme einschließen oder selbst Teil eines übergeordneten Systems sein. Die kleinste Einheit eines Systems bilden die Elemente.[253] Abbildung 3-2 zeigt die Struktur von Systemen.

[250] Vgl. Heylighen (2000), Foundations and Methodology, S. 460
[251] Vgl. Bruns (1991), Systemtechnik, S. 31
[252] Vgl. Gartzen (2012), Diskrete Migration, S. 48; Luhmann (1983), Soziale Systeme, S. 22
[253] Vgl. Ulrich et al. (1984), Management, S. 50

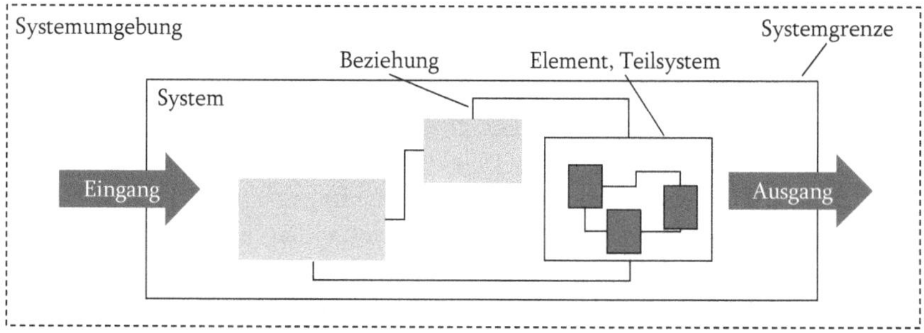

Abbildung 3-2: Struktur und Elemente eines Systems[254]

Nach ROPOHL können für die Unterscheidung von Systemen drei Perspektiven eingenommen werden: Die *Struktur* eines Systems wird bestimmt durch die Elemente und Beziehungen zwischen diesen und gibt zeitunabhängig gültige Aussagen über das System wieder. Die *Funktion* beschreibt im Gegensatz zur Struktur nicht den Aufbau des Systems, sondern sein Verhalten. Hierzu gehören insbesondere die im System ablaufenden Prozesse und die Beziehungen zur Umwelt. Weiterhin weisen Systeme eine *Hierarchie* auf. Damit ist gemeint, dass die Elemente eines Systems wiederum Sub-Systeme darstellen können, aber das System selbst Teil eines übergeordneten Systems sein kann.[255]

Unternehmensorganisationen und damit auch Netzwerke werden in der wirtschaftswissenschaftlichen Literatur als sozio-technische Systeme betrachtet, die eine besondere Bedeutung für diese Arbeit besitzen. Hierbei bilden Mensch und Technik die Elemente des Systems, die miteinander interagieren, um gemeinsam Ziele zu erreichen. Grundlegend hierfür ist die Erkenntnis, dass die zwischen Menschen stattfindenden Interaktionen (soziale Ebene) und die Infrastruktur und Produktionsmittel (technische Ebene) nicht getrennt voneinander betrachtet werden können.[256]

Grundlagen der Kybernetik

Die Kybernetik bezeichnet die Lehre der Lenkung und Gestaltung von komplexen, dynamischen Systemen und ist eng verwandt mit der Systemtheorie. Im Gegensatz zur Systemtheorie legt sie jedoch den Fokus auf die Funktionen und Mechanismen der

---

[254] In Anlehnung an Ulrich et al. (1984), Management, S. 51

[255] Vgl. Ropohl (2009), Allgemeine Technologie, S. 75ff.

[256] Vgl. Dannapfel (2019), Systemisches Management-Modell Fabrikplanung, S. 55f.; Wegehaupt (2004), Führung von Produktionsnetzwerken, S. 33

Führung und Koordination von Systemen.[257] Aus ihr lassen sich weitere wichtige Erkenntnisse für den Verlauf dieser Arbeit ableiten. Die Kybernetik legt die Annahme zu Grunde, dass die Komplexität der Umwelt nur durch eine Eigenkomplexität des Systems bewältigt werden kann, so dass das System auf jede Störung aus der Umwelt situationsgerecht zu reagieren in der Lage ist.[258] Die vermutlich grundlegendste Erkenntnis ist hierbei, dass Grundprinzipien der Steuerung und Regelung existieren, die auf alle großen Systeme zutreffen. Diese Prinzipien sind Gegenstand der Forschung in den verschiedensten Disziplinen, die sich u. a. mit organischen Systemen, elektronischen Systemen sowie mit Sozial- und Wirtschaftssystemen auseinandersetzen.[259] Zentrale Merkmale sind daher zum einen die *Steuerung*, die das System von außen beeinflusst, damit es sich in der gewünschten Form verhält und ein definiertes Ziel erreicht. Zum anderen sorgt das Prinzip der *Regelung* dafür, dass das aktuelle Systemverhalten mit dem erwarteten Systemverhalten abgeglichen wird und bei Bedarf angepasst werden kann.[260] Der inhärente Regler stellt somit eine dauerhafte Anpassungsfähigkeit des Systems an seine komplexe, sich ständig ändernde Umwelt sicher.[261]

Die Kybernetik bildet somit die Grundlage der Regelkreise. Ein einfaches Alltagsbeispiel eines geschlossenen Regelkreises stellt die Temperaturregelung in einem Zimmer mittels Thermostat dar und soll das Grundprinzip eines Regelkreises an dieser Stelle verdeutlichen. Klassische Elemente sind die Regelgröße, Führungsgröße, Störgröße, Stellgröße, Regelstrecke, Regler und Messglied (siehe Abbildung 3-3).[262] Ziel eines Thermostats ist es, die Raumtemperatur auf einem vorgegebenen Sollwert zu halten. Dieser Wert ist die *Regelgröße*. Die *Führungsgröße* definiert den Sollwert für die Regelgröße, also z. B. Raumtemperatur 23° C und bildet die Eingangsgröße für das System. Der Raum bzw. die Raumluft beschreiben die *Regelstrecke*, welche entsprechend der Zieltemperatur beeinflusst werden soll und die Regelgröße als Ausgangsgröße hat. Auf die Regelstrecke können nun verschiedene unerwünschte *Störgrößen* einwirken, die eine Änderung der Regelgröße zur Folge haben, beispielsweise wenn ein Fenster geöffnet wird und dadurch kalte Luft in den Raum einströmt. Die *Stellgröße* ist die Ausgangsgröße des Reglers mit der die Regelstrecke, also die Raumluft beeinflusst werden kann. Im Anwendungsbeispiel gibt diese Größe der Heizung vor, wie weit die Heizungsventile geöffnet werden sollen. Das Thermostat repräsentiert den *Regler*, der

[257] Vgl. Heylighen (2000), Foundations and Methodology, S. 460; Wiener (1961), Cybernetics, S. 11ff.
[258] Vgl. Malik (2003), Strategie des Managements komplexer Systeme, S. 169ff.
[259] Vgl. Beer (1973), Kybernetische Führungslehre, S. 18
[260] Vgl. Ulrich und Probst (2001), Anleitung zum ganzheitlichen Denken, S. 76ff.
[261] Vgl. Beer (1962), Kybernetik und Management, S. 44ff.
[262] Vgl. Abel (2014), Regelungstechnik, S. 5f.; Heinrich und Schneider (2019), Grundlagen Regelungstechnik, S. 8ff.

die Regelgröße, also den Ist-Zustand der Raumtemperatur mit der Führungsgröße, also dem Sollwert der Raumtemperatur abgleicht und daraus die Stellgröße bildet, um auf das System einzuwirken. Das *Messglied* misst die Regelgröße Raumtemperatur im Ist-Zustand und ermöglicht so dem Regler einen Abgleich mit der Führungsgröße.[263] Zentral für die Regelung ist dabei die Tatsache, dass die genauen Störfaktoren aus der Umwelt nicht bekannt sein müssen, da der Regler durch einen permanenten Soll-Ist-Abgleich auf Veränderungen reagiert und diese schnellstmöglich korrigiert.[264]

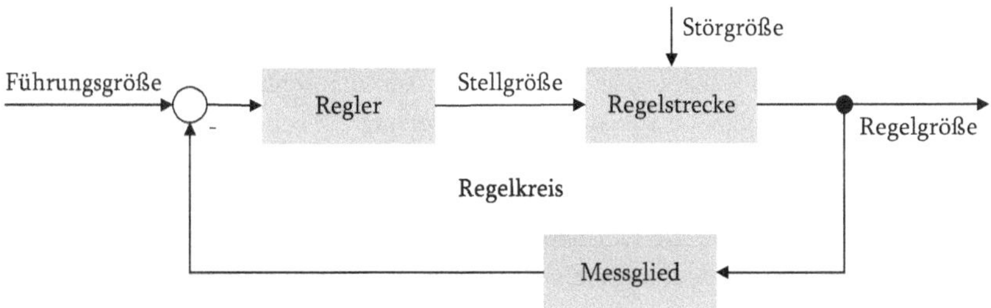

Abbildung 3-3: Grundprinzip eines geschlossenen Regelkreises[265]

Die frühe Kybernetik, auch bekannt als Kybernetik 1. Ordnung, beschäftigte sich mit technischen Rückkopplungssystemen. Grundlage sind objektiv beobachtbare Wahrheiten; die Erkenntnis, dass die Statik von Systemen durch rückgekoppelte Prozesse erklärt werden kann, die einen Gleichgewichtszustand einzuhalten vermögen; und die Trennung von Beobachter und System.[266] Diese Objektivität ist jedoch im sozialen Kontext nicht gegeben, da der Beobachter als zur Kognition fähiger Mensch durch das Beobachten eines Systems, das ebenfalls zur Kognition befähigt ist, mit diesem in Interaktion tritt und somit selbst Teil eines übergeordneten Systems aus dem System selbst und seiner Umwelt (Beobachter) wird.[267] Im Rahmen der Kybernetik 2. Ordnung bzw. im Englischen „Cybernetics of Cybernetics" werden daher System und Beobachter als neues System aufgefasst.[268]

---

263 Vgl. Abel (2014), Regelungstechnik, S. 1ff.; Heinrich und Schneider (2019), Grundlagen Regelungstechnik, S. 4ff.

264 Vgl. Ulrich und Probst (2001), Anleitung zum ganzheitlichen Denken, S. 80

265 In Anlehnung an Heinrich und Schneider (2019), Grundlagen Regelungstechnik, S. 9; Abel (2014), Regelungstechnik, S. 6

266 Vgl. Simon (2007), Einführung in Systemtheorie und Konstruktivismus, S. 18f.

267 Vgl. Simon (2007), Einführung in Systemtheorie und Konstruktivismus, S. 40ff.

268 Vgl. Foerster (2003), Cybernetics of Cybernetics, S. 283ff.; Simon (2007), Einführung in Systemtheorie und Konstruktivismus, S. 40ff.

Dieses Verständnis der Kybernetik 2. Ordnung liegt einem der bedeutendsten Kybernetik-Konzepte der jüngeren Zeit zu Grunde, der *Managementkybernetik*, welche auf den Briten STAFFORD BEER zurückgeht. Mit den Arbeiten von BEER etablierte sich die Kybernetik in den Wirtschaftswissenschaften, wonach die Führung eines Unternehmens als ein rückgekoppelter kybernetischer Regelungsprozess verstanden wird. Die kybernetische Führungslehre bedient sich der Erkenntnisse aus der Steuerung und Regelung komplexer Systeme und überträgt diese auf die Gestaltung und Lenkung soziotechnischer Systeme.[269] Das zentrale Modell in der Managementkybernetik ist das *Modell lebensfähiger Systeme (Viable System Model, kurz VSM)*, welches die Erkenntnisse über biologisch lebensfähige Systeme wie dem menschlichen Gehirn oder dem zentralen Nervensystem auf soziale Systeme überträgt.[270] Lebensfähigkeit bezeichnet hierbei die Fähigkeit eines Systems, eine eigenständige Identität in seiner Umwelt aufrechtzuerhalten und sich an diese adaptiv anzupassen.[271] Die Struktur eines Systems bestimmt, ob es in seiner Umwelt lebensfähig ist. Hinsichtlich der Struktur werden fünf Systeme unterschieden, die nachfolgend knapp ausgeführt werden sollen:[272]

- *System 1* stellt die ausführenden Elemente des Systems dar, die durch autonome Anpassung die Komplexität der Umwelt bewältigen (Selbstorganisation). Jedes System stellt selbst ein VSM mit seinen fünf Subsystemen dar (Prinzip der Rekursion).
- *System 2* ist die koordinierende Instanz, die durch Abstimmung und Ausgleich das harmonische Verhalten der einzelnen Systeme 1 regelt und Synergien zwischen diesen ausschöpft.
- *System 3* hat die Aufgabe, ein Gesamtoptimum sicherzustellen und verantwortet daher die Realisierung von Synergien (interne Perspektive). Dazu kann es als operative Unternehmensführung Ressourcen allokieren, Verhaltensregeln definieren und in die Aktivitäten von System 1 direkt eingreifen.

---

[269] Vgl. Beer (1973), Kybernetische Führungslehre, S. 18ff.

[270] Vgl. Beer (1973), Kybernetische Führungslehre, S. 71ff.

[271] Vgl. Beer (1973), Kybernetische Führungslehre, S. 18ff.; Malik (2003), Strategie des Managements komplexer Systeme, S. 111ff.

[272] Vgl. Beer (1973), Kybernetische Führungslehre, S. 155ff.; Malik (2003), Strategie des Managements komplexer Systeme, S. 80ff.; Die Ausführungen werden mit Blick auf die Ziele dieser Arbeit an dieser Stelle knapp gehalten. Eine ausführlichere Beschreibung der kybernetischen Grundsätze und des Modells lebensfähiger System findet sich u. a. bei Dannapfel (2019), Systemisches Management-Modell Fabrikplanung, S. 60ff.

- *System 3** ermöglicht es System 3 mittels Audits o. ä. ergänzende, ungefilterte Informationen zu erhalten, um richtig zu entscheiden, da die von System 2 übermittelten Informationen über System 1 vorgefiltert sind.
- *System 4* positioniert das Gesamtsystem in der Umwelt unter einer langfristig orientierten strategischen Perspektive (externe Perspektive). Dazu greift es auf Informationen von System 3 zurück.
- *System 5* stellt die oberste Entscheidungseinheit dar, die einen Ausgleich zwischen interner und externer Perspektive verantwortet und insbesondere bei Konflikten zwischen System 3 und 4 moderiert. Darüber hinaus nimmt es normative Managementaufgaben wahr (Ethos des Gesamtsystems).

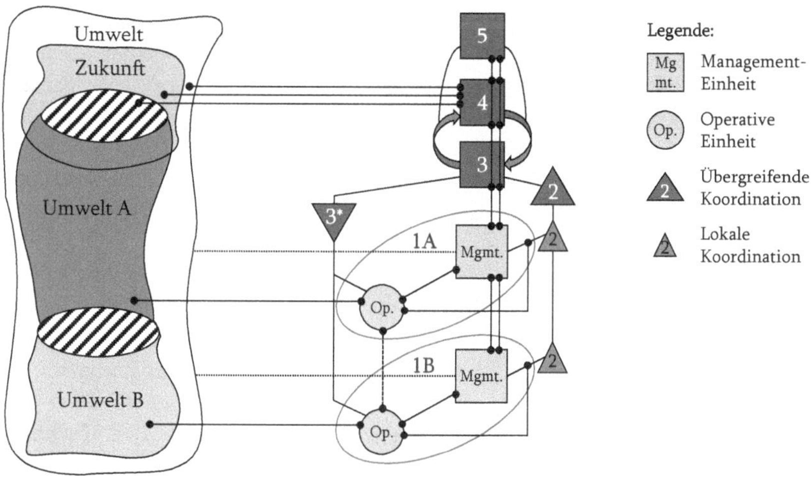

Abbildung 3-4: Das Modell lebensfähiger Systeme[273]

Übertragen auf bekannte Managementebenen in Unternehmen beschreiben die ersten drei Systeme das operative Management, System 4 das strategische Management und System 5 das normative Management. Dieses Modell bildet auch die Grundlage für das St. Galler Management-Modell, das im deutschsprachigen Raum einen entscheidenden

[273] In Anlehnung an Beer (1973), Kybernetische Führungslehre, S. 131; Malik (2003), Strategie des Managements komplexer Systeme, S. 84

Schritt zum ganzheitlichen Managementdenken darstellt.[274] Das VSM besitzt allgemeine Gültigkeit und kann sowohl auf Einzelunternehmen, als auch auf Unternehmensnetzwerke angewendet werden.

Systemorientiertes Management von Netzwerken

Die Systemtheorie und die Managementkybernetik sind eng miteinander verknüpft.[275] Daher wurden die beiden Ansätze zu einer ganzheitlichen, systemorientierten Managementtheorie zusammengeführt, die insbesondere mit den Arbeiten zum St. Galler Management-Modell Eingang in die Wirtschaftswissenschaften gefunden hat.[276] Die Autoren kritisierten das konstruktivistisch-technokratische Paradigma in der Management-Forschung, welches vor allem auf die Führung einzelner Personen ausgerichtet ist und von der Annahme ausgeht, dass alle für das Management notwendigen Informationen stets zur Verfügung stehen. Weiterhin wird kritisiert, dass in komplexen Organisationen nicht mehr in einfachen Ursache-Wirkungszusammenhängen gedacht werden kann, da vielschichtige, vernetzte Interdependenzen existieren.[277] Im systemorientierten Management wird daher ein systemisch-evolutionäres Paradigma postuliert, welches Unternehmen als komplexes sozio-technisches System auffasst und die Gestaltung und Lenkung eines Systems in seiner komplexen, dynamischen Umwelt in den Vordergrund rückt.[278] In der systemorientierten Managementlehre wird unter Management das „Gestalten, Lenken und Entwickeln von zweckorientierten sozialen Systemen"[279] verstanden. Dieser Definition von Management wird in dieser Arbeit gefolgt. Zweckorientierung beschreibt hierbei eine Nutzenstiftung für das System.[280] *Gestalten* bedeutet in diesem Zusammenhang, ein sozio-technisches System zu erschaffen, indem die Komponenten mit den gewünschten Eigenschaften dieses Systems unter dem Ziel einer handlungsfähigen Ganzheit zusammengesetzt werden. Der Begriff schließt dabei sowohl bewusstes, geplantes menschliches Handeln, als auch die Selbstgestaltung des Systems mit ein.[281] Den Begriff des *Lenkens* leiten die Mitbegründer des St. Galler Management-Modells ULRICH und MALIK aus dem englischen Begriff „to control" ab,

[274] Vgl. Schuh et al. (2011), Strategie, S. 77
[275] Vgl. Heylighen (2000), Foundations and Methodology, S. 460f.
[276] Vgl. Rüegg-Stürm und Grand (2020), Das St. Galler Management-Modell, S. 39ff.; Schuh et al. (2011), Strategie, S. 77
[277] Vgl. Malik (2000), Systemisches Management, S. 101ff.
[278] Vgl. Malik (2000), Systemisches Management, S. 120ff.
[279] Ulrich et al. (1984), Management, S. 11
[280] Vgl. Malik (2013), Management, S. 43f.
[281] Vgl. Ulrich et al. (1984), Management, S. 99f.

wie er bei dem Gründungsvater der Kybernetik, NORBERT WIENER, zu finden ist.[282] Lenkungsmechanismen beschreiben demnach die Prozesse, die notwendig sind, um ein System so zu kontrollieren, dass es einen gewünschten Zustand annimmt. Explizit umfasst der Begriff auch hier die Prozesse der Selbstlenkung und greift somit die Grundgedanken der Kybernetik von sich selbst regelnden Systemen auf.[283] Lenkungsmechanismen umfassen grundsätzlich die Prozesse der *Steuerung* und *Regelung*. Unter Steuerung versteht man hierbei eine „informationelle Anweisung an ein System [...], damit es sich in einer bestimmten Art verhält und ein Ziel erreicht."[284] Um ein System wirksam steuern zu können, bedarf es aber der Kenntnis über alle möglichen Störfaktoren und Umweltzustände. Eine unvollkommene Informationsbasis ist aber gerade Kennzeichen von komplexen Systemen in einer sich dynamisch verändernden Umwelt.[285] Daher rückt bei diesen Systemen das Prinzip der Regelung in den Vordergrund, die reaktiv ist und auf Rückkopplung basiert, bzw. wie WIENER es nannte auf Feedback.[286] Die Regelung beschreibt demnach eine informationelle Rückkopplung, die das aktuelle Systemverhalten mit dem erwarteten Systemverhalten abgleicht und Abweichungen feststellt, um es bei Bedarf anpassen zu können.[287]

Die systemorientierte Management-Theorie ist keineswegs auf Einzelunternehmen beschränkt, sondern lässt ebenso Aussagen zur Struktur, Funktion, Gestaltung und Lenkung interorganisationaler Kooperationen zu.[288] Für eine erfolgreiche Kooperation besteht aus Systemsicht der Bedarf der Koordination der zwischenbetrieblichen Aktivitäten.[289] Ein Netzwerk kann gemäß den vorangegangenen Überlegungen dabei als lebensfähiges System aufgefasst werden, das, dem Invarianztheorem folgend, isomorphe Lenkungsstrukturen aufweist. Das Theorem besagt nicht, dass alle Systeme so strukturiert sein sollten, sondern dass sie tatsächlich so strukturiert sind.[290] Dem Gestalten und Lenken des Netzwerks kommt somit eine besondere Bedeutung zu. Diese koordinierenden und gestalterischen Führungsaktivitäten werden im VSM durch die Systeme 2, 3, 4 und 5 übernommen, die die Ebenen des taktischen, operativen, strate-

[282] Vgl. Malik (2003), Strategie des Managements komplexer Systeme, S. 81; Ulrich et al. (1984), Management, S. 94; Wiener (1961), Cybernetics

[283] Vgl. Ulrich et al. (1984), Management, S. 100f.

[284] Ulrich und Probst (2001), Anleitung zum ganzheitlichen Denken, S. 78

[285] Vgl. Beer (1962), Kybernetik und Management, S. 46; Ulrich und Probst (2001), Anleitung zum ganzheitlichen Denken, S. 79f.

[286] Vgl. Ropohl (2009), Allgemeine Technologie, S. 80; Wiener (1961), Cybernetics, S. 6

[287] Vgl. Ulrich und Probst (2001), Anleitung zum ganzheitlichen Denken, S. 78

[288] Vgl. Wegehaupt (2004), Führung von Produktionsnetzwerken, S. 27

[289] Vgl. Kapitel 2.3

[290] Vgl. Malik (2003), Strategie des Managements komplexer Systeme, S. 77ff.

gischen und normativen Managements repräsentieren. System 1 stellt die kooperierenden Unternehmen im Netzwerk dar.[291] Zur Abbildung der Lenkungsmechanismen im System Netzwerk, wird dieses als mehrstufiger, vernetzter Regelkreis aufgefasst. Auf diese Weise kann eine dauerhafte Anpassungsfähigkeit des Netzwerks an seine komplexe, dynamische Umwelt sichergestellt werden.[292]

Die Lenkungsmechanismen umfassen somit die Regelungsprozesse in einem lebensfähigen System. Zu unterscheiden sind hierbei die *autonome Regelung* und die *willentliche Regelung*. Die autonome Regelung erfolgt im oben beschriebenen VSM durch die Systeme 1-3, welche die innere Stabilität des Systems sicherstellen.[293] BEER spricht in diesem Zusammenhang vom Prinzip der *Homöostase*, wonach ein System eine kritische Variable durch einen selbstregelnden Mechanismus innerhalb bestimmter Grenzen hält.[294] Die willentliche Regelung hingegen erfolgt als lenkender Eingriff in das System durch die oberste Entscheidungsinstanz, dem System 5 unter Mitwirkung der Systeme 3 und 4. System 4 hat die Aufgabe, Umweltinformationen einzuholen und weiterzuleiten und bildet den Verknüpfungsmechanismus zwischen autonomer und willentlicher Regelung.[295]

Das Management von Netzwerken im Allgemeinen und interorganisationalen Wissensnetzwerken im Speziellen umfasst die Gestaltung, Lenkung und Entwicklung auf Basis systemtheoretischer und kybernetischer Erkenntnisse. Zentrales Element zur Abbildung der Lenkungsmechanismen ist der Regelkreis. Im Rahmen dieser Arbeit werden diese koordinierenden und gestalterischen Führungsaktivitäten unter Netzwerkorchestration zusammengefasst.

Das systemorientierte Management von Netzwerken mit seinen systemtheoretischen und kybernetischen Grundsätzen bildet somit eine fundierte Lösungshypothese für die Orchestration von Wissensnetzwerken, die einen großen Einfluss auf den Erfolg der Kooperation hat. Im nachfolgenden Kapitel werden daher wissenschaftliche Ansätze zur Netzwerkorchestration untersucht und auf die Verwendbarkeit für die Ziele dieser Arbeit analysiert.

---

[291] Vgl. Wegehaupt (2004), Führung von Produktionsnetzwerken, S. 104ff.

[292] Vgl. Beer (1962), Kybernetik und Management, S. 44ff.; Beer (1973), Kybernetische Führungslehre; Ulrich und Probst (2001), Anleitung zum ganzheitlichen Denken, S. 76ff.

[293] Vgl. Beer (1973), Kybernetische Führungslehre, S. 137, 182f.; Malik (2003), Strategie des Managements komplexer Systeme, S. 90f.

[294] Vgl. Beer (1962), Kybernetik und Management, S. 37f.

[295] Vgl. Beer (1973), Kybernetische Führungslehre, 137, 182f.; Malik (2003), Strategie des Managements komplexer Systeme, S. 90f.

3.1.3 Netzwerkorchestration

Die empirische Studie[296] sowie die vorangegangenen Ausführungen im dritten Kapitel dieser Arbeit zeigen die hohe Relevanz einer zentralen koordinierenden Instanz in einem Netzwerk. Weitere Studien belegen, dass durch einen Netzwerkorchestrator geführte Netzwerke erfolgreicher sind.[297] Insbesondere vor dem Hintergrund diverser Ressentiments von Unternehmen gegenüber Netzwerkkooperationen kommt der Netzwerkorchestration besondere Bedeutung zu.[298] Um in einem Wissensnetzwerk eine überlegene Expertise im Bereich der Fabrikplanung aufzubauen, ist ein dauerhaft offener Wissensaustausch unter den interorganisationalen Kooperationspartnern notwendig. Dieser ist sehr eng verknüpft mit dem Vertrauen zwischen den Unternehmensvertretern im Wissensnetzwerk.[299] Diese Arbeit setzt sich daher mit der zentralen Fragestellung auseinander, wie Vertrauen in einem Wissensnetzwerk der Fabrikplanung orchestriert werden kann. Zur allgemeinen Orchestration von Netzwerken existieren zahlreiche Ansätze in der wissenschaftlichen Literatur, von denen für diese Arbeit relevante nachfolgend vorgestellt werden sollen. Zur Identifizierung dieser Ansätze wurde eine strukturierte Literaturanalyse nach LEVY und ELLIS sowie von BROCKE ET AL. durchgeführt.[300]

DHANARAJ & PARKHE – Orchestrating Innovation Networks

DHANARAJ UND PARKHE betonen die Wichtigkeit des Netzwerkmanagements und rücken die Schlüsselrolle des Netzwerkorchestrators in den Mittelpunkt ihrer Arbeit. Sie definieren Netzwerkorchestration als ein *Bündel von bewussten und zielgerichteten Handlungen des Netzwerkorchestrators mit dem Ziel Wert zu schaffen* und diesen Wert aus dem Netzwerk zu gewinnen. Die Autoren entwerfen einen Ordnungsrahmen für die Orchestration von Innovationsnetzwerken, in dem drei zentrale Prozesse das Innovationsergebnis im Netzwerk verbessern: Das *Management von Wissensmobilität*, der *Anwendbarkeit von Innovationen* und der *Netzwerkstabilität*. Weiterhin betonen die Autoren den Einfluss der Netzwerkgestaltung auf die Orchestration des Netzwerks,

---

[296] Vgl. Kapitel 2.3.3

[297] Vgl. Bickhoff et al. (2014), Mit Virtuellen Unternehmen zum Erfolg, S. 93ff.; Dhanaraj und Parkhe (2006), Orchestrating Innovation Networks, S. 659ff.; Hinterhuber (2002), Value Chain Orchestration, S. 615ff.; Kothandaraman und Wilson (2001), The Future of Competition, S. 379ff.; Möller und Svahn (2003), Managing Strategic Nets, S. 209ff.; Partanen und Möller (2012), How to build a strategic network, S. 482f.

[298] Vgl. Burggräf et al. (2022), Network-based factory planning, S. 1173ff.

[299] Vgl. Gausdal et al. (2016), High-trust networks, S. 194ff.

[300] Vgl. Levy und Ellis (2006), Systems approach literature review; Brocke et al. (2009), Reconstructing the giant; das methodische Vorgehen zur strukturierten Literaturanalyse wird in Kapitel 3.3.1 erläutert

zu der sie das *Teilnehmermodell*, die *Netzwerkstruktur* und die *Netzwerkposition* zählen. Diese Elemente werden jedoch nicht näher beschrieben. Darüber hinaus werden nur einige wenige Hemmnisse genannt, die die Kooperation behindern können und durch die Aktivitäten des Orchestrators eingedämmt werden können.[301]

ENNSFELLNER ET AL. – Das Geheimnis erfolgreicher Unternehmensnetzwerke

ENNSFELLNER ET AL. untersuchen in einer Studie zu Netzwerkkooperationen unter kleinen Unternehmen die Erfolgs- und Hemmfaktoren von Kooperationen. Im Ergebnis zeigt sich, dass die Ausprägung der Erfolgs- und Hemmfaktoren in erfolgreichen gegenüber weniger erfolgreichen Netzwerken signifikant unterschiedlich zum Tragen kommt. Wichtigste Erfolgsfaktoren sind die Erschließung neuer Märkte und die Ermöglichung von Innovationen durch Kooperationen, während Rücksichtnahme auf andere Netzwerkpartner und Kommunikationsaufwand als größte Hemmnisse identifiziert werden. Die Autoren schlussfolgern die Wichtigkeit des konstruktiven Umgangs mit den Hemmfaktoren sowie des Netzwerkmanagements und entwerfen ein Netzwerkorganisationsmodell, dessen zentraler Anker der Netzwerkkoordinator ist. Zwar werden Maßnahmen zum Umgang mit den Hemmfaktoren gegeben, jedoch werden diese nicht systematisch in das Organisationsmodell eingebettet. Weiterhin wird das Netzwerkorganisationsmodell nicht näher beschrieben.[302]

GIUDICI ET. AL. – Open-System Orchestration

GIUDICI ET. AL. beschreiben den Ansatz der Open-system-Orchestration. Im Gegensatz zu klassisch geschlossenen Netzwerken, unterstützen in offenen Netzwerken die Orchestratoren eher die Netzwerkmitglieder statt sie auszunutzen. Hierzu schaffen sie einen kontextuellen Rahmen, in dem die Mitglieder spontan Wissen austauschen und Komplementaritäten entdecken können. In ihrer Studie untersuchen die Autoren eine Plattform, die ein jährliches Netzwerkevent mit über 2.400 Teilnehmern veranstaltet, auf dem Unternehmen neue Ideen generieren oder neue Geschäftsfelder ausloten. Die Autoren entwickeln ein Modell mit vier wesentlichen Orchestrationsprozessen: *Kollaboratives Engagement* bei Teilnehmern entfachen, damit diese offen ihr Wissen mit anderen teilen; *Selbstreflexion* der Mitglieder ermöglichen und fördern sowie zur Suche nach *Komplementaritäten* ermutigen; *gestreute Kollaboration* unter den Teilnehmern ermöglichen. Die Prozesse beziehen sich jedoch auf die Vorbereitung und Durchführung des Netzwerkevents und werden nicht in einem Gesamtmodell der Netzwerkorchestration eingebunden. Weiterhin lassen die Prozesse konkrete Gestal-

[301] Vgl. Dhanaraj und Parkhe (2006), Orchestrating Innovation Networks, S. 659ff.

[302] Vgl. Ennsfellner et al. (2012), Das Geheimnis erfolgreicher Unternehmensnetzwerke, S. 410ff.

tungshinweise für den Orchestrator vermissen. Darüber hinaus wird der Wissensaustausch im Rahmen des Netzwerkevents fokussiert, wohingegen andere Netzwerkaktivitäten wie eine projektbasierte Kollaboration ausgelassen werden.[303]

NAMBISAN & SAWHNEY – Orchestration Processes in Network-Centric Innovation

NAMBISAN UND SAWHNEY entwerfen einen netzwerkzentrierten Ansatz für Innovationsprozesse und rücken dabei die Orchestrationsprozesse eines zentralen Koordinators in den Mittelpunkt ihrer Untersuchungen. Dazu beschreiben sie in ihrem Modell drei Kernprozesse des Orchestrators: das *Management der Hebelwirkung von Innovationen* (Leverage-Effekt), das *Management der Kohärenz* und das *Management der Anwendbarkeit von Innovationen*. Diese Prozesse begründen das Zusammenspiel zwischen Elementen des Innovationsdesigns und des Netzwerkdesigns. Als Netzwerkdesignelemente nennen sie die *Offenheit des Netzwerks* und die *Einbettung der Netzwerkmitglieder* im Sinne von gemeinsamen Aktivitäten und Interaktionen untereinander. Weiterhin untersuchen sie den Einfluss der Designelemente auf die Orchestrationsprozesse, die letztlich zum Innovationsergebnis führen. Die Autoren fokussieren in ihrem Modell nur auf drei Innovationsprozesse und lassen dabei andere Orchestrationsprozesse wie das Management von Wissensflüssen, Netzwerkstabilität oder Netzwerkmitgliedern außer Acht. Zudem limitiert der Ansatz auf Innovationsprozesse und gibt keine tiefergehenden Details zur Gestaltung eines Netzwerks. Darüber hinaus werden Ressentiments von Unternehmen gegenüber Netzwerken und wie diese durch Prozesse und Strukturen angegangen werden können, nicht berücksichtigt.[304]

PARTANEN & MÖLLER – How to build a strategic network

PARTANEN und MÖLLER fokussieren in ihren Untersuchungen in der IKT-Branche den Aufbau von strategischen Unternehmensnetzwerken und entwickeln dazu ein Vorgehensmodell aus der Perspektive des orchestrierenden Unternehmens. Den Aufbau und die Entwicklung strategischer Netzwerke erachten die Autoren hierbei als Schlüsselkompetenz für Unternehmen, um in der Zukunft erfolgreich zu sein. Das Vorgehensmodell umfasst sieben Phasen, die die wertschöpfenden Aktivitäten im Netzwerk mit der Ressourcenperspektive verknüpfen. Dazu gehören die Bestimmung der *wertschöpfenden Aktivitäten* für den Endkunden, Bestimmung des *Wertschöpfungssystems*, Analyse der *Kernziele* der beteiligten Unternehmen, Vergleich der *Ressourcen und Fähigkeiten* mit den Zielaktivitäten, Analyse *delegierter Aktivitäten*, vorläufige *Netzwerkpartnerbewertung* und der Start der *interorganisationalen Kollaboration*. Die Au-

[303] Vgl. Giudici et al. (2018), Open-System Orchestration, S. 1369ff.

[304] Vgl. Nambisan und Sawhney (2011), Orchestration Processes in Network-Centric Innovation, S. 40ff.

toren weisen außerdem darauf hin, dass die Entwicklung interorganisationalen Vertrauens kritisch ist und geben Hinweise wie dies begünstigt werden kann. Dazu gehören die *Leistung* eines Unternehmens aus der Vergangenheit, die Verlässlichkeit und Kompetenz signalisiert, *Interaktionen* zwischen Netzwerkunternehmen, wodurch deren Verhalten in der Zukunft besser vorhergesagt werden kann, die Demonstration *guter Absichten* sowie ein *Vertrauenstransfer*, in dem Vertrauen zu einem Unternehmen dadurch entsteht, dass andere Unternehmen diesem bereits vertrauen. Diese Aktivitäten werden jedoch nicht mit dem Ordnungsrahmen zur Netzwerkbildung verknüpft und durch den Fokus auf den Netzwerkaufbau werden Elemente des aktiven Managements der Kooperation ausgelassen.[305]

PLANKO ET AL. – Managing strategic system-building networks

PLANKO ET AL. untersuchen das Management von strategischen Netzwerken zur kollaborativen Entwicklung von Produkten, Dienstleistungen und Prozessen. Die Autoren betonen die Untererforschung von Netzwerkmanagement und deren Bedeutung für das Hervorbringen radikaler Innovationen. Hierfür sei der Aufbau eines Ökosystems notwendig, in dem Unternehmen kollaborieren. Sie identifizieren dazu Schlüsselfaktoren, die ein effektives Netzwerkmanagement ermöglichen und untersuchen deren Relevanz durch eine empirische Studie im niederländischen Smart-Grid-Sektor. Die Schlüsselfaktoren werden zu vier Kategorien zusammengefasst: *Netzwerkkomposition*, *Führungsstruktur*, *Managementprozesse und Beziehungsfaktoren*. Außer der Relevanz und der spezifischen Ausprägung der Faktoren, werden diese nicht detaillierter beschrieben. Insbesondere eine Überführung in einen Gestaltungsansatz bleibt aus. Obwohl die Studienergebnisse gut auf andere Netzwerktypen übertragbar sind, basiert die Untersuchung auf nur einer Branche. Weiterhin werden nur literaturbasierte Schlüsselfaktoren berücksichtigt, ohne auf Hindernisse in der Kooperation einzugehen.[306]

SYDOW & WINDELER – Management von Netzwerkorganisationen

SYDOW und WINDELER betonen ebenfalls die Notwendigkeit eines effektiven und effizienten Netzwerkmanagements, um ein Netzwerkversagen zu verhindern. Hierzu propagieren die Autoren vier zentrale Funktionen für ein erfolgreiches Management von interorganisationalen Unternehmensnetzwerken. Dazu gehören die *Selektion* von Netzwerkpartnern, die *Allokation* von Aufgaben, Ressourcen und Verantwortlichkeiten, die *Regulation* der Zusammenarbeit in Netzwerken und die *Evaluation* der Netzwerkunternehmungen, einzelner Netzwerkbeziehungen oder des gesamten Netz-

[305] Vgl. Partanen und Möller (2012), How to build a strategic network, S. 481ff.
[306] Vgl. Planko et al. (2017), Managing strategic system-building networks, S. 37ff.

werks. Neben den systematisierten Aufgaben werden die jeweils notwendigen Managementkompetenzen herausgestellt und Hinweise auf exemplarische Managementinstrumente gegeben. Die Autoren bieten einen interessanten Ansatz, der die Managementaufgaben der Gestaltung und Lenkung in einem Ordnungsrahmen vereint. Auf einzelne Ressentiments, die zum dargelegten Netzwerkversagen führen können und wie diese durch die Managementaufgaben konkret angegangen werden können, wird jedoch nicht näher eingegangen.[307]

Die vorgestellten Ansätze zur Netzwerkorchestration erkennen die Notwendigkeit an, dass Netzwerke durch eine zentrale Instanz gestaltet und geführt werden müssen. Sie unterstreichen somit die Aussage, dass durch einen Orchestrator geführte Netzwerke erfolgreicher sind. Dabei identifizieren die Ansätze gewisse Schlüsselfaktoren, die für eine erfolgreiche Kooperation wichtig sind und die in die Netzwerkorchestration eingebunden werden müssen. Einige Ansätze gehen explizit auch auf Ressentiments ein, die die Kooperation behindern können und betonen die Wichtigkeit, diesen aktiv entgegenzuwirken. Eine detailliertere Betrachtung dieser Hemmfaktoren bleibt jedoch aus und es werden keine konkreten Gestaltungshinweise für den Netzwerkorchestrator gegeben. Somit bestehen zahlreiche Anknüpfungspunkte für die Ausgestaltung der Netzwerkorchestration, wenn auch eine Integration von Ressentiments in ein Management-Modell zur Gestaltung, Lenkung und Entwicklung eines Wissensnetzwerks bislang noch nicht tiefgehend erfolgt ist. Diese Ressentiments können jedoch im ungünstigsten Fall zum vielfach von den Autoren beschriebenen Scheitern des Netzwerks führen. Wie aus der empirischen Studie hervorgegangen ist, spielt das Ressentiment *Vertrauen* eine entscheidende Rolle. Auch PARTANEN und MÖLLER nennen Vertrauen explizit als kritische Größe und geben Hinweise, wie die Entstehung von Vertrauen in einem interorganisationalen Netzwerk begünstigt werden kann. Daher ist im Folgenden tiefergehend zu untersuchen, welche zentralen Wirkmechanismen der Entstehung von Vertrauen unterliegen und wie diese für die Orchestration von Vertrauen in interorganisationalen Wissensnetzwerken der Fabrikplanung genutzt werden können.

[307] Vgl. Sydow (2010), Management von Netzwerkorganisationen, S. 392ff.

3.2 Grundlagen der Vertrauensforschung

Das Forschungsfeld Vertrauensforschung bildet die zweite Säule des Gestaltungsbereichs dieser Arbeit. Nachfolgend wird daher auf grundlegende Begrifflichkeiten eingegangen und weiterführende Konstrukte für ein besseres Verständnis des Vertrauensphänomens aus wissenschaftlicher Sicht vorgestellt. Anschließend erfolgt eine Einordnung von Vertrauen im organisationalen Kontext.

3.2.1 Diskurs über den Vertrauensbegriff

Vertrauen ist im organisationalen Kontext in den letzten Jahren zu einem Leitthema gereift, das in Wissenschaft und Praxis viel beachtet wird. Während es seit den 1960er Jahren insbesondere in der Psychologie und Soziologie erforscht wird, findet dieses grundlegende wie faszinierende Phänomen spätestens seit der weltweiten Finanz- und Wirtschaftskrise ab 2008 große Beachtung in der organisationspsychologischen und wirtschaftswissenschaftlichen Forschung.[308] Darüber hinaus ist das Thema zu einem Schlüsselfaktor in den verschiedensten Lebensbereichen avanciert: von der Rolle von Vertrauen in zwischenmenschlichen Beziehungen im Privatleben und vor allem im beruflichen Kontext bis hin zum Vertrauen in Regierungen und Institutionen.[309] Aber auch im Zuge des Einzugs von Industrie 4.0 Technologien in die Produktion und in das Produktionsmanagement, gewinnt das Vertrauen in künstliche Intelligenz zunehmend an Bedeutung.[310]

Vertrauen ist jedoch ein schwer zu fassendes Konstrukt. Dies zeigt sich auch an der Diversität der Konzepte aus den unterschiedlichsten Wissenschaftsdisziplinen, die dieses Phänomen zu erklären versuchen.[311] Allein ein Blick auf die historisch ersten Veröffentlichungen zu diesem Thema zeigt die unterschiedlichen Interessensfokusse der Forscher: DEUTSCH untersucht die Rolle von Vertrauen in Entscheidungen, GARFINKEL soziale Interaktionen, die Vertrauen einschließen und ROTTER erforscht den Einfluss der persönlichen Neigung zu Vertrauen.[312] Heute ist die Erforschung der verschiedensten Facetten dieses Phänomens in diversen Wissenschaftsdisziplinen verbreitet. So fin-

[308] Vgl. Vaske (2016), Misstrauen und Vertrauen, S. 8

[309] Vgl. Schoorman et al. (2015), Would Trust by Any Other Name Smell as Sweet?, S. 13ff.

[310] Vgl. Burggräf et al. (2021), Sustainable Interaction of Human, S. 508ff.; Saßmannshausen, Burggräf et al. (2019), Trust in artificial intelligence, S. 1333ff.

[311] Vgl. Lyon et al. (2015), Handbook of research methods on trust, S. 1ff.

[312] Vgl. Lyon et al. (2015), Handbook of research methods on trust, S. 3; Deutsch (1973), The Resolution of Conflict; Garfinkel (1967), Studies in Ethnomethodology; Rotter (1967), Measurement of interpersonal trust

den sich u. a. ganze Communities in den Bereichen der Psychologie, Soziologie, Philosophie sowie in den Organisations- und Wirtschaftswissenschaften, die sich intensiv um die Erforschung von Vertrauen bemühen.

Definitionen von Vertrauen

Begibt man sich auf die Suche nach einer einheitlichen Definition von Vertrauen, sieht man sich schnell einer unlösbaren Herausforderung gegenüber. Nicht zuletzt bedingt durch die Diversität der Disziplinen, die dem Thema Vertrauen auf den Grund gehen, existiert eine Fülle verschiedener Definitionen.[313] FINK ET AL. identifizieren 126 Definitionen des Konzepts Vertrauen.[314] Nachfolgend werden daher die bekanntesten Definitionen aus der Literatur vorgestellt, um ein besseres Verständnis für das Konstrukt Vertrauen zu schaffen.

Eine der bahnbrechendsten und meist zitierten Definitionen geht auf MAYER, DAVIS und SCHOORMAN aus dem Jahre 1995 zurück, die Vertrauen als „willingness to be vulnerable“ bezeichnen.[315] Die Autoren führen die Bildung von Vertrauen auf die Bereitschaft zurück, sich verwundbar gegenüber Aktionen anderer zu zeigen: „The definition of trust proposed in this research is the willingness of a party to be vulnerable to the actions of another party based on the expectation that the other will perform a particular action important to the trustor, irrespective of the ability to monitor or control that other party. [...] Trust is not taking risk per se, but rather it is a willingness to take risk."[316] Die *Bereitschaft zur Verwundbarkeit* beruht somit auf der Erwartung, dass das Gegenüber eine für den Vertrauensgeber wichtige Handlung durchführt, beispielsweise, dass die Person relevante Informationen mit ihm teilt. Im Rahmen der Vertrauenshandlung besteht jedoch keinerlei Möglichkeit der Kontrolle für den Vertrauensgeber. Insofern kann Vertrauen auch als die Bereitschaft, Risiken einzugehen, bezeichnet werden.[317]

Auch ROUSSEAU ET AL. schließen die Bereitschaft zur Verwundbarkeit in ihre aus dem Jahre 1998 stammende Definition mit ein: „Trust is a psychological state comprising the intention to accept vulnerability based upon positive expectations of the intentions or behavior of another"[318] Die Autoren bezeichnen Vertrauen als psychologischen Zu-

313 Vgl. Seppänen et al. (2007), Measuring inter-organizational trust, S. 249f.

314 Vgl. Fink et al. (2010), Overcoming the Definitional Struggle, S. 101ff.

315 Vgl. Mayer et al. (1995), Integrative Model of Organizational Trust, S. 712

316 Mayer et al. (1995), Integrative Model of Organizational Trust, S. 712

317 Vgl. Mayer et al. (1995), Integrative Model of Organizational Trust, S. 712

318 Rousseau et al. (1998), Cross-discipline view of trust, S. 395

stand mit der Bereitschaft Verwundbarkeit auf Basis positiver Erwartungen an die Intentionen und das Verhalten eines Gegenübers zu akzeptieren. Für das Zustandekommen von Vertrauen werden zwei Voraussetzungen genannt. Zum einen muss ein Risiko im Sinne einer wahrgenommenen Verlustmöglichkeit existieren. Zum anderen muss eine gegenseitige Abhängigkeit der Interaktionspartner gegeben sein. Vertrauen ist dabei nicht gleichzusetzen mit einer Verhaltensweise wie das Eingehen einer Kooperation, sondern ist vielmehr ein grundlegender psychologischer Zustand, der aus ebensolchen Handlungen hervorgehen kann.[319]

Eine eher technischere Definition ist bei NOOTEBOOM zu finden, der für die Definition von Vertrauen zwei Personen X und Y betrachtet: „X trusts Y to the extent that X chooses to cooperate with Y on the basis of a subjective probability that Y will choose not to employ opportunities for defection that X considers damaging, even if it is in the interest of Y to do so. The trustworthiness of Y depends on Y's true propensity to employ those opportunities."[320] Vertrauen beruht gemäß dieser Definition vor allem darauf, dass die zu vertrauende Person keine ausnutzenden Handlungen unternimmt.

ZAHEER ET AL. untersuchen Vertrauen im interorganisationalen Kontext und entwickeln ihre Definition auf der Grundlage von verschiedenen literaturbasierten Ansätzen aus diesem Bereich. Sie beschreiben Vertrauen als die Erwartung, dass ein Gegenüber Verpflichtungen verlässlich einhält, sich vorhersehbar verhält und fair handelt, wenn die Möglichkeit für Opportunismus besteht. Vertrauen basiert demnach auf Zuverlässigkeit, Vorhersehbarkeit und Fairness.[321]

Im Rahmen dieser Arbeit wird dem Verständnis von Vertrauen nach ROUSSEAU ET AL. gefolgt, welches unterschiedliche Perspektiven auf das Konstrukt Vertrauen zusammenfasst. Zentrale Aspekte dieser Definition sind das Empfinden einer subjektiven Sicherheit, das Eingehen eines Risikos (Verwundbarkeit) und eine positive Erwartungshaltung gegenüber den zukünftigen Handlungen des zu vertrauenden Gegenübers.

Paradigmen von Vertrauen

In der Historie der Vertrauensforschung haben sich drei grundlegende Paradigmen ausgebildet, welche die unterschiedlichen Perspektiven in der Forschungslandschaft systematisieren:

- *Personales Paradigma nach ROTTER (1971)*
- *Situatives Paradigma nach DEUTSCH (1958)*

---

[319] Vgl. Rousseau et al. (1998), Cross-discipline view of trust, S. 395

[320] Nooteboom (1996), Trust, opportunism and governance, S. 993

[321] Vgl. Zaheer et al. (1998), Does trust matter, S. 143

- *Interaktionistisches Paradigma nach MAYER ET AL. (1995)*

Das *personale Paradigma*, dessen bekanntester Vertreter ROTTER ist, betrachtet Vertrauen als *Persönlichkeitsdisposition*, die situationsübergreifend zur Anwendung kommt und zeitlich stabil ist.[322] Vertrauen ist somit ein Persönlichkeitsmerkmal, das jeder Person inhärent ist und sich über die Zeit entwickelt. Entscheidend hierfür sind die Erfahrungen der Person, oftmals aus jungen Jahren, und kann somit auch als Urvertrauen bezeichnet werden.[323] Daher kann zwischen tendenziell vertrauenden und nicht vertrauenden Personen unterschieden werden.[324] Erstere gehen generell davon aus, dass die meisten Personen die meiste Zeit über vertrauenswürdig sind.[325]

Davon abzugrenzen ist das *situative Paradigma*, welches Vertrauen als *Handlungsentscheidung in einer spezifischen Situation* betrachtet.[326] Vertrauen ist somit eine Entscheidung für eine Kooperation. Dieser Auffassung von Vertrauen liegt die Annahme zu Grunde, dass Vertrauen nicht durch die Eigenschaften einer Person geprägt ist, sondern durch die Ereignisse, die zwischen zwei oder mehreren Personen stattfinden.[327] Insofern kommt es eher zu Vertrauen, wenn die eigenen Interessen mit denen des Gegenübers nicht im Konflikt stehen oder gar übereinstimmen.[328]

Das *interaktionistische Paradigma*, das insbesondere durch MAYER ET AL. geprägt wurde, führt die personale und situative Perspektive zusammen und ermöglicht so, die Entstehung von Vertrauen in komplexen Interaktionssituationen zu beschreiben.[329] Den Autoren zufolge ist die Entwicklung von Vertrauen zum einen abhängig von der *Vertrauensneigung* einer Person („propensity to trust"). Dies ist analog zu dem Konzept von ROTTER zu sehen und beschreibt die inhärente Persönlichkeitseigenschaft. Zum anderen ist für die Entwicklung von Vertrauen eine situative Ebene analog zu DEUTSCH von Bedeutung, nämlich die *Vertrauenswürdigkeit des Interaktionspartners*. Diese wird bestimmt durch die Kompetenzen, dem Wohlwollen und der Integrität des Gegenübers.[330]

---

322 Vgl. Rotter (1971), Generalized expectancies for interpersonal trust, S. 444

323 Vgl. Blank (2011), Vertrauenskultur, S. 5f.; Erikson (1980), Jugend und Krise, S. 107

324 Vgl. Rotter (1980), Interpersonal trust, trustworthiness, and gullibility, S. 1ff.

325 Vgl. Frey et al. (2019), Network embeddedness, S. 81; Reimann et al. (2017), Trust is heritable, whereas distrust is not, S. 7007ff.

326 Vgl. Deutsch (1958), Trust and suspicion, S. 265ff.

327 Vgl. Blank (2011), Vertrauenskultur, S. 8

328 Vgl. Braithwaite und Levi (1998), Trust and governance, S. 79; Vaske (2016), Misstrauen und Vertrauen, S. 18f.

329 Vgl. Vaske (2016), Misstrauen und Vertrauen, S. 20

330 Vgl. Mayer et al. (1995), Integrative Model of Organizational Trust, S. 714ff.

Vertrauen vs. Misstrauen

Begrifflich von Vertrauen zu unterscheiden ist das Konstrukt Misstrauen. Die Mehrzahl der Autoren behandelt Vertrauen und Misstrauen als das gleiche Konstrukt unterschiedlicher Ausprägung, wonach Misstrauen als das Gegenteil von Vertrauen oder als nicht vorhandenes Vertrauen verstanden wird.[331] Für andere Autoren, unter ihnen NIKLAS LUHMANN als einer der frühesten Vertreter im Jahr 1968, greift diese Sichtweise zu kurz. Für sie koexistieren die beiden Konstrukte unabhängig voneinander, so dass trotz vorhandenem Misstrauens gleichzeitig auch Vertrauen zwischen zwei Personen herrschen kann.[332] VASKE untersucht dazu in seiner Arbeit die Indikatoren für die Entstehung von Misstrauen sowie die wechselseitigen Zusammenhänge zwischen Vertrauen und Misstrauen als eigenständige Konstrukte in organisationalen Teams. Er betrachtet Misstrauen als eigenständiges Konstrukt und schreibt diesem neben zu erwartenden destruktiven Eigenschaften auch protektive bzw. produktive Potenziale zu. So ist Misstrauen nicht nur ein Schutzmechanismus vor Ausnutzung, sondern fördert auch ein kritischeres Bewusstsein und regt zum Perspektivwechsel an, wodurch innovationsfördernde Effekte hervorgerufen werden können.[333]

Der Fokus dieser Arbeit liegt auf der Untersuchung, wie Vertrauen in Wissensnetzwerken der Fabrikplanung entsteht. Der Autor erkennt die gleichzeitige Koexistenz von Misstrauen an und folgt damit dem Verständnis von VASKE. Obgleich wird bei der Erforschung von Vertrauen im Kontext von Wissensnetzwerken Misstrauen nicht separat ausgeführt, sondern, wie LUHMANN es nennt, als *funktionales Äquivalent* zu Vertrauen in den Überlegungen mit betrachtet.[334]

Für die weiterführenden Überlegungen in dieser Arbeit lässt sich zum Thema Vertrauen bis dato konstatieren:

*Vertrauen beschreibt die Bereitschaft, eine gewisse **Verwundbarkeit** in positiver Erwartungshaltung der zukünftigen Handlungen des zu vertrauenden Gegenübers zu akzeptieren. Damit Vertrauen entsteht, muss ein **Risiko** im Sinne einer Verlustmöglichkeit bestehen und eine **Abhängigkeit der Interaktionspartner** gegeben sein. Diese Arbeit folgt dem **interaktionistischen Paradigma** von Vertrauen, wonach zum einen die **inhärente Vertrauensneigung** einer Person und zum anderen die **Vertrauenswürdigkeit** des Interaktionspartners darüber entscheidet, ob in einer Situation vertraut wird. Diese Vertrauenswürdigkeit einer Person wird anhand verschiedener Faktoren wie*

331 Vgl. Vaske (2016), Misstrauen und Vertrauen, S. 13ff.

332 Vgl. Luhmann (2014), Vertrauen, S. 82ff.; Vaske (2016), Misstrauen und Vertrauen, S. 8, 16f.

333 Vgl. Vaske (2016), Misstrauen und Vertrauen, S. 91ff., 157f.

334 Vgl. Luhmann (2014), Vertrauen, S. 82

bspw. der Kompetenz, Integrität und dem Wohlwollen bewertet. ***Misstrauen*** *wird im Kontext dieser Arbeit als eigenständiges Konstrukt zu Vertrauen aufgefasst, jedoch für die weiteren Untersuchungen als* ***funktionales Äquivalent*** *zu Vertrauen mit betrachtet.*

3.2.2 Weiterführende Grundlagen des Vertrauensphänomens

Zum tieferen Verständnis des Phänomens Vertrauen wird nachfolgend auf die Funktionen, Merkmale sowie Entwicklungsstadien von Vertrauen eingegangen.

Funktionen von Vertrauen

Vertrauen besitzt einen wahrnehmungsstrukturierenden Charakter und erfüllt hierbei zwei zentrale Funktionen:

- *Komplexitätsreduktion bei sozialen Interaktionen*
- *Befriedigung des Grundbedürfnisses nach Sicherheit und Kontrolle*

Soziale Interaktionen sind grundsätzlich sehr komplex, da eine Vielzahl von Informationen gleichzeitig verarbeitet werden muss. In einer bestimmten Situation zu vertrauen oder zu misstrauen reduziert diese Komplexität, indem durch in Kauf nehmen eines Risikos eingehende Informationen entweder grundsätzlich positiv (Vertrauen) oder negativ (Misstrauen) interpretiert werden.[335] Gemäß LUHMANN muss sich daher eine Person in einer Situation dafür entscheiden entweder zu vertrauen oder zu misstrauen, um handlungsfähig zu bleiben.[336] Darüber hinaus bedingt der wahrnehmungsstrukturierende Charakter von Vertrauen, dass das Grundbedürfnis des Menschen nach Sicherheit und Kontrolle befriedigt wird. Dies geschieht dadurch, dass unter einer subjektiv wahrgenommenen Wahrscheinlichkeit die Handlungen des Interaktionspartners antizipiert werden. Somit wird in positiver Erwartungshaltung das Risiko der Verwundbarkeit in Kauf genommen.[337]

Merkmale von Vertrauen

Neben den beschriebenen Funktionen der Komplexitätsreduktion und der Befriedigung des Sicherheits- und Kontrollbedürfnisses, besitzt Vertrauen drei wesentliche Merkmale:

- ***Risiko:*** *Reduktion der Komplexität, um mit Risiken umzugehen*
- ***Zeit:*** *Vertrauen benötigt Zeit, um sich zu entwickeln*
- ***Reziprozität:*** *Vertrauen unterliegt der sozialen Norm der Gegenseitigkeit*

[335] Vgl. Vaske (2016), Misstrauen und Vertrauen, S. 27
[336] Vgl. Luhmann (2014), Vertrauen, S. 82
[337] Vgl. Vaske (2016), Misstrauen und Vertrauen, S. 27

Vertrauensrelevante Situationen beinhalten in der Regel ein Risiko, da der Vertrauensnehmer durch sein Handeln die Möglichkeit hat, den Vertrauensgeber auszunutzen oder ihm zu schaden und dieser somit in gewisser Weise ausgeliefert ist.[338] Vertrauen stellt somit einen Mechanismus dar, durch die Reduktion von Komplexität mit Risiken umzugehen. Darüber hinaus benötigt Vertrauen Zeit sich zu entwickeln, d. h. zu Beginn einer Beziehung ist das Vertrauen eher niedrig ausgeprägt, je nach Vertrauenstendenz der beteiligten Personen.[339] Über die Zeit steigt dann insbesondere durch häufige Interaktionen das Vertrauenslevel an, wodurch es zu einem selbstverstärkenden Effekt kommen kann.[340] Im Rahmen der Interaktionen werden dabei die geteilten Informationen sowie der Umgang mit Wissen und Fehlern beurteilt.[341] Interessant zu beobachten ist das gegenteiligen Verhalten von Vertrauen und Misstrauen: Während Vertrauen nur langsam aufgebaut wird, aber schnell wieder verschwindet, kann Misstrauen in bestimmten Situationen sehr schnell entstehen, wird im Anschluss jedoch nur langsam wieder abgebaut.[342] Weiterhin unterliegen Vertrauensbeziehungen der Reziprozität, d. h. sie folgen einer sozialen Norm der Gegenseitigkeit. Wird eine Vertrauensleistung von einer Person erbracht, kann diese folglich auch vom Interaktionspartner erwartet werden.[343] Daher ist die Wahrscheinlichkeit, dass ein Vertrauensvorschuss mit Vertrauen erwidert wird sehr groß.[344]

Entwicklungsstadien von Vertrauen

Die vorangegangenen Ausführungen zu den Merkmalen von Vertrauen haben gezeigt, dass die Entwicklung von Vertrauen Zeit benötigt. Diese Entwicklung kann in mehreren Stufen oder Entwicklungsstadien beschrieben werden. LEWICKI und BUNKER unterscheiden drei aufeinander aufbauende Stadien (siehe Abbildung 3-5).[345]

[338] Vgl. Koller (1997), Psychologie interpersonalen Vertrauens, S. 13; Mayer et al. (1995), Integrative Model of Organizational Trust, S. 712

[339] Vgl. Lewicki et al. (2006), Models of interpersonal trust development, S. 1004f.

[340] Vgl. Zand (1972), Trust and managerial problem solving, S. 238

[341] Vgl. Vaske (2016), Misstrauen und Vertrauen, S. 28

[342] Vgl. Slovic et al. (1991), Perceived risk, trust, and the, S. 1606; Vaske (2016), Misstrauen und Vertrauen, S. 28

[343] Vgl. Gouldner (1984), Die Norm der Reziprozität, S. 79ff.; Vaske (2016), Misstrauen und Vertrauen, S. 28

[344] Vgl. Vaske (2016), Misstrauen und Vertrauen, S. 28f.

[345] Vgl. Lewicki und Bunker (1995), Trust in relationships, S. 156

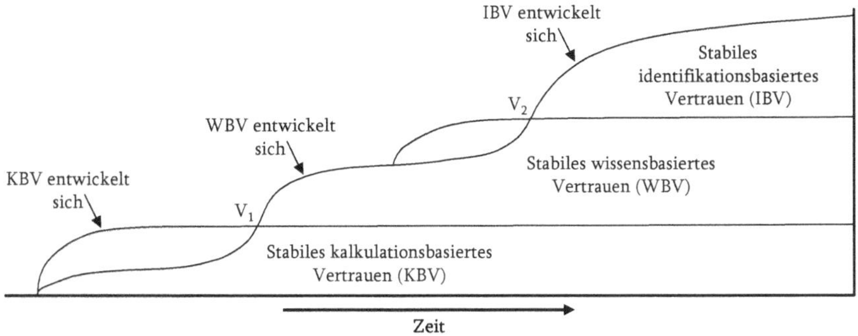

V_1: An diesem Verbindungspunkt entwickeln sich einige KBV-Beziehungen zu WBV-Beziehungen
V_2: An diesem Verbindungspunkt entwickeln sich wenige WBV-Beziehungen zu IBV-Beziehungen

Abbildung 3-5: Stadien des Vertrauens nach LEWICKI und BUNKER[346]

Zu Beginn einer (Geschäfts-)Beziehung besitzen die Interaktionspartner nur spärliche Informationen übereinander, so dass zunächst nur ein *kalkulationsbasiertes Vertrauen* entsteht. Dieses beruht auf rationalen Entscheidungen gemäß vorhandener Alternativen sowie Kosten-Nutzen-Abwägungen. Bei der Entscheidung für oder gegen Vertrauen wird ins Kalkül gezogen, ob die eigenen Interessen mit denen des Gegenübers übereinstimmen. Erste vertrauensbildende Handlungen des Interaktionspartners sowie Informationen Dritter lassen das Vertrauen anwachsen. Die Risiken in diesem Stadium bleiben gering, da sie auf Basis der vorhandenen Informationen möglichst vollständig kalkuliert werden.[347]

Die meisten langfristigen Beziehungen entwickeln sich weiter und erreichen die Stufe des *wissensbasierten Vertrauens*. Dieses beruht auf wiederholten Interaktionen und gründet auf Erfahrungen und Wissen über die Ziele und Motive des Interaktionspartners. Auf dieser Stufe werden größere Risiken eingegangen, da sich die Akteure bereits gut kennen und das Verhalten des Gegenübers besser vorhersagen können. Weiterhin bildet sich eine gegenseitige Vertrauenserwartung aus, bei der die Interaktionspartner

[346] In Anlehnung an Lewicki und Bunker (1995), Trust in relationships, S. 156
[347] Vgl. Lewicki und Bunker (1995), Trust in relationships, S. 144ff.; Rousseau et al. (1998), Cross-discipline view of trust, S. 398ff.; Vaske (2016), Misstrauen und Vertrauen, S. 29ff.

den jeweils anderen nicht enttäuschen möchten. Die meisten Beziehungen im beruflichen Kontext verbleiben in diesem Stadium, da eine tiefergehende Beziehung im geschäftlichen Kontext nicht notwendig ist.[348]

In langfristig positiven Beziehungen kann sich schließlich ein tief empfundenes Vertrauen ausbilden, das *identifikationsbasierte Vertrauen*. Dieses Stadium gründet auf gemeinsamen Grundwerten und Überzeugungen und es kommt häufig zu einer emotionalen Bindung durch die Entwicklung von Sympathie, Verantwortungsgefühl und Wertschätzung füreinander. Hierdurch entsteht das Bedürfnis, den Interaktionspartner zu unterstützen und für dessen Wohlergehen zu sorgen.[349]

3.2.3 Vertrauen im organisationalen Kontext

ALBACH betont, als einer der Ersten im deutschsprachigen Raum, die Bedeutung von Vertrauen im wirtschaftswissenschaftlichen und organisationalen Kontext. Er führt dies auf die Existenz unvollkommener Märkte aufgrund fehlender Informationen und den damit verbundenen Risiken zurück. In seinem 1980 veröffentlichten Artikel zu *Vertrauen in der ökonomischen Theorie* führt er aus: „Marktunvollkommenheiten aufgrund fehlender Informationen z. B. über die Qualität von Produkten können überwunden werden, indem der Käufer Erfahrungen aus der Vergangenheit auf die gegenwärtige Entscheidungssituation überträgt. [...] Auf gegenseitigem Vertrauen aufbauende Beziehungen zwischen Marktpartnern führen letztlich zu höheren Qualitäten, höheren Preisen und auch höheren Gewinnen."[350] Vertrauen ist demzufolge eine wichtige Einflussgröße für die Unternehmensorganisation und die wettbewerbspolitische Beurteilung von Märkten.[351] In den letzten Jahren hat Vertrauen in der wirtschaftswissenschaftlichen Forschung rasant an Bedeutung zugenommen und wird heute vielseitig diskutiert. Ein Blick auf die Entwicklung der Veröffentlichungen aus der wirtschaftswissenschaftlichen Community zu diesem Phänomen macht das deutlich (siehe Abbildung 3-6). An der historischen Entwicklung lässt sich gut erkennen, dass Vertrauen im organisationalen Kontext von großer Relevanz ist. Während das Thema in den Wirtschaftswissenschaften zwischen dem Jahr 1960 und 1990 nur wenig Beachtung gefunden hat, nahm dies ab Mitte der 1990er Jahre zu. In den 2000er Jahren

---

[348] Vgl. Lewicki und Bunker (1995), Trust in relationships, S. 144ff.; Shapiro et al. (1992), Business on a handshake, S. 369ff.; Vaske (2016), Misstrauen und Vertrauen, S. 29ff.

[349] Vgl. Lewicki und Bunker (1995), Trust in relationships, S. 144ff.; Shapiro et al. (1992), Business on a handshake, S. 369ff.; Vaske (2016), Misstrauen und Vertrauen, S. 29ff.

[350] Albach (1980), Vertrauen in der ökonomischen Theorie, S. 5

[351] Vgl. Albach (1980), Vertrauen in der ökonomischen Theorie, S. 2

erfolgte dann ein rasanter Anstieg und die Bedeutung dieses Themas steigt seitdem stetig.

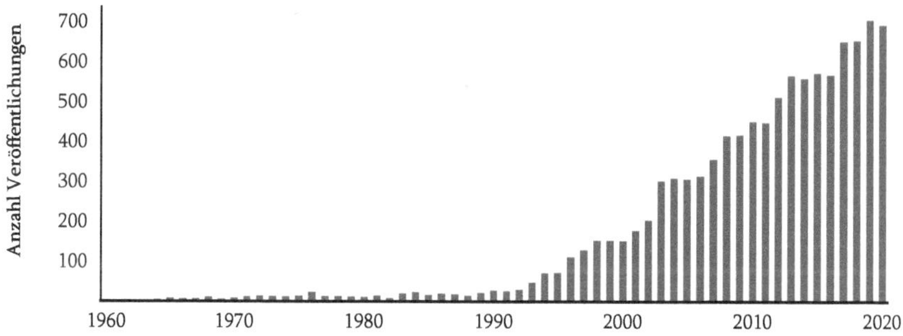

Abbildung 3-6: Historische Entwicklung der Veröffentlichungen zu „Trust“[352]

Ebenen von Vertrauen

Im organisationalen Kontext können zwei Ebenen von Vertrauen differenziert werden. Diese unterscheiden sich hinsichtlich der interagierenden Akteure (siehe Abbildung 3-7).[353]

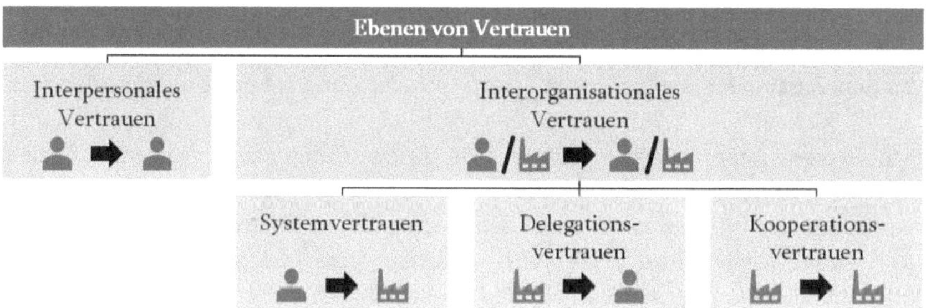

Abbildung 3-7: Ebenen organisationalen Vertrauens[354]

Auf der Ebene des *interpersonalen Vertrauens* interagieren ausschließlich Personen miteinander. Fokus und Ursprung des Vertrauens sind damit die Personen selbst und

[352] Die Auswertung basiert auf der Business Source Premier Database der Rechercheplattform EBSCOhost; gesucht wurde nach dem Stichwort „Trust“ im Titel von Peer Reviewed Academic Journals

[353] Vgl. Gulati und Sytch (2008), Does familiarity breed trust, S. 165

[354] In Anlehnung an Gulati und Sytch (2008), Does familiarity breed trust, S. 165; Kenning (2002), Customer trust management, S. 42ff.

nicht die Unternehmen denen sie angehören. Kennzeichnend für diese Ebene ist eine direkte Kommunikation der Interaktionspartner.[355]

Interorganisationales Vertrauen ist dadurch gekennzeichnet, dass Organisationen als Akteure eingebunden sind. Diese Ebene unterteilt sich daher in drei Untertypen. Von *Systemvertrauen* wird gesprochen, wenn der Vertrauensgeber eine Person ist und der Vertrauensnehmer eine Organisation. Die Person vertraut also in die Organisation bzw. das System. Dies ist der klassische Fall im Unternehmer-Verbraucher-Verhältnis, wenn eine Privatperson in die Dienstleistung oder die Produkte eines Unternehmens vertraut. Der umgekehrte Fall, wenn der Vertrauensgeber eine Organisation ist und der Vertrauensnehmer eine Person, wird als *Delegationsvertrauen* bezeichnet, da auf dieser Ebene Verantwortung von dem Unternehmen an eine Person delegiert wird. Dies ist zum Beispiel bei der Erteilung von Prokura der Fall. Interagieren ausschließlich Organisationen in einer Vertrauensbeziehung, wird von *Kooperationsvertrauen* gesprochen.[356]

Von besonderem Interesse für diese Arbeit ist die Frage nach der Ebene des Vertrauens in interorganisationalen Wissensnetzwerken. Einerseits interagieren zwei oder mehrere Personen im Rahmen des Wissensaustauschs miteinander. ZAHEER schreibt diese Interaktion daher der interpersonalen Ebene zu.[357] Andererseits repräsentieren die Mitglieder in einem Unternehmensnetzwerk ein bestimmtes Unternehmen und sind Stellvertreter für die jeweilige Organisation, weshalb auch von Kooperationsvertrauen gesprochen werden könnte.[358] ASHNAI ET AL. untersuchen in einer breit angelegten Studie den Zusammenhang zwischen interpersonalem und interorganisationalem Vertrauen. Sie kommen zu dem Schluss, dass beide Ebenen insofern voneinander abhängig sind, als dass interpersonales Vertrauen die Entwicklung von interorganisationalem Vertrauen begünstigt. Darüber hinaus wird der für Wissensnetzwerke bedeutende Austausch von Informationen unter den Kooperationspartnern durch beide Ebenen des Vertrauens beeinflusst.[359] Im weiteren Verlauf dieser Arbeit werden daher Implikationen beider Ebenen berücksichtigt. Dabei wird zunächst davon ausgegangen, dass

---

[355] Vgl. Gulati und Sytch (2008), Does familiarity breed trust, S. 165; Niemann (2013), Analyse und Messung des Zusammenhangs von Vertrauen, S. 29; Rotter (1971), Generalized expectancies for interpersonal trust, S. 444

[356] Vgl. Niemann (2013), Analyse und Messung des Zusammenhangs von Vertrauen, S. 29; Kenning (2002), Customer trust management, S. 42ff.; Gulati und Sytch (2008), Does familiarity breed trust, S. 165

[357] Vgl. Zaheer et al. (1998), Does trust matter, S. 142

[358] Vgl. Kenning (2002), Customer trust management, S. 42f.

[359] Vgl. Ashnai et al. (2016), Inter-personal and inter-organizational trust, S. 128ff.

das Vertrauen auf interpersonaler Ebene zwischen zwei oder mehreren Personen entsteht. Aufgrund der Tatsache, dass jede Person im Wissensnetzwerk Vertreter eines bestimmten Unternehmens ist, wird dieses jedoch durch organisationale Komponenten beeinflusst.

Effekte von Vertrauen und Misstrauen

Vertrauen und Misstrauen haben im organisationalen Kontext weitreichende Folgen. Vorhandenes Vertrauen in einer Geschäftsbeziehung oder unter Mitarbeitern eines Unternehmens hat zahlreiche positive Effekte. VASKE fasst dazu aus verschiedenen Studien vier wesentliche Effekte zusammen: Vertrauen verbessert die *Wahrnehmung* von Individuen innerhalb einer Organisation. Dadurch werden Informationen grundsätzlich positiver bewertet und die Akzeptanz, beispielsweise für Veränderungsprozesse im Unternehmen, steigt. Vertrauen verbessert auch die *Einstellung* von Individuen in einer Organisation. Dies führt zu einem höheren Commitment, Zufriedenheit und der Bereitschaft zur konstruktiven Interaktion. Weiterhin wird das *Verhalten* der Individuen positiv beeinflusst, indem die Kommunikation offener und häufiger wird sowie an der konstruktiven Auflösung von Konflikten mitgewirkt wird. Dies hat für Wissensnetzwerke einen besonderen Stellenwert, da in diesen ein offener Wissensaustausch essentiell ist. Auch wirkt sich das Vertrauen dadurch positiv auf die Anbahnung von Kooperationsbeziehungen aus. Als vierter Effekt wird der *ökonomische Erfolg* genannt, der insbesondere in Kooperationsbeziehungen zum Tragen kommt. Vertrauen hat einen positiven Einfluss auf Opportunismus. Dadurch, dass vertrauende Individuen ihrem Interaktionspartner einen Vertrauensvorschuss gewähren und dieser gemäß der Reziprozität diesen in der Regel erwidert, wird opportunistisches Verhalten unwahrscheinlicher. Hierdurch werden Transaktionskosten gesenkt und die Leistungsperformance erhöht.[360] Neben den zahlreichen positiven Eigenschaften kann Vertrauen aber auch negative Effekte zur Folge haben. Zu nennen ist in diesem Zusammenhang *blindes Vertrauen*, das ein übersteigertes Maß an Vertrauen widerspiegelt und zu einer unkritisch positiven Einstellung führt, so dass jegliche Sicherheitsmaßnahmen außer Acht gelassen werden. Darüber hinaus kann ein übersteigertes Vertrauen zu *Selbstzufriedenheit* und einer damit verbundenen Nachlässigkeit führen. Beide Effekte beeinflussen die Qualität des Informationsaustausches insbesondere in Wissensnetzwerken, da Informationen nicht kritisch reflektiert werden und ebenso oftmals nicht nach Alternativen gesucht wird.[361]

---

[360] Vgl. Vaske (2016), Misstrauen und Vertrauen, S. 52

[361] Vgl. Gargiulo und Ertug (2006), The dark side of trust, S. 175ff.

Im umgekehrten Fall sind durch die Existenz von Misstrauen zunächst negative Effekte zu erwarten, da Misstrauen zu starker Skepsis, Sorge oder sogar Angst verleitet. So nennt VASKE vor allem eine verminderte *Produktivität*, geringere *Motivation*, *taktierendes Kommunikationsverhalten* verbunden mit einer geringeren *Bereitschaft Informationen zu teilen* sowie eine reduzierte *Konfliktlösungsbereitschaft*, da Interaktionspartner vor allem auf die Durchsetzung ihrer eigenen Interessen fokussieren.[362] Hingegen können Misstrauen auch positive Effekte zugeschrieben werden (sog. funktionales Misstrauen). Hierzu zählen eine *Schutzfunktion vor Ausnutzung*, die *Förderung eines kritischen Bewusstseins* und die *Anregung zum Perspektivenwechsel*.[363] Die beiden letztgenannten Effekte führen zu einem produktiven Umgang mit Kreativität und Ideen und resultieren in einer höheren Innovationsfähigkeit, wie es beispielsweise im Silicon Valley beobachtet werden kann.[364]

Die vorgenannten Effekte kommen je nach Konstitution der Organisations- oder Kooperationsbeziehung in unterschiedlicher Ausprägung zum Tragen. Um eine erfolgreiche Kooperation in einem Netzwerk zu gestalten, darf der Orchestrator diese Effekte jedoch nicht dem Zufall überlassen, sondern muss sie aktiv steuern. Dem Management von Vertrauen und auch von Misstrauen kommt im organisationalen Kontext und somit auch in Wissensnetzwerken eine besondere Bedeutung zu. THOMA und FUNKEN nennen in diesem Zusammenhang die Relevanz eines neutralen Dritten, der die Vertrauensbeziehung von Interaktionspartnern steuert. Den Autoren zur Folge sollte diese Instanz einen regen Kontakt zu den jeweiligen Interaktionspartnern pflegen, zusammen mit einer engen Vertrauensbeziehung, fachlich kompetent sein und Neutralität vermitteln.[365]

Allerdings mühen sich in der Praxis viele Manager ab, Vertrauen und Misstrauen erfolgreich in ihren Organisationen zu etablieren.[366] Entscheidend für die Gestaltung und Steuerung von Vertrauen ist daher ein tiefgehendes Verständnis des Netzwerkorchestrators darüber, welche Wirkmechanismen der Entstehung von Vertrauen zugrunde liegen und somit die oben beschriebenen Effekte wirksam werden lassen. Diese Ursachen und Faktoren von Vertrauen werden in der wissenschaftlichen Community häufig als „antecedents to trust" bezeichnet, also *Vorläufer oder Vorstufen von Vertrauen*. Als zentrales Werk gilt *An Integrative Model of Organizational Trust* von MAYER, DA-

[362] Vgl. Vaske (2016), Misstrauen und Vertrauen, S. 54f., 92f.

[363] Vgl. Vaske (2016), Misstrauen und Vertrauen, S. 92–93f

[364] Vgl. Lewicki et al. (1998), Trust And Distrust, S. 444ff.; Vaske (2016), Misstrauen und Vertrauen, S. 57

[365] Vgl. Thoma und Funken (2013), Innovation durch funktionales Misstrauen, S. 179ff.

[366] Vgl. Saunders et al. (2014), Trust and distrust, S. 644

VIS und SCHOORMAN aus dem Jahr 1995, die als eine der ersten „antecedents“ als Erklärung für die Entstehung von Vertrauen untersuchen. Die Autoren entwickeln ein Modell zur Entstehung von Vertrauen im organisationalen Kontext. Neben der persönlichen Vertrauensneigung einer Person nennen sie die Vertrauenswürdigkeit des Interaktionspartners, die Einfluss auf die Ausbildung von Vertrauen nimmt. Diese wird durch drei Faktoren bestimmt, die dem Vertrauen vorangehen: Die *Kompetenz* des Interaktionspartners im relevanten Handlungsfeld, sein *Wohlwollen* dem Interaktionspartner gegenüber sowie seiner *Integrität*.[367]

Seit dieser zentralen Veröffentlichung sind zahlreiche wissenschaftliche Studien entstanden, die die Entstehung von Vertrauen und die zugrundeliegenden Mechanismen in unterschiedlichen Kontexten untersuchen. In Kapitel 3.4 werden daher bestehende Ansätze vor dem Hintergrund der Orchestration von Wissensnetzwerken in der Fabrikplanung untersucht. Gemäß der kybernetischen Auffassung der Orchestration eines Netzwerks als Regelkreis, muss jedoch im ersten Schritt untersucht werden, wie Vertrauen überhaupt gemessen werden kann. Dies bildet die Grundlage für die Lenkung und Gestaltung von Vertrauen in einem Wissensnetzwerk – „if you can't measure it, you can't manage it“.[368] Kapitel 3.3 geht daher auf bestehende Ansätze zur Messung von Vertrauen ein und untersucht diese hinsichtlich der Anwendbarkeit für die Ziele dieser Arbeit.

3.3 Bestehende Ansätze zur Messung von Vertrauen

Grundlage für die Lenkung und Gestaltung von Vertrauen in einem Wissensnetzwerk bildet die Kenntnis über den Zustand des Vertrauens in diesem. Nachfolgend werden daher theoretische Ansätze zur Messung von Vertrauen analysiert. Hierzu wird zunächst das methodische Vorgehen der strukturierten Literaturanalyse zur Identifizierung relevanter wissenschaftlicher Arbeiten vorgestellt. Anschließend werden bestehende Ansätze vorgestellt und hinsichtlich ihrer Anknüpfungspunkte für das Forschungsziel dieser Arbeit bewertet.

3.3.1 Strukturierte Literaturanalyse

Zur Identifizierung relevanter Veröffentlichungen über die Messung und Entwicklung von Vertrauen in Wissensnetzwerken wurde eine strukturierte Literaturanalyse

[367] Vgl. Mayer et al. (1995), Integrative Model of Organizational Trust, S. 715; die Autoren sprechen in der Originalveröffentlichung von den Antecedents *ability*, *benevolence* und *integrity*

[368] Das berühmte Zitat wird unter anderem dem Management-Vordenker Peter Drucker zugeschrieben

durchgeführt. Diese baut auf den Methoden von LEVY und ELLIS sowie von BROCKE ET AL. auf (siehe Abbildung 3-8).[369]

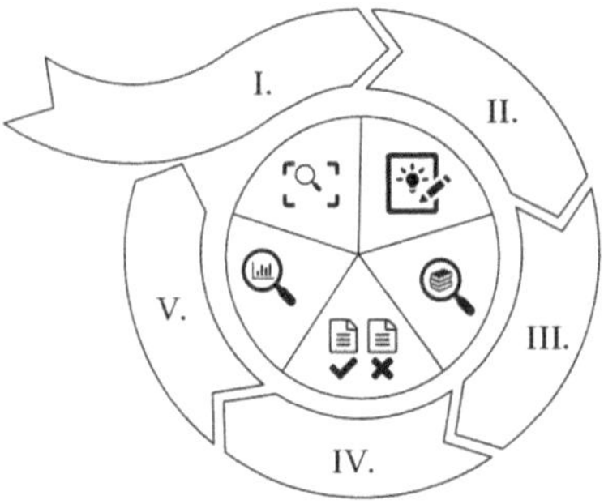

I. Definition des Rechercherahmens
II. Konzeptentwicklung
III. Durchführung der strukturierten Literaturrecherche
IV. Literaturanalyse
V. Definition einer Forschungsagenda

Abbildung 3-8: Vorgehen zur strukturierten Literaturanalyse[370]

Definition des Rechercherahmens

Im ersten Schritt des fünfstufigen Vorgehens wurde der Rechercherahmen zur Fokussierung der Suchergebnisse definiert. Basierend auf den vorangegangenen Überlegungen, liegt das Recherchezziel in der Thematik *Vertrauen in Wissensnetzwerken.* Die beiden Teilbereiche Vertrauen und Wissensnetzwerke als Spezialform von Unternehmensnetzwerken bilden den Rahmen für die Recherche. Daher wurden im nächsten Schritt Synonyme zu diesen Begriffen gebildet. Um die Anzahl der Quellen zu erhöhen und der Internationalität dieses Themas gerecht zu werden, wurde Englisch als Zielsprache für die Recherche ausgewählt.

Konzeptentwicklung

Im Rahmen der Konzeptentwicklung werden zunächst ein grundlegendes Konstrukt über das zu erforschende Thema aufgebaut und relevante Definitionen für Schlüsselbegriffe formuliert.[371] Die Grundlagen zu den beiden Zielbereichen *Wissensnetzwerke* und *Vertrauen* wurden in den Kapiteln 3.1 und 3.2 ausführlich dargelegt und bilden die Basis für die strukturierte Literaturanalyse. Darauf aufbauend wurden neun Synonyme abgeleitet und zu Suchbegriffen kombiniert (siehe Tabelle 3-1). Die Suchbegriffe

[369] Vgl. Levy und Ellis (2006), Systems approach literature review; Brocke et al. (2009), Reconstructing the giant
[370] In Anlehnung an Brocke et al. (2009), Reconstructing the giant, S. 2212
[371] Vgl. Brocke et al. (2009), Reconstructing the giant, S. 2213

wurden anschließend mit verschiedenen Operatoren verknüpft. Dabei wurde stets Vertrauen mit einem Synonym zu Netzwerk verknüpft, um die Suchergebnisse von Beginn an zielgerichtet einzuschränken. Des Weiteren liegt der Recherche die Prämisse zu Grunde, dass der Begriff „trust" im Titel der Veröffentlichung vorkommen muss, um eine ausreichende Relevanz zu besitzen. Die übrigen Synonyme wurden entweder im gesamten Dokument durchsucht oder als Schlagwort bzw. im Titel eingegrenzt.

Synonyme in englischer Sprache		Operatoren	Suchbegriffe
Vertrauen	Wissensnetzwerk		
Trust	Knowledge network	AND	Trust (TI) AND Knowledge network* (all)
	Collaborative network	*	Trust (TI) AND Collaborative network* (all)
	Business network	(all)	Trust (TI) AND Business network* (all)
	Network	(TI): Title	Trust (TI) AND Network (SU)
	Cooperation	(SU): Subject	Trust (TI) AND Cooperation (SU)
	Collaboration		Trust (TI) AND Collaboration (SU)
	Research network		Trust (TI) AND Research network* (all)
	Innovation network		Trust (TI) AND Innovation network* (all)

Tabelle 3-1: Synonyme, Operatoren und Suchbegriffe der Literaturrecherche

Durchführung der strukturierten Literaturrecherche

Als Suchmaschine für die Literaturrecherche wurde die Rechercheplattform EBSCOhost ausgewählt, welche eine Vielzahl internationaler Datenbanken integriert. BROCKE ET AL. empfehlen auf Artikel aus Scholarly Journals oder Proceedings von wohlbekannten Konferenzen zu fokussieren, da deren Qualität durch ein vorangehendes Peer-Review sichergestellt wird. Gleichwohl betonen sie, dass Konferenzbeiträge in der Regel einen geringeren Reifegrad aufweisen.[372] Für die durchgeführte Literaturrecherche wurden die Ergebnisse daher auf Scholarly (Peer-Reviewed) Journals beschränkt. Der Veröffentlichungszeitraum wurde auf die letzten sechs Jahre eingeschränkt (2015-2020), um der Aktualität Rechnung zu tragen. Bei einer nur geringen Anzahl an Suchergebnissen für die jeweiligen Suchbegriffe wurde der Zeitraum bis zum Jahr 2000 erweitert. Die Suchergebnisse wurden in eine Microsoft Excel Tabelle überführt und die angewendeten Filter zusammen mit den verwendeten Suchbegriffen und Operatoren dokumentiert. Im Ergebnis wurden 388 Veröffentlichungen recherchiert. Diese wurden um Dubletten bereinigt, so dass 347 Veröffentlichungen für den nächsten Schritt der Analyse zur Verfügung standen.

---

[372] Vgl. Brocke et al. (2009), Reconstructing the giant, S. 2213

Literaturanalyse

Im ersten Schritt der Analyse wurden die recherchierten Veröffentlichungen hinsichtlich ihrer Relevanz für die Ziele dieser Arbeit untersucht. Dazu wurden im ersten Schritt die Titel und Schlagwörter der Veröffentlichungen untersucht und nicht relevante Artikel aussortiert. Anschließend wurden für die übrigen Artikel der *Abstract* und ggf. der gesamte Text zur Einschätzung der Relevanz untersucht. Im Ergebnis verblieben 30 Veröffentlichungen, von denen für eine der Volltext nicht beschaffbar war. Die tiefergehende Studie der 29 Veröffentlichungen ergab über eine Rückwärtssuche weitere zehn relevante Artikel, so dass in Summe 39 Veröffentlichungen für die weiterführende Analyse zur Verfügung standen. Im zweiten Schritt der Analyse wurden die Veröffentlichungen hinsichtlich Konzepten und Modellen zur Messung von Vertrauen sowie zu Faktoren und Ursachen von Vertrauen in Netzwerken untersucht. Aus den 39 Veröffentlichungen lassen sich nun 16 Veröffentlichungen zur Messung von Vertrauen in Netzwerken identifizieren, 17 Veröffentlichungen thematisieren die Faktoren und Ursachen zur Entstehung von Vertrauen in Netzwerken. Diese Ansätze werden in den nachfolgenden Kapiteln vorgestellt und hinsichtlich ihrer Verwendbarkeit für die Ziele dieser Arbeit untersucht. Die Ableitung des Forschungsbedarfs in Kapitel 3.5 stellt den letzten Schritt des beschriebenen Vorgehens, die Definition einer Forschungsagenda, dar.

3.3.2 Vorstellung bestehender Ansätze zur Messung von Vertrauen

Für die Messung von Vertrauen existieren eine Vielzahl von Ansätzen. In der englischsprachigen Literatur wird häufig von „trust measures“ oder „trust inventories“ gesprochen. Für den spezifischen Kontext von Netzwerken konnten über eine strukturierte Literaturrecherche 16 relevante Veröffentlichungen identifiziert werden, welche nachfolgend vorgestellt und für die Ziele dieser Arbeit eingeordnet werden. Die Analyse dieser Ansätze entlang der zugrundeliegenden Datenerhebungsmethoden lässt eine Unterteilung der Veröffentlichungen in vier Gruppen zu. Erstens existieren Ansätze, die Daten mittels Fragebögen erheben, welche in der Regel quantitativ geprägt sind. Zweitens erheben andere Autoren eher qualitative Daten mittels Interviews. Zur dritten Gruppe zählen Ansätze, welche Fragebögen und Interviews kombinieren. Der vierten Gruppe werden schließlich spezifische Ansätze zugeordnet, die Daten mittels Vertrauensspielen („trust games“) oder Simulationen gewinnen. Tabelle 3-2 gibt einen Überblick über die Einordnung der nachfolgend beschriebenen Ansätze.

Autor	Datenerhebung	Anzahl Items	Fokus der Skala
CAMPOS ET AL.	Fragebogen	42 (2x)	Wahrnehmung von Vertrauen in Netzwerken und Erwartungen an Kooperationspartner (Barrieren, externe Aspekte, Aufbau von Vertrauen)
FRAZIER ET AL.	Fragebogen	4	Vertrauensneigung einer Person
GUPTA ET AL.	Fragebogen	1	Interpersonales Vertrauen, Austausch vertraulicher Informationen unter Netzwerkmitgliedern
HASHIM & TAN	Fragebogen	17	Einfluss von identifikationsbasiertem Vertrauen auf Wissensaustausch in Business-Online-Communities
GILLESPIE	Fragebogen	10	Vertrauensrelevantes Verhalten hierarchischen Mitarbeiter-Führungskraft-Beziehungen, Bereitschaft sensible Informationen zu teilen
MAYER & DAVIS	Fragebogen	29	Einfluss von Leistungsbeurteilungssystemen auf das Vertrauen zwischen Angestellten und Führungskraft
MCEVILY & TORTORIELLO	Fragebogen	-	Untersuchung der fünf State-of-the-Art-Ansätze (MCALLISTER, CURRALL & JUDGE, CUMMINGS & BROMILEY, MAYER & DAVIS, GILLESPIE)
PIRICZ	Fragebogen	29	Wechselwirkungen zwischen Vertrauen, wahrgenommener Zufriedenheit und wahrgenommenen Konflikten in Unternehmensbeziehungen
SCHOORMAN & BALLINGER	Fragebogen	7	Vertrauen als Bereitschaft zur Verwundbarkeit im organisationalen Kontext
HAKANEN & HÄKKINEN	Interview	-	Entstehung und Management von interpersonalem Vertrauen in der frühen Phase von Unternehmensnetzwerken
ASHNAI ET AL.	Interview & Fragebogen	32	Interpersonales und interorganisationales Vertrauen in zwischenbetrieblichen Unternehmenskooperationen
RAMPERSAD ET AL.	Interview & Fragebogen	18	Einfluss von Vertrauen und Commitment auf die Harmonie in und Koordination von Innovationsnetzwerken
SHAZI ET AL.	Interview & Fragebogen	6	Einfluss von Vertrauen auf die Entstehung von sozialen Netzwerkverbindungen im Innovationsprozess
WILLEM & LUCIDARME	Interview & Fragebogen	11	Interorganisationale Netzwerke im öffentlichen und gemeinnützigen Bereich, Einfluss von Netzwerkflexibilität auf Vertrauen und Netzwerkeffektivität
FREY ET AL.	Trust Game	-	Einfluss der Einbettung von Teilnehmern in die sozialen Strukturen eines Netzwerks auf das Vertrauen im Netzwerk
KHVATOVA ET AL.	Simulation & Fragebogen	9	Einfluss von Vertrauen auf den Wissensaustausch in intraorganisationalen Wissensnetzwerken, reziproker Effekt zwischen sozialer Interaktion und Vertrauen

Tabelle 3-2: Überblick über Ansätze zur Messung von Vertrauen in Netzwerken

CAMPOS ET AL. – Barriers, external aspects and trust factors

CAMPOS ET AL. entwickeln ein theoretisches Modell zur Bewertung des Vertrauens in horizontalen Unternehmensnetzwerken. Hierzu analysieren sie 118 Veröffentlichungen und identifizieren drei Perspektiven, die die Entstehung von Vertrauen behindern oder begünstigen: Barrieren, externe Aspekte und Aufbau von Vertrauen. Weiterhin identifizieren sie acht Dimensionen, die unterschiedliche Herangehensweisen differenzieren: Verhalten, Kultur, Verträge, Kommunikation, Kompetenz, Management, Struktur und Finanzen. Anhand dieser Perspektiven und Dimensionen entwickeln die Autoren einen Fragebogen mit 42 Items. Diese werden jeweils in den zwei Bereichen *Wahrnehmung* von Vertrauen in einem Netzwerk und *Erwartungen* an die Kooperationspartner hinsichtlich Vertrauen auf einer fünfstufigen Likert-Skala abgefragt. Mit Bezug zur Wahrnehmung von Vertrauen identifizieren die Items in der Perspektive Barrieren von Vertrauen Verhaltenssituationen, in denen Vertrauen herausgefordert wurde. Die Items bezüglich externer Aspekte zielen auf Elemente zur Minimierung von Situationen des Misstrauens im Netzwerk ab. Die Items bezüglich Aufbau von Vertrauen beinhalten Items, die die Interaktion von Kooperationspartnern als fundamentalen Punkt zur Generierung von Vertrauen ansehen. Im zweiten Teil zu den Erwartungen an die Kooperationspartner hinsichtlich Vertrauen werden in der Perspektive Barrieren von Vertrauen die Verhaltensweisen von Individuen identifiziert, die den Zielen des Netzwerks entgegenwirken. In der Perspektive zu externen Aspekten werden Erwartungen hinsichtlich Kommunikation und vertraglicher Beziehungen analysiert. Die Perspektive Aufbau von Vertrauen beinhaltet Items, welche es ermöglichen, die Erwartungen des Befragten bezüglich der Elemente von Vertrauensbildung zu verstehen.[373]

FRAZIER ET AL. – Propensity to trust scale

FRAZIER ET AL. entwickeln eine Skala zur Messung der *persönlichen Vertrauensneigung* basierend auf bestehenden Ansätzen aus der Literatur. Der Fokus liegt hierbei auf Ansätzen, welche die Definition von Vertrauen nach MAYER ET AL. zugrunde legen.[374] Basierend auf einer abgeleiteten Liste von 43 Items aus diesen Ansätzen entwickeln die Autoren eine Skala mit 12 Items. Diese wird in vier aufeinander folgenden empirischen Studien validiert und iterativ vereinfacht, um eine vielseitig und verlässlich anwendbare Skala zu entwickeln. Im Ergebnis steht eine Skala mit vier Items, die die Vertrauensneigung einer Person auf einer fünfstufigen Likert-Skala praktikabel bewerten lässt.[375]

GUPTA ET AL. – A multilevel perspective of interpersonal trust

GUPTA ET AL. analysieren, ausgehend von einer mehrstufigen Perspektive auf *interpersonales Vertrauen* in Netzwerken, dessen Auswirkung auf die individuelle Leistung

[373] Vgl. Campos et al. (2019), Barriers, external aspects and trust factors, S. 1547ff.

[374] Zu den Definitionen von Vertrauen siehe auch Kapitel 3.2.1

[375] Vgl. Frazier et al. (2013), Propensity to trust scale, S. 76ff.

von Netzwerkmitgliedern. Hierzu führen sie eine Studie in 15 Netzwerken mit insgesamt 206 Teilnehmern durch. Zur Messung des Vertrauens unter den Netzwerkmitgliedern adaptieren die Autoren die „roster method“, bei der jeder Teilnehmer auf einer fünfstufigen Likert-Skala bewertet, wie häufig mit jedem der anderen Netzwerkmitglieder vertrauliche Arbeitsinhalte in der Vergangenheit diskutiert wurden.[376] Diese Methode der Vertrauensmessung wurde in vorherigen Studien validiert und findet trotz ihrer Beschränkung auf nur ein Item häufig Verwendung.[377]

HASHIM & TAN – The mediating role of trust

HASHIM und TAN untersuchen die vermittelnde Rolle von identifikationsbasiertem Vertrauen und affektivem Commitment auf die Bereitschaft, Wissen in Business-Online-Communities auszutauschen. Hierzu entwickeln die Autoren einen Fragebogen mit 17 Items auf einer siebenstufigen Likert-Skala, die sich auf vier Bereiche aufteilen: *Bereitschaft zum kontinuierlichen Wissensaustausch*, *Zufriedenheit*, *identifikationsbasiertes Vertrauen* und *affektives Commitment*. Der Fragebogen wird im Rahmen einer Studie unter 220 Teilnehmern aus 50 verschiedenen Business-Online-Communities verwendet, aus der ein positiver Einfluss von identifikationsbasiertem Vertrauen, affektivem Commitment und Zufriedenheit von Netzwerkmitgliedern auf den Wissensaustausch abgeleitet wird.[378]

GILLESPIE – Survey measures of trust

GILLESPIE diskutiert die Stärken und Grenzen der Messung von Vertrauen im organisationalen Kontext durch Fragebögen, indem sie unter anderem auf die Erfahrungen in der Anwendung ihrer eigenen Vertrauensskala referenziert. Der von ihr entwickelte „Behavioural Trust Inventory“ fokussiert auf das Vertrauen auf individueller Ebene sowie auf hierarchische Beziehungen zwischen Führungskraft und Mitarbeiter. Der Fragebogen umfasst zehn Items auf einer siebenstufigen Likert-Skala, die in zwei Bereiche unterteilt sind. Der erste Teil beschreibt vertrauensrelevantes Verhalten in Bezug auf die *Abhängigkeit* in einer hierarchischen Beziehung. Der zweite Teil beschreibt die

[376] Vgl. Gupta et al. (2016), A multilevel perspective of interpersonal trust, S. 1271ff.; Marsden (1990), Network data and measurement, S. 441

[377] Vgl. Gupta et al. (2016), A multilevel perspective of interpersonal trust, S. 1271ff.; Burt und Knez (1996), Trust and third-party gossip, S. 68ff.; Ferrin et al. (2006), Effects of third-party relationships on trust, S. 870ff.; Lau und Liden (2008), Antecedents of coworker trust, S. 1130ff.; Sparrowe und Liden (2005), Two routes to influence, S. 505ff.

[378] Vgl. Hashim und Tan (2015), The mediating role of trust, S. 145ff.

Bereitschaft sensible Informationen zu teilen, die arbeitsbezogen aber auch persönlicher Natur sein können.[379]

MAYER & DAVIS – **Effect of the performance appraisal system**

MAYER und DAVIS untersuchen den Einfluss von Leistungsbeurteilungssystemen auf das Vertrauen zwischen angestellten Mitarbeitern eines Unternehmens und dem Top-Management. Zur Messung des Vertrauens greifen sie auf eine früher zusammen mit SCHOORMAN entwickelte Messmethodik zurück, welche sie entsprechend dem Kontext Top-Management anpassen. Der Fragebogen enthält 29 Items, die auf einer fünfstufigen Likert-Skala das Top-Management in fünf Kategorien bewerten: *Kompetenz*, *Wohlwollen*, und *Integrität* der Führungskraft, *persönliche Vertrauensneigung* des Befragten und *Vertrauen* in die Führungskraft. In einem Zeitraum von 14 Monaten erheben sie, basierend auf dem Fragebogen, Daten in einem Kunststoffunternehmen und leiten daraus ein Modell ab, das die vermittelnde Rolle der Faktoren Kompetenz, Wohlwollen und Integrität auf das Vertrauen zwischen Angestelltem und Führungskraft erklärt.[380]

MCEVILY & TORTORIELLO – **Measuring trust in organisational research**

MCEVILY und TORTORIELLO analysieren bestehende Skalen zur Messung von Vertrauen im organisationalen Kontext. Dazu untersuchen sie 171 Artikel und identifizieren 129 verschiedene Skalen. Die Autoren kritisieren die immer wieder neu entwickelten Vertrauensskalen – nur 24 bauen auf bestehende Skalen auf, wovon elf Autoren auf ihre eigenen entwickelten Skalen zurückgreifen. Sie propagieren daher, verstärkt auf bestehende Skalen, die sich in der Praxis bewährt haben aufzubauen und heben fünf State-of-the-Art-Ansätze hervor. Diese ordnen sie in einen Ordnungsrahmen mit den drei Dimensionen *Vertrauenswürdigkeitsüberzeugungen*, *vertrauensvolle Absichten* und *vertrauensvolles Verhalten* ein:[381]

- Affektbasiertes und kognitionsbasiertes Vertrauen nach MCALLISTER[382]
- „Boundary Role Persons Trust Instrument" nach CURRALL & JUDGE[383]
- „Organisational Trust Inventory" nach CUMMINGS & BROMILEY[384]
- Vertrauensskala nach MAYER & DAVIS (zuvor beschrieben)

---

[379] Vgl. Gillespie (2015), Survey measures of trust, S. 225ff.

[380] Vgl. Mayer und Davis (1999), Effect of the performance appraisal system, S. 123ff.

[381] Vgl. McEvily und Tortoriello (2011), Measuring trust in organisational research, S. 23ff.

[382] Vgl. McAllister (1995), Affect- and Cognition-Based Trust, S. 24ff.

[383] Vgl. Currall und Judge (1995), Measuring trust between organizational boundary role persons, S. 151ff.

[384] Vgl. Cummings und Bromiley (1996), The organizational trust inventory, S. 302ff.

- „Behavioural Trust Inventory“ nach GILLESPIE (zuvor beschrieben)

Die Autoren geben darüber hinaus drei Implikationen zur Verbesserung der Messung von Vertrauen. Erstens sollten die zwei Kernmerkmale der Bereitschaft zur Verwundbarkeit und die in die Zukunft gerichtete positive Erwartungshaltung stärker integriert werden.[385] Zweitens ist die Messung von Vertrauen immer kontextspezifisch. Daher sollte die Übertragbarkeit von Vertrauensskalen auf verschiedene organisationale Beziehungen gegeben sein. Drittens sollte die Multidimensionalität von Vertrauen stärker berücksichtigt werden.[386]

PIRICZ – Affecting determinants of trust

PIRICZ untersucht die Wechselwirkungen zwischen Vertrauen, wahrgenommener Zufriedenheit und wahrgenommenen Konflikten in Unternehmensbeziehungen. Hierzu entwickelt er einen Fragebogen mit 29 Items auf einer siebenstufigen Likert-Skala, die in sieben Kategorien unterteilt werden: *Vertrauen*, *Zufriedenheit*, *Konflikte*, *Spezifität der Vermögenswerte des Partners*, *Spezifität der Vermögenswerte des Befragten*, *Austauschbarkeit* und *Informationsaustausch*. Die Autoren führen eine Studie unter 315 Unternehmen in Ungarn durch und validieren so den positiven Einfluss der wahrgenommenen Zufriedenheit und den negativen Einfluss von wahrgenommenen Konflikten auf das Vertrauen in interorganisationalen Unternehmensbeziehungen.[387]

SCHOORMAN & BALLINGER – Leadership, trust and client service

SCHOORMAN und BALLINGER entwickeln eine Skala, in der sie *Vertrauen als Bereitschaft zur Verwundbarkeit im organisationalen Kontext* messen, gemäß der aufgestellten Definition von Vertrauen aus der Erstveröffentlichung von MAYER, DAVIS und SCHOORMAN im Jahr 1995.[388] Der Fragebogen besteht aus sieben Items, auf einer fünfstufigen Likert-Skala.[389] Die Autoren bauen hierzu auf einem Fragebogen mit vier Items, entwickelt im Jahr 1996 von SCHOORMAN ET AL. auf, welcher im Rahmen diverser Studien auf Konsistenz, Reliabilität und Validität getestet wurde.[390]

---

[385] Zu den Merkmalen von Vertrauen siehe auch Kapitel 3.2.2

[386] Vgl. McEvily und Tortoriello (2011), Measuring trust in organisational research, S. 36f.

[387] Vgl. Piricz (2018), Affecting determinants of trust, S. 281ff.; Piricz (2016), Determinants of trust in business relationships, S. 36f.

[388] Zu den Definitionen von Vertrauen siehe auch Kapitel 3.2.1

[389] Vgl. Schoorman und Ballinger (2006), Leadership, trust and client service; Schoorman et al. (2007), Organizational Trust, S. 347ff.

[390] Vgl. Schoorman et al. (2007), Organizational Trust, S. 347f.

HAKANEN & HÄKKINEN – Management possibilities for interpersonal trust

HAKANEN und HÄKKINEN analysieren die *Entstehung und das Management von interpersonalem Vertrauen in der frühen Phase von Unternehmensnetzwerken.* Die Autoren verfolgen mit der Case-Study-Methode einen qualitativen Ansatz der Datenerhebung und führen hierzu Interviews mit Unternehmen aus den Bereichen Pharma, Gesundheitswesen sowie -forschung durch. Die Interviews sind teilstrukturiert mit vorgegebenen Themen, die Reihenfolge der Bearbeitung im Interview wird jedoch frei gewählt. Die Interviews werden am Arbeitsplatz des Teilnehmers durchgeführt, auf Band aufgezeichnet und dauern bis zu 60 Minuten. Die Autoren verfolgen mit der Interview-Methode das Ziel, die Entstehung von interpersonalem Vertrauen in Unternehmensnetzwerken tiefgehend zu verstehen und analysieren dazu die Erfahrungen, Gefühle und Emotionen der Teilnehmer in diesem Zusammenhang. Dabei wird Vertrauen als Schlüsselgröße für den Wissensaustausch und -aufbau in Unternehmensnetzwerken angesehen.[391]

ASHNAI ET AL. – Inter-personal and inter-organizational trust

ASHNAI ET AL. untersuchen das Vertrauen in zwischenbetrieblichen Unternehmenskooperationen auf den zwei Ebenen interpersonales und interorganisationales Vertrauen. Hierzu verfolgen sie einen kombinierten Ansatz aus qualitativen Interviews mit Senior Managern, mit Hilfe derer sie einen entwickelten Fragebogen validieren und erweitern. Der Fragebogen besteht aus 32 Items und wird für eine quantitative Studie unter 331 Teilnehmern aus dem mittleren und oberen Management von Unternehmen verwendet. Die Items zur Messung von Vertrauen werden in acht Kategorien unterteilt: *Interpersonales Vertrauen*, *interorganisationales Vertrauen*, *Commitment*, *opportunistisches Verhalten*, *Informationsaustausch*, *beziehungsbezogene Investitionen*, *finanzielle Leistung* und *nichtwirtschaftliche Leistung*.[392]

RAMPERSAD ET AL. – Examining network factors

RAMPERSAD ET AL. untersuchen den Einfluss von Vertrauen und Commitment auf die Harmonie in und Koordination von Netzwerken. Hierbei fokussieren sie auf Innovationsnetzwerke, deren Netzwerkmitglieder Unternehmen, Universitäten, Forschungseinrichtungen und auch Regierungsorganisationen sein können. Die Autoren entwickeln einen Mixed-Methods-Ansatz aus einer qualitativ explorativen, gefolgt von einer quantitativ empirischen Studie. Der qualitative Teil umfasst Interviews mit 16 australischen Innovationsexperten aus den vier Branchen Wein, Automotive, Biotechnologie

[391] Vgl. Hakanen und Häkkinen (2015), Management possibilities for interpersonal trust, S. 249ff.

[392] Vgl. Ashnai et al. (2016), Inter-personal and inter-organizational trust, S. 128ff.

sowie Informations- und Kommunikationstechnologie. Für die quantitative Studie unter 124 Teilnehmern aus 40 Organisationen in einem Netzwerk wird ein Fragebogen mit 18 Items auf einer siebenstufigen Likert-Skala entwickelt. Dieser umfasst vier Kategorien: *Vertrauen*, *Commitment*, *Koordination* und *Harmonie*.[393]

SHAZI ET AL. – **Trust as a predictor of innovation network ties**

SHAZI ET AL. untersuchen den Einfluss von Vertrauen auf die Entstehung von sozialen Netzwerkverbindungen zur Ideengenerierung und -realisierung im Innovationsprozess. Hierzu führen sie, unter einer Auswahl von Mitarbeitern aus zwei Unternehmen, zunächst Interviews durch, um den Innovationsprozess im jeweiligen Unternehmen tiefer zu verstehen. Beide Unternehmen sind im Rahmen des Innovationsprozesses auf Kooperationen mit anderen Unternehmen angewiesen. Im Anschluss erfolgt eine quantitative Studie unter 153 Teilnehmern aus beiden Unternehmen. Zur Ermittlung des Vertrauens intraorganisationaler Netzwerke greifen die Autoren auf eine Skala von MAYER und DAVIS[394] zurück, welche aus sechs Items auf einer siebenstufigen Likert-Skala besteht. Diese umfasst die Faktoren der *Kompetenz*, des *Wohlwollens* und der *Integrität* des Interaktionspartners.[395]

WILLEM & LUCIDARME – **Pitfalls and challenges for trust**

WILLEM und LUCIDARME untersuchen in interorganisationalen Netzwerken aus dem öffentlichen und gemeinnützigen Bereich insbesondere den Einfluss von Netzwerkflexibilität auf das Vertrauen und die Effektivität in Netzwerken. Hierzu untersuchen sie 52 Netzwerke, in denen sie im ersten Schritt ein teilstrukturiertes Interview mit je einem Netzwerkmitglied durchführen. Anschließend erfolgt die Messung des Vertrauens in dem jeweiligen Netzwerk durch einen Fragebogen. Die Autoren greifen hierbei auf die Skala von MCALLISTER[396] zurück, welche sie auf den spezifischen Netzwerkkontext anpassen. Der Fragebogen besteht aus elf Items auf einer fünfstufigen Likert-Skala und teilt sich in die Bereiche *affektbasiertes* und *kognitionsbasiertes Vertrauen* auf.[397]

FREY ET AL. – **Network embeddedness**

FREY ET AL. untersuchen den Einfluss der *Einbettung von Teilnehmern in die sozialen Strukturen eines Netzwerks* auf das Vertrauen im Netzwerk. Unter Einbettung verste-

---

[393] Vgl. Rampersad et al. (2010), Examining network factors, S. 487ff.
[394] Vgl. Mayer und Davis (1999), Effect of the performance appraisal system, S. 136
[395] Vgl. Shazi et al. (2015), Trust as a predictor of innovation network ties, S. 81ff.
[396] Vgl. McAllister (1995), Affect- and Cognition-Based Trust, S. 37
[397] Vgl. Willem und Lucidarme (2014), Pitfalls and challenges for trust, S. 733ff.

hen die Autoren die Verbreitung von Informationen über das Verhalten der Netzwerkmitglieder in der Vergangenheit. Auf diese Weise werden vertrauensvolle Handlungen gefördert, da die Netzwerkmitglieder einen Anreiz haben, keine schlechte Reputation aufzubauen. Um diesen Einfluss zu untersuchen, entwickeln die Autoren ein Vertrauensspiel („trust game"), das sie mit 342 Teilnehmern wiederholt durchführen. In diesem nehmen stets zwei Personen die Rolle des Vertrauensnehmers ein und entscheiden ob sie einem Vertrauensgeber vertrauen oder nicht. Dieser wiederum entscheidet dann im Anschluss, ob er das Vertrauen erwidert oder ausnutzt. Die Autoren bringen nun verschiedene Variationen in das Spiel, indem die Vertrauensnehmer vor der Interaktion Informationen über das Verhalten des Vertrauensgebers, also seiner Reputation austauschen. Hierdurch wird die Netzwerkeinbettung simuliert, welche exogen, endogen oder gar nicht stattfinden kann und der Einfluss auf das Vertrauen unter den Netzwerkmitgliedern analysiert.[398]

KHVATOVA ET AL. – How to measure trust

KHVATOVA ET AL. untersuchen den Einfluss von Vertrauen auf den Wissensaustausch in intraorganisationalen Wissensnetzwerken und identifizieren einen reziproken Effekt zwischen sozialer Interaktion und Vertrauen. Zur Messung des Vertrauens in diesen Wissensnetzwerken entwickeln die Autoren einen Algorithmus, welcher das Netzwerk simuliert und Perkolationsschwellen berechnet. Mit Hilfe der Simulation berechnen die Autoren die Wahrscheinlichkeit für einen Wissensaustausch abhängig von der simulierten Netzwerkstruktur, welche wiederum von dem Vertrauen zwischen den Interaktionspartnern abhängt. Für die Datenerhebung nutzen sie ein Wissensnetzwerk in einem internationalen Finanzunternehmen. Hierfür entwickeln sie einen Fragebogen mit neun Items zu Vertrauen und Wissensaustausch.[399]

3.3.3 Bewertung bestehender Ansätze zur Messung von Vertrauen

Die vorgestellten Ansätze machen deutlich, dass eine große Bandbreite von Methoden zur Messung von Vertrauen existiert und zahlreiche Ansätze den spezifischen Kontext von Unternehmensnetzwerken berücksichtigen. Zu unterscheiden sind qualitative von quantitativen Ansätzen. Qualitative Ansätze werden meist in Form von Interviews durchgeführt und kommen eher seltener vor. Sie finden vor allem dann Anwendung, wenn es darum geht, explorativ Hintergründe zu Vertrauen zu erforschen. Daher werden diese Ansätze häufig mit quantitativen Ansätzen kombiniert. Häufigster Vertreter

[398] Vgl. Frey et al. (2019), Network embeddedness, S. 81ff.

[399] Vgl. Khvatova et al. (2016), How to measure trust, S. 918ff.

in der wissenschaftlichen Literatur sind hierfür Vertrauensskalen in Form von Fragebögen. Die Vielzahl an Skalen verdeutlichen McEvily und Tortoriello in ihrer Analyse von 171 Artikeln, in denen sie 129 verschiedene Skalen identifizieren. Es sind jedoch Bestrebungen zu erkennen, dass vermehrt auf bestehende und bewährte Vertrauensskalen aufgebaut wird.[400] Hervorzuheben ist die Vertrauensskala von Frazier et al., welche, in zahlreichen Studien validiert, eine einfache, vielseitig und praktikabel anwendbare Methodik zur Messung der Vertrauensneigung einer Person nach der Definition von Mayer et al. darstellt. Gemein ist allen Fragebögen die Nutzung einer Likert-Skala, die eine fünf- oder siebenstufige Ausprägung haben. Die Anzahl der Items variiert von im Extremfall nur einer einzigen Frage bis hin zu 42 (siehe Tabelle 3-2). Die Fragen sind meist thematischen Blöcken zugeordnet und gründen auf den zu untersuchenden Faktoren, die Einfluss auf die Vertrauensbildung nehmen.

Eine weitere interessante Methode zur Messung von Vertrauen stellen *Trust Games* dar, die zumeist qualitativer Natur sind. Mit Hilfe eines spielerischen Kontexts werden Vertrauenshandlungen simuliert. Kritisiert wird hierbei häufig der Laborcharakter, der einer realen Situation nur unzureichend Rechnung trägt.[401]

Obwohl die verschiedenen Messmethoden Ansätze zum Kontext von Unternehmenskooperationen aufweisen, behandeln nur wenige interorganisationale Wissensnetzwerke. Drei Ansätze untersuchen zumindest den Einfluss von Vertrauen auf den Wissensaustausch in einem Netzwerk: Hashim & Tan berücksichtigen jedoch nicht den spezifischen Kontext von interorganisationalen Netzwerken, sondern betrachten Business-Online-Communities. Gupta et al. betrachten diesen Netzwerktypus, definieren jedoch nur ein einziges Item, für das sie die Häufigkeit des Austauschs vertraulicher Informationen als Proxy für Vertrauen wählen. Somit vernachlässigen sie die verschiedenen Facetten von Vertrauen und den Umstand, dass Vertrauen nur schwer direkt messbar ist. Der Ansatz von Khvatova et al. fokussiert auf intraorganisationale Wissensnetzwerke und ist durch die aufwendige Simulation zum einen nicht praktikabel und zum anderen nicht sehr praxisnah. Gerade die Erkenntnis aus den Untersuchungen von McEvily und Tortoriello machen jedoch deutlich, dass eine Vertrauensskala immer auf den spezifischen Kontext, in dem verschiedene Facetten von Vertrauen gemessen werden sollen, anzupassen ist.[402]

[400] Vgl. McEvily und Tortoriello (2011), Measuring trust in organisational research, S. 31

[401] Vgl. Kramer (2015), Ecological validity in trust research, S. 33; Lewicki und Brinsfield (2015), Trust research, S. 51; Berg et al. (1995), Trust, Reciprocity, and Social History, S. 122ff.

[402] Vgl. McEvily und Tortoriello (2011), Measuring trust in organisational research, S. 36f.

Aus den beschriebenen Ansätzen können wichtige Erkenntnisse darüber gewonnen werden, wie Vertrauen in Unternehmensnetzwerken gemessen werden kann. Diese bilden die Grundlage für die Konzeptionierung einer eigenen, angepassten Vertrauensskala zur Messung von Vertrauen im spezifischen Kontext von interorganisationalen Wissensnetzwerken in der Fabrikplanung.

3.4 Bestehende Ansätze zur Entwicklung von Vertrauen

In diesem Kapitel werden relevante wissenschaftliche Arbeiten vor dem Hintergrund der Orchestration von Wissensnetzwerken untersucht, die eine Erklärung der Entstehung von Vertrauen in diesen ermöglichen. Zunächst werden die bestehenden Ansätze vorgestellt, bevor die Anknüpfungspunkte zusammenfassend für das Forschungsziel dieser Arbeit bewertet werden.

3.4.1 Vorstellung bestehender Ansätze zur Entwicklung von Vertrauen

Für die Erforschung der Faktoren und Ursachen zur Entstehung von Vertrauen wird in der wissenschaftlichen Literatur häufig der Begriff „antecedents to trust" verwendet. Gemeint ist damit, dass Vertrauen per se nicht direkt messbar und erklärbar ist, sondern dass gewisse Faktoren einer Vertrauenshandlung vorangehen und darüber bestimmen, ob eine Person einem Interaktionspartner in einer bestimmten Situation vertraut oder nicht.[403] Als bekannteste Veröffentlichung ist die weiter oben erwähnte Arbeit von MAYER ET AL. aus dem Jahr 1995 zum *Integrative Model of Organizational Trust* zu nennen, auf die zahlreiche Autoren immer wieder referenzieren und die grundlegenden Erkenntnisse als Absprung für ihre eigene Forschungsarbeit nutzen. Diese grundlegende Arbeit sowie weitere im Rahmen der strukturierten Literaturanalyse identifizierte Arbeiten zur Untersuchung dieser Wirkmechanismen zur Entstehung von Vertrauen im spezifischen Kontext von Unternehmensnetzwerken werden nachfolgend vorgestellt. Tabelle 3-3 gibt einen Überblick über die Ansätze. Die einzelnen Wirkmechanismen im Originalwortlaut können im Anhang in Tabelle A-4 nachgelesen werden.

[403] Vgl. Lewicki und Brinsfield (2015), Trust research, S. 47

Autor	Wiss. Methode	Anzahl Faktoren	Fokus der Untersuchung
MAYER ET AL.	LA	3	Vertrauenswürdigkeit des Interaktionspartners im organisationalen Kontext: Kompetenz, Wohlwollen, Integrität
SCHOORMAN ET AL.	LA	4	Vertrauenswürdigkeit auch in interorganisationalem Kontext, Erweiterung Modell MAYER ET AL. um Dimension Emotionen
ABRAMS ET AL.	IN	10	Interpersonales Vertrauen in Wissensnetzwerken (innerhalb einer Organisation), Verhaltensweisen und Maßnahmen eines Managers in den Kategorien vertrauensvolle Verhaltensweisen, organisationale, zwischenmenschliche und individuelle Faktoren
ASHNAI ET AL.	FB	8	Interpersonales und interorganisationales Vertrauen in B2B-Beziehungen (Unternehmen-Lieferant), Erklärungskonstrukt aus Einstellung, Verhaltensweisen und Ergebnisse der Beziehung beeinflusst durch Vertrauen
BUTLER & CANTRELL	TG	5	Interpersonales, gegenseitiges Vertrauen in einer hierarchischen Beziehung zwischen Mitarbeiter und Vorgesetztem, Vertrauensspiel
BUTLER	IN	10	Interviewstudie unter Führungskräften zur Untersuchung der Bedingungen unter denen Vertrauen entsteht
CAMPOS & POMEDA	LA	8	Vertrauen als wichtiges Element zur Entwicklung von Netzwerken, Fokus auf Wissenschaftsparks als Innovationsumgebung. Review der bestehenden Literatur
CAMPOS ET AL.	LA	17	Bewertung von Vertrauen in horizontalen Wissensnetzwerken durch Faktoren in acht Dimensionen: Verhalten, Kultur, Verträge, Kommunikation, Kompetenzen, Management, Struktur und Finanzen
CHEIKHROUHOU ET AL.	FS	22	Vertrauen in vertikalen Unternehmensnetzwerken und der Einfluss auf den Wissensaustausch, fünf Kategorien von Vertrauen: kompetenzbasiertes, vertragliches, beziehungsbasiertes, indirektes und negatives Vertrauen
EVANS & WENSLEY	LA	4	Entstehung von Vertrauen in Communities of Practice und die Rolle von Vertrauen als Voraussetzung für das Teilen von Wissen
FREY ET AL.	TG	2	Einfluss endogener und exogener Einbettung von Netzwerkmitgliedern in die sozialen Strukturen eines Netzwerks auf das Vertrauen
GIEST	FS	8	Dynamik von Vertrauen in Innovationsnetzwerken, Bewertung der Vertrauenswürdigkeit bei sich ändernden Beziehungen und Übergang von interpersonalem zu interorganisationalem Vertrauen
HAKANEN & HÄKKINEN	FS, IN	15	Entstehung und Management von interpersonalem Vertrauen in der frühen Phase von Unternehmensnetzwerken
LEVESQUE ET AL.	FS, IN	3	Einflüsse auf das Vertrauen in kollaborativen Netzwerken
MSANJILA & AFSARMANESH	LA	12	Vertrauenswürdigkeit von Organisationen in kollaborativen Netzwerken, Dimensionen und interorganisationale Antecedents
MSANJILA	LA	3	Entstehung von interorganisationalem Vertrauen
WILLEM & LUCIDARME	IN, FB	8	Einfluss von Vertrauen auf die Netzwerkeffektivität im institutionellen Kontext, Netzwerke im öffentlichen und gemeinnützigen Sektor

Legende: FB = Fragebogen | FS = Fallstudie | IN = Interview | LA = Literaturanalyse | TG = Trust Games

Tabelle 3-3: Überblick über Ansätze zur Entstehung von Vertrauen

MAYER ET AL. – Integrative Model of Organizational Trust

MAYER ET AL. legen dem Vertrauen im organisationalen Kontext ein interaktionistisches Paradigma zugrunde und entwickeln ein Modell zur Entstehung von Vertrauen.[404] Hierbei wird postuliert, dass die Entstehung von Vertrauen zum einen von der persönlichen Vertrauensneigung des Vertrauensgebers („trustor") abhängt und zum anderen die Vertrauenswürdigkeit des Vertrauensnehmers („trustee") von Bedeutung ist (siehe Abbildung 3-9). Für Letztere definieren sie drei Faktoren, die „antecedents to trust": Die *Kompetenz* des Interaktionspartners im relevanten Handlungsfeld, sein *Wohlwollen* dem Interaktionspartner gegenüber sowie seine *Integrität*.[405]

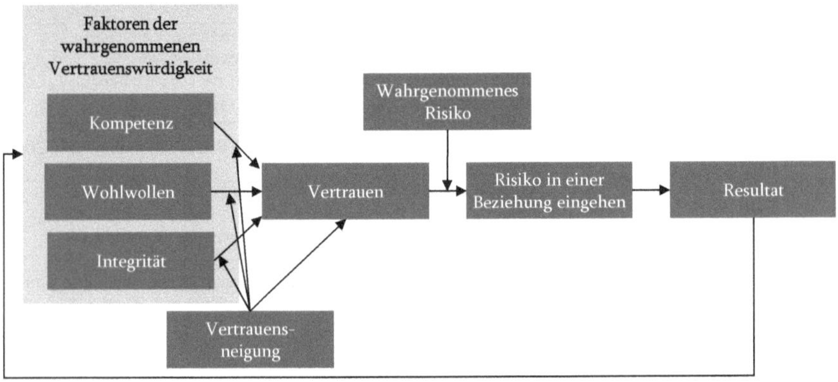

Abbildung 3-9: Modell zur Entstehung von Vertrauen nach MAYER ET AL.

SCHOORMAN ET AL. – Organizational Trust

SCHOORMAN ET AL. erweitern als ursprüngliche Autoren des Modells nach MAYER ET AL. ihren Ansatz um einen weiteren Faktor der *Emotionen* einer Person. Sie betonen, dass ihr Modell zu Vertrauen auf dem Grundverständnis beruht, wie viel Risiko eine Person in Bezug auf eine Interaktion bereit ist einzugehen. Die Autoren führen aus, dass diese Bewertung auf der Verarbeitung von Informationen über den Interaktionspartner erfolgt. Im Rahmen dieses kognitiven Prozesses spielen Emotionen eine besondere Rolle, da sie beeinflussen in welcher Art und Weise wir Informationen interpretieren und damit, wie eine Person Vertrauen wahrnimmt. Weiterhin betonen die Autoren in Ergänzung zu ihrem ursprünglichen Modell, dass dieses nicht nur auf die Vertrauensbe-

[404] Zu den Paradigmen von Vertrauen siehe auch Kapitel 3.2.1

[405] Vgl. Mayer et al. (1995), Integrative Model of Organizational Trust, S. 715

ziehung zwischen zwei Personen in einem organisationalen Kontext angewendet werden kann, sondern auch auf die Vertrauensbeziehungen zwischen zwei Unternehmen.[406]

ABRAMS ET AL. – Interpersonal trust in knowledge-sharing networks

ABRAMS ET AL. untersuchen, wie interpersonales Vertrauen in Wissensnetzwerken entsteht. Hierbei fokussieren sie auf Wissensnetzwerke innerhalb einer Organisation. Die Autoren führen dazu Interviews in 20 Organisationen durch und identifizieren zehn „trust builders“. Diese beschreiben Verhaltensweisen und Maßnahmen für einen Manager und führen über den Aufbau von Vertrauen zur Generierung und zum Austausch von Wissen. Es werden vier Kategorien definiert. Die erste beschreibt vertrauensvolle Verhaltensweisen. Dazu gehört u. a. *vertrauliche Informationen diskret zu behandeln* und *zwischen Wort und Tat konsistent zu handeln.* Eine *häufige und reichhaltige Kommunikation* zusammen mit dem *persönlichen Einbringen bei kollaborativer Kommunikation* lassen das Gegenüber den Interaktionspartner kennenlernen und signalisieren die Bereitschaft Informationen zu teilen. *Faire und transparente Entscheidungen* führen schließlich zu einer vertrauensvollen Umgebung. Die zweite Kategorie umfasst organisationale Faktoren, zu denen die *Schaffung einer geteilten Vision und Sprache* gehört, so dass alle Netzwerkmitglieder auf die Ziele abgestimmt sind sowie, dass die Netzwerkmitglieder für das gegenseitige Entgegenbringen von Vertrauen in die *Pflicht* genommen werden. Zur Kategorie der zwischenmenschlichen Faktoren zählt, dass die *persönlichen Verbindungen im Netzwerk* gestärkt werden, so dass die Netzwerkmitglieder eher bereit sind *Informationen von Wert zu teilen.* In der letzten Kategorie der individuellen Faktoren sollen die *eigenen Stärken preisgegeben sowie die eigenen Grenzen aufgezeigt werden*, um das Vertrauen in die eigene Person zu stärken.[407]

ASHNAI ET AL. – Inter-personal and inter-organizational trust

ASHNAI ET AL. untersuchen die Rolle von Vertrauen in B2B-Beziehungen und betrachten dazu die zwei Ebenen interpersonales und interorganisationales Vertrauen. Fokus der Untersuchung sind somit vertikale Netzwerke zwischen Unternehmen und Zulieferern. Die Autoren entwickeln ein Modell bestehend aus drei Säulen, welches den Einfluss von opportunistischem Verhalten von Zulieferern auf die B2B-Beziehung untersucht. Die erste Säule beschreibt die Einstellung und besteht aus dem interpersonalen und interorganisationalen Vertrauen, die von dem *opportunistischen Verhalten*

[406] Vgl. Schoorman et al. (2007), Organizational Trust, S. 345ff.

[407] Vgl. Abrams et al. (2003), Interpersonal trust in knowledge-sharing networks, S. 64ff.

unmittelbar beeinflusst werden. Die zweite Säule der Verhaltensweisen umfasst *Commitment, beziehungsbezogene Investitionen* und die *Bereitschaft Informationen zu teilen* und wird durch die zwei Ebenen des Vertrauens beeinflusst. Die zweite Säule entspricht einem Mediator zwischen dem Vertrauen und der dritten Säule, den Ergebnissen aus der Beziehung, die *nichtwirtschaftlicher und finanzieller* Natur sein können. Die Autoren untersuchen demzufolge eher die Auswirkungen von Vertrauen, beeinflusst durch opportunistisches Verhalten, als die Entstehung von Vertrauen zu erklären. Als Hauptfaktor für interpersonales Vertrauen werden *Emotionen* genannt, während interorganisationales Vertrauen vor allem auf *Rationalität* beruht. Der reziproke Effekt von Vertrauen, beispielsweise, dass durch den Austausch vertraulicher Informationen das gegenseitige Vertrauen wiederum gestärkt wird, wird nicht untersucht.[408]

BUTLER & CANTRELL – Modeling dyadic trust

BUTLER und CANTRELL führen eine experimentelle Studie mit 78 Teilnehmern zur Untersuchung von Vertrauen im organisationalen Kontext durch. Hierzu untersuchen sie den Einfluss von fünf Faktoren auf das gegenseitige Vertrauen zwischen Vorgesetztem und Mitarbeiter. Zu den Faktoren, welche die Entstehung von Vertrauen bestimmen, zählen die *Integrität, Kompetenz, Konsistenz* im Verhalten einer Person, *Loyalität* bzw. wohlwollende Motive und die *Offenheit* bezüglich des Teilens von Informationen und Wissen. Die Teilnehmer treffen in zwei separaten Experimenten Vertrauensentscheidungen, zum einen bezüglich hypothetischer Vorgesetzter und zum anderen bezüglich hypothetischer Mitarbeiter. Die hypothetisch beschriebenen Personen enthalten unterschiedliche Charaktereigenschaften, die auf die fünf Faktoren für Vertrauen zurückzuführen sind. Im Ergebnis zeigt sich, dass Integrität, Kompetenz und Konsistenz stärkeren Einfluss auf die Entstehung von Vertrauen haben als Loyalität und Offenheit. Darüber hinaus zeigt sich kein Unterschied, ob einem Vorgesetzten oder einem Mitarbeiter Vertrauen geschenkt wird. Die vertrauensbildenden Faktoren werden im Rahmen der Experimente auf interpersonaler Ebene in einer hierarchischen Beziehung in einem fiktiven Unternehmen untersucht. Die Übertragbarkeit auf interpersonale Beziehungen in einem Netzwerk, die grundsätzlich keiner Hierarchie unterliegen, ist daher fragwürdig.[409]

BUTLER – Conditions of trust

In einer späteren Veröffentlichung untersucht BUTLER im Rahmen von semistrukturierten Interviews und einer anschließenden Inhaltsanalyse die Bedingungen, unter

[408] Vgl. Ashnai et al. (2016), Inter-personal and inter-organizational trust, S. 128ff.

[409] Vgl. Butler und Cantrell (1984), Modeling dyadic trust, S. 19ff.

denen Vertrauen entsteht. Hierzu lässt er Interviews mit 84 Managern in den USA durchführen. Die Interviewer nutzen einen Fragebogen, um gleich gestellte Fragen sicherzustellen und erhalten spezifische Anweisungen für die Durchführung der Interviews. In Ergänzung zu der oben beschriebenen Veröffentlichung von BUTLER und CANTRELL werden fünf weitere Faktoren von Vertrauen identifiziert, so dass in Summe die folgenden zehn Faktoren beschrieben werden: *Verfügbarkeit, Kompetenz, Konsistenz, Verschwiegenheit, Fairness, Integrität, Loyalität, Offenheit, Einhaltung von Versprechen und Aufgeschlossenheit.*[410]

CAMPOS & POMEDA – Knowledge, networks, social capital and trust

CAMPOS und POMEDA führen ein Review der bestehenden Literatur zu Innovationsumgebungen wie Wissenschaftsparks durch. Dazu analysieren sie die Beziehungen zwischen Netzwerken, unternehmerischen Initiativen und den genannten Wissenschaftsparks. Die Autoren betrachten Vertrauen als wichtiges Element zur Entwicklung von Netzwerken und dem Aufbau von Kompetenzen in diesen. Zur Erklärung der Entstehung von Vertrauen greifen sie auf die Arbeiten von RALLS & WEBB zurück. Diese identifizieren acht Faktoren zur Entstehung von Vertrauen. Zunächst ist für die Entstehung von Vertrauen die *Vorhersagbarkeit der Handlungen des Interaktionspartners* wichtig. *Transparenz* vereinfacht hierbei diese Vorhersagen. Vertrauen basiert zudem auf *gemachten Erfahrungen* aus der Kindheit oder dem Erwachsenenleben. Handelt jemand nach unseren *Interessen*, wird das Vertrauen gestärkt. Dies wird noch in, wenn das Gegenüber dafür *Risiken* eingeht, jedoch ist keine *Selbstaufopferung* notwendig. Darüber hinaus führt *Fürsorge des Gegenübers* dazu, dass wir ihm eher unser Vertrauen schenken. Als Folge des Vorhandenseins von Vertrauen in einer Beziehung betonen die Autoren außerdem, dass die *Zusammenarbeit in Teams* deutlich effizienter wird.[411]

CAMPOS ET AL. – Barriers, external aspects and trust factors

CAMPOS ET AL. entwickeln ein theoretisches Modell zur Bewertung des Vertrauens in horizontalen Unternehmensnetzwerken. Hierzu analysieren sie 118 Veröffentlichungen und identifizieren drei Perspektiven, die die Entstehung von Vertrauen behindern oder begünstigen: Barrieren, externe Aspekte und Aufbau von Vertrauen. Darauf aufbauend identifizieren sie acht Dimensionen, die den drei Perspektiven untergeordnet und wiederum einzelne Faktoren beinhalten, die die Entstehung von Vertrauen beein-

[410] Vgl. Butler (1991), Conditions of trust, S. 643ff.

[411] Vgl. Campos und Pomeda (2007), Knowledge, networks, social capital and trust, S. 576ff.; Ralls und Webb (1999), Nature of chaos in business, S. 39

flussen. In Summe werden 17 Faktoren und Ursachen genannt. Die Perspektive Barrieren besteht nur aus der Verhaltensdimension und umfasst die Faktoren *opportunistisches Verhalten*, *feindseliges Verhalten* und *Gruppeneinstellung*. Der Opportunismus wird insbesondere durch frühere Verhaltensweisen und auseinandergehenden Erwartungen bestimmt, während feindseliges Verhalten auf Konflikte und Intrigen zurückzuführen ist. Die Gruppeneinstellung wird maßgeblich durch interpersonale Differenzen oder gar Rivalitäten sowie egoistischen Haltungen bestimmt. Die zweite Perspektive der externen Aspekte enthält die kulturelle und vertragliche Dimension. Erstere umfasst die Faktoren der *kulturellen Identität*, der *Normen und Überzeugungen* sowie der *Werte und Prinzipien*. Einfluss auf diese Faktoren nehmen kulturelle Differenzen der Netzwerkmitglieder, Regeln und interne Richtlinien sowie geteilte Werte und Verpflichtungsgefühl. Die zweite Dimension setzt sich aus *formalen und informalen Verträgen* zusammen, wobei Erstere vor allem auf Schutzmaßnahmen und Sanktionen abzielt, während Letztere vereinbarte Regeln zum kooperativen Umgang miteinander beschreibt. Die dritte Perspektive des Aufbaus von Vertrauen umfasst fünf Dimensionen. Die Kommunikationsdimension beinhaltet die *Kommunikationskanäle* und das *Level der Interaktion* unter den Netzwerkmitgliedern. Die Kompetenzdimension besteht aus den *geteilten technischen Fähigkeiten* im Netzwerk und den *kollektiven Anstrengungen*, die vor allem aus dem Engagement aller Kooperationspartner resultiert. Die Manangementdimension beinhaltet zum einen das *Management der Netzwerkmitglieder* und beschreibt, wie der Austausch von Wissen und Ressourcen, die Lernfähigkeit im Netzwerk sowie die Organisation und Ausrichtung des Netzwerks gesteuert wird. Zum anderen umfasst sie die *Führung des Netzwerks*, welche durch den Autonomiegrad, etablierte Regeln sowie der Partnerauswahl bestimmt wird. Die Strukturdimension umfasst den *endogenen und exogenen Druck auf das Netzwerk*, der von innen heraus und von außen ausgeübt wird sowie die *Leistung*, die im Netzwerk erbracht wird. Die fünfte Dimension der Finanzen besteht aus dem Faktor *ökonomische Interaktion* und beschreibt die finanzielle Kooperation der Netzwerkmitglieder.[412]

CHEIKHROUHOU ET AL. – Trust categories and their impacts

CHEIKROUHOU ET AL. untersuchen im Rahmen einer Fallstudie eines vertikalen Unternehmensnetzwerks in der Schweiz die Faktoren zur Entstehung von Vertrauen. Hierzu identifizieren sie anhand einer Literaturrecherche 22 Faktoren und führen eine qualitative Analyse zum Einfluss von Vertrauen auf den Wissensaustausch und das Teilen von Informationen im Netzwerk durch. Die Komponenten werden fünf Kategorien

[412] Vgl. Campos et al. (2019), Barriers, external aspects and trust factors, S. 1547ff.; der Ansatz von Campos et al. wird auch in Kapitel 3.3.2 beschrieben

zugeordnet: Kompetenzbasiertes, vertragliches, beziehungsbasiertes, indirektes und negatives Vertrauen. Kompetenzbasiertes Vertrauen beschreibt den Glauben in die Fähigkeiten des Interaktionspartners und wird durch die Faktoren *Produkt- und Servicequalität* des Partners sowie der *Pünktlichkeit* und *Zuverlässigkeit* begründet. Vertragliches Vertrauen ist die formale Regelung der Vertrauensbeziehung. Hierzu gehörende Faktoren sind der *Kooperationsgeist*, die *Fähigkeit zur Anpassung*, *Transparenz* und die *Geheimhaltung* geteilter Informationen. Hierzu gehört ebenso *Ehrlichkeit*, welche das Teilen korrekter Informationen beinhaltet und die Betrug vermeidet. Als wichtigster Faktor des beziehungsbezogenen Vertrauens wird das *Teilen von sensiblen Informationen* genannt, da der Interaktionspartner hierdurch ein Risiko eingeht. Weiterhin unterstützen *geteilte Werte* und eine *Verpflichtung zur Partnerschaft* das beziehungsbezogene Vertrauen, da opportunistischem Verhalten vorgebeugt wird. *Wohlwollen und Unterstützung des Interaktionspartners* sowie *vorhersehbares Verhalten* und *Freundlichkeit bzw. Höflichkeit* im Umgang miteinander verstärken das Vertrauen. Die *Reputation* des kooperierenden Unternehmens hat einen indirekten Einfluss auf das Vertrauen, ebenso *Arbeitsstandards* sowie die *finanzielle Stabilität* und *Qualifikation der Angestellten* eines Unternehmens. Weiterhin wird die *Beziehungsdauer* als wichtiger Faktor genannt, da mit einer stabilen Beziehung Transaktionskosten sinken und formale Verträge somit überflüssig werden. Unter negativem Vertrauen verstehen die Autoren Konflikte, die aus einem Ungleichgewicht der Macht zwischen den Kooperationspartnern entstehen. Dies wird begünstigt durch *Abhängigkeitsbeziehungen* und *opportunistisches Verhalten* sowie *spezifische Investitionen in einzelne Partner*, die nur schwer auf andere Partner übertragen werden können.[413]

EVANS & WENSLEY – Influence of network structure on trust

EVANS UND WENSLEY analysieren die Entstehung von Vertrauen in „Communities of Practice", welche als Wissensgemeinschaft eine spezielle Form von Netzwerken darstellen. Sie heben hierbei die besondere Rolle von Vertrauen als Voraussetzung zum Teilen von Wissen hervor. Die Autoren identifizieren vier wesentliche Netzwerkprinzipien, die die Entstehung von Vertrauen begünstigen. Als erstes Prinzip wird die *Homophilie* genannt, welche besagt, dass der Kontakt zwischen ähnlichen Personen intensiver ist, wodurch eine stärkere Neigung zu gegenseitigem Vertrauen entsteht. Als zweites wird die *Abgeschlossenheit des Netzwerks* genannt, welche den Grad, zu dem sich alle Teilnehmer kennen, beschreibt. In einem abgeschlossenen Netzwerk, in dem sich alle Netzwerkmitglieder untereinander kennen wird das höchste Vertrauenslevel

[413] Vgl. Cheikhrouhou et al. (2013), Trust categories and their impacts, S. 89ff.

erwartet. Die *Vermittlung von Kontakten* zu nahestehenden Personen oder Unternehmen der Netzwerkmitglieder bildet ein weiteres Prinzip zum Aufbau von Vertrauen, da hierdurch neue wertvolle Informationen in das Netzwerk einfließen können. Zuletzt nennen die Autoren sechs *Grade der Trennung*, die die Anzahl der Personen beschreibt über die zwei Personen in Kontakt stehen.[414]

FREY ET AL. – Network embeddedness

FREY ET AL. untersuchen den Einfluss der Einbettung von Teilnehmern in die sozialen Strukturen eines Netzwerks auf das Vertrauen im Netzwerk. Hierzu führen sie wiederholte Vertrauensspiele mit 342 Teilnehmern durch. In diesen nehmen stets zwei Personen die Rolle des Vertrauensgebers ein und entscheiden ob sie einem Vertrauensnehmer vertrauen oder nicht. Dieser wiederum entscheidet dann im Anschluss, ob er das Vertrauen erwidert oder ausnutzt. Die Einbettung der Netzwerkmitglieder wirkt hierbei als eine Art Reputationsmechanismus, da die Teilnehmer vor der Interaktion Informationen zum Verhalten des Vertrauensnehmers in der Vergangenheit untereinander austauschen können. Hieraus folgern die Autoren die zwei Faktoren *endogene* und *exogene Einbettung* als Erklärungsvariablen zur Entstehung von Vertrauen in Netzwerken. Die Auswertung der Vertrauensspiele zeigt dabei, dass eine endogen entstandene Einbettung einen stärkeren Effekt hat als einen exogen aufgezwungene.[415]

GIEST – Trust dynamics in innovation networks

Giest identifiziert Vertrauen als Schlüsselelement zur Kooperation und zum Wissensaustausch in Innovationsnetzwerken. Sie untersucht die Dynamik von Vertrauen, wenn sich Beziehungen und Positionen innerhalb eines Netzwerks verändern. Die Autorin kommt im Rahmen der Untersuchung einer Fallstudie zu dem Schluss, dass Informationen Dritter über die Vertrauenswürdigkeit in verschiedenen Ebenen im Netzwerk strategisch etabliert sind. Interpersonales Vertrauen entwickelt sich auf diese Weise auf Basis früherer Interaktionen zu etabliertem interorganisationalen Vertrauen. Das Wissen über die Vertrauenswürdigkeit eines Interaktionspartners ist hierbei übertragbar durch eine vermittelnde Instanz wie dem Netzwerkorchestrator. Darüber hinaus werden acht Faktoren zur Entstehung von Vertrauen in Netzwerken genannt. Dazu gehören die *Kompetenzen* und *Intentionen* des Interaktionspartners sowie entstehende *persönliche Beziehungen* unter Netzwerkmitgliedern basierend auf *gemeinsamen Erfahrungen*. Ein weiterer Faktor ist der eingangs angesprochene *Ver-*

[414] Vgl. Evans und Wensley (2009), Influence of network structure on trust, S. 41ff.

[415] Vgl. Frey et al. (2019), Network embeddedness, S. 81ff.

trauenstransfer durch Dritte. Darüber hinaus verstärken eine *fortwährende Kommunikation* und *wiederholte Interaktionen* das Vertrauen unter den Netzwerkmitgliedern, wobei auch die *Länge vorheriger Interaktionen* eine wichtige Rolle spielt.[416]

HAKANEN & HÄKKINEN – **Management possibilities for interpersonal trust**

HAKANEN und HÄKKINEN analysieren die Entstehung und das Management von interpersonalem Vertrauen in der frühen Phase von Unternehmensnetzwerken. Die Autoren charakterisieren Vertrauen als Schlüsselgröße für den Wissensaustausch und -aufbau in Unternehmensnetzwerken und identifizieren fünf Dimensionen, in denen durch aktives Einwirken eines Netzwerkorchestrators Vertrauen aufgebaut werden kann. Die Dimension Führungsqualitäten beinhaltet das *Vertrauensmanagement* als wesentlichen Faktor, zu dem weiterhin *Kommunikationspläne und -strategien* gehören. Die zweite Dimension Kommunikation umfasst eine *direkte und regelmäßige Kommunikation.* Interaktionspartner sollten sich gegenseitig *aufrichtig zuhören.* Weiterhin ist die *Qualität und Quantität der Kommunikation* sowie der *Interaktion* von Relevanz. Die dritte Dimension thematisiert Handlungen und Gemeinsamkeiten, bei denen *geteilte Ziele* der Netzwerkmitglieder, *Engagement* und das *Einhalten von Versprechen* von Bedeutung sind. Außerdem sollte die Kooperation von den Netzwerkmitgliedern als *Win-win-Situation* empfunden werden. In der vierten Dimension zur Umgebung und Atmosphäre des Netzwerks werden die Faktoren *allgemeine Atmosphäre im Netzwerk,* eine *Balance zwischen formalen und informalen Treffen* sowie die *Offenheit* der Interaktionspartner genannt. Die letzte Dimension umfasst Faktoren, die nur schwer zu steuern sind. Dazu gehören das *Wohlwollen* der Netzwerkmitglieder sowie die *Chemie* untereinander im Netzwerk.[417]

LEVESQUE ET AL. – **Turning contention into collaboration**

LEVESQUE ET AL. untersuchen ein kollaboratives Netzwerk, das zur Lösung eines Problems zum Management natürlicher Ressourcen gegründet wurde und beobachten in diesem, neben Macht und Lernen, vor allem die Entstehung von Vertrauen. Die Autoren führen eine qualitative Interview-Studie und eine quantitative Netzwerkanalyse durch und identifizieren hinsichtlich Vertrauen drei wesentliche Faktoren. Zum einen nennen sie *informale Normen für einen einbeziehenden und respektvollen Austausch* unter den Netzwerkmitgliedern, da das Vertrauen unter diesen wächst, wenn sie sehen, dass ihre Meinung und die anderer ernst genommen werden. Zum anderen ist die Bildung von *Untergruppen mit ähnlichen Interessen* von Bedeutung, damit Netzwerk-

---

416 Vgl. Giest (2019), Trust dynamics in innovation networks, S. 325ff.

417 Vgl. Hakanen und Häkkinen (2015), Management possibilities for interpersonal trust, S. 249ff.

mitglieder in kleinerem Rahmen Bedenken äußern können, bevor sie diese in der Gesamtgruppe zum Ausdruck bringen. Als dritten Punkt zur Förderung von Vertrauen im Netzwerk nennen die Autoren das *Teilnehmermanagement*, das klare Regeln setzt, zu welchem Zeitpunkt welche Teilnehmer, die teils andere Interessen verfolgen können, in das Netzwerk integriert werden.[418]

MSANJILA & AFSARMANESH – On modelling evolution of trust

MSANJILA UND AFSARMANESH betonen die Wichtigkeit, interorganisationale Kooperationen zum Erhalt der Wettbewerbsfähigkeit zu gestalten. Vertrauen identifizieren sie hierbei als Schlüsselgröße in kollaborativen Netzwerken und untersuchen die Entstehung von Vertrauenswürdigkeit von Organisationen. Im Rahmen ihrer Analyse definieren sie neun Dimensionen von Vertrauen, die bei entsprechender Berücksichtigung zu einer Erhöhung der Vertrauenswürdigkeit einer Organisation beitragen. Dazu gehören die *Integrität*, also dass Organisationen sich stets fair verhalten, *Verlässlichkeit* sowie *Offenheit* und *Ehrlichkeit* in Bezug auf das Teilen von Informationen mit anderen Organisationen. Darüber hinaus nennen die Autoren die *Verwundbarkeit* der Organisation, also die Bereitschaft in Vertrauensbeziehungen ein gewisses Risiko einzugehen. Als weitere Faktoren werden die *Popularität* des Unternehmens, der *Grad der gegenseitigen Beeinflussbarkeit* zwischen den kooperierenden Organisationen sowie *Zufriedenheit* und das *Commitment* in Bezug auf die Vertrauensbeziehung im Netzwerk genannt. Neben diesen Dimensionen nennen die Autoren drei interorganisationale „antecedents", die Einfluss auf die Entstehung von Vertrauen nehmen. Dazu gehören *geteilte Werte*, *frühere ergiebige Interaktionen* sowie *gelebte ethische und moralische Verhaltensweisen*.[419]

MSANJILA – The insight of trust engineering

In einer Folgeveröffentlichung untersucht MSANJILA bestehende Literatur zur Entstehung von interorganisationalem Vertrauen und identifiziert hierbei drei wesentliche „antecedents" von Vertrauen, die er bereits in seiner Veröffentlichung aus dem Jahr 2011 nennt: *Geteilte Werte*, frühere ergiebige Interaktionen sowie gelebte *ethische und moralische Verhaltensweisen*.[420]

[418] Vgl. Levesque et al. (2017), Turning contention into collaboration, S. 245ff.

[419] Vgl. Msanjila und Afsarmanesh (2011), On modelling evolution of trust, S. 518ff.

[420] Vgl. Msanjila (2013), The insight of trust engineering, S. 49ff.

WILLEM & LUCIDARME – Pitfalls and challenges for trust

WILLEM und LUCIDARME untersuchen den Einfluss von Vertrauen auf die Effektivität von Netzwerken im institutionellen Kontext. Hierzu führen sie Interviews und Fragebogenstudien in 52 Netzwerken aus dem öffentlichen und gemeinnützigen Sektor durch. Die Autoren zeigen eine Schlüsselrolle von kognitionsbasiertem Vertrauen auf, nach dem das *professionelle Verhalten* und die *Kompetenz* der kooperierenden Organisationen für die Ausbildung von Vertrauen verantwortlich sind, weniger die persönlichen Beziehungen der beteiligten Personen. Weiterhin identifizieren sie acht „antecedents" aus der Literatur, die die Entstehung von Vertrauen begünstigen. Dazu zählen *gegenseitiger und wiederkehrender Austausch* unter den Netzwerkmitgliedern, *soziale Ähnlichkeit* sowie *Normen, Strukturen und Institutionen.*[421] Weiterhin nennen sie *vorangegangene Interaktionen* aus der Vergangenheit und *Erwartungen an ein Fortbestehen* der interorganisationalen Beziehung.[422] Darüber hinaus werden *Kommunikation*, *Kooperation* und *Leistung* der Netzwerkmitglieder als Mechanismen zur Entstehung von Vertrauen beschrieben.[423]

3.4.2 Bewertung bestehender Ansätze zur Entwicklung von Vertrauen

Der wohl bekannteste Ansatz nach MAYER ET AL. aus dem Jahr 1995, zeigt als einer der Ersten verschiedene Wirkmechanismen auf, die der Entstehung von Vertrauen im organisationalen Kontext zugrunde liegen – die „antecedents to trust".[424] Auf diese Arbeit bauen seitdem eine Vielzahl von Autoren auf, die sich mit der Entstehung von Vertrauen in organisationalen Kontexten wissenschaftlich auseinandersetzen. Die Bandbreite der spezifischen Kontexte ist groß und reicht von hierarchischen Vertrauensbeziehungen zwischen Mitarbeiter und Vorgesetztem bis hin zum Vertrauen zwischen Organisationen in Netzwerken. Die vorgestellten Ansätze verdeutlichen die Vielschichtigkeit des Phänomens Vertrauen. Ihnen gemein ist, dass sie bestimmte Faktoren und Ursachen für die Entstehung von Vertrauen verantwortlich machen, die als Vorläufer bzw. „antecedents" je nach Kontext unterschiedlich starken Einfluss nehmen. Über alle vorgestellten Ansätze hinweg, die aus einer strukturierten Literaturanalyse hervorgegangen sind, können ohne Berücksichtigung von Doppelnennungen insgesamt 131 Wirkmechanismen identifiziert werden. Je nach Ansatz wird der Einfluss von

[421] Vgl. Newell und Swan (2000), Trust and inter-organizational networking, S. 1287ff.

[422] Vgl. Poppo et al. (2008), Alternative origins to interorganizational trust, S. 39ff.

[423] Vgl. Willem und Lucidarme (2014), Pitfalls and challenges for trust, S. 733ff.; Seppänen et al. (2007), Measuring inter-organizational trust, S. 249ff.

[424] Vgl. Mayer und Davis (1999), Effect of the performance appraisal system, S. 123ff.

zwei bis zu 22 Wirkmechanismen auf die Vertrauensbildung untersucht. Hierzu werden ähnlich zur Messung des Vertrauenslevels unterschiedliche wissenschaftliche Methoden angewandt. Zu unterscheiden sind Literaturanalysen, quantitative Fragebogenstudien, Interviews mit anschließender Inhaltsanalyse, Fallstudien und Vertrauensspiele.

Nahezu alle Ansätze behandeln die Entstehung von Vertrauen im Kontext von Netzwerken, wobei Netzwerktypen unterschiedlichster Art Untersuchungsgegenstand sind. Betrachtete Netzwerktypen sind intraorganisationale Wissensnetzwerke (ABRAMS ET AL.), vertikale Unternehmensnetzwerke mit hierarchischen Lieferantenbeziehungen (ASHNAI ET AL., CHEIKHROUHOU ET AL.), horizontale Unternehmensnetzwerke (CAMPOS ET AL., HAKANEN und HÄKKINEN, LEVESQUE ET AL., MSANJILA UND AFSARMANESH), Wissenschaftsparks (CAMPOS & POMEDA), Communities of Practice (EVANS & WENSLEY), Innovationsnetzwerke (GIEST) und institutionelle Netzwerke im öffentlichen Sektor (WILLEM & LUCIDARME). Acht der beschriebenen Ansätze behandeln somit Netzwerke, in denen Unternehmen oder Organisationen auf einer nichthierarchischen Ebene kooperieren und bieten somit wertvolle Einsichten für den in dieser Arbeit behandelten Netzwerktyp eines interorganisationalen Unternehmensnetzwerks. Der konkrete Typ eines interorganisationalen Wissensnetzwerks wird jedoch von keinem der Ansätze explizit untersucht. Einzig der Ansatz von ABRAMS ET AL. geht auf den speziellen Typ des Wissensnetzwerks ein, beschränkt sich jedoch in seinen Untersuchungen auf Netzwerke innerhalb eines Unternehmens.

Es wird weiterhin deutlich, dass in den Ansätzen beide Ebenen des interpersonalen und des interorganisationalen Vertrauens untersucht werden. Es scheint als wären beide Ebenen eng miteinander verknüpft und gingen oftmals ineinander über. So macht die Fallstudie von GIEST deutlich, dass interpersonales Vertrauen als Vorstufe von interorganisationalem Vertrauen angesehen werden kann.[425]

Einige Autoren heben explizit die Bedeutung von Vertrauen für den Wissensaustausch hervor. ABRAMS ET AL. untersuchen, wie interpersonales Vertrauen in Wissensnetzwerken innerhalb einer Organisation entsteht. Den Aufbau von Vertrauen über spezifische Faktoren sehen die Autoren als Grundlage für den Austausch und Aufbau von Wissen im Netzwerk.[426] Auch CHEIKROUHOU ET AL. untersuchen den Einfluss von Vertrauen auf den Wissensaustausch in einem Netzwerk. Hierzu führen sie eine Fallstudie eines

[425] Vgl. Giest (2019), Trust dynamics in innovation networks, S. 325ff.
[426] Vgl. Abrams et al. (2003), Interpersonal trust in knowledge-sharing networks, S. 64ff.

vertikalen Unternehmensnetzwerks in der Schweiz durch, in dem sie die hierarchischen Lieferantenbeziehungen beleuchten.[427] EVANS UND WENSLEY hingegen betrachten eine spezielle Form der Wissensgemeinschaft, „Communities of Practice“ und untersuchen die Entstehung von Vertrauen in diesen. Dabei heben sie die besondere Rolle von Vertrauen als Voraussetzung zum Teilen von Wissen hervor.[428] HAKANEN und HÄKKINEN fokussieren auf die frühe Phase des Aufbaus von Unternehmensnetzwerken und untersuchen, wie dort interpersonales Vertrauen entsteht und gemanagt werden kann. Auch sie sehen Vertrauen als Schlüsselgröße für den Wissensaustausch und -aufbau in Unternehmensnetzwerken.[429]

Zusammenfassend kann festgehalten werden, dass die beschriebenen Ansätze wichtige Erkenntnisse über die Entstehung von Vertrauen und die diesem Prozess zugrundeliegenden Wirkmechanismen ermöglichen. Sie bieten wertvolle Anknüpfungspunkte für die Untersuchung des Einflusses dieser Wirkmechanismen auf die Entstehung von Vertrauen im spezifischen Kontext von interorganisationalen Wissensnetzwerken in der Fabrikplanung. Weiterhin können den Ansätzen wichtige Implikationen für die Gestaltung eines Managementmodells für die Orchestration von Vertrauen in Netzwerken entnommen werden. Zudem wird die Bedeutung des Aufbaus von Vertrauen für den Wissensaustausch in Unternehmensnetzwerken von vielen Autoren unterstrichen.

3.5 Handlungsbedarf aus Sicht der Forschung

Infolge eines Mangels an Expertise im Bereich Fabrikplanung in produzierenden Unternehmen bieten interorganisationale Wissensnetzwerke einen vielversprechenden Ansatz, Kompetenzen in diesem Bereich aufzubauen und stetig weiterzuentwickeln, ohne umfassende interne organisatorische Strukturen im Unternehmen schaffen zu müssen. Diverse Synergieeffekte entstehen durch die Zusammenarbeit, die die Wettbewerbsfähigkeit der beteiligten Unternehmen im Netzwerk entscheidend erhöhen.[430]

[427] Vgl. Cheikhrouhou et al. (2013), Trust categories and their impacts, S. 87ff.
[428] Vgl. Evans und Wensley (2009), Influence of network structure on trust, S. 41ff.
[429] Vgl. Hakanen und Häkkinen (2015), Management possibilities for interpersonal trust, S. 249ff.
[430] Vgl. Burggräf et al. (2022), Network-based factory planning, S. 1173ff.; siehe auch Kapitel 2

Vertrauen spielt als Ressentiment eine Schlüsselrolle für einen offenen Wissensaustausch in interorganisationalen Wissensnetzwerken.[431] Ohne etabliertes Vertrauen unter den kooperierenden Netzwerkmitgliedern werden Informationen und Wissen nicht offen geteilt, so dass dies letztlich zum Scheitern der Kooperation führen kann. Aus Sicht der Forschung bedarf es daher einer aktiven Gestaltung von Vertrauen durch eine zentrale koordinierende Instanz – dem Netzwerkorchestrator.[432] Die untersuchten Ansätze zur Netzwerkorchestration erkennen diese Notwendigkeit an und bestätigen, dass geführte Netzwerke erfolgreicher sind. Dabei identifizieren sie Schlüsselfaktoren, die für eine erfolgreiche Kooperation wichtig sind und die in die Netzwerkorchestration eingebunden werden müssen. Auch gehen einige Ansätze explizit auf Ressentiments in Kooperationen ein, ohne diese jedoch tiefgehend in ein Management-Modell zu integrieren.

Ein Wissensnetzwerk kann als komplexes System in einer dynamischen Umwelt aufgefasst werden. Weiterhin haben die Ausführungen im dritten Kapitel dieser Arbeit gezeigt, dass Vertrauen ein vielschichtiges Phänomen ist. Aus Sicht der Forschung bedarf es daher eines tieferen Verständnisses, wie Vertrauen in Wissensnetzwerken der Fabrikplanung entsteht und gemessen werden kann. Zum besseren Verständnis der Funktionsweise von Wissensnetzwerken wurde daher die Theorie des systemorientierten Managements ausgeführt und Wissensnetzwerke als lebensfähige Systeme charakterisiert, die den Lenkungsmechanismen der Steuerung und Regelung folgen. Ausgehend von den Erkenntnissen der Systemtheorie und der Kybernetik bildet der Regelkreis das zentrale Element dieser Lenkungsprinzipien. Die Orchestration eines Wissensnetzwerks kann somit als rückgekoppelter, kybernetischer Regelungsprozess aufgefasst werden. Auf diese Weise kann eine dauerhafte Anpassungsfähigkeit eines Wissensnetzwerks an die komplexe, dynamische Umwelt sichergestellt werden.

Zahlreiche wissenschaftliche Ansätze, die im dritten Kapitel dieser Arbeit vorgestellt wurden, ermöglichen ein theoretisches Verständnis darüber, wie Vertrauen im organisationalen Kontext entsteht und gemessen werden kann. Für die aktive Gestaltung von Vertrauen ist die Transparenz über den Status quo und somit eine regelmäßige Messung des Vertrauenslevels unabdingbar. Obgleich viele qualitative und quantitative Ansätze in der Literatur existieren, auf denen aufgebaut werden kann, betonen

[431] Vgl. Gausdal et al. (2016), High-trust networks, S. 194ff.; Svare et al. (2019), Trust in innovation networks, S. 1ff.

[432] Vgl. Burggräf et al. (2022), Network-based factory planning, S. 1173ff.

insbesondere MCEVILY und TORTORIELLO, dass eine Messmethodik immer auf den spezifischen Kontext angepasst werden muss.[433] Ähnlich verhält es sich mit den untersuchten Ansätzen zur Entstehung von Vertrauen. Hierfür kann eine Vielzahl von Wirkmechanismen von Vertrauen – „antecedents to trust" – in der Literatur identifiziert werden. Diese beschreiben beeinflussende Faktoren, die letztlich die Entstehung von Vertrauen begünstigen. Zwar behandeln viele Ansätze den spezifischen Kontext von Unternehmensnetzwerken, der konkrete Fall interorganisationaler Wissensnetzwerke wird jedoch nicht im Detail betrachtet. In der Kooperation von Unternehmen, insbesondere im erwünschten Austausch von Wissen und des voneinander Lernens, spielt das Ressentiment Vertrauen aber eine noch größere Rolle als in der Betrachtung intraorganisationaler Kooperationen. Es bleibt somit unklar, welche Wirkmechanismen im spezifischen Fall eines interorganisationalen Wissensnetzwerks in der Fabrikplanung von Relevanz sind und welchen Einfluss sie auf die Entstehung von Vertrauen ausüben. Dies gilt es empirisch zu erforschen.

Den bis hierher erfolgten Überlegungen und den analysierten Ansätzen aus der Wissenschaft folgend, kann daher zusammenfassend der folgende Handlungsbedarf aus der Theorie abgeleitet werden:

- Für den spezifischen Fall eines interorganisationalen Wissensnetzwerks in der Fabrikplanung muss empirisch erforscht werden, welche *Wirkmechanismen für die Entwicklung von Vertrauen* eine Rolle spielen
- Darüber hinaus ist eine *Messmethodik* zu entwickeln, die es dem Netzwerkorchestrator ermöglicht, das *Vertrauenslevel im Wissensnetzwerk zu bestimmen*
- Darauf aufbauend muss ein *Management-Modell* entwickelt werden, das dem Netzwerkorchestrator *Strategien zur Orchestration von Vertrauen* in wachsenden interorganisationalen Wissensnetzwerken der Fabrikplanung aufzeigt
- Aufgrund der komplexen Wirkzusammenhänge in der Entstehung von Vertrauen und den komplexen Beziehungen in einem Wissensnetzwerk, ist ein *systemischer Ansatz* für die Lösung erforderlich, der die *Prinzipien der Regelung* inkorporiert

[433] Vgl. McEvily und Tortoriello (2011), Measuring trust in organisational research, S. 36f.

4 Konzeption eines Orchestrationsmodells zur Vertrauensentwicklung in interorganisationalen Wissensnetzwerken der Fabrikplanung

Ziel dieses Kapitels ist der Entwurf eines Orchestrationsmodells zur Vertrauensentwicklung in interorganisationalen Wissensnetzwerken der Fabrikplanung. Dieses baut auf den in Kapitel 2 skizzierten Herausforderungen von Unternehmen unter Einbezug der theoretischen Analysen in Kapitel 3 auf. Die Modellentwicklung verfolgt das Ziel, die Anforderungen aus Theorie und Praxis zu erfüllen, welche in Kapitel 4.1 definiert werden, sowie die handlungsleitende Forschungsfrage zu beantworten. Die Modelltheorie und Managementkybernetik bilden die konzeptionellen Grundlagen des zu entwerfenden Orchestrationsmodells (Kapitel 4.2). In Kapitel 4.3 erfolgt sodann die Konzeption des Orchestrationsmodells.

4.1 Anforderungen an das Orchestrationsmodell

Die systematische Entwicklung eines Orchestrationsmodells zur Entwicklung von Vertrauen in interorganisationalen Wissensnetzwerken der Fabrikplanung setzt die Existenz von inhaltlichen und formalen Anforderungen voraus. Diese sollen den Autor bei der Entwicklung des Modells leiten und dessen Qualität sicherstellen. Im Folgenden gilt es daher, jene Anforderungen zu definieren, denen das Modell zu genügen hat.

4.1.1 Inhaltliche Anforderungen

Die inhaltlichen Anforderungen dienen zum einen der systematischen Entwicklung eines Grobkonzepts und teilen sich neben den Anforderungen aus der Zielsetzung dieser Arbeit (vgl. Kapitel 1.2), in die Anforderungen aus Sicht der Praxis und die Anforderungen aus Sicht der Theorie. Zum anderen werden diese für die in Kapitel 6 durchzuführende Validierung des Orchestrationsmodells herangezogen. Abbildung 4-1 gibt einen Überblick über die inhaltlichen Anforderungen an das Orchestrationsmodell.

Anforderungen aus der Zielsetzung der Arbeit
▪ Erhöhung der Effektivität und Effizienz in Fabrikplanungsprojekten durch den Aufbau von Expertise im Bereich Fabrikplanung in produzierenden Unternehmen ▪ Entwicklung eines Orchestrationsmodells zur Etablierung von Vertrauen in interorganisationalen Wissensnetzwerken der Fabrikplanung

Anforderungen aus Sicht der Praxis
▪ Aufbau von Expertise im Bereich Fabrikplanung durch interorganisationalen Wissensaustausch ▪ Sicherstellung der Lern- und Entwicklungsfähigkeit im Bereich Fabrikplanung ohne intraorganisationale Verankerung / Internalisierung ▪ Berücksichtigung zentraler Ressentiments von Unternehmen gegenüber Netzwerkkooperationen, insbesondere des Aufbaus von Vertrauen als Basis für einen offenen Wissensaustausch ▪ Überwindung des Wachstumsdilemmas zum Aufbau eines vielfältigen, heterogenen Wissensnetzwerks ▪ Handhabbarkeit und klare Handlungsempfehlungen für den Netzwerkorchestrator zur Messung und Etablierung von Vertrauen in interorganisationalen Wissensnetzwerken der Fabrikplanung

Anforderungen aus Sicht der Theorie
▪ Integration der systemischen Managementtheorie ▪ Berücksichtigung und Nutzung bestehender Erkenntnisse zur Entwicklung und Messung von Vertrauen im organisationalen Kontext ▪ Generierung von Verständnis über die Wirkmechanismen zur Entstehung von Vertrauen in interorganisationalen Wissensnetzwerken der Fabrikplanung ▪ Praktisch anwendbare Messbarkeit des Vertrauenslevels in einem interorganisationalen Wissensnetzwerk der Fabrikplanung

Abbildung 4-1: Inhaltliche Anforderungen an das Orchestrationsmodell

Inhaltliche Anforderungen aus der Zielsetzung der Arbeit

Übergreifendes Ziel dieser Arbeit ist die Entwicklung eines Orchestrationsmodells, das einen Netzwerkorchestrator befähigt, Vertrauen in interorganisationalen Wissensnetzwerken der Fabrikplanung aufzubauen und zu etablieren. Das Vertrauen wird als Schlüsselgröße angesehen, damit ein offener Wissensaustausch zwischen Unternehmen ermöglicht wird. Mittelbar soll hierüber Expertise in Unternehmen im Bereich Fabrikplanung aufgebaut werden können und somit die Effektivität und Effizienz in Projekten erhöht werden. Eine Erhöhung der Effektivität bedeutet, gemäß dem Modell des Return on Planning, eine Verbesserung des Planungsergebnisses bei gleichbleibendem Ressourceneinsatz. Dies soll durch den strukturierten Wissensaustausch, beispielsweise über das Teilen von Best Practices oder die gemeinsame Entwicklung von Fabrikstandards, erreicht werden. Eine Erhöhung der Effizienz hingegen bedeutet gemäß ROP die Verringerung des Planungsaufwands bei gleichbleibendem Ergebnis.

Dies soll durch den strukturierten Wissensaustausch, beispielsweise über die gemeinsame Entwicklung von Fabrikbaukästen oder Planungsmethoden, erreicht werden.[434]

Inhaltliche Anforderungen aus Sicht der Praxis

In Kapitel 2 wurde eine detaillierte Analyse des Betrachtungsbereichs der Wissensnetzwerke in der Fabrikplanung vorgenommen. Die Herausforderungen von Unternehmen im Bereich der Fabrikplanung wurden konkretisiert und die Möglichkeiten einer Kooperation in interorganisationalen Wissensnetzwerken als Ersatz für eine organisationale Verankerung der Fabrikplanung wurden aufgezeigt. Viele Unternehmen stehen insbesondere vor der Herausforderung, keine hinreichende Expertise im Bereich Fabrikplanung aufzuweisen und nicht auf Erfahrungen aus vergangenen Projekten zurückgreifen zu können. Mittels interorganisationalem Wissensaustausch in Unternehmensnetzwerken soll diesem Defizit begegnet werden. Unternehmen hegen jedoch bekannte Ressentiments gegenüber Netzwerkkooperationen. Allen voran wurde mangelndes Vertrauen als wichtigstes Ressentiment identifiziert, das einen offenen Wissensaustausch in Unternehmensnetzwerken verhindert.[435] Daher gilt es, mittels Orchestrationsmodell, Vertrauen in Wissensnetzwerken gezielt zu etablieren, die es Unternehmen ermöglichen, Expertise im Bereich der Fabrikplanung aufzubauen. Das Orchestrationsmodell muss praktisch handhabbar gestaltet sein und einem Netzwerkorchestrator, als zentraler koordinierender Instanz, klare Handlungsempfehlungen aussprechen, Vertrauen in einem Wissensnetzwerk zu messen und aufzubauen.

Inhaltliche Anforderungen aus Sicht der Theorie

Die Anforderungen aus Sicht der Theorie leiten sich aus dem Forschungsbedarf aus Kapitel 3.5 ab. Hierzu wurde im dritten Kapitel dieser Arbeit eine detaillierte Analyse des Gestaltungsbereichs vorgenommen, in dem die Grundlagen aus dem systemorientierten Management von Netzwerken und der organisationalen Vertrauensforschung dargelegt wurden. Es wurde gezeigt, dass ein Wissensnetzwerk in der Fabrikplanung als komplexes sozio-technisches System charakterisiert werden kann und dessen Gestaltung und Lenkung daher den Grundsätzen der Systemtheorie und der Managementkybernetik folgen sollte. Darüber hinaus ist die Entstehung und Messung von Vertrauen im organisationalen Kontext ein in der Wissenschaft viel beachtetes Phänomen. Die vielfältigen Erkenntnisse unterschiedlicher Disziplinen sollten in der Modellbildung Berücksichtigung finden. Aus der Perspektive der Netzwerkorchestration

[434] Zum Konzept des Return on Planning und dem Zusammenhang von Effektivität und Effizienz in der Planung siehe ausführlich Kapitel 2.1.2

[435] Vgl. Kapitel 2.3.3

ist die Gestaltung und Lenkung von Wissensnetzwerken in der Fabrikplanung designiertes Ziel. Hierin sind die Wirkmechanismen zur Entstehung von Vertrauen zu erforschen, damit dieses gezielt aufgebaut werden kann. Neben einer praktisch anwendbaren Messmethode für das Vertrauenslevel in einem Wissensnetzwerk sind handhabbare Strategien als Handlungsempfehlungen zur Orchestration von Vertrauen zu definieren. Diese sollten die Grundprinzipien des Managements komplexer Systeme berücksichtigen, um der Komplexität eines Wissensnetzwerks gerecht zu werden.

4.1.2 Formale Anforderungen

Neben den beschriebenen inhaltlichen Anforderungen gilt es zusätzlich, formale Anforderungen zur Sicherstellung einer systematischen Herangehensweise in den Teilmodellen der Lösung zu erfüllen. Modelle stellen grundsätzlich nur ein Abbild der Realität dar und vereinfachen somit die Wirklichkeit, von der sie immer nur einen Ausschnitt darstellen. Dies gilt insbesondere für Wissensnetzwerke, die als sozio-technische Systeme charakterisiert wurden.[436] Dieser Abstraktionsprozess im Zuge der Modellbildung muss sich an einer optimalen Wirksamkeit des Modells orientieren. Um den Aufwand der Modellerstellung gegenüber dessen Nutzen abzuwägen, formuliert PATZAK fünf wesentliche Anforderungen an ein gutes Modell:[437]

- *Empirische Richtigkeit*: Das Modell und sein Verhalten sollten eine möglichst gute Übereinstimmung mit den Beobachtungen des realen Systems aufweisen. Dieser Realitätsbezug wird durch einen möglichst hohen Übereinstimmungsgrad zwischen dem realen System und der Systemstruktur und seinen Elementen erreicht.
- *Formale Richtigkeit*: Das Modell sollte widerspruchsfrei und formal einwandfrei sein. Die Ergebnisse sollten dabei möglichst quantitativ vorliegen und wiederholbare und damit nachprüfbare Ergebnisse liefern.
- *Zweckbezogenheit*: Das Modell sollte inhaltlich und formal brauchbare Antworten auf spezifisch formulierte Fragestellungen liefern.
- *Nutzerfreundlichkeit*: Das Modell sollte leicht anwendbar und die produzierten Ergebnisse leicht interpretierbar sein.
- *Wirksamkeit*: Der Aufwand zur Modellerstellung und dessen Anwendung sollten möglichst gering gehalten werden.

---

[436] Vgl. Kapitel 3.1.2

[437] Vgl. Patzak (1982), Systemtechnik, S. 309f.

Zwischen den ersten drei Anforderungen und den beiden Letztgenannten wird ein inhärenter Zielkonflikt offenbar, so dass jedes Modell einem Kompromiss hinsichtlich des Erfüllungsgrads der einzelnen Anforderungen unterliegt.[438] Die Forderung nach einem möglichst genauen Abbild der Realität führt unweigerlich zu einem höheren Aufwand in der Erstellung und Anwendung des Modells. Dies kann sich wiederum negativ auf die Nutzerfreundlichkeit und Wirksamkeit auswirken. Für das zu entwickelnde Orchestrationsmodell bedeutet dies, dass ein ausgewogenes Maß zwischen Vereinfachung und Genauigkeitsverlust gewählt werden muss. Ob der Komplexität sozio-technischer Systeme erscheint eine zielorientierte Vereinfachung des Modells an dieser Stelle jedoch unabdingbar. Diese ist dann erfüllt, wenn ein Praktiker das Modell ohne tiefergehende Studie der Literatur anwenden kann und dieses ihm als Netzwerkorchestrator konkrete Handlungsanweisungen vorgibt, wie Vertrauen in einem spezifischen interorganisationalen Wissensnetzwerk der Fabrikplanung etabliert werden kann. Darüber hinaus ist das Orchestrationsmodell ausreichend vereinfacht, wenn es dem Praktiker eine handhabbare Messmethodik zur Verfügung stellt, die Transparenz über das Vertrauenslevel im Netzwerk zu schaffen vermag. Auf der anderen Seite erfüllt das Modell die Anforderung einer hinreichenden Genauigkeit, wenn zum einen alle relevanten Wirkmechanismen von Vertrauen im Modell abgebildet werden und zum anderen die Wirksamkeit des angewendeten Modells über einen definierten Zeitraum nachgewiesen werden kann. Dies wiederum hat über die im Orchestrationsmodell integrierte Messmethodik zu erfolgen.

4.2 Grundlagen der Modellkonzeption

Die Modelltheorie beschreibt ein systematisches Vorgehen, um reale Probleme in formale Probleme zu überführen. Die Managementkybernetik bedient sich der Erkenntnisse aus der Steuerung und Regelung komplexer Systeme und überträgt diese auf die Gestaltung und Lenkung sozio-technischer Systeme. Unter Berücksichtigung von Modelltheorie und Managementkybernetik gelingt es, ein formales Abbild des Konstrukts Wissensnetzwerk in der Fabrikplanung zu erstellen und Erkenntnisse über die Gestaltung und Lenkung von Vertrauen in diesem zu gewinnen. Beide Theorien bilden daher die Grundlage für das zu konzipierende Orchestrationsmodell und werden im Kontext der Ziele dieser Arbeit nachfolgend eingeordnet.

[438] Vgl. Patzak (1982), Systemtechnik, S. 310

4.2.1 Modelltheorie

Die Modelltheorie beschäftigt sich mit einem simplifizierten und abstrahierten Abbild eines realen Systems und verfolgt das Ziel, die Komplexität in der Wirklichkeit zu beherrschen und Erkenntnisse über reale Sachzusammenhänge zu gewinnen.[439] Ein Modell kann sowohl ein Abbild von etwas, als auch ein Vorbild für etwas darstellen.[440]

Nach STACHOWIAK weisen Modelle drei wesentliche Merkmale auf:[441]

- Das *Abbildungsmerkmal* beschreibt ein Modell als Abbild oder Repräsentation von einem natürlichen oder künstlichen Original, das auf natürliche Weise entstanden, technisch hergestellt oder auf sonstige Art und Weise zustande gekommen sein kann.
- Das *Verkürzungsmerkmal* beschreibt, dass nicht alle Eigenschaften des zu repräsentierenden Originals erfasst werden, sondern ausschließlich dem Modellerschaffer oder -nutzer relevant erscheinende Mechanismen und Zusammenhänge.
- Das *pragmatische Merkmal* beschreibt, dass sich Modelle nicht zwingend ihren Originalen zuordnen lassen müssen, sondern vielmehr das Abbild für einen bestimmten Nutzer, einen bestimmten Nutzungszeitraum unter einer definierten Zielsetzung erfüllen.

Der Modellerstellungsprozess kann hinsichtlich der erkenntnistheoretischen Perspektiven verschiedener Modelltypen differenziert werden. Die *induktive Perspektive* beschreibt eine Gehaltserweiterung und schafft Hypothesen, d. h. es kommt etwas zum Aussagegehalt dazu, was noch nicht bewiesen ist. Die *deduktive Perspektive* prüft vorhandene Hypothesen und hat somit einen wahrheitskonservierenden Charakter. Die *normative Perspektive* hingegen ist zustandsvorschreibend und beinhaltet induktive und deduktive Anteile.[442]

Darauf aufbauend können je nach Verwendungszweck gemäß PATZAK die Modelltypen Beschreibungs-, Erklärungs-, Prognose- und Entscheidungsmodell unterschieden werden. *Beschreibungsmodelle* bilden die Beschaffenheit eines Systems präzise ab („Was ist?"), analysieren jedoch keine Wirkzusammenhänge des realen Systems und beinhalten somit weder induktive noch deduktive Anteile. *Erklärungsmodelle*, auch

---

[439] Vgl. Haberfellner et al. (1997), Systems Engineering, S. 10; Patzak (1982), Systemtechnik, S. 307f.

[440] Vgl. Stachowiak (1973), Allgemeine Modelltheorie, S. 129

[441] Vgl. Stachowiak (1973), Allgemeine Modelltheorie, S. 131ff.

[442] Vgl. Patzak (1982), Systemtechnik, S. 312f.

explikative Modelle genannt, dienen der Erklärung von Systemstruktur und Systemverhalten und setzen voraus, dass die zentralen Wirkmechanismen im Modell abgebildet sind („Warum ist etwas so?"). Auf Basis von logisch-induktiven Schlüssen werden Hypothesen gebildet und somit Wirkzusammenhänge in Form von Thesen unterstellt. Dies trägt wesentlich zum Verständnis über das reale System bei. *Prognosemodelle* dienen der Vorhersage zukünftiger Systemzustände und des Systemverhaltens und werden auf Basis von Erklärungsmodellen durch deduktive Schritte ermittelt („Wie wird etwas sein?"). *Entscheidungsmodelle*, auch präskriptiv-normative Modelle genannt, unterstützen den Anwender bei der Auswahl verschiedener Handlungsalternativen unter Berücksichtigung eines vorgegebenen Zielsystems („Was soll sein?").[443]

Im Rahmen dieser Arbeit werden Beschreibungs-, Erklärungs- und Entscheidungsmodelle entwickelt. Beschreibungs- und Erklärungsmodelle werden entwickelt, um das System interorganisationales Wissensnetzwerk in der Fabrikplanung abzubilden und um zentrale Erkenntnisse über die Wirkmechanismen und Wirkzusammenhänge zur Entstehung von Vertrauen in diesem zu gewinnen. Hierzu wird eine induktive Perspektive eingenommen, um theoretische Erkenntnisse über die Wirkmechanismen aus der Empirie herzuleiten. Dies erfolgt über Beobachtungen und Analyse eines realen Wissensnetzwerks in der Fabrikplanung. Das zu entwickelnde Orchestrationsmodell verfolgt ein praxisorientiertes Ziel, das den Netzwerkorchestrator bei der Gestaltung und Lenkung eines Wissensnetzwerks unterstützt. Daher wird kein Prognosemodell entwickelt, das Systemzustände oder -verhalten vorherzusagen vermag, sondern ein Entscheidungsmodell, das dem Netzwerkorchestrator Handlungsalternativen zur Etablierung von Vertrauen im Netzwerk aufzeigt. Hierzu werden deduktiv aus den Erklärungsmodellen Strategien zur Orchestration von Vertrauen abgeleitet.

4.2.2 Managementkybernetik

Die Managementkybernetik beschäftigt sich mit der Gestaltung und Lenkung von sozio-technischen Systemen und überträgt dazu Erkenntnisse aus der Steuerung und Regelung komplexer Systeme. Gemäß dem systemisch-evolutionären Paradigma werden Unternehmensnetzwerke – und mithin interorganisationale Wissensnetzwerke als eine Spezialform – als ein komplexes sozio-technisches System charakterisiert. Weiterhin wird dieses als lebensfähiges System aufgefasst, das gemäß Invarianztheorem isomorphe Lenkungsstrukturen aufweist. Für die Orchestration von Vertrauen in in-

[443] Vgl. Patzak (1982), Systemtechnik, S. 313ff.

terorganisationalen Wissensnetzwerken der Fabrikplanung steht somit deren Gestaltung und Lenkung im Vordergrund. Die Managementkybernetik greift für diese orchestrierenden Prozesse auf das Modell eines Regelkreises zurück. [444]

Für die Modellkonzeption ergibt sich daraus, dass diese Lenkungsmechanismen abgebildet werden müssen. Zu unterscheiden sind hierbei die *autonome Regelung*, welche die innere Stabilität eines Systems gewährleistet, und die *willentliche Regelung*, die einen bewusst lenkenden Eingriff in das System darstellt.[445] Die Regelung sorgt dafür, dass das aktuelle Systemverhalten mit dem erwarteten Systemverhalten abgeglichen wird, um es bei Bedarf anpassen zu können. Diese Anpassung erfolgt dann entweder autonom durch das System selbst oder durch den lenkenden Eingriff des Netzwerkorchestrators, der gezielt Vertrauen im Wissensnetzwerk der Fabrikplanung aufbaut und etabliert. Konkret bedeutet dies, dass ein Lenkungsmechanismus entworfen werden muss, der die Zielgröße *Vertrauen* im Netzwerk zu regeln vermag. Hierfür wird das Modell eines Regelkreises angewendet.

Ein einfaches Alltagsbeispiel eines geschlossenen Regelkreises wurde in Kapitel 3.1.2 mit der Temperaturregelung in einem Zimmer vorgestellt und mithin die grundlegenden Begriffe eingeführt. Übertragen auf das Ziel der Orchestration von Vertrauen in interorganisationalen Wissensnetzwerken der Fabrikplanung bedeutet dies, dass zur Gestaltung und Lenkung eines Wissensnetzwerks ein *Regler* entworfen werden muss, der ausgehend von einem aktuellen Vertrauenslevel Regelungsmechanismen definiert, um das Vertrauensziel zu erreichen. Der Regler muss dabei sowohl autonome Regelungsmechanismen beinhalten, die ein internes Gleichgewicht sicherstellen, als auch willentliche Regelungsmechanismen, die bei Bedarf einen lenkenden Eingriff durch den Netzwerkorchestrator ermöglichen. Für den Fall der willentlichen Regelung muss der Regler ein tiefgehendes Verständnis über die Wirkmechanismen von Vertrauen in Wissensnetzwerken der Fabrikplanung besitzen, um effektive Handlungsempfehlungen auszusprechen. Gemäß CONANT-ASHBY Theorem sind die Ergebnisse eines Führungsprozesses jedoch immer nur so gut wie die ihm zugrundeliegenden Modelle. Essenziell für den Regler ist daher ein gutes Abbild der *Regelstrecke* Wissensnetzwerk.[446] Darüber hinaus muss zur Beurteilung des aktuellen Vertrauenslevels im Wissensnetzwerk ein *Messglied* entworfen werden, um dem Regler eine valide Eingangsgröße zu übermitteln. Zuletzt ist die Kenntnis über die *Einflussgrößen* erforderlich, die auf das

[444] Weiterführende Grundlagen zur Managementkybernetik und dem systemorientierten Management von Netzwerken wurden in Kapitel 3.1 ausführlich dargestellt und können dort nachgelesen werden

[445] Vgl. Beer (1973), Kybernetische Führungslehre, S. 137, 182f.; Malik (2003), Strategie des Managements komplexer Systeme, S. 90f.

[446] Vgl. Conant und Ashby (1970), Every good regulator of a system, S. 89ff.

Verhalten der Regelstrecke Wissensnetzwerk einwirken und durch die Mechanismen des Reglers zu kompensieren sind. Abbildung 4-2 fasst das konzeptionelle Grundgerüst des Orchestrationsmodells als kybernetischen Regelkreis zusammen.

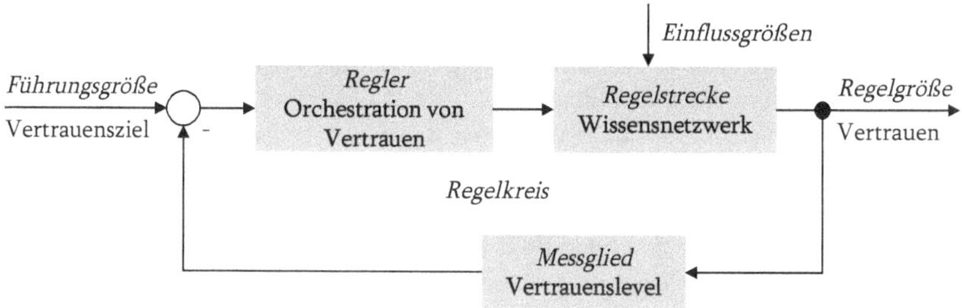

Abbildung 4-2: Konzept des Orchestrationsmodells als kybernetischer Regelkreis

Die Erkenntnisse der Managementkybernetik und des systemorientierten Managements von Netzwerken bilden somit das konzeptionelle Grundgerüst für die Lösung des Praxis- und Theorieproblems. Entscheidend dafür sind die Auffassung der Netzwerkorchestration als Regelungsprozesse in einem geschlossenen Regelkreis sowie des Wissensnetzwerks als komplexes lebensfähiges System. Diese Leitgedanken begleiten den Autor bei der Konzeption des Orchestrationsmodells, die im nachfolgenden Kapitel erfolgt.

4.3 Konzeption des Orchestrationsmodells

Im Fokus dieses Kapitels steht die Konzeptionierung eines Orchestrationsmodells zur Entwicklung von Vertrauen in wachsenden, interorganisationalen Wissensnetzwerken der Fabrikplanung. Der kybernetische Regelungsprozess bildet den konzeptionellen Rahmen für das Orchestrationsmodell und wird in Kapitel 4.3.1 vorgestellt. Gemäß den erläuterten Grundsätzen der Modelltheorie werden verschiedene Teilmodelle gebildet, um notwendige Teilaspekte möglichst gut abbilden zu können und der Forderung nach einer Komplexitätsreduktion gerecht zu werden. Diese werden in Kapitel 4.3.2 vorgestellt.

4.3.1 Die Orchestration von Vertrauen als kybernetischer Regelungsprozess

Ziel des zu entwickelnden Orchestrationsmodells ist es, einen Netzwerkorchestrator zu unterstützen, Vertrauen in einem wachsenden, interorganisationalen Wissensnetzwerk der Fabrikplanung aufzubauen und zu etablieren. Dies ermöglicht es produzierenden Unternehmen, über den offenen Austausch von Wissen und Erfahrungen innerhalb des Wissensnetzwerks Expertise im Bereich Fabrikplanung aufzubauen. Dies kann ein Best-Practice-Austausch von Erfahrungen aus vergangenen Projekten sein, aber auch die gemeinsame Entwicklung von Methoden und Standards umfassen.[447] Auf diese Weise befähigt das Wissensnetzwerk die Unternehmen, Projekte in der Zukunft effektiver und effizienter durchzuführen und somit den Return on Planning[448] zu erhöhen, ohne die Fabrikplanung organisational im eigenen Unternehmen verankern bzw. internalisieren zu müssen.

Das Orchestrationsmodell ist gemäß den Grundsätzen der Managementkybernetik und des systemorientierten Managements von Netzwerken als Regelkreis aufgebaut, der einen geschlossenen Wirkungsablauf darstellt. Die Gründe hierfür wurden in Kapitel 4.2 ausführlich dargelegt. Kernelemente des Regelkreises sind: die *Regelstrecke*, repräsentiert durch das Wissensnetzwerk; das *Messglied* als Instrument zur Messung des Vertrauenslevels; und der *Regler*, welcher dem Netzwerkorchestrator als Instrument dient und die Wirkmechanismen zur Entstehung von Vertrauen sowie Strategien zur Orchestration von Vertrauen darlegt. Weiterhin wirken auf das Wissensnetzwerk bestimmte *Einflussgrößen* von außen oder durch dessen Konstitution ein. Die *Führungsgröße* wird als Vertrauensziel von außen vorgegeben und die *Regelgröße* resultiert aus der Kooperation im Wissensnetzwerk als das vorherrschende Vertrauen unter den Netzwerkmitgliedern. Abbildung 4-3 gibt einen Überblick über das Modell und dessen Elemente.

[447] Vgl. Burggräf et al. (2022), Network-based factory planning, S. 1173ff.; zur Methodik der Entwicklung von Standards in der Fabrikplanung sei an dieser Stelle auf die Arbeit von Voet (2018), Baukastensysteme für die Fabrikplanung verwiesen

[448] Zum Return on Planning siehe auch Burggräf (2012), Wertorientierte Fabrikplanung; weitere Ausführungen sind in Kapitel 2.1.2 zu finden

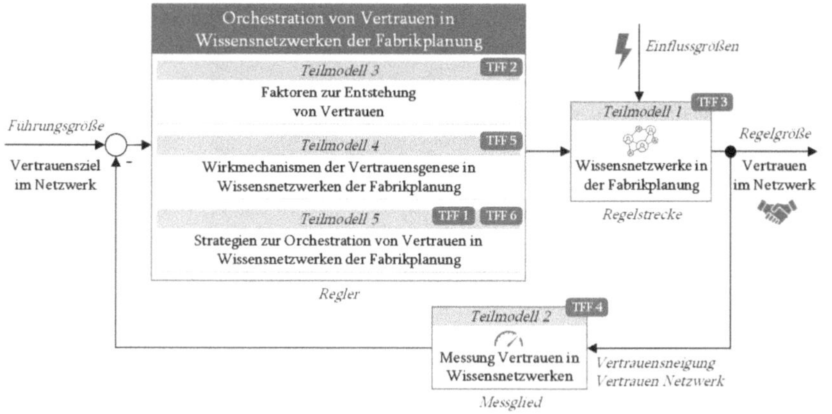

Abbildung 4-3: Orchestrationsmodell zur Vertrauensentwicklung in interorganisationalen Wissensnetzwerken der Fabrikplanung

Der Netzwerkorchestrator ist ein physischer Teil des Wissensnetzwerks und agiert in diesem als Primus inter Pares.[449] Damit ist er für die grundsätzliche Gestaltung und Lenkung des Netzwerks verantwortlich. Im Fokus dieser Arbeit steht seine Verantwortung für den Aufbau und die Etablierung von Vertrauen. Er kann somit im Regelkreis als Teil der Regelstrecke Wissensnetzwerk angesehen werden. Wie bereits weiter oben beschrieben, sind im Orchestrationsmodell autonome und willentliche Regelungsprozesse zu unterscheiden. Während erstere durch das System selbst erfolgen und autonom für die innere Stabilität im Sinne eines gleichbleibenden Vertrauenslevels sorgen, stellen die willentlichen Regelungsprozesse ein bewusstes Handeln dar. Dieser aktive Lenkungseingriff erfolgt durch den Netzwerkorchestrator. Im Kontext der Auffassung des Wissensnetzwerks als lebensfähiges System stellt der Netzwerkorchestrator also die oberste Entscheidungsinstanz dar, die bei Bedarf lenkend in das System eingreift. Im Bild des Regelkreises bedeutet dies, dass er die willentlichen Regelungsprozesse ausführt, um auf das Vertrauen im Wissensnetzwerk einzuwirken. Dazu nutzt er das Messglied, um den Status quo des Vertrauenslevels im Wissensnetzwerk zu messen, greift auf die Wirkmechanismen zur Entstehung von Vertrauen zurück und wendet Strategien zur Orchestration von Vertrauen an, welche Teil des Reglers sind.

[449] Vgl. Burggräf et al. (2022), Network-based factory planning, S. 1173ff.

Zur Operationalisierung der handlungsleitenden Forschungsfrage dieser Arbeit wurden Teilforschungsfragen abgeleitet, die das Vorgehen bei der Lösungsfindung strukturieren. Das Lösungsmodell ist daher in fünf Teilmodelle aufgebaut, die den einzelnen Teilforschungsfragen zugeordnet sind (siehe Abbildung 4-3). Wie bereits in Kapitel 4.2.1 dargelegt, sind diese Modelle ein vereinfachtes Abbild der Realität, mit dem Ziel die Komplexität in der Wirklichkeit analysierbar zu machen und Erkenntnisse über das reale System zu gewinnen, ohne Manipulationen in der Realität durchführen zu müssen.[450] Den Teilmodellen liegen dabei unterschiedliche Erkenntnisperspektiven zugrunde, die im Modellerstellungsprozess zu berücksichtigen sind.[451] Das Orchestrationsmodell setzt sich demzufolge aus den einzelnen Teilmodellen zusammen, die die Kernelemente der Regelstrecke, des Messglieds und des Reglers abbilden. Hierzu werden fünf Teilmodelle entworfen:

- Teilmodell 1: *Beschreibungsmodell*, das die Regelstrecke eines wachsenden, interorganisationalen Wissensnetzwerks in der Fabrikplanung beschreibt
- Teilmodell 2: *Erklärungsmodell*, das die Messung von Vertrauen in interorganisationalen Wissensnetzwerken der Fabrikplanung erklärt und das Messglied im Regelkreis repräsentiert
- Teilmodell 3: *Beschreibungsmodell*, das die Faktoren und Ursachen zur Entstehung von Vertrauen im organisationalen Kontext beschreibt und das erste Teilmodell des Reglers bildet
- Teilmodell 4: *Erklärungsmodell*, das die Wirkmechanismen der Vertrauensgenese in interorganisationalen Wissensnetzwerken der Fabrikplanung erklärt und das zweite Teilmodell des Reglers bildet
- Teilmodell 5: *Entscheidungsmodell*, das Strategien zur Orchestration von Vertrauen in wachsenden, interorganisationalen Wissensnetzwerken der Fabrikplanung vorgibt und das dritte Teilmodell des Reglers bildet

4.3.2 Elemente des Orchestrationsmodells

Nachdem die Konzeption des Ordnungsrahmens für das Orchestrationsmodell als kybernetischer Regelkreis erfolgt ist, werden die für dessen Aufbau relevanten Teilmodelle in diesem Kapitel konzeptioniert und die Kernergebnisse der empirischen Untersuchungen in einem realen Wissensnetzwerk der Fabrikplanung vorgestellt.

[450] Vgl. Patzak (1982), Systemtechnik, S. 307ff.; Stachowiak (1973), Allgemeine Modelltheorie, S. 131ff.
[451] Vgl. Patzak (1982), Systemtechnik, S. 312f.

Teilmodell 1: Wissensnetzwerke in der Fabrikplanung (Regelstrecke)

Nach dem CONANT-ASHBY Theorem kann ein Führungsprozess immer nur so gut sein wie die ihm zugrundeliegenden Modelle. Für den Entwurf eines guten Reglers ist somit ein gutes Abbild der Regelstrecke erforderlich.[452] Daher muss zunächst ein *Beschreibungsmodell* der Regelstrecke eines wachsenden, interorganisationalen Wissensnetzwerks in der Fabrikplanung entwickelt werden, das die Beschaffenheit des komplexen Systems Wissensnetzwerk abbildet. Unter einem Wissensnetzwerk in der Fabrikplanung wird die interorganisationale Kooperation von Unternehmen zum Zwecke des Aufbaus von Expertise im Bereich der Fabrikplanung verstanden. Die Unternehmen werden durch einen oder mehrere Personen vertreten, die in dem Wissensnetzwerk mit Personen anderer Unternehmen interagieren. Diese Personen tauschen Wissen und Erfahrungen aus oder erarbeiten gemeinsam Methoden und Standards. Da sie dabei auf zum Teil sensible Informationen aus ihren Unternehmen zurückgreifen, ist ein hohes Vertrauen unter den Netzwerkmitgliedern erforderlich, damit ein offener Wissensaustausch stattfindet. Insofern werden sowohl interpersonale als auch interorganisationale Aspekte von Vertrauen relevant. Das Wissensnetzwerk wird durch einen Netzwerkorchestrator als Primus inter Pares gestaltet und gelenkt, der im Kontext der Ziele dieser Arbeit vor allem den Aufbau und die Etablierung von Vertrauen orchestriert. Dieser ist somit ein physischer Teil des Wissensnetzwerks. Um die Entstehung von Vertrauen in diesem konkreten Netzwerktypus zu erforschen, erfolgte eine Analyse der Wirkmechanismen im Rahmen einer Fallstudie. Hierzu wurde die Methode des „Case Study Research" nach YIN angewendet und ein bestehendes Wissensnetzwerk in der Fabrikplanung für die Analysen herangezogen.[453] Die gewonnenen Erkenntnisse sind in das Orchestrationsmodell und insbesondere in den Entwurf des Reglers eingeflossen, die weiter unten zusammengetragen sind.

Das Wissensnetzwerk wird als lebensfähiges System (VSM) aufgefasst, um die systemische Komplexität eines Unternehmensnetzwerks abzubilden.[454] Ein Modell lebensfähiger Systeme besteht aus einer operativen Einheit und einer Management Einheit, die zusammen die Lebensfähigkeit des Gesamtsystems sicherstellen.[455] Die Systeme 1 werden repräsentiert durch die Netzwerkmitglieder, die Wissen austauschen, um voneinander zu lernen und bilden als operative Einheit somit den primären Zweck des

[452] Vgl. Conant und Ashby (1970), Every good regulator of a system, S. 89ff.

[453] Vgl. Yin (2018), Case Study Research

[454] Die grundlegenden Eigenschaften des Modells lebensfähiger Systeme nach Beer (1973), Kybernetische Führungslehre wurden in Kapitel 3.1.2 ausführlich dargestellt und können dort nachgelesen werden

[455] Vgl. Beer (1973), Kybernetische Führungslehre, S. 155ff.; Malik (2003), Strategie des Managements komplexer Systeme, S. 80ff.

Wissensnetzwerks. Die Systeme 2 bis 5 bilden die Management-Einheit auf taktisch-koordinierender, operativer, strategischer und normativer Ebene. Diese Funktion wird durch den Netzwerkorchestrator ausgefüllt.[456] Die Netzwerkmitglieder haben jedoch insbesondere bei der Gestaltung des Wissensnetzwerks auf normativer Ebene, beispielsweise bei der Definition geteilter Werte oder dem Leitbild des Netzwerks, Mitspracherecht. Auch auf strategischer und operativer Ebene gestalten sie beispielsweise die lang- und kurzfristigen Ziele des Wissensnetzwerks mit. Der Netzwerkorchestrator füllt also die Funktionen der Systeme 2 bis 5 nicht alleine aus, sondern die Netzwerkmitglieder haben einen gestalterischen Anteil. Damit wird in der Interpretation der Rollen von der klassischen Struktur des VSM abgewichen, was aber auch im Sinne von BEER ist, der die Anwender des Modells dazu ermutigt, eigene Modifikationen vorzunehmen und das VSM so auf den jeweiligen Anwendungszweck anzupassen.[457] Abbildung 4-4 zeigt den Aufbau des Wissensnetzwerks als lebensfähiges System.

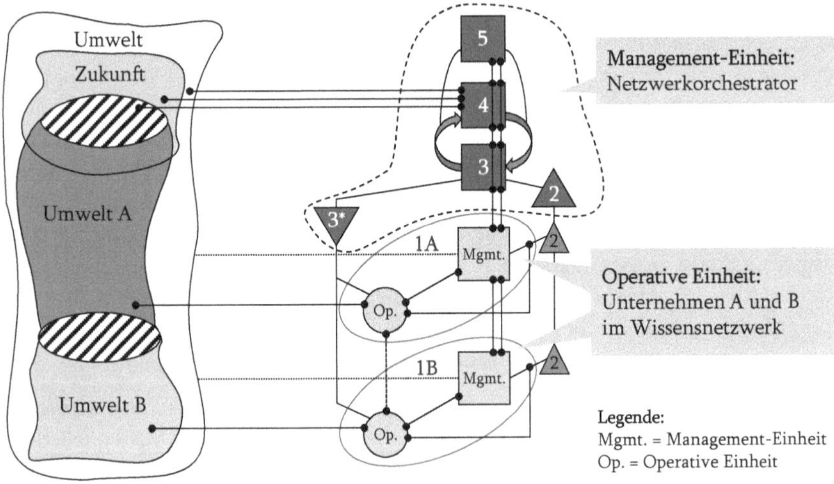

Abbildung 4-4: Interorganisationales Wissensnetzwerk als lebensfähiges System

[456] Im Rahmen dieser Arbeit wird davon ausgegangen, dass der Netzwerkorchestrator durch eine externe Entität gestellt wird und somit operative Einheit und Management-Einheit klar voneinander zu trennen sind. Denkbar wäre grundsätzlich auch, dass diese Rolle eines der kooperierenden Unternehmen einnimmt. In diesem Fall würde dieses Unternehmen Teil des Systems 1 sein und zusätzlich die Systeme 2-5 in der Funktion des Netzwerkorchestrators repräsentieren.

[457] Vgl. Beer (2004), Diagnosing the system, S. 59

Auf das Wissensnetzwerk wirken verschiedene Einflussgrößen ein, die das Vertrauen unter den Netzwerkmitgliedern negativ beeinflussen können. Dazu gehört zum einen das Wachstumsdilemma von Netzwerken, das in Kapitel 2.3.4 erläutert wurde. Durch den Zuwachs neuer Netzwerkmitglieder ist ein sinkendes Vertrauensniveau zu erwarten. Zum anderen hat jeder Mensch eine persönliche Vertrauensneigung als dispositionale Eigenschaft inne, die eine Rolle bei der Interaktion im Netzwerk spielt.[458] Weitere Einflussgrößen auf das Vertrauen sind persönliche Beziehungen unter den Netzwerkmitgliedern und deren Zugehörigkeitsdauer sowie die Konkurrenzsituation der repräsentierten Unternehmen am Markt. Alle Einflussgrößen wirken negativ auf das Vertrauen im Wissensnetzwerk ein und wurden daher bei dem Entwurf des Reglers und der Definition von Strategien zur Orchestration von Vertrauen berücksichtigt. Die Stärke ihres Einflusses auf das Vertrauen wird im Rahmen der Ausdetaillierung des Modells in Kapitel 5 näher spezifiziert.

Aus der Kooperation im Wissensnetzwerk, welche zum einen durch die Einflussgrößen, zum anderen durch den Regler beeinflusst wird, resultiert ein aktueller Status des Vertrauens im Netzwerk. Dieses Vertrauenslevel beschreibt die Regelgröße, welche durch das Messglied im Regelkreis gemessen wird und als Eingangsgröße für den Regler dient.

Teilmodell 2: Messung von Vertrauen in Wissensnetzwerken (Messglied)

Voraussetzung für eine gezielte Regelung von Vertrauen ist die Transparenz über das aktuelle Vertrauenslevel im Wissensnetzwerk. Der Regelkreis benötigt daher ein Messglied, das die Regelgröße Vertrauen als Ausgangsgröße der Regelstrecke im Status quo bestimmt und als Eingangsgröße an den Regler weitergibt. Hierzu wird ein *Erklärungsmodell* aufgebaut, das die verschiedenen Facetten von Vertrauen erfasst, die Besonderheiten von Wissensnetzwerken in der Fabrikplanung berücksichtigt und in einfacher Weise das Vertrauenslevel zu messen vermag.

Das Messglied des Regelkreises ist durch eine Vertrauensskala realisiert. Für die Entwicklung dieser Vertrauensskala wurde auf bekannte und vielfach in der Praxis erprobte Skalen zurückgegriffen, die in Kapitel 3.3 vorgestellt wurden, womit der Forderung von MCEVILY und TORTORIELLO nachgekommen wird, vermehrt auf bestehenden Skalen aufzubauen, statt immer neue zu entwickeln.[459] Die Autoren betonen aber auch, dass eine Vertrauensskala immer an den jeweiligen Kontext angepasst werden

[458] Vgl. Mayer et al. (1995), Integrative Model of Organizational Trust, S. 715, sowie weitergehende Ausführungen zum Thema Vertrauen in Kapitel 3

[459] Vgl. McEvily und Tortoriello (2011), Measuring trust in organisational research, S. 23ff.

muss und die verschiedenen Dimensionen von Vertrauen berücksichtigen muss.[460] Die Vertrauensskala berücksichtigt daher die zwei wesentlichen Komponenten des interaktionistischen Paradigmas, das es ermöglicht, Vertrauen in komplexen Interaktionssituationen zu erklären.[461] Zum einen wird die persönliche Vertrauensneigung gemessen, die jeder Person als inhärente Eigenschaft inne ist. Hierzu wurde auf den Ansatz von FRAZIER ET AL. zurückgegriffen, der einen Großteil der Vertrauensskalen in der Literatur diesbezüglich untersucht und eine praktikabel anwendbare sowie über Studien validierte Skala mit vier Items entwickelt hat.[462] Zum anderen wird das erlebte Vertrauen durch die Netzwerkmitglieder, welches sich über die Kooperation im Wissensnetzwerk der Fabrikplanung ausgebildet hat, gemessen. Dieses beinhaltet sowohl interpersonale Elemente, die sich auf die Personen selbst beziehen, die untereinander Wissen und Erfahrungen austauschen, als auch interorganisationale Komponenten, die sich auf das durch die Netzwerkmitglieder repräsentierte Unternehmen beziehen.

Die entwickelte Vertrauensskala besitzt die Struktur eines Fragebogens und umfasst vier Items zur persönlichen Vertrauensneigung sowie 26 Items, über die das Vertrauen eines Netzwerkmitglieds in andere Netzwerkmitglieder sowie in das gesamte Wissensnetzwerk gemessen wird und worüber das Vertrauenslevel im interorganisationalen Wissensnetzwerk der Fabrikplanung bestimmt werden kann. Die Items der Vertrauensskala greifen auf die Faktoren zur Entstehung von Vertrauen zurück, welche im ersten Teilmodell des Reglers beschrieben sind. Über die Bewertung von Aussagen auf einer fünfstufigen Likert-Skala nehmen die Netzwerkmitglieder eine Selbsteinschätzung ihres Vertrauens vor, welches somit direkt gemessen werden kann. Diese Messmethode objektiviert die Ergebnisse, da die Auswertung keinen Interpretationsspielraum zulässt und alle Netzwerkmitglieder die gleichen Aussagen bewerten. Zudem ist diese Methode wiederholt anwendbar und liefert vergleichbare Ergebnisse, was durch die Einbettung in einen Regelkreis besonders wichtig ist, da in diesem repetitiv gemessen wird. Der vollständige Fragebogen ist in Tabelle 5-1 in Kapitel 5.2.1 zu finden.

Eine interessante und zunächst kontra-intuitive Erkenntnis im betrachteten interorganisationalen Wissensnetzwerk der Fabrikplanung im Rahmen der Fallstudie resultiert aus einem Vergleich der Werte zwischen der persönlichen Vertrauensneigung und dem Vertrauen in das Netzwerk. Offenbar kann bei einer sehr ausgeprägt vertrauensvollen Kooperation das Vertrauen im Netzwerk die inhärente Vertrauensneigung

[460] Vgl. McEvily und Tortoriello (2011), Measuring trust in organisational research, S. 36f.
[461] Vgl. Kapitel 3.2.1
[462] Vgl. Frazier et al. (2013), Propensity to trust scale, S. 76ff.

der einzelnen Personen übersteigen. So liegt nicht nur der Mittelwert des Vertrauenslevels im Netzwerk mit 2,94 auf einer Skala von 0 bis 4 höher als die persönliche Vertrauensneigung mit einem Wert von 2,85, sondern auch die Mehrheit der Netzwerkmitglieder weist ein höheres Vertrauen in das Wissensnetzwerk auf als ihre individuelle Neigung zu Vertrauen (7 von 12 Netzwerkmitglieder). Auch fällt die Streuung des Vertrauenslevels im Netzwerk deutlich geringer aus als die persönliche Vertrauensneigung (siehe Abbildung 4-5). Selbst das Mitglied mit der geringsten Vertrauensneigung (1,5) hat trotz der Tendenz, anderen Personen erst einmal nicht zu vertrauen, mit einem Wert von 3,12 ein sehr hohes Vertrauen in das Netzwerk.[463] Eine naheliegende Erklärung für dieses Ergebnis wäre das lange Fortbestehen des Netzwerks sowie die langjährige Zugehörigkeit der Netzwerkmitglieder, unter denen über die Zeit viele vertrauensvolle Interaktionen stattgefunden haben. Jedoch ist dieser Effekt auch bei Netzwerkmitgliedern mit einer verhältnismäßig kurzen Netzwerkzugehörigkeit zu beobachten, so dass die Zugehörigkeit zum Netzwerk keine hinreichende Erklärung zu sein scheint. Vielmehr liegt eine alternative Erklärung daher in den spezifischen Eigenschaften der Fabrikplanung und ihrer Einordnung im Unternehmen. Wie in Kapitel 2.2 ausgeführt, ist die Fabrikplanung zwar eine notwendige Planungskompetenz, die über die Leistungsfähigkeit der Fabriken und damit auch in Teilen die Wettbewerbsfähigkeit des Unternehmens bestimmt. Sie ist jedoch keine Kernkompetenz, über die sich ein Unternehmen vom Wettbewerb so maßgeblich differenziert, dass ein unternehmensübergreifender Austausch zu Themen in diesem Bereich als hochkritisch angesehen würde. Somit ist die Grundvoraussetzung für einen offenen Austausch, auch sensibler Informationen, gegeben. Im betrachteten Wissensnetzwerk wird der Austausch von sensiblen Inhalten, die tiefe Einblicke in die Erfahrungen anderer Unternehmen ermöglichen, sehr offen praktiziert. Hierdurch wird allen anderen Netzwerkmitgliedern ein großer Vertrauensvorschuss entgegengebracht, der von den anderen wiederum gemäß dem Reziprozitätsprinzip erwidert wird.[464] Durch den hohen Nutzen, den die Netzwerkmitglieder aus diesen Erfahrungen ziehen und dem Erleben eines großen Vertrauensvorschusses, sind sie ebenso bereit ihre Erfahrungen und ihr Wissen offen zu teilen.

[463] Eine ausführliche Auswertung der Vertrauensmessung im Rahmen der Fallstudie ist in Kapitel 5.2.4 zu finden. Das betrachtete Wissensnetzwerk wird in Kapitel 5.1.4 im Detail vorgestellt. An den empirischen Untersuchungen nahmen 12 von 20 Netzwerkmitgliedern teil.

[464] Zum Reziprozitätsprinzip vgl. Gouldner (1984), Die Norm der Reziprozität, S. 79ff.; Vlaar et al. (2007), On the Evolution of Trust, S. 412f.; Vaske (2016), Misstrauen und Vertrauen, S. 28f. sowie die Ausführungen in Kapitel 3.2.2

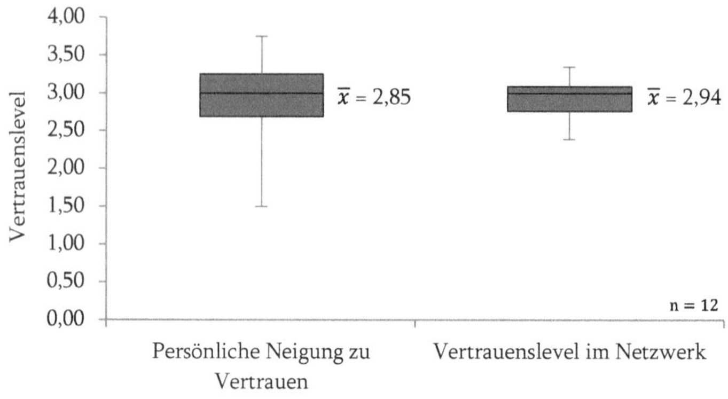

Abbildung 4-5: Ergebnis der Vertrauensmessung im Wissensnetzwerk

Teilmodell 3: Faktoren zur Entstehung von Vertrauen (Regler)

Der Regler bildet das zentrale Element des Orchestrationsmodells. Dieser soll den Netzwerkorchestrator dabei unterstützen, die richtigen Maßnahmen in der Gestaltung und Lenkung des Wissensnetzwerks zu ergreifen, um Vertrauen unter den Netzwerkmitgliedern aufzubauen und zu etablieren (willentliche Regelung). Weiterhin beinhaltet er die autonomen Regelungsprozesse, die für die innere Stabilität im Sinnes eines gleichbleibenden Vertrauenslevels im Wissensnetzwerk sorgen. Der Regler wirkt somit direkt auf die Regelstrecke Wissensnetzwerk ein. Zur Konzeptionierung des Reglers ist dieser in drei Teilmodelle aufgebaut: Ein *Beschreibungsmodell* für die Faktoren zur Entstehung von Vertrauen („Was ist?"), ein *Erklärungsmodell* für die Wirkmechanismen zur Vertrauensgenese spezifisch in interorganisationalen Wissensnetzwerken der Fabrikplanung („Warum ist etwas so?") sowie darauf aufbauend ein *Entscheidungsmodell* mit Strategien zur Orchestration von Vertrauen in diesen („Was soll sein?").

Die Faktoren und Ursachen zur Entstehung von Vertrauen bilden die Grundlage für den Regler und müssen daher im ersten Schritt identifiziert werden. Wie die Ausführungen im dritten Kapitel dieser Arbeit gezeigt haben, ist die Entstehung von Vertrauen ein interdisziplinär erforschtes Phänomen und findet im organisationalen Kontext große Beachtung. Daher wird zum Aufbau des *Beschreibungsmodells* auf bestehende Ansätze aus der Literatur zurückgegriffen. Hierzu wurde eine strukturierte Literaturanalyse nach LEVY und ELLIS sowie BROCKE ET AL. durchgeführt.[465] Die Ergebnisse wurden in Kapitel 3.4 vorgestellt. Für die Konzeptionierung des Reglers wurden

[465] Vgl. Levy und Ellis (2006), Systems approach literature review; Brocke et al. (2009), Reconstructing the giant

diese Ansätze einer inhaltlichen Analyse unterzogen. Genannte Faktoren und Ursachen zur Entstehung von Vertrauen im organisationalen Kontext wurden hinsichtlich Ähnlichkeiten untersucht und zwecks Konsolidierung zu thematischen Clustern aggregiert. Diese Faktoren und Ursachen werden häufig auch „antecedents to trust" genannt und beschreiben somit die *Vorläufer* von Vertrauen. Diese gehen einer Vertrauenshandlung voran, da das Vertrauen per se nicht direkt messbar ist.[466]

Das Beschreibungsmodell als erstes Teilmodell des Reglers enthält 58 Faktoren in zehn thematischen Clustern, die eine positive Wirkung auf das Vertrauen im Wissensnetzwerk haben können (siehe Tabelle 4-1). Das erste Cluster umfasst sechs Faktoren zu den *Fähigkeiten & Kompetenzen* der Netzwerkmitglieder. Diese werden durch die Netzwerkmitglieder bei jedem einzelnen Netzwerkmitglied durch Erfahrungen aus früheren Interaktionen oder auch dessen Reputation bewertet und stärken das Vertrauen in die jeweilige Person. Bewertet wird die fachliche Kompetenz eines Netzwerkmitglieds, aber auch seine eigene sowie die kollektive Leistung im Wissensnetzwerk. Das Cluster *Wohlwollen* umfasst sechs Faktoren, die die Einstellung eines Netzwerkmitglieds zu den anderen sowie den Umgang mit diesen beschreibt. Dazu gehört zum Beispiel die Hilfsbereitschaft und Toleranz, aber auch die Offenheit gegenüber neuen Mitgliedern. Das dritte Cluster beschreibt die *Integrität* eines Netzwerkmitglieds, das sieben Faktoren wie die Loyalität, Ehrlichkeit und Fairness umfasst. Das vierte Cluster beschreibt die *Kommunikation* im Netzwerk mit sechs Faktoren. Dazu gehören sowohl die Häufigkeit und Qualität der Art und Weise wie miteinander kommuniziert wird, aber auch die Tatsache, dass sensible Informationen, die für die anderen Netzwerkmitglieder von besonderem Wert im Sinne des Wissensaufbaus sind, geteilt werden. Das Cluster *Verhalten* umfasst acht Faktoren, die die Interaktion zwischen den Netzwerkmitgliedern beschreibt. Im Cluster *Beziehung* beschreiben fünf Faktoren die Rolle von persönlichen Beziehungen unter den Netzwerkmitgliedern. Das Cluster *Reputation* bezieht sich einerseits auf das Ansehen der Netzwerkmitglieder innerhalb des Netzwerks, andererseits auf die Reputation des Unternehmens, das durch ein Netzwerkmitglied vertreten wird und umfasst zwei Faktoren. Das Cluster *vorherige Interaktion* umfasst vier Faktoren, die die Dauer, Häufigkeit und Qualität der Interaktionsbeziehung zwischen den Mitgliedern im Wissensnetzwerk beschreiben. Das Cluster *Kultur* fasst fünf Faktoren zusammen, die die Normen, Werte und Prinzipien der Teilnehmer darlegen. Das letzte Cluster umfasst neun Faktoren zum *Management* des Netzwerks. Diese betreffen einerseits die Gestaltung der Struktur des

[466] Vgl. Mayer et al. (1995), Integrative Model of Organizational Trust, S. 715

Netzwerks, wie die geteilten Ziele oder die Arbeitsatmosphäre, andererseits beschreiben sie aktive Lenkungsprozesse durch den Netzwerkorchestrator, wie das Teilnehmermanagement oder interpersonales Vertrauensmanagement.

Cluster	ID	Faktor zur Entstehung von Vertrauen („antecedent")
Fähigkeiten & Kompetenzen	01	Fachliche Kompetenz der Netzwerkmitglieder
	02	Geteilte (technische) Fähigkeiten der Netzwerkmitglieder
	03	Kollektive Leistung im Wissensnetzwerk
	04	Qualität der Arbeit der Netzwerkmitglieder
	05	Pünktlichkeit der Netzwerkmitglieder
	06	Persönliche Leistung der Netzwerkmitglieder
Wohlwollen	11	Hilfsbereitschaft der Netzwerkmitglieder
	12	Relationale Flexibilität der Netzwerkmitglieder
	13	Fürsorge der Netzwerkmitglieder
	14	Offenheit der Netzwerkmitglieder gegenüber neuen Ansätzen, Herangehensweisen und neuen Mitgliedern im Wissensnetzwerk
	15	Toleranz der Netzwerkmitglieder
	16	Freundlichkeit der Netzwerkmitglieder
Integrität	21	Fairness der Netzwerkmitglieder
	22	Kein Opportunismus bei den Netzwerkmitgliedern zu beobachten
	23	Diskretion und Geheimhaltung der Netzwerkmitglieder
	24	Konsistenz der Netzwerkmitglieder
	25	Loyalität der Netzwerkmitglieder
	26	Ehrlichkeit der Netzwerkmitglieder
	27	Zuverlässigkeit der Netzwerkmitglieder
Kommunikation	31	Regelmäßige Kommunikation im Wissensnetzwerk (Quantität)
	32	Reichhaltige Kommunikation im Wissensnetzwerk (Qualität)
	33	Netzwerkmitglieder teilen (relevante / sensible) Informationen
	34	Kommunikationskanäle im Wissensnetzwerk
	35	Interaktionslevel im Wissensnetzwerk
	36	Wechselseitiger Austausch über Bedürfnisse und Erwartungen im Wissensnetzwerk
Verhalten	41	Netzwerkmitglieder sind generell zurechnungsfähig für Vertrauen
	42	Vorhersehbarkeit / Berechenbarkeit der Netzwerkmitglieder
	43	Reaktionsfähigkeit/ -geschwindigkeit der Netzwerkmitglieder
	44	Respektvoller Umgang der Netzwerkmitglieder im Wissensnetzwerk
	45	Verfügbarkeit der Netzwerkmitglieder
	46	Aufnahmebereitschaft der Netzwerkmitglieder
	47	Gegenseitigkeit beim Handeln im Wissensnetzwerk
	48	Netzwerkmitglieder senden Sicherheitssignale aus
Beziehung	51	Persönliche Beziehungen zwischen Netzwerkmitgliedern
	52	Beziehungsbezogene Investitionen der Netzwerkmitglieder
	53	Verbindlichkeit der Beziehungen im Wissensnetzwerk
	54	Netzwerkmitglieder kennen sich privat und abseits der arbeitsbezogenen Themen
	55	Emotionen der Netzwerkmitglieder
Reputation	61	Interne Reputation der Netzwerkmitglieder im Wissensnetzwerk
	62	Externe Reputation der Unternehmen der Netzwerkmitglieder

Vorherige Interaktion	71	Beziehungslänge zwischen Netzwerkmitgliedern
	72	Geteilte Erfahrungen zwischen Netzwerkmitgliedern
	73	Wiederholte Interaktionen zwischen Netzwerkmitgliedern (Quantität)
	74	Zufriedenheit bei vorheriger Interaktion von Netzwerkmitgliedern (Qualität)
Kultur	81	Kulturelle Identität der Netzwerkmitglieder
	82	Allgemeine Normen / Überzeugungen der Netzwerkmitglieder
	83	Spezifische Werte / Prinzipien der Netzwerkmitglieder
	84	Soziale Homophilie / Ähnlichkeit der Netzwerkmitglieder
	85	Popularität / Marke des Unternehmens der Netzwerkmitglieder
Management	91	Teilnehmermanagement im Wissensnetzwerk
	92	Beziehungsmanagement im Wissensnetzwerk
	93	Interpersonales Vertrauensmanagement im Wissensnetzwerk
	94	Rolle Dritter im Wissensnetzwerk
	95	Geteilte Ziele der Netzwerkmitglieder
	96	Umgebung / Arbeitsatmosphäre im Wissensnetzwerk
	97	Gegenseitige Beeinflussbarkeit gegeben im Wissensnetzwerk
	98	Transparenz im Wissensnetzwerk
	99	Vertragliche Bindungen im Wissensnetzwerk

Tabelle 4-1: Faktoren zur Entstehung von Vertrauen

Die grundlegenden Faktoren, die als Vorläufer zur Entstehung von Vertrauen im organisationalen Kontext und damit auch in Wissensnetzwerken eine Rolle spielen, sind nun hinreichend beschrieben und bilden zusammen das erste Teilmodell des Reglers. Sie dienen als Grundlage für das zweite Teilmodell des Reglers, das *Erklärungsmodell* für die Wirkmechanismen zur Vertrauensgenese in interorganisationalen Wissensnetzwerken der Fabrikplanung, welches nachfolgend konzipiert wird.

Teilmodell 4: Wirkmechanismen der Vertrauensgenese (Regler)

Während das zuvor vorgestellte Beschreibungsmodell, das erste Teilmodell des Reglers, die Antwort auf die Frage „Was ist?“ gibt und damit die grundsätzlichen Faktoren zur Entstehung von Vertrauen in Netzwerken beschreibt, gilt es im nächsten Schritt die konkreten Wirkzusammenhänge der einzelnen Faktoren abzubilden und somit die Antwort auf die Frage „Warum ist etwas so?“ zu geben. Daher wird nachfolgend ein *Erklärungsmodell* der Wirkmechanismen der Vertrauensgenese in interorganisationalen Wissensnetzwerken der Fabrikplanung entworfen, welches das zweite Teilmodell des Reglers bildet. Dieses schafft die zentralen Erkenntnisse für das Orchestrationsmodell, indem es ein tiefgehendes Verständnis über die Regelungsprozesse von Vertrauen im spezifischen Kontext von interorganisationalen Wissensnetzwerken der Fabrikplanung ermöglicht. Zu unterscheiden sind hierbei, wie weiter oben erörtert, autonome und willentliche Regelungsprozesse.

Zur Konzipierung des Erklärungsmodells wurden auf Basis induktiver Schlüsse Hypothesen gebildet, welche Wirkmechanismen welchen Einfluss auf das Vertrauen in interorganisationalen Wissensnetzwerken der Fabrikplanung haben. Um dieses Verständnis über das reale System zu gewinnen, wurde ein bestehendes Wissensnetzwerk in der Fabrikplanung für Analysen herangezogen. Es wurde ein Mixed-Methods-Design-Ansatz entworfen, der aus einer *Vertrauensskala*, einem *Vertrauensexperiment* („trust game"), einer *Card-Sort-Methode* und einem *Tiefeninterview* besteht.

Das Vertrauensexperiment untersucht den offenen Wissensaustausch unter den Netzwerkmitgliedern in einem realen Versuchsaufbau. Dazu wurden die Teilnehmer aufgefordert, sich in Gruppen von zwei Personen über positive wie negative Erfahrungen aus einem konkreten vergangenen Fabrikplanungsprojekt in ihrem Unternehmen auszutauschen. Der Grad der Sensibilität der Informationen, die die Teilnehmer in diesem Gespräch preisgeben wurde ihnen selbst überlassen, jedoch im Anschluss sowohl von ihnen selbst, als auch von ihrem Interaktionspartner bewertet. Die Paarungen wurden im Vorfeld vom Versuchsleiter bestimmt, um unterschiedliche Aspekte, basierend auf zuvor aufgestellten Hypothesen, zu untersuchen. Dazu gehören die oben beschriebenen Störfaktoren wie die Zugehörigkeitsdauer zum Netzwerk, persönliche Beziehungen unter den Mitgliedern und die Konkurrenzsituation der repräsentierten Unternehmen. Zwecks Datengenerierung wurde das Experiment im Anschluss von den Teilnehmern über einen Fragebogen reflektiert. Dieser beinhaltet zusätzlich die oben beschriebene Vertrauensskala, um die persönliche Vertrauensneigung der einzelnen Netzwerkmitglieder sowie das Vertrauenslevel im Netzwerk zu messen.

Nach erfolgter Datenauswertung wurden zu einem späteren Zeitpunkt mit jedem einzelnen Teilnehmer semi-strukturierte Tiefeninterviews durchgeführt, um die Ergebnisse des Experiments zu reflektieren und die Hintergründe der Wirkmechanismen zu erforschen. Dazu haben die Teilnehmer, ohne Einflussnahme des Interviewers, die Relevanz der identifizierten Wirkmechanismen im Rahmen einer Card-Sort-Methode nach SAUNDERS eingeordnet.[467] Dieses Vorgehen diente der Erzeugung quantitativer Daten im Rahmen des Interviews und bietet neben der einfachen Durchführung und klaren Struktur den Vorteil, dass die Teilnehmer zum einen ihre Eindrücke aus dem Vertrauensexperiment vertiefen können und zum anderen durch den Interviewer ein

[467] Vgl. Saunders (2015), Using mixed methods, S. 134ff.

eindeutiges Verständnis sichergestellt werden kann. Im Anschluss wurde das Interview selbst durchgeführt und ergänzt die Card-Sort-Methode um qualitative Daten. In diesem wurde zum einen das durchgeführte Vertrauensexperiment und die Auswertung der individuellen Ergebnisse des Teilnehmers reflektiert. Zum anderen wurden die Wirkmechanismen und deren Einfluss auf die Ausbildung von Vertrauen diskutiert. Zur Durchführung der Interviews wurden Leitfragen zu einem Fragebogen zusammengestellt. Dieser ist in Tabelle 5-5 und Tabelle 5-6 in Kapitel 5.4.2 abgebildet. Anschließend wurden die Ergebnisse aller Tiefeninterviews in der Gesamtschau analysiert und die Erkenntnisse als Erklärungsmodell zusammengefasst. Abbildung 4-6 zeigt die quantitativen Ergebnisse der empirischen Untersuchung zu den Wirkmechanismen von Vertrauen. Diese sind in absteigender Reihenfolge nach ihrer Relevanz zur Entstehung von Vertrauen im betrachteten interorganisationalen Wissensnetzwerk der Fabrikplanung geordnet.[468]

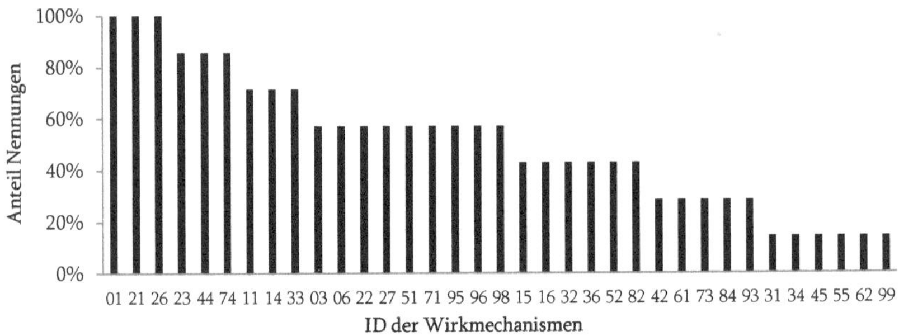

Abbildung 4-6: Relevanz der Wirkmechanismen zur Vertrauensentstehung[469]

Im Ergebnis des Mixed-Methods-Ansatzes steht das zweite Teilmodell des Reglers, das die Wirkzusammenhänge der Entstehung von Vertrauen in Wissensnetzwerken der Fabrikplanung erklärt, den Beeinflussungsgrad der verschiedenen Wirkmechanismen bewertet und selbst in Form eines Regelkreises aufgebaut ist. Abbildung 4-7 zeigt das Wirkmodell zur Entstehung von Vertrauen in interorganisationalen Wissensnetzwerken der Fabrikplanung.

[468] Eine ausführliche Auswertung der Ergebnisse aus der Card-Sort-Methode und den Tiefeninterviews ist in Kapitel 5.4.3 zu finden.

[469] Die Wirkmechanismen zu den IDs sind in Tabelle 4-1 aufgeführt

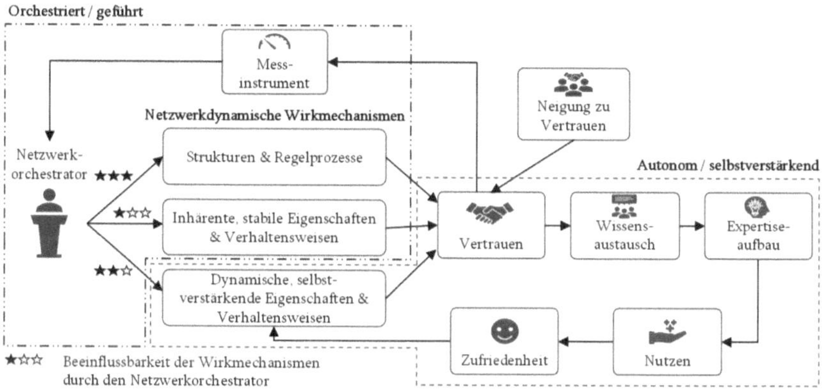

Abbildung 4-7: Wirkmodell zur Entstehung von Vertrauen in interorganisationalen Wissensnetzwerken der Fabrikplanung

Aus dem Wirkmodell gehen die zentralen Erkenntnisse dieser Arbeit hervor. In diesem werden die Wirkzusammenhänge der Wirkmechanismen, die Einfluss auf die Entstehung von Vertrauen in wachsenden, interorganisationalen Wissensnetzwerken der Fabrikplanung nehmen, erklärt. Dieses gewonnene Verständnis ist elementar für den Netzwerkorchestrator, um effektive Strategien zur Orchestration von Vertrauen in wachsenden Wissensnetzwerken formulieren zu können. Die Wirkzusammenhänge werden in einem Regelkreis dargestellt. Im Zentrum des Modells steht die Regelgröße Vertrauen, welche sich positiv auf den offenen Wissensaustausch im Netzwerk auswirkt. Dieser wiederum korreliert positiv mit dem Aufbau von Expertise im Bereich Fabrikplanung bei jedem einzelnen Netzwerkmitglied. Dadurch steigt der Nutzen im Netzwerk, wodurch die Zufriedenheit der Teilnehmer erhöht wird. In Anlehnung an das bekannte Modell von MAYER ET AL.[470] wird das Vertrauen einerseits durch die persönliche Vertrauensneigung beeinflusst, andererseits durch die netzwerkdynamischen Wirkmechanismen. Es wird deutlich, dass die Beeinflussbarkeit der Wirkmechanismen durch den Netzwerkorchestrator unterschiedlich stark ausgeprägt ist. Diese werden daher in drei Kategorien der Beeinflussbarkeit eingeordnet. Die erste Kategorie umfasst Wirkmechanismen zu *Strukturen und Regelprozessen* und liegt im unmittelbaren Gestaltungsspielraum des Netzwerkorchestrators. Davon abzugrenzen sind *inhärente, stabile Eigenschaften und Verhaltensweisen* der Netzwerkmitglieder. Diese zweite Kategorie der Wirkmechanismen ist nur schwer, und wenn nur indirekt durch

[470] Vgl. Kapitel 3.4.1

den Netzwerkorchestrator beeinflussbar. Die ersten beiden Kategorien umfassen Wirkmechanismen, die aktiv durch den Netzwerkorchestrator gestaltet und gelenkt werden sollten und beschreiben somit die willentlichen Regelungsprozesse. Sie werden daher als *orchestrierte netzwerkdynamische Wirkmechanismen* bezeichnet. Die dritte Kategorie umfasst *dynamische, selbstverstärkende Eigenschaften und Verhaltensweisen* der Netzwerkmitglieder, die mittelstark durch den Netzwerkorchestrator beeinflusst werden können. Unabhängig von der Beeinflussbarkeit ist für diese jedoch kennzeichnend, dass sie sich ohne Einwirkung von außen nur über den Ablauf von Zeit im Rahmen der Kooperation selbstverstärken, da sie sich in einem positiven Wirkungsablauf befinden (autonome Regelungsprozesse). Daher werden sie als *autonome netzwerkdynamische Wirkmechanismen* bezeichnet.

Interessant ist eine Analyse der Wirkmechanismen, die im betrachteten spezifischen Wissensnetzwerk der Fabrikplanung besonders zur Entstehung von Vertrauen beitragen. Drei Faktoren stechen hierbei besonders hervor, die eng mit dem Themenfeld Fabrikplanung verknüpft zu sein scheinen. Als erstes ist die *fachliche Kompetenz* zu nennen, die von allen Netzwerkmitgliedern als relevant oder sehr relevant eingestuft wurde. Während dieser Faktor bereits im Modell von MAYER ET AL.[471] zu finden ist, hat er für die Fabrikplanung besondere Relevanz, da die Netzwerkmitglieder sich über die unternehmensübergreifende Kooperation im Netzwerk den Aufbau von Expertise in ihrem Unternehmen erhoffen, die in vielen nicht vorhanden ist. Dies geht sehr eng einher mit dem Faktor des *Teilens relevanter und sensibler Informationen*. Dies trägt in hohem Maße zum Expertiseaufbau durch den Austausch tiefgehender Erfahrungen bei, die so üblicherweise sonst nur unternehmensintern geteilt werden, aber einen hohen Lerneffekt für die anderen Unternehmen besitzen. Wie bereits weiter oben ausgeführt, wird dies im spezifischen Fall der Fabrikplanung möglich, da diese zwar die operative Leistungsfähigkeit maßgeblich bestimmt, aber dennoch nicht als Kernkompetenz im Unternehmen anzusehen ist.[472] Der dritte hervorzuhebende Faktor mit besonderer Relevanz für das betrachtete Wissensnetzwerk ist die *Offenheit gegenüber neuen Ansätzen und neuen Netzwerkmitgliedern*. Für die gemeinsame Entwicklung von Methoden und Planungsstandards für die Fabrikplanung ist eine offene Einstellung der Netzwerkmitglieder wichtig. Darüber hinaus macht der Anspruch der stetigen Weiterentwicklung im Netzwerk ein gewisses Wachstum bzw. Fluktuation sowie das Hinzuziehen externer Experten erforderlich. Hierfür ist die offene Integration neuer Mitglieder besonders wichtig für das Vertrauen und wurde im betrachteten Wis-

[471] Vgl. Mayer et al. (1995), Integrative Model of Organizational Trust, S. 709ff.
[472] Vgl. Kapitel 2.2

sensnetzwerk auch so beobachtet. Demgegenüber besteht eine bemerkenswerte Erkenntnis darin, dass die *kulturelle Identität* für mehr als zwei Drittel der Netzwerkmitglieder keine Rolle in Bezug auf die Entstehung von Vertrauen spielt. Während kulturelle Aspekte oftmals in der Literatur als Grund für das Scheitern von Netzwerken herangezogen werden, scheint eine Diversität und Heterogenität der Mitglieder für ein interorganisationales Wissensnetzwerk der Fabrikplanung eher förderlich zu sein. Gerade in einem Themenfeld wie der Fabrikplanung sind verschiedene Hintergründe und Ansichten wertvoll für ein unternehmensübergreifendes voneinander Lernen.

Das Wirkmodell ermöglicht dem Netzwerkorchestrator ein tiefgehendes Verständnis über die Mechanismen zur Entstehung von Vertrauen. Aufbauend auf diesen Wirkmechanismen können nun passende Strategien formuliert werden, die der Netzwerkorchestrator zur Orchestration von Vertrauen nutzen kann. Diese werden im nachfolgenden Teilmodell beschrieben.

Teilmodell 5: Strategien zur Orchestration von Vertrauen (Regler)

Als drittes Teilmodell des Reglers wird ein *Entscheidungsmodell* aufgebaut, das Strategien zur Orchestration von Vertrauen in wachsenden Wissensnetzwerken der Fabrikplanung vorgibt und einen präskriptiv-normativen Charakter hat. Es beantwortet somit, gemäß Modelltheorie nach PATZAK, die abschließende Frage „Was soll sein?“ und kann durch den Netzwerkorchestrator im Rahmen der Lenkung auf ein reales Wissensnetzwerk angewendet werden.[473] Das Entscheidungsmodell bildet somit die Grundlage, um dem Netzwerkorchestrator Handlungsalternativen zum Aufbau und zur Etablierung von Vertrauen abhängig vom Systemzustand aufzuzeigen. Das Modell knüpft an die im vorangehenden Erklärungsmodell entwickelten Wirkmechanismen an. Darüber hinaus wird die konkrete Beschaffenheit des abgebildeten Systems der Regelstrecke Wissensnetzwerk berücksichtigt. Für die Entwicklung der Strategien wird daher eine Matrix mit zwei Dimensionen aufgespannt. Die erste Dimension unterteilt die zu adressierenden Wirkmechanismen in die drei Grade der Beeinflussbarkeit durch den Netzwerkorchestrator. Hierdurch wird der Umstand berücksichtigt, dass gewisse netzwerkdynamische Wirkmechanismen orchestriert und somit durch den Netzwerkorchestrator unmittelbar beeinflusst werden sollten, andere Wirkmechanismen wiederum einen autonomen, selbstverstärkenden Charakter besitzen, die eher nur durch bestärkende Impulse geregelt werden sollten.[474] Die zweite Dimension berücksichtigt die Charakterisierung des Wissensnetzwerks als lebensfähiges System und unterteilt

[473] Vgl. Patzak (1982), Systemtechnik, S. 313ff.

[474] Die Verknüpfung der Wirkmechanismen und Strategien ist im Anhang in Tabelle A-5 aufgeführt

die zu adressierenden Wirkmechanismen in die vier Ebenen des normativen, strategischen, operativen und taktisch-koordinierenden Managements. Hierdurch wird eine Struktur vorgegeben, auf welchen Managementebenen die zu entwickelnden Strategien ansetzen müssen. Im Ergebnis kann somit eine Matrix mit zwölf Feldern aufgespannt werden, die zu sieben Handlungsfeldern zusammengefasst sind. Die übergreifenden Leitstrategien je Handlungsfeld sind in Abbildung 4-8 dargestellt und werden nachfolgend knapp beschrieben. Die Konkretisierung der jeweiligen Strategien, basierend auf den Wirkmechanismen, erfolgt in Kapitel 5.

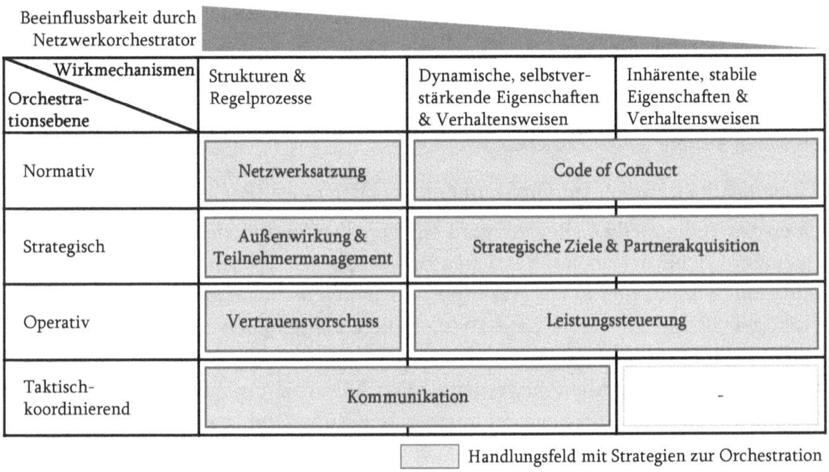

Abbildung 4-8: Handlungsfelder der Strategien zur Orchestration von Vertrauen

Auf normativer Ebene sollte für ein Wissensnetzwerk eine *Netzwerksatzung* sowie ein *Code of Conduct* entwickelt werden. Die Netzwerksatzung stellt die bindende Rechtsnorm des Wissensnetzwerks dar und definiert den Zweck des Netzwerks. Darüber hinaus enthält sie Bestimmungen über den Ein- und Austritt von Mitgliedern sowie Regelungen zur Geheimhaltung. Demgegenüber stellt der Code of Conduct eine freiwillige Selbstverpflichtung der Netzwerkmitglieder dar. In diesem sind das Verhalten im Wissensnetzwerk sowie der erwünschte Umgang miteinander niedergeschrieben. Darüber hinaus sind in diesem insbesondere die moralischen Werte, die die Zusammenarbeit prägen sollen, wie beispielsweise Fairness, Ehrlichkeit und ein respektvoller Umgang, festgehalten. Zeichnet sich der Netzwerkorchestrator für die Entwicklung und Gestaltung dieser beiden Elemente verantwortlich, so sollten die Netzwerkmitglieder doch zumindest an deren Ausgestaltung beteiligt werden. Während neue Netzwerkmitglieder grundsätzlich die Netzwerksatzung und den Code of Conduct mit Eintritt akzeptieren müssen, sollten turnusmäßig, beispielsweise einmal im Jahr beide Elemente mit allen Netzwerkmitgliedern überprüft und bei Bedarf angepasst werden.

Die strategische Ebene bettet das Wissensnetzwerk in die sich dynamisch verändernde Umwelt ein und stellt das Bindeglied zwischen operativer und normativer Ebene dar. Diese Ebene umfasst daher die beiden Handlungsfelder *Außenwirkung & Teilnehmermanagement* sowie *Strategische Ziele & Partnerakquisition*. Im Rahmen des Handlungsfelds Außenwirkung & Teilnehmermanagement sollte der Netzwerkorchestrator dafür sorgen, dass das Wissensnetzwerk als eine erfolgreiche Plattform zum Erfahrungsaustausch und Expertiseaufbau im Bereich der Fabrikplanung wahrgenommen wird, um neue Netzwerkmitglieder für einen Eintritt in das Wissensnetzwerk zu begeistern. Hierdurch kann langfristig eine ausreichende Diversität und Heterogenität der beteiligten Unternehmen sichergestellt werden. Zur Sicherstellung der Attraktivität des Wissensnetzwerks sollten neben neuen Netzwerkmitgliedern auch regelmäßig Experten themengesteuert eingeladen werden, um Impulse sowie spezifisches Fachwissen von außen in das Netzwerk zu holen. Weiterhin sollte durch ein aktives Teilnehmermanagement durch den Netzwerkorchestrator auf potenzielle neue Netzwerkmitglieder zugegangen werden, die durch ihre Kompetenz und Erfahrung, aber auch durch interessante Produkte oder Produktionsprozesse des Unternehmens eine Bereicherung für das Wissensnetzwerk darstellen. Hierbei sollte ein kongruenter Personenkreis sichergestellt werden, in dem Themen und Hintergründe der Netzwerkmitglieder zueinander passen. Das Handlungsfeld Strategische Ziele & Partnerakquisition umfasst einerseits die Definition der konkreten strategischen Ziele des Wissensnetzwerks, die die Themen und Zusammenarbeit über einen längeren Zeitraum prägen und für dessen Entwicklung die Netzwerkmitglieder mit einbezogen werden sollten. Andererseits umfasst dieses Handlungsfeld den Auswahlprozess geeigneter Kooperationspartner für das Wissensnetzwerk. Hierzu ist ein Kriterienkatalog zu definieren, über den der Fit eines neuen Mitgliedunternehmens und der konkreten Person sichergestellt werden kann.

Während die strategische Ebene das Wissensnetzwerk mit der Umwelt synchronisiert, stellt die operative Ebene die innere Stabilität des Netzwerks sicher. Daher finden sich auf dieser Ebene die zwei Handlungsfelder *Vertrauensvorschuss* und *Leistungssteuerung*. Das Einwirken auf die Gewährung eines Vertrauensvorschusses ist besonders wichtig für noch junge Wissensnetzwerke, aber auch für Wissensnetzwerke, die einen regelmäßigen Zuwachs von Netzwerkmitgliedern erfahren oder eine hohe Fluktuation aufweisen. Außerdem gehört ein aktives Vertrauensmanagement dazu, wofür der Netzwerkorchestrator die Messmethodik nutzt, um das aktuelle Vertrauenslevel zu messen sowie gezielt Konflikte innerhalb des Wissensnetzwerks aufzulösen. Im Rahmen der Leistungssteuerung geht es vor allem darum, über die Themenwahl und das Einwirken auf die Netzwerkmitglieder dafür zu sorgen, dass relevante und teils auch sensible Informationen geteilt werden, die den anderen Netzwerkmitgliedern tiefe Einblicke in die Erfahrungen anderer Unternehmen gewähren und dadurch einen besonderen Wert besitzen. Weiterhin ist eine thematische Agenda zu definieren und der Netzwerkorchestrator muss für ausreichend externe Expertise sorgen, die in das Netzwerk eingebracht wird, um gemeinsam Methoden und Standards erarbeiten zu können. Darüber hinaus ist im Rahmen dieses Handlungsfelds die kollektive Leistung im Wissensnetzwerk zu lenken, die sich in dem ausgetauschten Wissen und den entwickelten Methoden und Standards niederschlägt, die es den beteiligten Unternehmen ermöglicht, den Return on Planning in Fabrikplanungsprojekten zu erhöhen.

Die taktisch-koordinierende Ebene wird durch das Handlungsfeld *Kommunikation* definiert. Diese Ebene bildet die Lenkungsprozesse zum Aufbau und Erhalt von Vertrauen in der direkten Interaktion der Netzwerkmitglieder ab. Hierzu ist in erster Linie eine regelmäßige, offene und transparente Kommunikation unter den Netzwerkmitgliedern erforderlich. Aufgabe des Netzwerkorchestrators ist es, für einen geeigneten Kommunikationsrahmen zu sorgen, beispielsweise durch die Gestaltung von regelmäßigen Netzwerktreffen oder der Einrichtung einer digitalen Plattform zum Wissens- und Erfahrungsaustausch. Weiterhin sollte er den Austausch und digitale wie persönliche Treffen moderieren, um einerseits eine zielgerichtete Kommunikation sicherzustellen und andererseits mögliche Konflikte, die sich negativ auf das Vertrauen auswirken können, aufzulösen. Da die persönliche Interaktion sowie die interpersonalen Beziehungen zwischen den Netzwerkmitgliedern eine herausragende Rolle für die Entstehung und Vertiefung von Vertrauen spielen, gilt es auch hier durch den Netzwerkorchestrator gestalterisch und lenkend einzugreifen. Denkbar sind einerseits die Zusammenarbeit in kleineren Teams auf fachlicher Ebene zu ermöglichen, andererseits aber auch den passenden Rahmen für einen persönlichen Austausch der Netzwerkmitglieder abseits der Fachthemen zu gestalten, sei es durch Break-out Sessions im Rahmen von Netzwerktreffen oder gemeinsame Abendveranstaltungen.

Während auf horizontaler Ebene eine Priorisierung der Strategien anhand des Beeinflussungsgrads der verknüpften Wirkmechanismen erfolgen kann, sollte der Netzwerkorchestrator auf der vertikalen Achse die Strategien nach ihrem zeitlichen Horizont in Angriff nehmen. Für die initiale Entwicklung von Vertrauen sind gemäß der Stadien nach LEWICKI und BUNKER vor allem vertrauensvolle, persönliche Interaktionen notwendig.[475] In einem interorganisationalen Wissensnetzwerk der Fabrikplanung erfolgt dies über den Austausch von Wissen und Erfahrungen oder der gemeinsamen Entwicklung von Methoden und Standards im Rahmen von physischen oder digitalen Netzwerktreffen. Insofern sollte die Entstehung von Vertrauen zunächst auf der taktisch-koordinierenden und operativen Ebene gelenkt werden, bevor auf strategischer und normativer Ebene Strategien für eine nachhaltige Etablierung des initialen Vertrauens angewendet werden.

Die Handlungsfelder und Leitstrategien auf den vier Managementebenen wurden beschrieben, die es dem Netzwerkorchestrator ermöglichen, Vertrauen in einem interorganisationalen Wissensnetzwerk der Fabrikplanung zu orchestrieren. Das letzte Teilmodell des Reglers ist somit komplettiert und mithin auch das letzte Teilmodell des Orchestrationsmodells konzipiert. Die einzelnen Teilmodelle werden nun im fünften Kapitel dieser Arbeit weiter detailliert und die wissenschaftliche Vorgehensweise zur Erkenntnisgewinnung näher beschrieben.

[475] Vgl. Lewicki und Bunker (1995), Trust in relationships, S. 156

5 Detaillierung des Orchestrationsmodells

Nachdem im vorherigen Kapitel das Orchestrationsmodell konzipiert wurde, erfolgt in diesem Kapitel dessen Ausdetaillierung. Indem die gewonnenen Erkenntnisse im Detail vorgestellt werden und die wissenschaftliche Vorgehensweise zur Erkenntnisgewinnung dargelegt wird, werden die Nachvollziehbarkeit der Ergebnisse und die Anwendbarkeit des Orchestrationsmodells in der Praxis sichergestellt. Die Detaillierung erfolgt basierend auf der vorgestellten Struktur aus Kapitel 4.3.2. Zunächst wird die Regelstrecke eines Wissensnetzwerks in der Fabrikplanung beschrieben und die übergreifende Fallstudie eines interorganisationalen Wissensnetzwerks in der Fabrikplanung zur Gewinnung empirischer Erkenntnisse vorgestellt (Kapitel 5.1). Die Detaillierung des Messglieds zur Messung von Vertrauen in interorganisationalen Wissensnetzwerken der Fabrikplanung erfolgt in Kapitel 5.2. Anschließend wird der Regler in drei Teilmodellen detailliert hergeleitet. Dazu werden zunächst die Faktoren zur Entstehung von Vertrauen beschrieben (Kapitel 5.3). Im Anschluss werden Wirkmechanismen der Vertrauensgenese im spezifischen Kontext eines interorganisationalen Wissensnetzwerks in der Fabrikplanung empirisch untersucht und ein Wirkmodell entwickelt (Kapitel 5.4). Darauf aufbauend werden dann Strategien abgeleitet, die es einem Netzwerkorchestrator ermöglichen, Vertrauen in wachsenden, interorganisationalen Wissensnetzwerken der Fabrikplanung aufzubauen und zu erhalten (Kapitel 5.5).

5.1 Teilmodell 1: Wissensnetzwerke in der Fabrikplanung

Forschungsgegenstand dieser Arbeit sind interorganisationale Wissensnetzwerke in der Fabrikplanung. Den Herausforderungen der Unternehmen im Bereich der Fabrikplanung entsprechend, wird mit einem solchen Wissensnetzwerk das allgemeine Ziel verfolgt, eine überlegene Expertise in der Fabrikplanung durch den Austausch von Wissen und Erfahrungen sowie der kooperativen Entwicklung von Methoden, Fabrikstandards und Fabrikbaukästen aufzubauen. Konkretes Führungsziel in der Auffassung des Managements komplexer Systeme als Regelungsprozess ist die Orchestration von Vertrauen, das die Grundlage für den offenen Austausch und die Kooperation im

Wissensnetzwerk bildet. Ein Führungsprozess ist gemäß CONANT-ASHBY Theorem jedoch immer nur so gut wie die ihm zugrundeliegenden Modelle. Deshalb bedarf jeder Regler zunächst eines guten Abbilds seiner Regelstrecke.[476] Die Regelstrecke bildet im vorliegenden Orchestrationsmodell das interorganisationale Wissensnetzwerk in der Fabrikplanung, das als lebensfähiges System aufgefasst und modelliert wird. Anknüpfend an die Konzeption der Regelstrecke Wissensnetzwerk im vierten Kapitel wird daher nachfolgend zunächst das Wissensnetzwerk als lebensfähiges System im Detail modelliert. Anschließend wird auf die Rolle des Netzwerkorchestrators im Wissensnetzwerk eingegangen und dargelegt, welche Funktionen dieser im Modell lebensfähiger Systeme übernimmt. Im Anschluss werden externe sowie aus der Konstitution des Wissensnetzwerks resultierende Einflussgrößen auf das System vorgestellt. Abschließend wird die weitere wissenschaftliche Vorgehensweise für die Erkenntnisgewinnung in Kapitel 5 erörtert und die Fallstudie eines interorganisationalen Wissensnetzwerks in der Fabrikplanung vorgestellt.

5.1.1 Regelstrecke interorganisationales Wissensnetzwerk als lebensfähiges System

Das Modell lebensfähiger Systeme wurde als Modellierungsgrundlage für interorganisationale Wissensnetzwerke in der Fabrikplanung gewählt, da diese als komplexes System in einer dynamischen Umwelt charakterisiert wurden.[477] Das Modell lebensfähiger Systeme vermag die systemische Komplexität dieser Spezialform eines Unternehmensnetzwerks durch seine Eigenkomplexität abzubilden. Diese Eigenkomplexität ist notwendig, damit das System auf jede Störung aus der Umwelt situationsgerecht reagieren kann.[478] Das Viable System Model (VSM) beschreibt gemäß den Ausführungen von BEER fünf Systeme:[479] Die Systeme 1 repräsentieren die operative Einheit, während die Systeme 2 bis 5 die Management-Einheit darstellen (siehe Abbildung 5-1). Die Funktionen der einzelnen Systeme, übertragen auf interorganisationale Wissensnetzwerke in der Fabrikplanung, werden nachfolgend beschrieben.

[476] Vgl. Conant und Ashby (1970), Every good regulator of a system, S. 89ff.

[477] Vgl. Kapitel 3.1.2

[478] Vgl. Malik (2003), Strategie des Managements komplexer Systeme, S. 169ff.

[479] Vgl. Beer (1973), Kybernetische Führungslehre, S. 155ff.; Malik (2003), Strategie des Managements komplexer Systeme, S. 80ff.

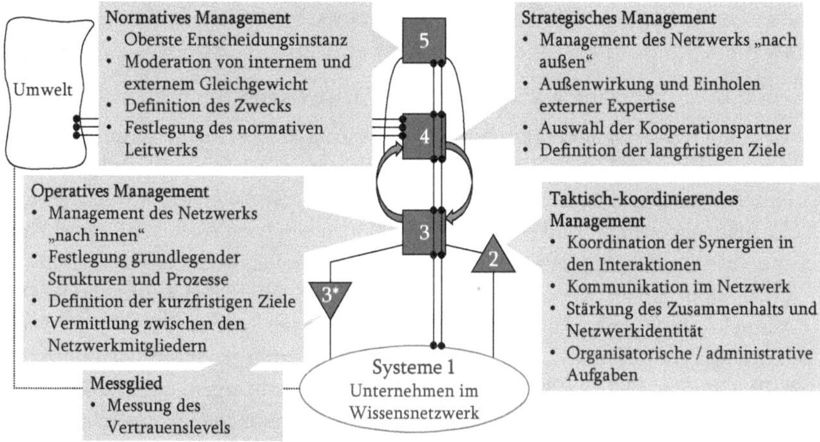

Abbildung 5-1: Interorganisationales Wissensnetzwerk als lebensfähiges System

System 1: Kooperierende Unternehmen im Wissensnetzwerk

Die Systeme 1 stellen die ausführenden Elemente des Gesamtsystems dar und erfüllen dessen primären Zweck. Dieser besteht in dem unternehmensübergreifenden, offenen Austausch von Wissen und Erfahrungen sowie der kooperativen Entwicklung von Methoden, Fabrikstandards und Fabrikbaukästen im Wissensnetzwerk. Daher bilden die Netzwerkmitglieder bzw. die Unternehmen, die durch sie repräsentiert werden, die operative Einheit der Systeme 1. Gemäß Rekursionsprinzip stellt jedes System 1 selbst ein lebensfähiges System dar.[480] Daher besitzt auch jedes Unternehmen im Wissensnetzwerk eine fünfstufige Struktur in Form eines VSM. Weiterhin unterliegt das System 1 dem Prinzip der Selbstorganisation.[481] Im Kontext der Orchestration von Vertrauen in Wissensnetzwerken bedeutet dies, dass die einzelnen Netzwerkmitglieder bis zu einem gewissen Maß autonom agieren und die Entwicklung von Vertrauen im Rahmen der Interaktion der Netzwerkmitglieder in Teilen autonom erfolgt. Hierdurch tritt ein selbstverstärkender Effekt ein, indem durch die Interaktion im Rahmen des Wissens- und Erfahrungsaustauschs das Vertrauen unter den Netzwerkmitgliedern automatisch verstärkt wird. Dies ist im Einklang mit den Beobachtungen aus der Praxis und dem in der Literatur beschriebenen Reziprozitätsprinzip von Vertrauen, wodurch entgegengebrachtes Vertrauen von einer Person mit Vertrauen erwidert wird und sich

[480] Vgl. Malik (2003), Strategie des Managements komplexer Systeme, S. 98ff.
[481] Vgl. Malik (2003), Strategie des Managements komplexer Systeme, S. 103ff.

so über die Zeit erlebtes Vertrauen im Sinne eines Pygmalion-Effektes weiter verstärkt.[482]

System 2: Ebene des taktisch-koordinierenden Managements (Interaktionssicht)

Die Systeme 1, repräsentiert durch die Netzwerkmitglieder, kooperieren weitestgehend autonom und tauschen Wissen und Erfahrungen im Wissensnetzwerk mit anderen Unternehmen aus. Dennoch kann es vorkommen, dass die Ziele der Netzwerkmitglieder nicht abgestimmt sind oder die Interaktionen von Interessenskonflikten behaftet sind. Insbesondere mit Bezug zum Aufbau von Vertrauen bedarf das Verhalten und die Interaktion der Netzwerkmitglieder daher einer zielgerichteten Koordination. Dieser Ausgleich des harmonischen Verhaltens der einzelnen Systeme 1 erfolgt durch das System 2, das die taktisch-koordinierende Managementebene im Wissensnetzwerk darstellt. Oberstes Ziel von System 2 ist es daher dafür zu sorgen, dass die Synergien im Rahmen der Interaktionen der Netzwerkmitglieder bestmöglich ausgeschöpft werden. Hierzu sind im Wesentlichen drei Aufgaben durch System 2 zu erfüllen. Zuvorderst muss die Kommunikation unter den Netzwerkmitgliedern gelenkt werden. Dazu gehört die Koordination physischer Netzwerktreffen oder Workshops, in denen beispielsweise gemeinsame Fabrikbaukästen entwickelt werden, aber auch sämtliche digitale Kommunikation, sei es durch Mailverkehr, digitale Webkonferenzen oder eine digitale Plattform zum Wissensaustausch. Eine gut etablierte Kommunikationsstruktur ist die Basis für einen gut funktionierenden Austausch und daher besonders wichtig. Eine weitere Aufgabe besteht in der Stärkung des Zusammenhalts im Netzwerk und der Identifikation mit diesem. Dies erhöht die Vertrautheit unter den Netzwerkmitgliedern und steigert die Bereitschaft, relevantes Wissen und Erfahrungen zu teilen. Letztlich fallen administrative und organisatorische Tätigkeiten, wie die Organisation und Moderation von Netzwerktreffen, in den Aufgabenbereich von System 2. Hierüber werden die konkreten Interaktionen der Netzwerkmitglieder sozusagen am Ort des Geschehens koordiniert. Auf diese Weise werden die grundsätzlichen Rahmenbedingungen der Zusammenarbeit im Wissensnetzwerk gestaltet.

System 3: Ebene des operativen Managements (Netzwerkinnensicht)

Die Systeme 1 und 2 haben ihren Fokus auf das Innere des Wissensnetzwerks, also auf die Interkationen zwischen den Netzwerkmitgliedern, die voneinander lernen und gemeinsam Expertise in der Fabrikplanung aufbauen. Auch System 3 ist auf die Erhaltung

[482] Vgl. Gouldner (1984), Die Norm der Reziprozität, S. 79ff.; Vlaar et al. (2007), On the Evolution of Trust, S. 412f.; Vaske (2016), Misstrauen und Vertrauen, S. 28f.; zum Pygmalion-Effekt siehe auch Rosenthal und Jacobson (1968), Pygmalion, S. 16ff.

der inneren Stabilität des Netzwerks ausgerichtet. Als Ebene des operativen Managements sorgt es dafür, ein Gesamtoptimum innerhalb des Netzwerks sicherzustellen und ist somit für die Realisierung der Synergien verantwortlich. Dazu schafft das System 3 den organisationalen Rahmen, indem es grundlegende Prozesse und Strukturen festlegt und kurzfristige Ziele definiert. Die kurzfristigen Ziele spiegeln sich insbesondere in den konkreten Themen, Methoden und Standards wider, die im Wissensnetzwerk diskutiert und entwickelt werden sollen. Auf diese Weise wird das Leistungsportfolio des Netzwerks gestaltet und gelenkt. System 3 hat die Möglichkeit direkt in die Interaktion der Systeme 1 einzugreifen, sollte dies aber aufgrund des Autonomiegedankens nur bei unbedingter Notwendigkeit tun. Vielmehr sollte das System 3, ebenso wie System 2, eher vermittelnd bzw. koordinierend eingreifen, um die Erreichung der operativen Ziele sicherzustellen.

System 3*: Informationskanal zur Rückmeldung des Vertrauenslevels

System 3 hat oftmals keine ausreichende Informationsbasis, um die richtigen Entscheidungen zu treffen. Zudem sind die Informationen, die es über die kooperierenden Unternehmen (Systeme 1) erhält, durch das System 2 vorgefiltert. Daher gibt es im VSM das System 3*, das als Informationskanal dient und einen direkten Kommunikationsweg zu System 3 besitzt. Im Rahmen des Orchestrationsmodells zum Aufbau von Vertrauen ist das System 3* durch das Messglied realisiert, welches in Kapitel 5.2 ausführlich vorgestellt wird. Dieses liefert System 3 ungefilterte Informationen über das aktuelle Vertrauenslevel im Wissensnetzwerk, damit dieses entsprechend reagieren kann.

System 4: Ebene des strategischen Managements (Netzwerk in der Umwelt)

Im Gegensatz zu den bisher vorgestellten Systemen nimmt System 4 eine externe Perspektive ein, dessen Aufgabe es ist, das Wissensnetzwerk in seiner Umwelt unter einer langfristig orientierten strategischen Perspektive zu positionieren. Dazu greift es auf Informationen aus System 3 über den Zustand der Kooperation und insbesondere dem Vertrauenslevel unter den Netzwerkmitgliedern zurück. System 4 bildet die Schnittstelle zur Umwelt des Wissensnetzwerks, d. h. einerseits zu Experten, die von außerhalb themengesteuert in das Netzwerk geholt werden, andererseits zu Unternehmen, die als potenziell neues Netzwerkmitglied in Frage kommen. Neben der Außenvermarktung des Wissensnetzwerks, um neue Mitglieder anzuwerben, ist eine weitere Aufgabe von System 4 daher auch die Auswahl der Kooperationspartner. Darüber hinaus werden durch System 4 die langfristig orientierten strategischen Ziele definiert, die die Entwicklungsrichtung des Wissensnetzwerks über einen längeren Zeitraum prägen. Zur Ableitung dieser Ziele führt System 4 regelmäßige Analysen der dynamisch wandelnden Umwelt durch und antizipiert Zukunftstrends.

System 5: Ebene des normativen Managements

System 5 stellt die oberste Entscheidungsinstanz im Netzwerk dar, die den Ausgleich zwischen interner und externer Perspektive verantwortet. Damit greift es insbesondere dann moderierend ein, wenn Konflikte zwischen System 3 (internes Gleichgewicht) und System 4 (externes Gleichgewicht) auftreten. Somit werden kurzfristige und langfristige Ziele des Wissensnetzwerks harmonisiert. Kernaufgabe von System 5 ist darüber hinaus die Festlegung des normativen Leitwerks für das Wissensnetzwerk. In diesem sind die grundlegenden Normen, Werte und Verhaltensregeln definiert, an denen sich die Kooperationspartner im Wissensnetzwerk orientieren und die das Wesen der Zusammenarbeit beschreiben. Weiterhin wird durch System 5 der grundlegende Zweck des Wissensnetzwerks – der nachhaltige Aufbau von Fabrikplanungsexpertise durch unternehmensübergreifenden Wissens- und Erfahrungsaustausch – definiert.

Zusammenfassend sind nun die Funktionen der Systeme 1 bis 5 beschrieben. Während die Systeme 1 klar durch die kooperierenden Unternehmen im Wissensnetzwerk repräsentiert werden, stellt sich die Frage, durch welche Instanz die Aufgaben der Systeme 2 bis 5 erfüllt werden. Grundsätzlich liegen diese gestaltenden und lenkenden Aufgaben beim Netzwerkorchestrator, allerdings nimmt er diese Funktionen nicht immer alleine wahr. Deshalb wird nachfolgend ausführlich auf die Rolle des Netzwerkorchestrators eingegangen.

5.1.2 Die Rolle des Netzwerkorchestrators

Im Rahmen der durchgeführten empirischen Studie wurde die Bedeutung einer koordinierenden Instanz für die erfolgreiche Kooperation in einem Netzwerk herausgestellt.[483] Dies wird in der Literatur von zahlreichen Autoren bestätigt.[484] Die Notwendigkeit eines Netzwerkorchestrators, insbesondere für die Orchestration von Vertrauen in interorganisationalen Wissensnetzwerken der Fabrikplanung, wurde in dieser Arbeit hinreichend begründet. Gemäß der Kybernetik 2. Ordnung ist im Kontext von Wissensnetzwerken als sozio-technische Systeme keine Objektivität durch den Beobachter bzw. Beeinflusser eines Systems gegeben, da dieser mit dem System in Interaktion tritt und somit zusammen mit dem System ein neues übergeordnetes System begründet.[485] In der Auffassung des Autors wird der Netzwerkorchestrator daher als

[483] Vgl. Burggräf et al. (2022), Network-based factory planning, S. 1173ff.; siehe auch Kapitel 2.1.3 und 2.3.3

[484] Vgl. Kapitel 3.1.3

[485] Vgl. Foerster (2003), Cybernetics of Cybernetics, S. 283ff.; Simon (2007), Einführung in Systemtheorie und Konstruktivismus, S. 40ff. sowie die Ausführungen in Kapitel 3.1.2

Teil des interorganisationalen Wissensnetzwerks gesehen, der dieses als Primus inter Pares gestaltet und lenkt. Der Netzwerkorchestrator erfüllt somit grundsätzlich die lenkenden Aufgaben der Management-Einheit (Systeme 2 bis 5) und zeichnet sich dafür verantwortlich.[486] Dem Prinzip der Autonomie folgend, gehen aber nicht alle Orchestrationsprozesse in einem Wissensnetzwerk durch einen lenkenden Eingriff von statten. Vielmehr erfolgen diese in Teilen auch autonom durch eine gewisse Selbstregulation der Systeme 1.[487] Dies trifft insbesondere auf die Entstehung von Vertrauen zu, die einer gewissen Autonomie und Selbstverstärkungstendenz durch die Interaktionen der Netzwerkmitglieder unterliegt, was im vierten Teilmodell noch näher gezeigt wird (vgl. Kapitel 5.4). Insofern erfolgt eine Partizipation der Systeme 1 und damit der kooperierenden Unternehmen bei der Gestaltung und Lenkung des Wissensnetzwerks. Während die Lenkungsprozesse autonom ablaufen, erfolgt die Partizipation bei der Gestaltung des Netzwerks durch aktive Einbindung. Im Rahmen der Aufgaben von System 5 sollten die Netzwerkmitglieder beispielsweise bei der Ausgestaltung des normativen Leitwerks und mithin der Definition von Werten und Verhaltensregeln mit einbezogen werden. Hierdurch kann eine höhere Akzeptanz bei diesen erzielt werden. Auch bei der Definition der langfristigen strategischen Ziele sowie der kurzfristigen operativen Ziele sollte den Netzwerkmitgliedern ein explizites Mitspracherecht eingeräumt werden. Der Netzwerkorchestrator ist somit für den Aufbau und die Etablierung von Vertrauen im Wissensnetzwerk als koordinierende Instanz verantwortlich und lenkt diese Prozesse auch weitgehend aktiv. Jedoch tut er dies unter der Mitwirkung und Einbezug aller Netzwerkmitglieder.

5.1.3 Einflussgrößen auf das Wissensnetzwerk

Auf das Wissensnetzwerk wirken zahlreiche Einflussgrößen ein, die eine negative Auswirkung auf das Vertrauenslevel haben können und daher im Orchestrationsmodell im Rahmen der Regelung des Vertrauens berücksichtigt werden müssen. Im Bild des Regelkreises wirken diese Einflussgrößen auf die Regelstrecke Wissensnetzwerk ein und bestimmen gemeinsam mit den lenkenden Maßnahmen aus dem Regler den Status quo des Vertrauens unter den Netzwerkmitgliedern. Relevante Einflussgrößen für interorganisationale Wissensnetzwerke in der Fabrikplanung werden nachfolgend

---

[486] Im Rahmen dieser Arbeit wird davon ausgegangen, dass der Netzwerkorchestrator durch eine externe Entität gestellt wird und somit operative Einheit und Management-Einheit klar voneinander zu trennen sind. Denkbar wäre grundsätzlich auch, dass diese Rolle eines der kooperierenden Unternehmen einnimmt. In diesem Fall würde dieses Unternehmen Teil des Systems 1 sein und zusätzlich die Systeme 2-5 in der Funktion des Netzwerkorchestrators repräsentieren.

[487] Vgl. Beer (1973), Kybernetische Führungslehre, S. 173ff.; Malik (2003), Strategie des Managements komplexer Systeme, S. 103ff.; Malik (2019), Führen Leisten Leben, S. 29

beschrieben. Anschließend werden aus den Einflussgrößen Hypothesen gebildet, die in einer empirischen Untersuchung überprüft werden (vgl. Kapitel 5.2 und 5.4).

Persönliche Vertrauensneigung

Neben der Vertrauenswürdigkeit des Interaktionspartners, deren Bewertung aus Interaktionen mit dieser Person hervorgehen, hat die persönliche Vertrauensneigung einen Einfluss darauf, ob in einer bestimmten Situation vertraut wird oder nicht. Dies wird als eine inhärente Persönlichkeitseigenschaft angesehen, die situationsunabhängig und zeitlich mehr oder weniger stabil ist.[488] Daher kann grundsätzlich zwischen tendenziell vertrauenden und nicht vertrauenden Personen unterschieden werden.[489] Die persönliche Vertrauensneigung spielt demzufolge in interorganisationalen Wissensnetzwerken der Fabrikplanung eine nicht zu vernachlässigende Rolle, ist aber gleichzeitig ein Einflussfaktor der zwar berücksichtigt, aber nur schwer beeinflusst werden kann. Dennoch muss dieser Einflussfaktor bei der Bewertung des Vertrauenslevels ins Kalkül gezogen werden, da er eine Art Normierungsfunktion darstellt. Bei tendenziell vertrauenden Personen ist demnach auch ein höherer Vertrauenswert im Wissensnetzwerk zu erwarten. Interessant ist an dieser Stelle die Fragestellung, wie sich das Vertrauen durch die Interaktion im Netzwerk im Verhältnis zur Vertrauensneigung entwickelt. Die Kooperation im Netzwerk würde man doch dann als erfolgreich bzw. als von hohem Vertrauen geprägt bezeichnen, wenn das Vertrauenslevel im Wissensnetzwerk die individuelle Neigung der Netzwerkmitglieder zu vertrauen übersteigt. Daher wird folgende Hypothese formuliert:

Hypothese 1: Das Vertrauen in ein interorganisationales Wissensnetzwerk der Fabrikplanung kann die persönliche Vertrauensneigung übersteigen.

Persönliche Beziehungen unter den Netzwerkmitgliedern

Gemäß Interaktionsparadigma ist Vertrauen eine Entscheidung für eine Kooperation und gründet auf den Ereignissen, die zwischen zwei Personen stattgefunden haben. Insofern basiert das Vertrauen auf den Kenntnissen über den Interaktionspartner, die sich auf gemachten Erfahrungen stützen.[490] In professionellen Geschäftsbeziehungen werden nach LEWICKI und BUNKER drei Entwicklungsstadien von kalkulationsbasiertem über wissensbasiertem hin zu identifikationsbasiertem Vertrauen durchlaufen.[491]

[488] Vgl. Mayer et al. (1995), Integrative Model of Organizational Trust, S. 709ff.; Rotter (1971), Generalized expectancies for interpersonal trust, S. 444

[489] Vgl. Rotter (1980), Interpersonal trust, trustworthiness, and gullibility, S. 1ff.

[490] Vgl. Blank (2011), Vertrauenskultur, S. 8; Deutsch (1958), Trust and suspicion, S. 265ff.; Mayer et al. (1995), Integrative Model of Organizational Trust, S. 709ff.

[491] Vgl. Lewicki und Bunker (1995), Trust in relationships, S. 144ff. sowie die Ausführungen in Kapitel 3.2.2

Einem tiefergehenden Vertrauen liegen dabei vertrauensbildende Handlungen zugrunde, die dazu führen, dass Interaktionspartner die Ziele und Motive des jeweils anderen über die Zeit kennenlernen und so dessen Verhalten besser vorhersagen können. Sowohl die fachlichen Interaktionen in einem interorganisationalen Wissensnetzwerk der Fabrikplanung, als auch der Austausch abseits der Fachthemen ermöglichen ein gegenseitiges Kennenlernen der Netzwerkmitglieder und das Ausbilden von persönlichen Beziehungen. Hierdurch ist ein höheres Vertrauen im Wissensnetzwerk zu erwarten, weshalb folgende Hypothese formuliert wird:

Hypothese 2: Persönliche Beziehungen zwischen den Netzwerkmitgliedern haben einen positiven Einfluss auf das Vertrauen in einem interorganisationalen Wissensnetzwerk der Fabrikplanung.

Zugehörigkeitsdauer zum Netzwerk

Analog zu den zuvor beschriebenen persönlichen Beziehungen ist auch aus der Zugehörigkeitsdauer ein proportionaler Zusammenhang mit dem Vertrauen in einem interorganisationalen Wissensnetzwerk der Fabrikplanung zu erwarten. Einerseits steigen über die Zugehörigkeit zum Wissensnetzwerk die miterlebten Interaktionen und mithin die Möglichkeiten, die Ziele, Motive und Einstellungen der anderen Netzwerkmitglieder kennenzulernen. Darüber hinaus hat ein Netzwerkmitglied über die Zeit aber auch grundsätzlich ein umfassendes Bild über das Wissensnetzwerk erlangt und weiß sowohl um den Nutzen, den es daraus zieht, als auch um den vertrauensvollen Umgang mit Informationen und Wissen, die es preisgibt. Daher wird folgende Hypothese formuliert:

Hypothese 3: Die Dauer der Zugehörigkeit zu einem interorganisationalen Wissensnetzwerk der Fabrikplanung hat einen positiven Einfluss auf das Vertrauen in das Netzwerk.

Konkurrenzsituation der kooperierenden Unternehmen

In einem interorganisationalen Wissensnetzwerk der Fabrikplanung kommen Unternehmen verschiedenster Branchen und Größe zusammen, um unternehmensübergreifend Wissen und Erfahrungen auszutauschen. Hierin liegt der bedeutende Vorteil gegenüber intraorganisationalen Wissensnetzwerken begründet, da man aus der eigenen Unternehmensperspektive ausbricht und Impulse von außen durch tiefe Einblicke in andere Unternehmen einholt. Eine vollkommene Heterogenität ist jedoch nicht immer in einem Wissensnetzwerk erreichbar und mitunter auch gar nicht zielführend, da auch der Austausch innerhalb der gleichen Branche von großem Wert sein kann und die Entwicklung spezifischer Fabrikstandards oder Fabrikbaukästen oftmals nur für eine Branche und mithin ähnlichen Produktionsprozessen sinnvoll ist. Stehen zwei Unternehmen jedoch in unmittelbarer Konkurrenz zueinander, kann dies die Angst vor Know-how Abfluss schüren und zur Folge haben, dass sensible Informationen eher zurückgehalten werden. Dies wiederum führt aber über die Zeit zu einem verminderten Nutzen der Netzwerkmitglieder, da das ausgetauschte Wissen keine ausreichende Tiefgründigkeit besitzt. Daher ist von besonderem Interesse, den Einfluss der Konkurrenzsituation auf das Vertrauen im Wissensnetzwerk zu untersuchen und es wird folgende Hypothese formuliert:

Hypothese 4: Eine Konkurrenzsituation der kooperierenden Unternehmen in einem interorganisationalen Wissensnetzwerk der Fabrikplanung hat einen negativen Einfluss auf das Vertrauen im Netzwerk.

Wachstumsdilemma von Netzwerken

Um eine größtmögliche Diversität und Heterogenität der kooperierenden Unternehmen in einem interorganisationalen Wissensnetzwerk der Fabrikplanung zu ermöglichen und stetig neue Impulse für den Wissens- und Erfahrungsaustausch sicherzustellen, unterliegt das Netzwerk einem natürlichen Wachstumsbedürfnis. Durch den hierüber erzielten Nutzenzuwachs bei den Netzwerkmitgliedern ist zunächst ein positiver Zusammenhang mit dem Vertrauen zu erwarten. Da Vertrauen jedoch nur über die Zeit auf Basis von gemachten Erfahrungen mit einem Interaktionspartner entsteht, ist durch den Eintritt neuer, unbekannter Personen in ein Wissensnetzwerk zunächst ein negativer Zusammenhang mit dem Vertrauen zu erwarten. Hierin liegt das Wachstumsdilemma von Netzwerken begründet, welches in Kapitel 2.3.4 ausführlich erörtert wurde. Die erwarteten Zusammenhänge sind in Abbildung 5-2 abgebildet.

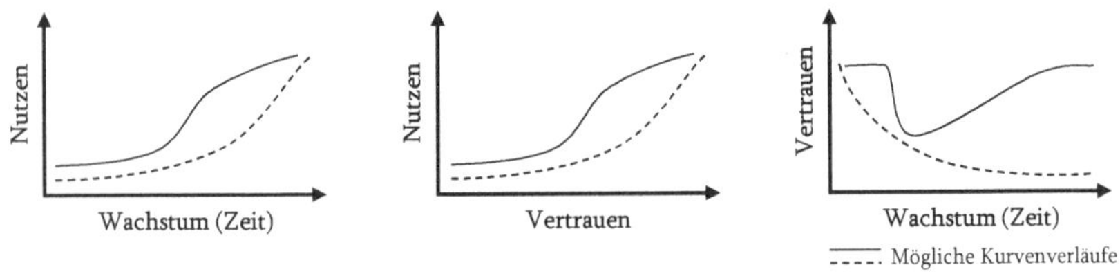

Abbildung 5-2: Zusammenhang von Wachstum & Vertrauen in Wissensnetzwerken

Diesen Zusammenhang gilt es für den spezifischen Fall von interorganisationalen Wissensnetzwerken der Fabrikplanung empirisch zu überprüfen. Unklar bleibt an dieser Stelle, ab welcher Netzwerkgröße und ab welcher Wachstumsgeschwindigkeit negative Effekte auf das Vertrauen bemerkbar werden. Zudem stellt sich die Frage, ob dieser Effekt von Dauer ist oder ob vielmehr durch den Zuwachs zu einem Zeitpunkt ein negativer Vertrauenspeak zu beobachten ist, der sich schnell wieder reguliert und das Vertrauen auf das alte Level kontrolliert zurückschwingt. Für die empirischen Untersuchungen können daher die folgenden Hypothesen formuliert werden:

Hypothese 5: Der Nutzen eines interorganisationalen Wissensnetzwerks der Fabrikplanung steigt mit wachsender Diversität und Heterogenität der kooperierenden Unternehmen

Hypothese 6: Das Vertrauen in einem interorganisationalen Wissensnetzwerk der Fabrikplanung steigt mit wachsendem Nutzen.

Hypothese 7: Das Vertrauen in einem interorganisationalen Wissensnetzwerk der Fabrikplanung sinkt mit dem Wachstum des Netzwerks.

5.1.4 Fallstudie eines interorganisationalen Wissensnetzwerks in der Fabrikplanung

Die zentralen Erkenntnisse des Orchestrationsmodells wurden durch empirische Untersuchungen gewonnen, die in eine übergeordnete Fallstudie eingebettet sind. Nachfolgend werden die Fallstudie selbst sowie die entwickelten und angewandten Forschungsmethoden in einem konzeptionellen Rahmen vorgestellt. Aus den durchgeführten Analysen wurden die einzelnen Teilmodelle entwickelt, die bereits in Kapitel 4 konzeptioniert wurden. Daher erfolgt in den nachfolgenden Kapiteln die Dokumentation dieses Forschungsprozesses, indem jeweils Aufbau und Durchführung der jeweiligen Forschungsmethode beschrieben werden und die Interpretation der Ergebnisse zu einem Teilmodell des Orchestrationsmodells zusammengeführt werden.

Die übergeordnete Fallstudie folgt dem Konzept des „Case Study Research“ nach YIN. Eine Fallstudie ist eine empirische Methode, die einen gegenwärtigen Zusammenhang bzw. ein Phänomen in seiner realen Umgebung untersucht.[492] Inhärent ist dieser Methode, dass die Grenzen zwischen dem betrachteten Phänomen und dem Kontext, in dem es eingebettet ist, oftmals nicht klar zu differenzieren sind. Daraus folgt, dass in der realen Situation mehr Einflussvariablen vorhanden sind als Datenpunkte aufgenommen werden können.[493] Durch das Aufstellen und Untersuchen von Hypothesen

[492] Vgl. Yin (2018), Case Study Research, S. 15
[493] Vgl. Yin (2018), Case Study Research, S. 15

im Realzusammenhang wird versucht dieser Komplexität gerecht zu werden. YIN definiert fünf Komponenten, die bei der Entwicklung einer Fallstudie im Rahmen des Forschungsdesigns zu berücksichtigen sind:[494]

1. *Forschungsfragen der Fallstudie*
2. *Hypothesen der Fallstudie*
3. *Definition der Fallstudie*
4. *Logik zur Verknüpfung der Daten und Hypothesen (Forschungsmethodik)*
5. *Kriterien zur Interpretation der Ergebnisse*

Die Forschungsfragen der Fallstudie entsprechen der handlungsleitenden Forschungsfrage aus Kapitel 1.4 sowie die ihr zugeordneten Unterforschungsfragen vier und fünf, die für die empirischen Untersuchungen von Relevanz sind:

Handlungsleitende Forschungsfrage: *Wie muss ein interorganisationales Wissensnetzwerk in der Fabrikplanung orchestriert werden, damit das Wachstumsdilemma im Sinne eines antizipierten Vertrauensverlusts durch ein wachsendes Netzwerk überwunden werden kann?*

Unterforschungsfrage 4: *Wie kann Vertrauen in interorganisationalen Wissensnetzwerken der Fabrikplanung gemessen werden?*

Unterforschungsfrage 5: *Welche Wirkmechanismen müssen für die Genese von Vertrauen in interorganisationalen Wissensnetzwerken der Fabrikplanung berücksichtigt werden?*

Die Hypothesen der Fallstudie wurden aus den Einflussgrößen, die auf die Regelstrecke Wissensnetzwerk einwirken, abgeleitet (vgl. Kapitel 5.1.3). Die Kriterien, mit denen die Güte der Ergebnisse der Fallstudie interpretiert werden, entsprechen den in Kapitel 4.1 aufgestellten Anforderungen an das Orchestrationsmodell. Die Fallstudie sowie die angewandten Forschungsmethoden zur Erkenntnisgewinnung im Rahmen der Fallstudie werden nachfolgend vorgestellt.

Vorstellung der Fallstudie

Das betrachtete Phänomen der Fallstudie ist die Entstehung von Vertrauen in interorganisationalen Wissensnetzwerken der Fabrikplanung. Für die empirischen Analysen wurde dazu ein reales Wissensnetzwerk im Bereich der Fabrikplanung herangezogen. Das Wissensnetzwerk wurde im Jahr 2011 gegründet und umfasste im Untersuchungszeitraum 20 Netzwerkmitglieder aus elf verschiedenen Unternehmen sowie einem

[494] Vgl. Yin (2018), Case Study Research, S. 27

Netzwerkorchestrator in Form eines Forschungsinstituts der RWTH Aachen. Die Netzwerkmitglieder sind Fach- und Führungskräfte in ihren Unternehmen, vorwiegend aus Planungsabteilungen sowohl aus dem Produktions-, als auch Industriebaubereich. Sie weisen unterschiedlich viel Erfahrung in Fabrikplanungsprojekten auf und haben über die Zeit Expertise in ihren Unternehmen in diesem Bereich aufgebaut. Die vertretenen Unternehmen entstammen unterschiedlichsten Branchen. Dazu gehören Automobil, Automobilzulieferer, Druck, Elektro, Konsumgüter, Maschinen- und Anlagenbau, die pharmazeutische Industrie sowie Planungsdienstleister. Die Herausforderungen und Themenstellungen in den Unternehmen weisen somit eine hohe Diversität auf. Zweck des Wissensnetzwerks ist der offene Wissens- und Erfahrungsaustausch zu Fabrikplanungsthemen, um die Expertise in den Unternehmen in diesem Bereich auf- und auszubauen. Des Weiteren werden im Rahmen des Netzwerks Fabrikplanungsstandards entwickelt und einzelne Methoden für ein effizienteres Planungsvorgehen diskutiert. Für ein effektives unternehmensübergreifendes voneinander Lernen, spielt der offene, vertrauensvolle Austausch von Informationen, der tiefgehende Einblicke in die jeweiligen Unternehmen und ihre Fragestellungen ermöglicht, eine bedeutende Rolle. Als Basis für diesen vom Autor über einen Zeitraum von mehr als zwei Jahren beobachteten und von den Netzwerkmitgliedern mehrfach bestätigten offenen Wissens- und Erfahrungsaustausch, wird ein hohes gegenseitiges Vertrauen im Wissensnetzwerk vermutet. Um diese These eines hohen Vertrauenslevels als Grundlage für einen offenen Wissens- und Erfahrungsaustausch zu bestätigen und die Hintergründe für das vorherrschende hohe Vertrauen wissenschaftlich zu erforschen, wurden im Zeitraum von Februar bis Mai 2020 im Rahmen eines physischen Netzwerktreffens ein Experiment sowie im Anschluss daran anknüpfende Tiefeninterviews durchgeführt. An der empirischen Untersuchung nahmen zwölf Netzwerkmitglieder teil. Das konkrete Forschungsdesign wird nachfolgend näher beschrieben.

Forschungsmethodik

Die Forschungsmethodik zur empirischen Erforschung von Vertrauen in interorganisationalen Wissensnetzwerken der Fabrikplanung umfasst vier Elemente. Diese entstammen jeweils bekannten und vielfach in der Literatur angewandten Forschungsmethoden und bilden gemeinsam einen Mixed-Methods-Ansatz (siehe Abbildung 5-3).

Abbildung 5-3: Mixed-Methods-Ansatz zur empirischen Erforschung von Vertrauen

Das erste Element bildet die Vertrauensskala und hat den Zweck das Vertrauenslevel im Wissensnetzwerk in Form der persönlichen Vertrauensneigung und des Vertrauens unter den Netzwerkmitgliedern zu einem gegenwärtigen Zeitpunkt zu messen. Die Vertrauensskala dient somit der Beantwortung der vierten Unterforschungsfrage aus Kapitel 1.4 nach der Messung von Vertrauen und nimmt weiterhin Bezug auf die Hypothese 1. Sie ist in Form eines Fragebogens realisiert und wird als Messglied des Regelkreises in Teilmodell 2 im Detail vorgestellt (vgl. Kapitel 5.2). Die Vertrauensskala wurde im Rahmen eines physischen Netzwerktreffens angewendet, um das Vertrauenslevel im Wissensnetzwerk initial zu messen.

Das zweite Element bildet ein Vertrauensexperiment, auch „Trust Game" genannt. Dieses hat zum Ziel, den eigentlichen Zweck des Wissensnetzwerks – vertrauensvoller Austausch von Wissen und Erfahrungen – in einen vergleichbaren und messbaren Zusammenhang zu bringen. Dazu wurden die Netzwerkmitglieder im Rahmen eines physischen Netzwerktreffens aufgefordert, in Gruppen von zwei Personen Erfahrungen zu einem kürzlich durchgeführten Projekt im Bereich Fabrikplanung auszutauschen. Im Anschluss wurden sie zur Vertrauenswürdigkeit des Interaktionspartners im Rahmen des Erfahrungsaustauschs befragt. Die Fragen wurden in den Fragebogen der Vertrauensskala integriert. Die konkrete Durchführung wird in Kapitel 5.2 beschrieben. Das Trust Game diente dazu, verschiedene Einflussfaktoren auf das Vertrauen zu messen und nimmt somit Bezug auf die Hypothesen 2 bis 4. Weiterhin wurde das Trust Game genutzt, um die Netzwerkmitglieder für das Thema Vertrauen im Wissensnetzwerk zu sensibilisieren und sie somit auf die Messung mit der Vertrauensskala vorzubereiten.

Das dritte und vierte Element wurden gemeinsam im Rahmen von Interviews via Webkonferenzen durchgeführt, die mit zeitlichem Versatz zum oben beschriebenen physischen Treffen stattfanden. Die Card-Sort-Methode nach SAUNDERS[495] hat zum

[495] Vgl. Saunders (2015), Using mixed methods, S. 134ff.

Ziel, relevante Wirkmechanismen der Vertrauensgenese im Kontext interorganisationaler Wissensnetzwerke in der Fabrikplanung zu identifizieren. Hierzu wird auf die Faktoren zur Entstehung von Vertrauen zurückgegriffen (vgl. Kapitel 5.3), die die Interviewteilnehmer in Relevanzstufen einsortieren. Die konkrete Durchführung der Methode, deren Ergebnisse in das Modell des Reglers einfließen, wird in Teilmodell 4 im Detail vorgestellt (vgl. Kapitel 5.4).

Das vierte Element des Tiefeninterviews schließt sich direkt an die durchgeführte Card-Sort-Methode an und hat den Zweck, Hintergründe der Entstehung von Vertrauen im betrachteten Wissensnetzwerk der Fabrikplanung zu erörtern. Hierfür wurden Leitfragen entwickelt, so dass das Interview eine semi-strukturierte Form hat. Im Rahmen des Interviews wurden die Hypothesen 5 bis 7 getestet. Die Elemente drei und vier des Mixed-Methods-Ansatzes zielen gemeinsam auf die Beantwortung der fünften Unterforschungsfrage aus Kapitel 1.4 nach der Entstehung von Vertrauen ab, die in das Modell des Reglers einfließen. Die konkrete Durchführung der Interviews wird ebenfalls in Kapitel 5.4 beschrieben.

5.2 Teilmodell 2: Messung von Vertrauen in Wissensnetzwerken

Für die Orchestration von Vertrauen in einem interorganisationalen Wissensnetzwerk der Fabrikplanung ist zunächst die Transparenz über das Vertrauenslevel zu einem gegebenen Zeitpunkt erforderlich. Dieses dient als Eingangsgröße für den Regler und ist somit Grundvoraussetzung für den lenkenden Regelungsprozess des Netzwerkorchestrators. In diesem Kapitel wird daher das Messglied als zweites Teilmodell des Orchestrationsmodells im Detail vorgestellt. Dazu wird zunächst das Konzept des Messglieds als Vertrauensskala detailliert. Anschließend erfolgt die Konzeption und Durchführung der Elemente eins und zwei aus dem Mixed-Methods-Ansatz, die die wissenschaftliche Vorgehensweise zur Erkenntnisgewinnung beschreiben. Nach der Vorstellung der Ergebnisse aus dem Trust Game und der Vertrauensmessung werden diese im Gesamtzusammenhang des Orchestrationsmodells diskutiert und die Erkenntnisse für das weitere Vorgehen konstatiert.

5.2.1 Das Messglied: Vertrauensskala für interorganisationale Wissensnetzwerke

Um das Vertrauen zwischen den Netzwerkmitgliedern eines interorganisationalen Wissensnetzwerks in der Fabrikplanung orchestrieren zu können, muss der Netzwerkorchestrator Transparenz über das Vertrauenslevel zu einem gegenwärtigen Zeitpunkt besitzen. Hierbei ist nicht nur das Vertrauenslevel in Form einer Kennzahl interessant, sondern vor allem die Einschätzung der Netzwerkmitglieder von einzelnen Aspekten des Vertrauens, an denen als Stellgrößen angesetzt werden kann. In diesem Kapitel wird daher ein Messglied entwickelt, das im Bild des Regelkreises die Regelgröße Vertrauen im Status quo misst, welche Ergebnis der Kooperation im zuvor beschriebenen Wissensnetzwerk der Fabrikplanung ist (Regelstrecke). Das Messglied des Regelkreises ist als Vertrauensskala realisiert. Bei der Entwicklung der Vertrauensskala galt es, verschiedene Facetten von Vertrauen zu erfassen und die Besonderheiten von interorganisationalen Wissensnetzwerken in der Fabrikplanung zu berücksichtigen. Dementsprechend wurde gemäß MCEVILY und TORTORIELLO eine an den Kontext angepasste Vertrauensskala entwickelt, die größtmöglichen Rückgriff auf bestehende und in der Praxis erprobte Vertrauensskalen gewährleistet.[496]

Die Vertrauensskala ist in zwei Teile geteilt und hat die Form eines Fragebogens. Der erste Teil misst die persönliche Vertrauensneigung einer Person und besteht aus vier Items der bekannten Vertrauensskala von FRAZIER ET AL.[497] Diese inhärente Eigenschaft einer Person muss bei sämtlichen Analysen zum Vertrauen im Netzwerk berücksichtigt werden, da sie Auskunft über die grundsätzliche Bereitschaft einer Person, anderen zu vertrauen gibt und somit eine Art Normierungsfunktion inne hat. Der zweite Teil der Skala misst das erlebte Vertrauen der Netzwerkmitglieder durch die Interaktionen im Wissensnetzwerk und umfasst 26 Items. Hierin enthalten sind zum einen interpersonale Elemente mit Bezug zu den Personen, die interagieren bzw. Wissen und Erfahrungen austauschen. Zum anderen beinhaltet der zweite Teil interorganisationale Elemente, die sich auf die Unternehmen beziehen, die durch die Netzwerkmitglieder repräsentiert werden. Die Skala wird somit dem interaktionistischen Paradigma nach MAYER ET AL. gerecht, das es ermöglicht, Vertrauen in komplexen Interaktionssituationen zu erklären.[498] Für die Auswahl der Items des zweiten Teils wird zum einen auf die identifizierten Faktoren zur Entstehung von Vertrauen zurückgegriffen, welche aus einer Analyse literaturbasierter Ansätze hervorgegangen sind (vgl. Kapitel 5.3). Zum anderen wurde auf bestehenden Vertrauensskalen aus der Literatur aufgebaut, die in Kapitel 3.3.2 vorgestellt wurden. Abbildung 5-4 zeigt das prinzipielle Vorgehen bei der Entwicklung der Vertrauensskala.

[496] Vgl. McEvily und Tortoriello (2011), Measuring trust in organisational research, S. 23ff.

[497] Vgl. Frazier et al. (2013), Propensity to trust scale, S. 76ff.

[498] Vgl. Mayer et al. (1995), Integrative Model of Organizational Trust, S. 709ff.

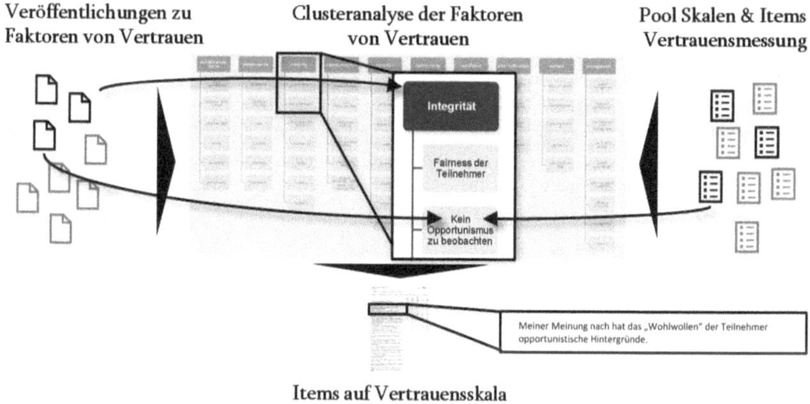

Abbildung 5-4: Vorgehen zur Entwicklung der Vertrauensskala

Die Items auf dem Fragebogen sind als Aussage formuliert. Die Bewertung der Aussage erfolgt auf einer fünfstufigen Likert-Skala von „stimme gar nicht zu" bis „stimme völlig zu". Die Merkmalsausprägungen wurden zwecks Auswertung von 0 bis 4 kodiert. Um die Aufmerksamkeit bei der Einschätzung der Aussagen hoch zu halten, wurden einige Items invertiert, jedoch auf der gleichen Likert-Skala bewertet. Hiermit soll dem Verzerrungseffekt der Akquieszenz entgegengewirkt werden, wonach Studienteilnehmer dazu neigen, Aussagen unabhängig vom Inhalt zuzustimmen.[499] Damit für die Auswertung die günstigste Antwort im Sinne eines hohen Vertrauens im Netzwerk auch bei diesen Items die höchsten Punktwerte bekommt, wurde die Kodierung ebenfalls invertiert, so dass „stimme gar nicht zu" die Kodierung 4 erhält und „stimme völlig zu" den Wert 0. Tabelle 5-1 zeigt die Items der Vertrauensskala mit der Kodierung.

[499] Vgl. Bogner und Landrock (2015), Antworttendenzen in standardisierten Umfragen, S. 3f.; Eichhorn (2019), Item und Skala, S. 58ff.

ID	Item	Kodierung				
		a	b	c	d	e
1.1	In der Regel vertraue ich Menschen, bis sie mir einen Grund geben ihnen nicht mehr zu vertrauen.	0	1	2	3	4
1.2	Es fällt mir nicht schwer einem anderen Menschen zu vertrauen.	0	1	2	3	4
1.3	Mein üblicher Ansatz ist es, neuen Bekanntschaften zu vertrauen, bis sie zeigen, dass ich ihnen nicht trauen sollte.	0	1	2	3	4
1.4	Meine Tendenz anderen zu vertrauen ist hoch.	0	1	2	3	4
3.1	Die Netzwerkmitglieder sind zuverlässig.	0	1	2	3	4
3.2	Ich bin davon überzeugt, dass die Netzwerkmitglieder stets die Wahrheit erzählen.	0	1	2	3	4
3.3*	Meiner Meinung nach hat das Wohlwollen der Netzwerkmitglieder opportunistische Hintergründe.	4	3	2	1	0
3.4	Diskretion und Geheimhaltung sind stets gegeben im Wissensnetzwerk.	0	1	2	3	4
3.5	Die Kompatibilität der Normen und Werte der Netzwerkmitglieder fördert die Vertrauensbildung im Wissensnetzwerk.	0	1	2	3	4
3.6	Mir gefallen die Normen und Werte im Wissensnetzwerk.	0	1	2	3	4
3.7*	Ich denke sorgfältig nach, bevor ich meine Meinung im Wissensnetzwerk teile.	4	3	2	1	0
3.8	Ich teile im Netzwerk alle bekannten & relevanten Informationen bei wichtigen Themenstellungen, auch wenn dies kritische oder sensible Informationen beinhaltet.	0	1	2	3	4
3.9	Es gibt regelmäßige und reichhaltige Kommunikation im Wissensnetzwerk.	0	1	2	3	4
3.10	Ich empfinde ein starkes Gefühl der Bindung zum Wissensnetzwerk.	0	1	2	3	4
3.11	Ich investiere langfristig in Beziehungen im Wissensnetzwerk.	0	1	2	3	4
3.12	Ich habe auch persönliche Beziehungen zu Netzwerkmitgliedern aufgebaut.	0	1	2	3	4
3.13	Ich beobachte stets hohes Engagement bei den Netzwerkmitgliedern.	0	1	2	3	4
3.14*	Einige Netzwerkmitglieder legen Verhaltensweisen an den Tag, welche die Entwicklung von Vertrauen negativ beeinträchtigen.	4	3	2	1	0
3.15	Das Verhalten der Netzwerkmitglieder ist von gegenseitigem Respekt geprägt.	0	1	2	3	4
3.16*	Ich konnte im Wissensnetzwerk Rivalitäten unter Netzwerkmitgliedern beobachten, was wiederum negative Auswirkungen auf andere Netzwerkmitglieder hatte.	4	3	2	1	0
3.17	Gegenseitige Unterstützung ist ein wichtiger Bestandteil des Wissensnetzwerks.	0	1	2	3	4
3.18	Es herrscht eine Kultur der Offenheit für neue Methoden, Ansätze und Herangehensweisen im Wissensnetzwerk.	0	1	2	3	4
3.19*	Bei der Aufnahme neuer Netzwerkmitglieder stehe ich diesen zunächst skeptisch und zurückhaltend gegenüber.	4	3	2	1	0
3.20	Es herrscht stets ein Geben und Nehmen zwischen den Netzwerkmitgliedern. Diese gehen aufeinander zu und versuchen die Sichtweisen der anderen zu verstehen.	0	1	2	3	4
3.21	Die Netzwerkmitglieder haben spezifische Expertise, welche die Performance des Wissensnetzwerks steigert.	0	1	2	3	4
3.22	Professionalität und Einsatz kennzeichnen die Arbeit im Wissensnetzwerk.	0	1	2	3	4
3.23	Ich glaube den Informationen und Inhalten, die im Wissensnetzwerk geteilt werden.	0	1	2	3	4

3.24	Es gibt gemeinsame Ziele und Visionen im Wissensnetzwerk.	0	1	2	3	4
3.25	Die Umgebung, in welcher physische Treffen stattfinden, trägt stets zu einer positiven Arbeitsatmosphäre bei.	0	1	2	3	4
3.26*	Im Wissensnetzwerk erachte ich es für notwendig, informelle Vereinbarungen durch bindende Verträge zu ersetzen.	4	3	2	1	0

Legende: a = stimme gar nicht zu | b = stimme eher nicht zu | c = stimme weder zu noch nicht zu
d = stimme eher zu | e = stimme völlig zu | * = invertierte Items

Tabelle 5-1: Vertrauensskala zur Messung von Vertrauen in Wissensnetzwerken

Über die Bewertung der Aussagen nehmen die Netzwerkmitglieder eine Selbsteinschätzung ihres Vertrauens vor, welches somit direkt gemessen werden kann. Die Punktwerte werden zu einem Mittelwert für die persönliche Vertrauensneigung und einem Mittelwert für das Vertrauenslevel ins Wissensnetzwerk berechnet. Die Messmethodik ermöglicht größtmögliche Objektivität der Ergebnisse, da die Auswertung keinen Interpretationsspielraum zulässt und alle Netzwerkmitglieder die gleichen Aussagen bewerten. Das Messglied des Orchestrationsmodells ist mithin im Detail entwickelt. Nachfolgend wird die Anwendung der Messmethodik im Rahmen der vorgestellten Fallstudie beschrieben und somit ihre praktische Einsetzbarkeit validiert.

5.2.2 Konzeption und Durchführung des Trust Games und der Vertrauensmessung

Trust Games sind eine in der organisationalen Vertrauensforschung vielfach erprobte Methode, die in einem spielerischen Kontext Vertrauenshandlungen unter Laborbedingungen simulieren. Eine der bekanntesten Trust Games geht auf BERG ET AL. zurück, die bereits im Jahr 1994 Vertrauen in einem Investment-Setting untersuchten.[500] Dieser Laborcharakter wird jedoch häufig kritisiert, da er der Komplexität der Zusammenhänge in einer realen Situation nur unzureichend gerecht wird.[501] Für das hier beschriebene Experiment wurden daher die reale Umgebung und eine reale Situation des oben beschriebenen Wissensnetzwerks gewählt. Das Trust Game sieht vier sequentielle Stufen vor und wurde im Februar 2020 im Rahmen eines physischen Netzwerktreffens des Wissensnetzwerks durchgeführt (siehe Abbildung 5-5). An dem Experiment nahmen zwölf Netzwerkmitglieder teil.

[500] Vgl. Berg et al. (1995), Trust, Reciprocity, and Social History, S. 122ff.; Lewicki und Brinsfield (2015), Trust research, S. 50f.

[501] Vgl. Kramer (2015), Ecological validity in trust research, S. 33; Lewicki und Brinsfield (2015), Trust research, S. 51

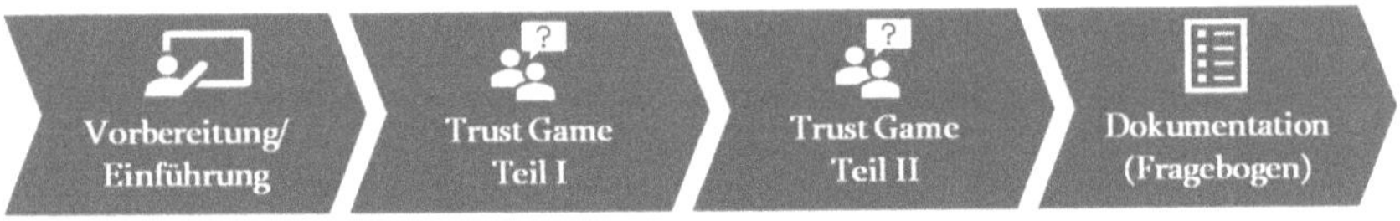

Abbildung 5-5: Ablauf des Trust Games in vier Stufen

Im ersten Schritt erfolgte die Vorbereitung des Experiments und eine Einführung für die Teilnehmer. In der Einführung in das Experiment wurde die Thematik Vertrauen und damit der eigentliche Zweck bewusst außer Betracht gelassen. Stattdessen wurden die Teilnehmer dazu aufgefordert, an einem Experiment teilzunehmen, in dem es um den Wissens- und Erfahrungstausch im Kontext Fabrikplanung geht. Sie wurden gebeten, in zuvor eingeteilten Zweierpaarungen ein kürzlich im Unternehmen durchgeführtes Projekt mit Bezug zur Fabrikplanung zu reflektieren, das sie selbst geleitet oder maßgeblich daran mitgewirkt haben. Für den Dialog wurden gleiche Redeanteile vorgegeben. Es folgten zwei Spielrunden á 8 Minuten. Die Zuteilung der Paarungen erfolgte zwecks Testung der Hypothesen 3 und 4 anhand der Kriterien *Zugehörigkeitsdauer zum Wissensnetzwerk* sowie der *Konkurrenzsituation gemäß Branchenzugehörigkeit* des repräsentierten Unternehmens (siehe Tabelle 5-2). Während der Dialoge fand keine direkte Beobachtung der Teilnehmer statt, um seitens des Experimentleiters keinen Einfluss zu nehmen und einen vertrauensvollen Austausch zu ermöglichen.

Paarung ID	Teilnehmer IDs	Zugehörigkeitsdauer	Branche
000	05 / 10	alt / alt	unterschiedlich
001	02 / 04	alt / alt	gleich
010	01 / 03	neu / alt	unterschiedlich
011	06 / 09	alt / neu	gleich
110	11 / 12	neu / neu	unterschiedlich
111	07 / 08	neu / neu	gleich

Tabelle 5-2: Teilnehmerpaarungen des Trust Games

Im zweiten Schritt erfolgte die erste Spielrunde, in der die Teilnehmer aufgefordert wurden, auf eines der letzten Projekte mit Bezug zur Fabrikplanung im Unternehmen zurückzublicken und sich mit dem Gegenüber darüber auszutauschen. Ziel der ersten Spielrunde war ein offener, unverfänglicher Austausch mit positiver Prägung der gemachten Erfahrungen. Dazu wurden folgende Leitfragen vorgegeben:

- Was war das Ziel des Projekts?
- Was lief besonders gut?

- Auf welche Ergebnisse bin ich stolz?

Im dritten Schritt schloss die zweite Spielrunde nahtlos an. Ziel dieser war es, das Gespräch auf kritische und sensiblere Inhalte des Projekts zu lenken, für deren Austausch eine größere Offenheit und mithin ein größeres Vertrauen in den Interaktionspartner vonnöten sind. Hierzu wurden folgende Leitfragen durch den Experimentleiter vorgegeben, wobei darauf hingewiesen wurde, dass es den Teilnehmern überlassen bleibt, worüber sie sich konkret austauschen und wie viel sie preisgeben wollen:

- Welche Ziele wurden verfehlt?
- Wo sind wir im Projekt an unsere Grenzen gestoßen?
- Welche Fehler wurden im Projekt gemacht und welche Schlüsse haben wir als Unternehmen für Folgeprojekte daraus gezogen?

Im vieren Schritt erfolgte die Reflexion des Experiments durch die Teilnehmer und Dokumentation der Ergebnisse in Form eines Fragebogens. Da die Dialoge zwecks Wahrung der Vertraulichkeit weder direkt beobachtet, noch aufgezeichnet wurden, ermöglicht der Fragebogen eine adäquate Dokumentation und generiert gleichzeitig quantitative Daten zur Auswertung. Hierzu wurden neun Items in Form von Aussagen entwickelt, die die Teilnehmer einzeln auf einer fünfstufigen Likert-Skala von „stimme gar nicht zu“ bis „stimme völlig zu“ bewertet haben (Kodierung 0 bis 4). Der Grad der Offenheit und Sensibilität der ausgetauschten Informationen wurde hierbei als Mediator-Variablen für das Vertrauen in den Interaktionspartner benutzt. Neben der Bewertung des Erfahrungsaustauschs wurden die Beziehungslänge der Interaktionspartner (Hypothese 2), die exakte Zugehörigkeitsdauer (Hypothese 3) und die Rolle des Unternehmens des Interaktionspartners (Hypothese 4) abgefragt. Tabelle 5-3 zeigt die Items des Fragebogens.

ID	Item	Kodierung				
		a	b	c	d	e
2.1	Ich habe mit meinem Gesprächspartner in vorherigen Arbeitstreffen schon öfter Erfahrungen ausgetauscht.	0	1	2	3	4
2.2	Ich würde behaupten, dass ich meinen Gesprächspartner auch auf persönlicher Ebene gut kenne, da wir uns beispielsweise bei vergangenen Treffen auch schon mal über private Dinge ausgetauscht haben.	0	1	2	3	4
2.3	Ich habe mit meinem Gesprächspartner offen meine Erfahrungen geteilt.	0	1	2	3	4
2.4	Ich habe mit meinem Gesprächspartner auch sensiblere Informationen geteilt oder hätte dies getan, wenn diese dem Gegenüber weitergeholfen hätten.	0	1	2	3	4
2.5	Ich hatte den Eindruck, dass mein Gesprächspartner offen seine Erfahrungen mit mir teilt.	0	1	2	3	4
2.6	Ich hatte den Eindruck, dass mein Gesprächspartner auch sensiblere Informationen mit mir geteilt hat oder dies getan hätte, wenn diese mir weitergeholfen hätten.	0	1	2	3	4
2.7	Das Unternehmen meines Gesprächspartners steht grundsätzlich in einer konkurrierenden Wettbewerbssituation zu meinem Unternehmen.	0	1	2	3	4
2.8	Für mich hat es keine Rolle gespielt für welches Unternehmen mein Gesprächspartner arbeitet.	0	1	2	3	4
2.9	Würde mein Gesprächspartner in meinem Unternehmen arbeiten, hätte ich deutlich offener meine Erfahrungen geteilt.	0	1	2	3	4

Legende: a = stimme gar nicht zu | b = stimme eher nicht zu | c = stimme weder zu noch nicht zu
d = stimme eher zu | e = stimme völlig zu

Tabelle 5-3: Fragebogen-Items zur Dokumentation des Trust Games

Die Fragen zur Dokumentation des Trust Games wurden in den Fragebogen der Vertrauensskala integriert. Mit Schritt vier des Trust Games wurde also auch die Messung des Vertrauenslevels mittels der entwickelten Vertrauensskala durchgeführt. Die zeitliche Nähe des Trust Games bietet hierbei den Vorteil, dass die Netzwerkmitglieder bei der Bewertung des Vertrauens im Wissensnetzwerk auf kürzlich erlebte Vertrauenshandlungen im Rahmen eines Wissens- und Erfahrungsaustauschs zurückgreifen können. Dies ermöglicht eine bessere Beurteilung der einzelnen Facetten von Vertrauen.

5.2.3 Ergebnisse des Trust Games

Basierend auf dem Fragebogen erfolgte eine quantitative Auswertung des Trust Games, die Erkenntnisse über die Wirkmechanismen von Vertrauen in interorganisationalen Wissensnetzwerken ermöglicht und damit in die Entwicklung des Reglers eingeflossen ist. Für die Auswertung wurden die Mittelwerte für die beiden Mediator-Variablen für Vertrauen, *Offenheit beim Erfahrungsaustausch* (Item-ID 2.3) sowie *Austausch sen-*

sibler Informationen (Item-ID 2.4), gebildet und in Relation zu den übrigen Items, abgeleitet aus den Hypothesen 2 bis 4, gesetzt. Hierbei wird auf der Likert-Skala von 0 bis 4 eine Abweichung der Mittelwerte von $\bar{x} < 0{,}5$ als gering, $0{,}5 \leq \bar{x} < 1{,}0$ als mittel und $1{,}0 \leq \bar{x}$ als stark eingestuft. Je höher das Vertrauen in den Interaktionspartner ist, desto offener tauscht ein Netzwerkmitglied seine Erfahrungen aus und desto sensiblere Informationen teilt es. Die Ergebnisse sind in Abbildung 5-6 zusammengefasst.

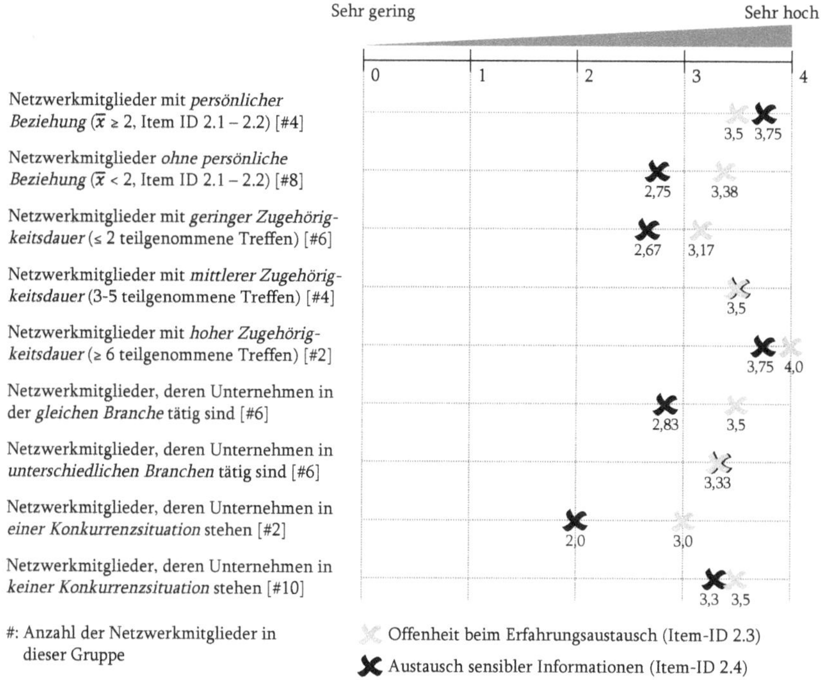

Abbildung 5-6: Ergebnisse des Trust Games

Hypothese 2: Persönliche Beziehungen zwischen den Netzwerkmitgliedern haben einen positiven Einfluss auf das Vertrauen in einem interorganisationalen Wissensnetzwerk der Fabrikplanung.

Ein positiver Einfluss von persönlichen Beziehungen unter den Netzwerkmitgliedern auf das Vertrauen konnte beobachtet werden. Vier Teilnehmer gaben eine persönliche Beziehung an ($\bar{x} \geq 2$, wobei 2 die Mitte der Skala von 0 bis 4 ist), acht Teilnehmer weisen keine auf ($\overline{x} \leq 2$). Während die Offenheit beim Erfahrungsaustausch ähnlich ist, tauscht die Gruppe, die sich auch persönlich bereits untereinander kennt, deutlich stärker sensiblere Informationen aus mit einem Mittelwert von 3,75 gegenüber 2,75 in der Gruppe ohne persönliche Beziehungen. Hypothese 2 kann somit bestätigt werden.

Hypothese 3: Die Dauer der Zugehörigkeit zu einem interorganisationalen Wissensnetzwerk der Fabrikplanung hat einen positiven Einfluss auf das Vertrauen in das Netzwerk.

Für die Dauer der Zugehörigkeit zum Wissensnetzwerk konnte ebenfalls der erwartete positive Einfluss auf das Vertrauen beobachtet werden. Die Hälfte der Teilnehmer hat an mindestens drei physischen Treffen des Wissensnetzwerks teilgenommen, was einer Zugehörigkeit von mindestens einem Jahr entspricht. Diese Gruppe weist einen Mittelwert von 3,7 für den offenen Erfahrungsaustausch bzw. 3,5 für das Teilen sensibler Informationen auf. Diese liegen mit einer mittleren Abweichung über den Werten der Gruppe, die an maximal 2 Treffen teilgenommen hat (3,17 bzw. 2,67). Interessant zu beobachten ist, dass bei einer Aufteilung der Gruppe mit längerer Zugehörigkeit in Netzwerkmitglieder mit einer Zugehörigkeit von ein bis zwei Jahren sowie über zwei Jahren nur ein geringer bzw. mittlerer Sprung in den Werten zum Erfahrungsaustausch bzw. dem Teilen sensibler Informationen zu beobachten ist. Es kann jedoch festgehalten werden, dass mit längerer Zugehörigkeit zum Wissensnetzwerk auch das Vertrauen in dieses steigt, womit Hypothese 3 bestätigt werden kann.

Hypothese 4: Eine Konkurrenzsituation der kooperierenden Unternehmen in einem interorganisationalen Wissensnetzwerk der Fabrikplanung hat einen negativen Einfluss auf das Vertrauen im Netzwerk.

Der Einfluss einer antizipierten Konkurrenzsituation zwischen den Unternehmen zweier Interaktionspartner auf das Vertrauen kann auf Basis der erhobenen Daten nicht eindeutig beantwortet werden. Betrachtet man die Branchenzuteilung, lässt sich erkennen, dass die Mittelwerte für die Offenheit beim Erfahrungsaustausch sehr nah beieinanderliegen (3,5 bzw. 3,33) und die Mittelwerte für den Austausch sensibler Informationen nur eine niedrige mittlere Abweichung aufweisen (2,83 bei gleicher Branche bzw. 3,33 bei unterschiedlichen Branchen). Berücksichtigt man die direkte Frage nach der Konkurrenzsituation der Unternehmen, gaben nur zwei Interaktionspartner an, dass sich ihre Unternehmen in einer konkurrierenden Wettbewerbsposition befinden. Hier ist sehr wohl ein größerer Unterschied zu erkennen. Für den offenen Erfahrungsaustausch weisen die Mittelwerte bei Konkurrenzsituation mit 3,0 gegenüber 3,5 eine mittlere Abweichung auf und für den Austausch sensibler Informationen mit 2,0 gegenüber 3,3 eine starke Abweichung. Zu berücksichtigen ist hierbei jedoch die sehr kleine Gruppe von zwei Personen. Zudem gab eine der beiden Personen an, dass das Unternehmen des Interaktionspartners beim Erfahrungsaustausch keine Rolle gespielt hat. Dies legt die Vermutung nahe, dass andere Faktoren wie persönliche Kenntnis der Interaktionspartner oder die Zugehörigkeit zum Wissensnetzwerk einen größeren Einfluss auf das Vertrauen haben. Daher wird Hypothese 4 nur bedingt bestätigt.

5.2.4 Ergebnisse der Vertrauensmessung

Die Messung des Vertrauenslevels im Wissensnetzwerk erfolgte gemäß der in Kapitel 5.2.1 vorgestellten Vertrauensskala. Neben einer Kennzahl für das Vertrauen unter den Netzwerkmitgliedern wurde die persönliche Vertrauensneigung bestimmt. Die Messung erfolgte mit einem Fragebogen zusammen mit der Dokumentation des Trust Games. Für die persönliche Vertrauensneigung wurde folgende Hypothese aufgestellt:

Hypothese 1: Das Vertrauen in ein interorganisationales Wissensnetzwerk der Fabrikplanung kann die persönliche Vertrauensneigung übersteigen.

Interessant für die Analyse des Vertrauens im Wissensnetzwerk ist daher einerseits, die persönliche Vertrauensneigung einer Person in Relation zu ihrem Vertrauen in das Netzwerk zu setzen. Insbesondere bei neueren Mitgliedern ist zu erwarten, dass das Vertrauen in das Netzwerk noch geringer ist und maximal das Level der persönlichen Neigung zu Vertrauen erreicht. Hingegen könnte von Teilnehmern, die das Wissensnetzwerk schon sehr lange und gut kennen, gar das Vertrauenslevel ins Netzwerk die persönliche Neigung zu Vertrauen übertroffen werden. Andererseits sind aus den Werten für das Vertrauenslevel weitere Implikationen zu erwarten, die in die tiefergehende Analyse im Rahmen der Tiefeninterviews einfließen.

Zunächst fällt auf, dass die persönliche Vertrauensneigung und das Vertrauenslevel im Wissensnetzwerk den gleichen Median von 3,0 aufweisen (siehe Abbildung 5-7). Die persönliche Vertrauensneigung streut deutlich stärker und erreicht im Mittel einen Wert von 2,85. Das Vertrauenslevel im Wissensnetzwerk weist eine verhältnismäßig geringe Streuung auf und erreicht im Mittel einen Wert von 2,94, was auf einer Skala von 0 bis 4 einem hohen Vertrauen unter den Netzwerkmitgliedern entspricht. Auffällig ist weiterhin, dass sogar das Netzwerkmitglied mit dem geringsten Wert der persönlichen Vertrauensneigung von 1,5 ein Vertrauenslevel von 3,12 aufweist und somit ein hohes Vertrauen in das Wissensnetzwerk hat. Das Vertrauenslevel in das Netzwerk übersteigt somit sowohl im Mittel über alle Netzwerkmitglieder die persönliche Vertrauensneigung (2,94 ≥ 2,85), als auch absolut gesehen: Betrachtet man jedes Netzwerkmitglied einzeln, so übertrifft das Vertrauenslevel in das Netzwerk die persönliche Vertrauensneigung bei sieben von zwölf Mitgliedern. Daher kann Hypothese 1 bestätigt werden. Die einzelnen Messwerte sind in Tabelle A-6 im Anhang aufgeführt.

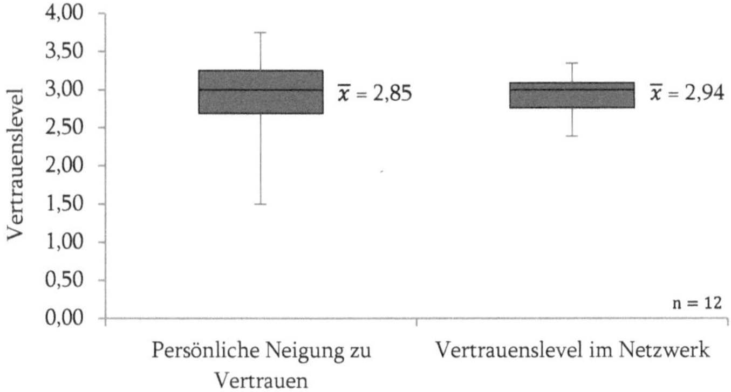

Abbildung 5-7: Ergebnis der Vertrauensmessung im Wissensnetzwerk

Im nächsten Schritt wurden im Rahmen der Auswertung die einzelnen Items näher untersucht, um Erklärungen für das hohe Vertrauen im beschriebenen Wissensnetzwerk zu finden und Implikationen für die Analyse der Wirkmechanismen abzuleiten. Dazu wurde der Mittelwert je Item über alle Teilnehmer gebildet und in absteigender Reihenfolge sortiert (siehe Tabelle A-7 im Anhang). Die höchsten Werte erhielten die Items 3.16 (Mittelwert 3,75) sowie 3.5, 3.15, 3.25 und 3.26 (Mittelwert 3,5). Somit konnten keine Rivalitäten im Wissensnetzwerk beobachtet werden, die negative Auswirkungen auf das Vertrauen haben (Item ID 3.16). Weiterhin ist eine vorherrschende Kompatibilität der Normen und Werte der Netzwerkmitglieder förderlich für die Vertrauensbildung (Item ID 3.5). Darüber hinaus ist das Verhalten der Netzwerkmitglieder von gegenseitigem Respekt geprägt (Item ID 3.15) und die Umgebung, in welcher physische Treffen des Wissensnetzwerks stattfinden, tragen zu einer positiven Arbeitsatmosphäre bei (Item ID 3.25). Ferner werden informelle Vereinbarungen gegenüber Verträgen bevorzugt (Item ID 3.26). Weitere Auffälligkeiten und Implikationen, die für die Tiefeninterviews abgeleitet wurden, werden in Kapitel 5.3.2 diskutiert, indem die Items der Vertrauensskala auf die identifizierten Faktoren zur Entstehung von Vertrauen rückgeführt werden. Darüber hinaus wurden die Ergebnisse des Trust Games (Offenheit des Erfahrungsaustauschs und Austausch sensibler Informationen) mit Item ID 3.8 zum Austausch relevanter und sensibler Informationen im Wissensnetzwerk verglichen (siehe Tabelle A-8 im Anhang). Hierbei wurde bei sechs Netzwerkmitgliedern eine deutliche Abweichung nach unten im Wissensnetzwerk gegenüber dem Trust Game festgestellt, d. h. sie teilen im Wissensnetzwerk weniger offen und sensible Informationen als in der dyadischen Beziehung im Rahmen des Trust Games. Dieser Punkt wurde in die vertiefte Diskussion in den Tiefeninterviews mitgenommen.

5.2.5 Diskussion der Ergebnisse und Rückführung in das Orchestrationsmodell

Das Trust Game und die durchgeführte Vertrauensmessung haben erste wichtige Erkenntnisse über die Entstehung von Vertrauen in interorganisationalen Wissensnetzwerken der Fabrikplanung hervorgebracht. So konnte der positive Einfluss persönlicher Beziehungen unter den Netzwerkmitgliedern sowie ihre Zugehörigkeit zum Netzwerk auf das Vertrauen bestätigt werden. Der negative Einfluss einer Konkurrenzsituation auf das Vertrauen konnte nicht abschließend geklärt werden. Dies liegt aber auch daran, dass im betrachteten Wissensnetzwerk zum Zeitpunkt der Analyse keine starke Konkurrenzsituation zwischen kooperierenden Unternehmen vorlag. Interessant ist die kontraintuitive Beobachtung, dass die vertrauensvolle Kooperation im Wissensnetzwerk scheinbar zu einem höheren Vertrauenslevel unter den Netzwerkmitgliedern führen kann, als die eigentliche grundsätzliche Bereitschaft der Netzwerkmitglieder anderen Personen zu vertrauen. Dies legt die Vermutung nahe, dass im Wissensnetzwerk gewisse Wirkmechanismen greifen, die einen starken Einfluss auf die Entstehung von Vertrauen haben. Des Weiteren wurden Faktoren identifiziert, die im vorliegenden Fall des Wissensnetzwerks einen scheinbar hohen Einfluss auf die Entstehung von Vertrauen ausüben und bieten somit weitere Anhaltspunkte für die vertiefende Analyse im Rahmen der Tiefeninterviews.

Zusammenfassend lässt sich konstatieren, dass das Trust Game in Kombination mit der Vertrauensskala eine valide Methodik darstellt, um den Status quo des Vertrauens in einem interorganisationalen Wissensnetzwerk der Fabrikplanung zu untersuchen. Die Vertrauensskala ermöglicht hierbei, als Messglied im Regelkreis des Orchestrationsmodells, eine objektive, leicht auswertbare und wiederholt anwendbare Messmethodik. Diese gibt dem Netzwerkorchestrator nicht nur den Status quo des Vertrauenslevels in Form einer Kennzahl aus, sondern zeigt zugleich über die Analyse der einzelnen Items konkrete Anhaltspunkte auf, welche Faktoren der Vertrauensentstehung eher stärker und welche eher schwächer ausgeprägt sind. Die Ergebnisse und Implikationen aus dem Trust Game und der Vertrauensmessung sind in die Konzeption des Reglers eingeflossen und werden in den nachfolgenden Kapiteln aufgegriffen.

5.3 Teilmodell 3: Faktoren zur Entstehung von Vertrauen

Der Regler ist das zentrale Element des Orchestrationsmodells. Dieser leitet den Netzwerkorchestrator in der Gestaltung und Lenkung des Wissensnetzwerks, um Vertrauen unter den Netzwerkmitgliedern aufzubauen und zu etablieren (willentliche Regelung). Weiterhin beinhaltet er die autonomen Regelungsprozesse, die für die innere Stabilität im Sinnes eines gleichbleibenden Vertrauenslevels im Wissensnetzwerk sorgen. Der Regler wirkt somit direkt auf die Regelstrecke Wissensnetzwerk ein. Der Regler ist in drei Teilmodellen aufgebaut (Teilmodelle 3, 4 und 5). In diesem Kapitel wird das dritte Teilmodell des Orchestrationsmodells, das zugleich das erste Teilmodell des Reglers im Orchestrationsmodell bildet, im Detail vorgestellt. Nach der Vorstellung der Faktoren zur Entstehung von Vertrauen, erfolgt eine Rückführung der bewerteten Items aus der Vertrauensskala auf ebendiese Faktoren, um weitere Implikationen für die Tiefeninterviews zu erhalten.

5.3.1 Der Regler: Teilmodell der Faktoren zur Entstehung von Vertrauen

Der Regler im Orchestrationsmodell hat die Aufgabe, die Wirkmechanismen der Entstehung von Vertrauen in interorganisationalen Wissensnetzwerken der Fabrikplanung zu erklären und Strategien zum Aufbau und zur Erhaltung von Vertrauen in diesen als Handlungsalternativen für den Netzwerkorchestrator aufzuzeigen. Die Faktoren, welche als Vorläufer der Entstehung von Vertrauen vorangehen, bilden das erste Teilmodell des Reglers.[502] Zur Entwicklung dieses Teilmodells wurden die zahlreichen Faktoren und Ursachen zur Entstehung von Vertrauen aus den in Kapitel 3.4.1 vorgestellten Ansätzen konsolidiert und einer Clusteranalyse unterzogen. Hierzu wurden alle Faktoren aus den identifizierten Ansätzen in einer Matrix spaltenweise je Autor aufgeschrieben. Thematisch ähnliche Faktoren wurden dazu über verschiedene Autoren hinweg in eine Zeile geschrieben. Anschließend erfolgte eine inhaltliche Analyse dieser Faktoren basierend auf den Literaturansätzen, woraufhin thematisch verwandte Faktoren zu Clustern gruppiert wurden. Im Ergebnis wurden 58 verschiedene Faktoren identifiziert, die zu zehn Clustern zusammengefasst wurden (siehe Tabelle 4-1). Die Cluster wurden bereits in Kapitel 4.3.2 beschrieben. Daher wird an dieser Stelle auf die dortigen Ausführungen verwiesen.

[502] Vgl. Mayer et al. (1995), Integrative Model of Organizational Trust, S. 715

5.3.2 Matching der Vertrauensskala mit den Faktoren zur Vertrauensentstehung

Die in Kapitel 5.2 im Detail vorgestellte und angewandte Vertrauensskala basiert zu großen Teilen auf den Faktoren zur Entstehung von Vertrauen aus der Literatur. Die Items der Vertrauensskala wurden daher auf die zugrundeliegenden Faktoren zurückgeführt (siehe Tabelle 5-4).

Faktor ID	Faktor	Item ID	Teilnehmer ID											
			01	02	03	04	05	06	07	08	09	10	11	12
01	Fachliche Kompetenz	3.21, 3.22	3,5	3	3	3	4	4	3	3,5	3,5	3,5	3	3,5
11	Hilfsbereitschaft	3.17	4	3	3	3	3	4	4	3	4	3	2	3
14	Offenheit	3.18, 3.19	2,5	3	3	3,5	4	4	4	3	2,5	3,5	2,5	3
16	Freundlichkeit	3.20	4	3	3	3	4	4	3	4	3	3	3	3
22	Kein Opportunismus	3.3	1	1	3	4	0	2	3	3	2	3	3	2
23	Diskretion & Geheimhaltung	3.4	3	4	3	3	3	3	2	4	3	3	2	3
26	Ehrlichkeit	3.2	3	3	3	3	3	3	3	3	3	4	3	2
27	Zuverlässigkeit	3.1	3	3	3	4	4	4	3	3	3	4	2	3
32	Reichhaltige Kommunikation	3.9	3	3	3	4	3	3	3	3	1	3	3	2
33	Informationsaustausch (relevant / sensibel)	3.7, 3.8	2	2	1	3	2	3	2	3	1	3	2	3
43	Reaktionsfähigkeit	3.13	4	3	3	3	3	4	3	2	3	3	3	3
44	Respekt	3.15	4	4	3	3	4	4	4	4	3	3	3	3
51	Persönliche Beziehungen zwischen Netzwerkmitgliedern	3.12	2	0	1	1	2	1	1	1	0	2	0	3
52	Beziehungsbezogene Investitionen	3.10, 3.11	2,5	2	2	2,5	3	3	2,5	1	1	3	1,5	2,5
82	Allgemeine Normen / Überzeugungen	3.5, 3.6	2,5	4	4	3	3	3,5	4	4	3	4	2,5	3
95	Geteilte Ziele	3.24	4	3	2	3	3	3	1	1	2	2	2	3
96	Umgebung / Arbeitsatmosphäre	3.25	4	3	3	4	4	4	3	4	3	3	3	4
99	Verträge	3.26	4	3	3	4	3	3	3	4	4	4	3	4

Tabelle 5-4: Rückführung bewerteter Items auf Faktoren zur Vertrauensentstehung

Analysiert wurde sodann, welche Faktoren besonders niedrig durch die Netzwerkmitglieder eingeschätzt wurden und somit noch unzureichend im betreffenden Wissensnetzwerk umgesetzt sind. Dazu wurden diejenigen Items herangezogen, die eine Bewertung von 0 oder 1 erhielten und somit unterhalb der Mitte der Skala rangieren. Drei Teilnehmer vermuteten opportunistische Hintergründe bei dem Wohlwollen der anderen Netzwerkmitglieder. Ein Teilnehmer gab an, dass die Kommunikation im Netzwerk nicht regelmäßig und reichhaltig sei, während zwei Teilnehmer angaben, dass sie weniger relevante Informationen bei wichtigen Themenstellungen teilen. Acht Teilnehmer gaben an, dass sie keine persönlichen Beziehungen zu anderen Netzwerkmitgliedern aufgebaut hätten, obwohl zwei von ihnen eine längere Zugehörigkeit zum Netzwerk aufweisen. Weitere drei Teilnehmer gaben an, dass sie nicht langfristig in die Beziehungen im Netzwerk investieren und auch keine starke Bindung zu diesem aufweisen. Darüber hinaus erkennen zwei Teilnehmer keine gemeinsamen Ziele im Wissensnetzwerk. Um die Hintergründe für diese niedrigen Bewertungen zu erkunden, wurden diese Auffälligkeiten in die Erstellung des Leitfadens für die Tiefeninterviews übernommen, deren Konzeption und Durchführung im nachfolgenden Kapitel vorgestellt werden.

5.4 Teilmodell 4: Wirkmechanismen der Vertrauensgenese

Das zweite Teilmodell des Reglers – die Wirkmechanismen der Vertrauensgenese – stellt den Kern des Regelungsprozesses im Orchestrationsmodell dar. Es enthält die zentralen Erkenntnisse über die Wirkmechanismen, die der Entstehung von Vertrauen zugrunde liegen und beantwortet somit die fünfte Unterforschungsfrage, die in Kapitel 1.4 definiert wurde und die dritte Forschungsfrage der Fallstudie darstellt (vgl. Kapitel 5.1.4). Das Teilmodell umfasst einerseits die autonomen Regelungsprozesse, die die innere Stabilität des Vertrauens im Wissensnetzwerk sicherstellen und bildet andererseits gleichzeitig die Grundlage für die willentlichen Regelungsprozesse, die durch den Netzwerkorchestrator in Form von Strategien zur Orchestration von Vertrauen angewandt werden. In diesem Kapitel erfolgt zunächst die Konzeption und Durchführung der Elemente drei und vier aus dem Mixed-Methods-Ansatz, die die wissenschaftliche Vorgehensweise zur Erkenntnisgewinnung beschreiben. Im Anschluss werden die zentralen Ergebnisse aus den empirischen Untersuchungen vorgestellt und im Gesamtzusammenhang des Orchestrationsmodells diskutiert. Darauf aufbauend wird das aus den Erkenntnissen abgeleitete Teilmodell der Wirkmechanismen der Vertrauensgenese im Detail vorgestellt.

5.4.1 Konzeption und Durchführung der Card-Sort-Methode

Die Card-Sort-Methode bildet das dritte Element des in Kapitel 5.1.4 vorgestellten Mixed-Methods-Ansatzes. Aufgrund der Sensitivität des Themas Vertrauen ist es im

Rahmen eines Interviews besonders wichtig, zunächst Vertrauen zum Interviewteilnehmer aufzubauen, bevor Fragen sensitiver Natur, wie dem Vertrauen zu anderen Netzwerkmitgliedern, gestellt werden. Anderenfalls besteht die Gefahr, dass die Antworten verzerrt werden oder gar verweigert werden.[503] Im Rahmen der Erforschung von Vertrauen hat es sich daher bewährt, vor dem Stellen der ersten Interviewfrage den Interviewteilnehmer durch eine aktive Einbindung für das Thema Vertrauen zu sensibilisieren und eine gedanklich tiefe Auseinandersetzung mit dem Thema anzuregen, ohne Einfluss durch den Interviewer auszuüben.[504] Für die Erforschung der spezifischen Wirkmechanismen von Vertrauen in interorganisationalen Wissensnetzwerken der Fabrikplanung wird daher auf die Card-Sort-Methode nach SAUNDERS aufgebaut, der diese Methode mit einem direkt anschließenden Tiefeninterview kombiniert.[505] Die Card-Sort-Methode stellt eine Sortiertechnik dar, in der Interviewteilnehmer in mehreren Runden Karten nach ihrer Relevanz sortieren, auf denen Aussagen oder Situationen bewertet werden. Sie stellt daher eine qualitative, explorative Forschungsmethode dar, mit der die Teilnehmer auf einfache Weise strukturiert Bewertungen zu Vertrauen im Kontext von Wissensnetzwerken vornehmen und sich so tiefergehend gedanklich mit dem Thema auseinandersetzen, ohne dass Einfluss durch den Interviewer genommen wird. In Kombination mit einem anschließenden Tiefeninterview bietet sie den Vorteil, dass, im Gegensatz zu Fragebogen-Studien, Rückfragen geklärt werden können und auf die Hintergründe einzelner Bewertungen oder auf Kommentare des Teilnehmers während der Bewertung tiefer eingegangen werden kann.

In der vorliegenden Arbeit wurde die Card-Sort-Methode zur Einstufung der Relevanz der Faktoren zur Entstehung von Vertrauen (vgl. Kapitel 5.3) im Rahmen des betrachteten Wissensnetzwerks in der Fabrikplanung angewendet. Hierzu wurde zunächst eine Vorauswahl von 39 Faktoren vorgenommen, die aus Sicht des Autors die höchste Relevanz im beschriebenen Wissensnetzwerk besitzen und durch die Teilnehmer bewertet werden können (siehe Tabelle A-9 im Anhang). Weiterhin wird der Empfehlung einer Begrenzung der Items nachgekommen, um die Komplexität in einem vertretbaren Rahmen zu halten.[506] Die Interviews fanden digital mit einem zeitlichen Versatz von sechs bis zehn Wochen zum Trust Game zwischen April und Mai 2020 statt, für die das Webkonferenz-Tool Microsoft Teams verwendet wurde. Insofern wurde für die Card-Sort-Methode ebenso ein digitales Format entworfen. Hierzu wurde das

[503] Vgl. Saunders (2015), Using mixed methods, S. 134f.
[504] Vgl. Saunders (2015), Using mixed methods, S. 134f.
[505] Vgl. Saunders (2015), Using mixed methods, S. 138ff.
[506] Vgl. Rugg und McGeorge (2005), Sorting techniques, S. 94ff.; Saunders (2015), Using mixed methods, S. 136ff.

webbasierte Tool Trello von Atlassian genutzt, in dem die einzelnen Faktoren als Karte angelegt wurden. Es wurden drei Runden durchgeführt, in denen die Teilnehmer die Relevanz der Faktoren nacheinander per Drag & Drop in vier Klassen eingeteilt haben (siehe Abbildung 5-8).

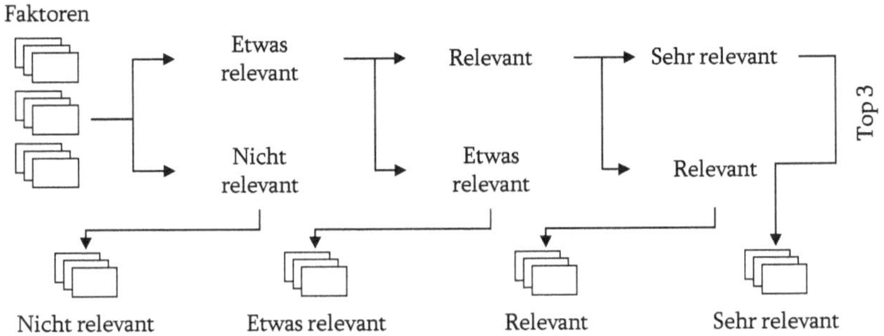

Abbildung 5-8: Ablauf der Card-Sort-Methode

Im ersten Durchlauf sieht der Teilnehmer den gesamten Pool von 39 Faktoren und wird dazu aufgefordert die Karten in die beiden Kategorien „nicht relevant" und „etwas relevant" zu verschieben. Die weiteren Kategorien sind für den Teilnehmer zunächst nicht sichtbar. Der Teilnehmer darf jederzeit Rückfragen zu den Faktoren stellen und die Karten hin- und herschieben. Für den zweiten Durchlauf werden die Karten in der Kategorie „nicht relevant" gesperrt. In diesem verteilt der Teilnehmer dann die übrigen Faktoren auf die beiden Kategorien „etwas relevant" und „relevant". Im dritten Durchlauf werden dann schließlich die Karten auf die Kategorien „relevant" und „sehr relevant" aufgeteilt. Die letzte Runde hat hierbei jedoch die Einschränkung, dass der Teilnehmer nur die Top-3 Faktoren in die höchste Kategorie „sehr relevant" aufnehmen darf. Nach Abschluss dieses Durchlaufs findet ein nahtloser Übergang zum Tiefeninterview statt, dessen Konzeption und Durchführung nachfolgend beschrieben wird.

5.4.2 Konzeption und Durchführung der Tiefeninterviews

Das Tiefeninterview schließt direkt an die durchgeführte Card-Sort-Methode an und bildet das letzte Element der vierstufigen Forschungsmethodik zur empirischen Erforschung der Entstehung von Vertrauen in interorganisationalen Wissensnetzwerken der Fabrikplanung. Zur Durchführung der Tiefeninterviews wurde ein Interviewleitfaden erstellt, der ein semi-strukturiertes Interview ermöglicht und eine einheitliche

Vorgehensweise bei allen Interviews sicherstellt. Dieser enthält 15 standardisierte Fragen, die in Tabelle 5-5 aufgeführt sind.

ID	Frage
F01	Warum herrscht aus Ihrer Sicht ein hohes Vertrauen im Wissensnetzwerk? Was sind hierfür die Kernkomponenten / Faktoren? (Falls passend: Bezug zur persönlichen Neigung zu Vertrauen & Vertrauenslevel im Wissensnetzwerk)
F02	Wie können speziell diese Kernkomponenten & Faktoren umgesetzt werden im Wissensnetzwerk?
F03	Wie haben Sie das Trust Game empfunden? (Offene Atmosphäre?)
F04	Wo war der Punkt, an welchem Sie beschlossen haben mehr zu erzählen oder waren Sie direkt von Beginn an zu 100% offen?
F05	Glauben Sie, dass der Nutzen des Wissensnetzwerks mit wachsender Diversität und Heterogenität der Netzwerkmitglieder steigt?
F06	Glauben Sie, dass durch Wachstum des Wissensnetzwerks das Vertrauen innerhalb desselben sinkt?
F07	Glauben Sie, dass durch steigendes Vertrauen im Wissensnetzwerk der offene Austausch relevanter Informationen zunimmt?
F08	Glauben Sie, dass durch einen offeneren Austausch relevanter Informationen der Nutzen des Wissensnetzwerks steigt?
F09	Beim Eintritt eines neuen Netzwerkmitglieds in das Wissensnetzwerk, stehen Sie diesem persönlich erst einmal misstrauisch gegenüber oder sind Sie zu diesem direkt so offen wie zu den anderen Netzwerkmitgliedern?
F10	Je nach Antwort der Frage davor: Würden Sie diese Zurückhaltung dem neuen Netzwerkmitglied gegenüber eher als fehlendes Vertrauen oder als Misstrauen interpretieren?
F11	Glauben Sie, dass ein gewisses Maß an Misstrauen im Wissensnetzwerk von Vorteil sein kann (Schutz vor Ausnutzung, Förderung eines kritischen Bewusstseins, Anregung zum Perspektivenwechsel)?
F12	Wie stehen Sie zu der Aussage, dass die Fabrikplanung im Grunde keine Kernkompetenz, im Sinne von Marktvorteilen oder Ähnlichem, für Ihr Unternehmen darstellt und Sie sich daher so offen und ohne Bedenken über Wissen und Erfahrungen in diesem Bereich austauschen können?
F13	Wie bekommt man das Vertrauen in ein neues Mitglied möglichst schnell auf das Vertrauensniveau des Wissensnetzwerks?
F14	Wie bekommt man das Vertrauensniveau eines neuen Mitglieds möglichst schnell auf das Vertrauensniveau des Wissensnetzwerks?
F15	Sehen Sie aktuell die Notwendigkeit gezielt Vertrauen im Wissensnetzwerk zu etablieren? (Wie sähe es bei einer Verdopplung der Teilnehmerzahl aus?)

Tabelle 5-5: Standardisierte Fragen aus dem Interviewleitfaden

Mit den ersten beiden Fragen (F01-F02) wird in das Thema Vertrauen im Wissensnetzwerk eingeleitet und der Interviewer nimmt Bezug auf die sortierten Faktoren aus der Card-Sort-Methode, die aus Sicht des Interviewteilnehmers unterschiedlich hohe Relevanz für die Entstehung von Vertrauen besitzen. Weiterhin wird zu Beginn auf Auffälligkeiten während der Sortierung eingegangen. Die nächsten beiden Fragen (F03-

F04) leiten in den Rückblick des Trust Games ein. Im Anschluss daran werden teilnehmerspezifische Fragen zum Trust Game gestellt (siehe Tabelle 5-6). Ziel dieser Fragen ist es, die Ergebnisse des jeweiligen Trust Games und insbesondere die Auffälligkeiten zu diskutieren und die Hintergründe für gewisse Entscheidungen im Verlauf des Experiments zu hinterfragen.

ID	Frage	Teilnehmer ID
X01	Sie haben angegeben, dass Sie sehr offen waren und sensible Informationen geteilt haben. Welchen Einfluss hatte bei dieser Entscheidung die Tatsache, dass Ihr Gesprächspartner neu im Wissensnetzwerk war?	06
X02	Sie haben angegeben, dass Sie sehr offen waren und sensible Informationen geteilt haben. Welchen Einfluss hatte bei dieser Entscheidung die Tatsache, dass Ihr Gesprächspartner aus der gleichen Branche wie Sie stammt?	04, 06, 07
X03	Sie haben angegeben, dass das Unternehmen Ihres Gesprächspartners eine Rolle spielt, obwohl Ihre Unternehmen Ihren Angaben zufolge in keiner direkten Konkurrenzsituation stehen. Was waren die Gründe hierfür?	02, 04, 11
X04	Sie haben angegeben, dass Sie sehr offen waren und sensible Informationen geteilt haben, obwohl Sie ein neues Mitglied im Wissensnetzwerk sind und die Teilnehmer noch nicht persönlich kennen. Warum waren Sie so offen?	01, 03, 07, 09, 11, 12
X05	Sie haben angegeben, dass Sie sehr offen waren, obwohl Sie ein neues Mitglied im Wissensnetzwerk sind und die Netzwerkmitglieder noch nicht persönlich kennen. Warum waren Sie so offen?	08
X06	Sie haben angegeben, dass Sie kaum bzw. keine sensiblen Informationen geteilt haben mit Ihrem Gesprächspartner? Was waren die Gründe hierfür?	08
X07	Sie haben angegeben, dass das Unternehmen Ihres Gesprächspartners für Sie eine große Rolle gespielt hat. Was sind die Gründe hierfür?	08
X08	Sie haben angegeben, dass das Unternehmen Ihres Gesprächspartners für Sie gar keine Rolle gespielt hat, obwohl Sie in derselben Branche tätig sind. Was sind die Gründe hierfür?	07
X09	Gemäß der Auswertung des Fragebogens liegt ihr Wert für die allgemeine Neigung zu Vertrauen eher im Mittelfeld. Warum waren Sie trotzdem so offen zu Ihrem Gesprächspartner im Wissensnetzwerk?	02, 03, 04, 05, 07

Tabelle 5-6: Teilnehmerspezifische Fragen aus dem Interviewleitfaden

Aus der Analyse des Trust Games wurden in Summe neun Fragen abgeleitet (X01-X08), deren Zuordnung zu den Teilnehmer-IDs Tabelle 5-6 entnommen werden kann. Weiterhin wird mit Frage X09 auf das höhere Vertrauenslevel im Vergleich zur persönlichen Vertrauensneigung eingegangen. Darüber hinaus werden gemäß der Auffälligkeiten zu den einzelnen Faktoren, die aus der Vertrauensskala zurückgeführt wurden, weitere Hintergrundfragen gestellt (siehe Tabelle 5-4). Bei der Hälfte der Teilnehmer wurde eine deutliche Abweichung der Bewertung für das Teilen sensibler Informationen im Rahmen des Trust Games gegenüber dem Teilen sensibler Informationen im

Wissensnetzwerk festgestellt. Auf diese Diskrepanzen wurde im Rahmen der Interviews ebenso eingegangen. Der nächste Teil des Interviews behandelt das Vertrauen im Wissensnetzwerk und geht auf die Hypothesen 5 bis 7 ein.[507] Hierzu wurden acht Fragen (F05-F12) definiert, die das Wachstumsdilemma von Netzwerken behandeln.[508] Abschließend werden drei allgemeine Fragen (F13-F15) zur Einschätzung des Netzwerkmitglieds hinsichtlich des Aufbaus von Vertrauen im Wissensnetzwerk gestellt.

Die Tiefeninterviews fanden gemeinsam mit der Card-Sort-Methode via Webkonferenz statt. Der Interviewleitfaden diente der Strukturierung des Gesprächs, das jedoch eine offene Diskussion zum Thema Vertrauen war. Zwecks anschließender Auswertung wurden die Gespräche mit dem Einverständnis der Teilnehmer aufgezeichnet. Die Ergebnisse der anonymisierten Auswertung bilden die Grundlage für das entwickelte Wirkmodell, das das zweite Teilmodell des Reglers bildet und werden nachfolgend vorgestellt.

5.4.3 Ergebnisse der Card-Sort-Methode und der Tiefeninterviews

Nachfolgend wird auf die Ergebnisse der Card-Sort-Methode eingegangen, welche die grundsätzlichen Wirkmechanismen der Vertrauensentstehung im betrachteten Wissensnetzwerk erklären. Anschließend wird auf die durchgeführten Tiefeninterviews im Detail eingegangen, in denen insbesondere die Hypothesen 5 bis 7 getestet wurden.

Card-Sort-Methode

Aus den Ergebnissen der Card-Sort-Methode gehen jene Faktoren hervor, die einen großen Einfluss auf die Entstehung von Vertrauen im betrachteten interorganisationalen Wissensnetzwerk der Fabrikplanung nehmen. Sie beschreiben somit die Wirkzusammenhänge von Vertrauen im spezifischen Wissensnetzwerk und werden daher nachfolgend als Wirkmechanismen bezeichnet. Zunachst werden die von den Netzwerkmitgliedern als Top-3 bewerteten Wirkmechanismen betrachtet. Abbildung 5-9 zeigt die prozentuale Verteilung der als sehr relevant eingestuften Wirkmechanismen und entspricht somit den von den Netzwerkmitgliedern jeweils Top-3 Genannten. Auffällig hierbei ist, dass lediglich zehn der 39 Wirkmechanismen in die höchste Kategorie eingeordnet wurden. Am häufigsten wurde die *Ehrlichkeit der Netzwerkmitglieder* (ID 26) unter den Top-3 genannt, gefolgt von der *Offenheit der Netzwerkmitglieder gegenüber neuen Ansätzen, aber auch neuen Netzwerkteilnehmern* (ID 14). Hieraus wird bereits ersichtlich, dass eine offene Einstellung gegenüber der Integration

[507] Vgl. Kapitel 5.1.4

[508] Zum Wachstumsdilemma von Netzwerken siehe auch Kapitel 2.3.4

neuer Netzwerkmitglieder, aus der dann auch ein Vertrauensvorschuss folgt, einen hohen Stellenwert für die Vertrauensentstehung besitzt.

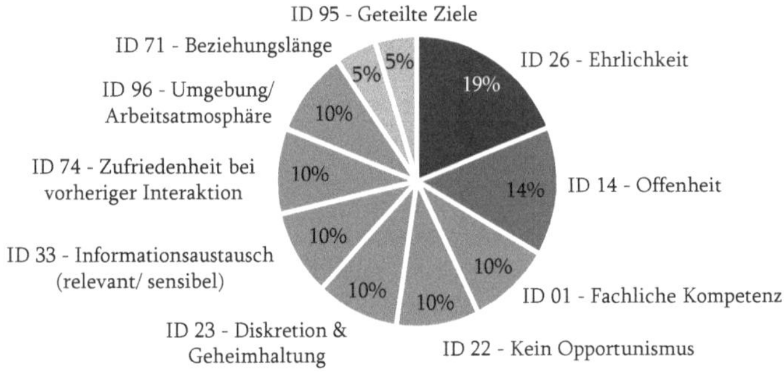

Abbildung 5-9: Prozentuale Verteilung der Top-3 genannten Wirkmechanismen

Die Betrachtung der Wirkmechanismen in den beiden Kategorien „relevant“ und „sehr relevant“ erlaubt eine Auswertung der Wirkmechanismen, die für die Entstehung von Vertrauen aus Sicht der Netzwerkmitglieder eine Rolle spielen (siehe Abbildung 5-10).

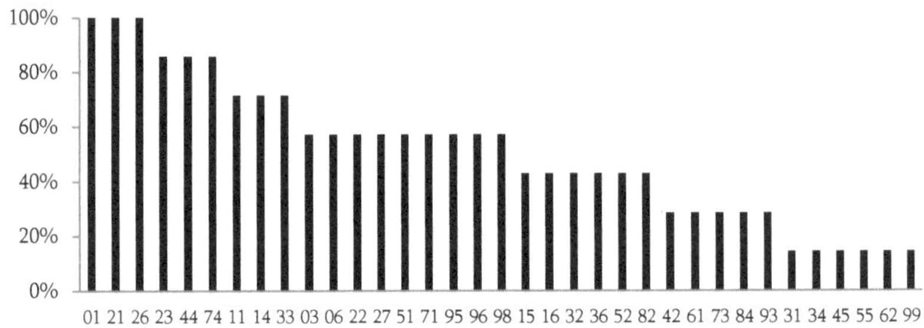

Abbildung 5-10: Wirkmechanismen der Kategorien "relevant" und "sehr relevant"[509]

Auffällig an dieser Stelle sind insbesondere die Wirkmechanismen *fachliche Kompetenz* (ID 01), *Fairness* (ID 21) und *Ehrlichkeit* (ID 26) der Netzwerkmitglieder, die von allen Teilnehmern in die obersten beiden Kategorien einsortiert wurden. Sehr hohe Werte haben sechs weitere Faktoren erzielt, die von deutlich mehr als zwei Drittel der

[509] Die Wirkmechanismen zu den IDs sind in Tabelle 4-1 aufgeführt

Teilnehmer in die beiden Kategorien einsortiert wurden. Dazu gehören der *respektvolle Umgang im Wissensnetzwerk* (ID 44), die *Hilfsbereitschaft der Netzwerkmitglieder* (ID 11) und die oben beschriebene *Offenheit der Netzwerkmitglieder* (ID 14). Darüber hinaus wurde das bereits vielfach beschriebene *Teilen relevanter und sensibler Informationen* (ID 33), was durch *Diskretion und Geheimhaltung der Netzwerkmitglieder* (ID 23) begünstigt wird und die *Zufriedenheit bei vorherigen Interaktionen* (ID 74) unter den Netzwerkmitgliedern steigert, in diese Kategorien eingeordnet.

Interessant ist auch ein Blick auf die Wirkmechanismen, welche als „nicht relevant" eingestuft wurden (siehe Abbildung 5-11). Kein Wirkmechanismus wurde einstimmig in diese Kategorie einsortiert, was die Ergebnisse aus der Literaturanalyse zunächst bestätigt. Jedoch wurden von 86% der Netzwerkmitglieder *vertragliche Bindungen im Wissensnetzwerk* (ID 99) eher hinderlich für die Vertrauensentstehung angesehen. Immerhin mehr als zwei Drittel der Teilnehmer sehen keine Relevanz in den Wirkmechanismen *Pünktlichkeit* (ID 05) und *kulturelle Identität* (ID 81) der Netzwerkmitglieder, sowie in den *Kommunikationskanälen im Wissensnetzwerk* (ID 34).

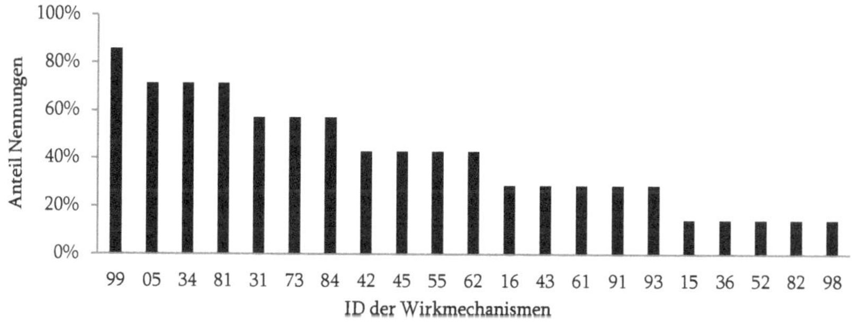

Abbildung 5-11: Wirkmechanismen der Kategorie "nicht relevant"

Neben der quantitativen Analyse wurden auch Kommentare während der Durchführung der Methode ausgewertet, die in den Tiefeninterviews weiter diskutiert wurden und weitere Implikationen für die Entstehung von Vertrauen bieten. Allgemein wurde von mehreren Netzwerkmitgliedern angemerkt, dass es sehr leicht sei, sich im betreffenden Wissensnetzwerk als neues Netzwerkmitglied einzufinden, da dieses ein wahrnehmbares hohes Vertrauensniveau aufweist. Bezüglich der *fachlichen Kompetenzen* (ID 01) wurde erwähnt, dass dadurch, dass andere Netzwerkmitglieder auf einem fachlich ähnlichen Niveau sind und die eigenen Herausforderungen nachvollziehen können, die Bereitschaft steigt, Erfahrungen und Informationen zu teilen. Die *Offenheit der anderen Netzwerkmitglieder* (ID 14) führt den Teilnehmern zufolge dazu, dass man schneller selbst Vertrauen in die Gruppe fasst. Hingegen würde fehlende *Toleranz* (ID 15) den Aufbau von Vertrauen bei Neueintritt eher erschweren. Bezüglich möglichem *Opportunismus* (ID 22) anderer Netzwerkmitglieder wurde angemerkt, dass ein einseitiges „Mitnehmen von Wissen", ohne selbst etwas im Wissensnetzwerk beizutragen, „Gift für das Vertrauen" wäre. Obwohl die Kommunikationskanäle als weniger relevant eingestuft wurden, ist für die Teilnehmer dennoch eine *regelmäßige Kommunikation* (ID 31) wichtig, um Vertrauen aufzubauen. Hierbei ist ein gewisses Mindestmaß an Austausch – genannt wurden ca. 2 physische Treffen pro Jahr – notwendig, jedoch muss nicht jedes Netzwerkmitglied immer dabei sein. Darüber hinaus sind mündliche Kommunikationskanäle im Sinne der leichteren Geheimhaltungsmöglichkeit vorzuziehen. Bezüglich des *Informationsaustausches* (ID 33) wurde von vielen Teilnehmern angemerkt, dass durch das Teilen von Wissen und Erfahrungen durch ein Netzwerkmitglied, dieses den anderen einen Vertrauensvorschuss gibt, der es den anderen Netzwerkmitgliedern wiederum leichter macht, dieses zu erwidern. Hierin wird somit die Reziprozität von Vertrauen erkennbar. Weiterhin sei für den Aufbau von Vertrauen nicht zwangsläufig notwendig, dass die Informationen erkennbar sensibler Natur sind, jedoch vereinfacht dies den Vertrauensaufbau deutlich. Hierin wird die Eigenschaft von Vertrauen, sich anderen gegenüber verwundbar zu zeigen, deutlich, die auch in den meisten Definitionen von Vertrauen zu finden ist.[510] Ein *respektvoller Umgang* (ID 44) sei zudem nicht nur förderlich, sondern Grundvoraussetzung für die Ausbildung von Vertrauen. Mit Blick auf die *persönlichen Beziehungen* (ID 51) wurde von einigen angemerkt, dass diese grundsätzlich auch auf Arbeitsebene ausreichend sind, jedoch tiefergehende Kenntnisse über die anderen Netzwerkmitglieder auch auf persönlicher Ebene für die Zusammenarbeit förderlich sind. Dies steht im Einklang mit den Erkenntnissen über die drei Stadien der Vertrauensentwicklung.[511] Die *Beziehungslänge zwischen den Netzwerkmitgliedern* (ID 71) spielt darüber hinaus eine wichtige Rolle und es wurde bestätigt, dass Vertrauen immer eine gewisse Zeit benötigt, sich aufzubauen.[512] Jedoch wirkt sich die Tatsache, dass ein neues Mitglied das bereits lange Fortbestehen des Wissensnetzwerks erkennt, positiv auf die Vertrauensentstehung aus. Bezüglich der *externen Reputation des Unternehmens* (ID 62) wurde bestätigt, dass besonders im negativen Fall sich der schlechte Ruf eines Unternehmens auf das Vertrauen in das entsprechende Netzwerkmitglied auf interpersonaler Ebene übertragen kann. Zu der *sozialen Homophilie* (ID 84) wurden gegenläufige

[510] Zur Reziprozität von Vertrauen sowie gängigen Definitionen von Vertrauen siehe Kapitel 3.2.1 & 3.2.2

[511] Zu den Stadien der Vertrauensentwicklung siehe auch Kapitel 3.2.2

[512] Siehe dazu auch die Merkmale von Vertrauen in Kapitel 3.2.2

Aussagen getätigt. Einerseits wurde erwähnt, dass durch ähnliche Hintergründe schneller die „Chemie zwischen den Netzwerkmitgliedern“ stimmt. Andererseits wurde aber auch die Heterogenität und Diversität im Wissensnetzwerk hervorgehoben, die den Wissensaustausch viel „fruchtbarer“ mache. Die Relevanz einer koordinierenden Instanz wurde auch an dieser Stelle im Rahmen des Wirkmechanismus *Teilnehmermanagement* (ID 91) bestätigt. Hierbei wurde insbesondere die Notwendigkeit angemerkt, die Art und Weise wie im Wissensnetzwerk kommuniziert wird durch einen Netzwerkorchestrator zu lenken. Abschließend wurde die vorherrschende positive *Arbeitsumgebung bzw. Arbeitsatmosphäre im Wissensnetzwerk* (ID 96) vielfach hervorgehoben, die es leichter mache, sich aufeinander einzulassen.

Tiefeninterviews

Die Auswertung der Tiefeninterviews erfolgt anhand der Struktur des Interviewleitfadens und besteht aus vier Blöcken:

- Einleitung zu Vertrauen und Wirkmechanismen im Allgemeinen
- Besonderheiten aus dem Trust Game
- Wachstumsdilemma von Netzwerken (Hypothesen 5 bis 7)
- Aufbau von Vertrauen im Wissensnetzwerk

Nachfolgend werden die wichtigsten Ergebnisse zusammengefasst, aus denen die finalen Erkenntnisse über die Entstehung von Vertrauen in interorganisationalen Wissensnetzwerken der Fabrikplanung resultieren. Diese werden im Anschluss in Kapitel 5.4.4 zum zweiten Teilmodell des Reglers im Orchestrationsmodell zusammengeführt.

Tiefeninterviews - Einleitung zu Vertrauen und Wirkmechanismen im Allgemeinen

Das hohe gemessene Vertrauenslevel im Wissensnetzwerk (F01) wird im Allgemeinen auf die Offenheit und Ehrlichkeit beim Teilen von Problemen und sensiblen Informationen im Kontext Fabrikplanung zurückgeführt. Ein durchgehend ehrlicher und respektvoller Umgang während Diskussionen, Workshops oder in Kaffeepausen und beim gemeinsamen Abendessen, erleichtert zudem den Aufbau von persönlichen Beziehungen. Weitere Kernkomponenten sind die authentische und offene Kommunikation sowie die Tatsache, dass nicht ausschließlich Erfolge geteilt werden, sondern auch Herausforderungen und Misserfolge, die nicht beschönigt werden. Positiv hervorgehoben wurde auch die Netzwerkorchestration, die professionelle Rahmenbedingungen sicherstellt. Das beschriebene Netzwerk wurde von den Mitgliedern als „eingeschworene Gemeinschaft“ bezeichnet, die bereits über einen langen Zeitraum fortbesteht und in der sich alle Mitglieder untereinander kennen, was sich positiv auf das Vertrauen auswirkt. Gleichzeitig werden neue Mitglieder aber auch offen integriert und bei ihnen entsteht das Gefühl respektiert zu werden, da ihre Beiträge von Beginn an genauso relevant wie die anderer eingestuft werden. Des Weiteren wird ein sehr gutes Verhältnis aus Geben und Nehmen im Wissensnetzwerk bescheinigt. Das gemeinsame Ziel, im Wissensnetzwerk durch Wissens- und Erfahrungsaustausch gemeinsam die Expertise im Bereich Fabrikplanung auszubauen, wurde überdies als positiver Faktor im Kontext von Vertrauen hervorgehoben.

Bezüglich der Fragestellung, wie die beschriebenen Wirkmechanismen im Wissensnetzwerk umgesetzt werden können (F02), wurde allen voran die Partnerauswahl genannt. Hierbei sollte auf einen kongruenten Personenkreis mit ähnlichen Hintergründen, aber gleichzeitig hoher Diversität geachtet werden. Dies sollte auch in der Außendarstellung so wahrgenommen werden. Des Weiteren sollte darauf geachtet werden, dass verstärkt ein Austausch über Themen stattfindet, die auch kritischer und sensibler Natur sind, da diese die tiefsten Einblicke und größten Lerneffekte ermöglichen. Die Wirkmechanismen kommen insbesondere durch Interaktion der Netzwerkmitglieder zum Tragen. Weiterhin sollte das Wissensnetzwerk neuen Mitgliedern von Beginn an als Plattform für einen offenen Wissens- und Erfahrungsaustausch kommuniziert werden und an sie sollte appelliert werden, einen Vertrauensvorschuss zu gewähren, der wiederum vom Wissensnetzwerk erwidert werden sollte. Die gemeinsame Erarbeitung von Verhaltensspielregeln im Netzwerk wurde ebenso begrüßt, zu deren Einhaltung sich dann alle Mitglieder verpflichten. Jedoch wurde explizit erwähnt, dass dies nicht durch vertragliche Gestaltung erreicht werden sollte. Darüber hinaus wurden Teambuildingmaßnahmen positiv hervorgehoben, die, wie zum Beispiel ein gemeinsames Abendessen, in ungezwungener Atmosphäre abseits der Fachthemen ein persönliches Kennenlernen ermöglichen und so zum Aufbau gegenseitigen Vertrauens maßgeblich beitragen.

Tiefeninterviews - Besonderheiten aus dem Trust Game

Eine offene Atmosphäre im Rahmen des Trust Games (F03), die im hohen Vertrauenslevel im Wissensnetzwerk begründet liegt, wurde vielfach hervorgehoben. Die meisten Teilnehmer, neue Netzwerkmitglieder eingeschlossen, haben ohne zu zögern mit einem offenen Erfahrungsaustausch begonnen. Lediglich einer der neuen Mitglieder hat angegeben, aufgrund der Branchenzugehörigkeit des Interaktionspartners nicht so offen Informationen geteilt zu haben.

Der Großteil der Teilnehmer hat von Beginn des Experiments an offen ihre Erfahrungen geteilt (F04). Dies wurde einerseits durch den offenen und direkten Gesprächsstart des Interaktionspartners begründet. Andererseits sind die meisten Netzwerkmitglieder diese Offenheit aus dem Wissensnetzwerk bereits gewöhnt. Ein Teilnehmer gab an, dass er explizit als Reaktion auf sein Gegenüber so offen war und dies im umgekehrten Fall eventuell selbst nicht gewesen wäre. Ob ein Netzwerkmitglied neu im Wissensnetzwerk war, spielte für alle Teilnehmer keine Rolle.

Bezüglich der ersten teilnehmerspezifischen Frage zum Trust Game (X01) lässt sich konstatieren, dass das ältere Netzwerkmitglied in einer Paarung sehr offen einem neuen Netzwerkmitglied gegenüber war, da dieses das Gespräch eröffnet hatte und von sich selbst sehr offen auch sensible Informationen geteilt hat. Insofern hatte die Tatsache, dass die Person neu im Netzwerk war keinen Einfluss auf den weiteren Verlauf.

In drei Paarungen hat jeweils ein Teilnehmer angegeben, sehr offen und auch sensible Informationen geteilt zu haben, trotz gleicher Branche des Gesprächspartners (X02). Für die Teilnehmer stehen die Auswirkungen der geteilten Informationen im Vordergrund. Hierbei wurden Informationen im Kontext Fabrikplanung nicht als kritisch oder gar wettbewerbsrelevant eingestuft, so dass sie ohne Nachteile geteilt werden konnten. Weiterhin wurde das geschützte Umfeld im Wissensnetzwerk als Grund genannt, das einen offenen Austausch ermöglicht. Ein Teilnehmer merkte an, dass die Branche grundsätzlich eine potentielle Hürde darstellen kann.

In zwei Paarungen hat das Unternehmen des Interaktionspartners eine Rolle gespielt, obwohl sie angegeben haben, in keiner direkten Konkurrenzsituation zu stehen (X03). In einem Fall hatte diese Tatsache eine positive Auswirkung, da davon ausgegangen wird, dass das Gegenüber aufgrund der gleichen Branchenzugehörigkeit (ohne direkte Konkurrenzsituation) besser mit den Fachinformationen umgehen kann. Im zweiten Fall verhielt sich ein Teilnehmer zurückhaltender aufgrund einer Kunde-Dienstleister-Beziehung, die in diesem Fall trotz unterschiedlicher Branchen gegeben war.

Eine hohe Offenheit und das Teilen sensibler Informationen, obwohl gewisse Netzwerkmitglieder neu im Wissensnetzwerk waren und ihre Gesprächspartner noch nicht persönlich kannten (X04, X05), lässt sich durch das hohe Vertrauenslevel im Wissensnetzwerk begründen, das die Teilnehmer bereits im ersten physischen Treffen wahrgenommen haben. Darüber hinaus waren die jeweiligen Gesprächspartner im Trust Game sehr offen und ehrlich und haben somit einen Vertrauensvorschuss gewährt, was wiederum eine hohe Offenheit des Gegenübers bewirkte.

Ein Teilnehmer gab an, keine sensiblen Informationen aufgrund der gleichen Branchenzugehörigkeit geteilt zu haben (X06, X07). Dies ist kongruent mit den quantitativen Auswertungen zum Trust Game in Kapitel 5.2.3, wonach nur zwei von zwölf Teilnehmern angaben, in einer Konkurrenzsituation zu stehen. Für eine der beiden Interaktionspartner spielte das Unternehmen dennoch keine Rolle, so dass nach Auswertung der Tiefeninterviews konstatiert werden muss, dass Hypothese 4 auf Grundlage einer einzigen Beobachtung nicht bestätigt werden kann.

Die Tatsache, dass für einen Teilnehmer das Unternehmen des Gegenübers keine Rolle gespielt hat, obwohl dieses aus der gleichen Branche stammt (X08), ist auf die oben bereits beschriebene Ursache zurückzuführen, dass Informationen im Kontext Fabrikplanung für dieses Netzwerkmitglied nicht kritisch oder wettbewerbsrelevant sind.

Sieben von zwölf Teilnehmern wiesen einen höheren Vertrauenswert ins Wissensnetzwerk als ihre persönliche Neigung zu Vertrauen auf. Fünf davon hatten nur einen mittleren Wert der persönlichen Vertrauensneigung, waren aber trotzdem sehr offen im Rahmen des Trust Games (X09). Dies ist auf die bereits beschriebenen Punkte zurückzuführen, insbesondere die Offenheit und das hohe vorhandene Vertrauenslevel im betrachteten Wissensnetzwerk.

Zusammenfassend lässt sich im Rückblick auf das Trust Game festhalten, dass die Mehrzahl der Teilnehmer sehr offen und ehrlich Wissen und Erfahrungen ausgetauscht hat, die auch sensible Informationen beinhalteten. Dies wurde überwiegend ungeachtet der Unternehmen, die die Netzwerkmitglieder repräsentieren sowie der Zugehörigkeitsdauer getan. Neben der Tatsache, dass von vielen Netzwerkmitgliedern Informationen im Kontext Fabrikplanung als nicht wettbewerbsrelevant eingestuft wurden, spielte die Komponente des Vertrauensvorschusses eine große Rolle, die der in das Gespräch startende Teilnehmer zumeist gewährte. Dennoch sind Konkurrenzsituationen und Kunde-Dienstleister-Beziehungen bei der Partnerauswahl zu berücksichtigen, da diese einen negativen Einfluss auf das Vertrauen haben können, auch wenn sie in der vorliegenden Fallstudie eine zu vernachlässigende Rolle gespielt haben.

Tiefeninterviews - Wachstumsdilemma von Netzwerken (Hypothesen 5 bis 7)

Im dritten Teil der Tiefeninterviews wurden die in Kapitel 5.1.3 aufgestellten Hypothesen 5 bis 7 untersucht

Hypothese 5: Der Nutzen eines interorganisationalen Wissensnetzwerks der Fabrikplanung steigt mit wachsender Diversität und Heterogenität der kooperierenden Unternehmen

Hypothese 5 wurde von der überwiegenden Mehrheit der Teilnehmer zugestimmt (F05). Die bestehende Diversität aus Unternehmen verschiedener Branchen im Wissensnetzwerk und Netzwerkmitgliedern aus dem Fachbereich Fabrikplanung wurde als gut eingestuft. Impulse aus fachfremden Bereichen, wie zum Beispiel dem Controlling, wurden grundsätzlich begrüßt, jedoch wurde auch angemerkt, dass bei zu starker Heterogenität schwieriger gemeinsame Themen gefunden werden können.

Hypothese 6: Das Vertrauen in einem interorganisationalen Wissensnetzwerk der Fabrikplanung steigt mit wachsendem Nutzen

Hypothese 6 stimmten alle Teilnehmer zu. Ebenso bestätigten alle Teilnehmer, dass durch ein höheres Vertrauen auch der offene Austausch relevanter Informationen zunimmt (F07) und dieser offene Austausch wiederum einen positiven Nutzen für die Netzwerkmitglieder generiert (F08). Hervorgehoben wurde hierbei insbesondere der Austausch von unternehmensspezifischen Herausforderungen und mit welchen Lösungsansätzen diesen begegnet wurde. Hierdurch erhalten die Netzwerkmitglieder tiefe Einblick in andere Unternehmen, die sonst nicht nach außen getragen werden.

Hypothese 7: Das Vertrauen in einem interorganisationalen Wissensnetzwerk der Fabrikplanung sinkt mit dem Wachstum des Netzwerks

Hypothese 7 stimmten nur knapp über die Hälfte der Teilnehmer zu (F06). Grundsätzlich wurde zugestimmt, dass bei Wachstum des Wissensnetzwerks die Gruppe schlechter überblickt werden kann und ein gegenseitiges Kennen zunehmend schwieriger wird. Ebenso werden Interaktionen mit allen Mitgliedern schwieriger, wodurch die Gegenseitigkeit von Vertrauen (Reziprozität) schwieriger wird. Ebenso führt eine zu große Gruppe zu Anonymität. Daher stimmten die meisten Teilnehmer zu, dass es eine natürliche Grenze in der Netzwerkgröße gibt, die nicht überschritten werden darf. Genannte Größenwerte schwankten zwischen 15 bis 30 Mitgliedern. Die Wachstumsgeschwindigkeit nimmt darüber hinaus Einfluss auf das Vertrauen. Bei einer Verdopplung innerhalb kürzester Zeit werden sehr negative Auswirkungen auf das Vertrauen erwartet und man würde einem Teilnehmer zufolge wieder „bei null anfangen". Hingegen kann ein sukzessives Wachstum auch von Vorteil sein, da eine Integration des neuen Mitglieds leichter gelingt und die Diversität in der Gruppe steigt. Kritischer als das Wachstum wurde jedoch eine hohe Fluktuation gesehen.

Die Fragen F09 bis F12 dienten der weiteren Vertiefung der Hintergründe zur Entstehung von Vertrauen, insbesondere bei Eintritt neuer Netzwerkmitglieder. Bezüglich der Frage, ob neuen Mitgliedern erst einmal misstrauisch begegnet wird oder diesen dieselbe Offenheit gleich von Beginn an entgegengebracht wird (F09), nahmen die

Teilnehmer eine neutrale Haltung ein. Dem neuen Mitglied wird zwar kein Misstrauen entgegengebracht, jedoch wurde bestätigt, dass dieses zunächst kennengelernt werden muss, bevor ihm dieselbe Offenheit entgegengebracht wird und vertraut wird. Diese Aufgabe einer schnellen Integration sehen die Teilnehmer insbesondere beim Netzwerkorchestrator. Letztlich ist entscheidend, ob das neue Netzwerkmitglied sich zügig einbringt und Wissen und Erfahrungen von sich aus teilt, damit schneller Vertrauen zu ihm aufgebaut werden kann.

Bezüglich der Frage, ob die Zurückhaltung einem neuen Netzwerkmitglied gegenüber eher fehlendes Vertrauen oder ein gesteigertes Misstrauen ist (F10), kann keine eindeutige Antwort gegeben werden. Einerseits werden Vertrauen und Misstrauen als ein und dasselbe Konstrukt auf einer Skala angesehen, so dass bei Eintritt eines neuen Mitglieds das Vertrauen im Wissensnetzwerk kurzzeitig sinkt. Das Ausmaß dieser Senkung, die einen Vertrauenseinbruch bedeutet und wie schnell das alte Niveau wieder erreicht wird, hängt von der Anzahl der Mitglieder und dem Zeitraum, in dem diese dem Netzwerk beitreten ab (siehe Abbildung 5-12 links). Andererseits werden Vertrauen und Misstrauen auch als unabhängige Konstrukte angesehen, so dass bei Eintritt eines neuen Mitglieds das grundsätzliche Vertrauenslevel zwar konstant bleibt, jedoch das Misstrauenslevel, insbesondere in das neue Mitglied, kurzzeitig steigt. Auch hier hängt die Ausprägung des Misstrauenspeaks sowie die Zeitspanne bis das alte Niveau wieder erreicht wird von der Anzahl der Mitglieder und dem Zeitraum, in dem diese dem Netzwerk beitreten, ab (siehe Abbildung 5-12 rechts). Diesbezüglich wurde angemerkt, dass das Misstrauen auch themenbezogen sein kann. Diese Erkenntnisse sind im Einklang mit den unterschiedlichen Auffassungen der Konstrukte Vertrauen und Misstrauen in der Literatur.[513] In diesem Kontext wurde auch zugestimmt, dass ein gewisses Maß an Misstrauen im Wissensnetzwerk von Vorteil sein kann, da Misstrauen grundsätzlich vor Ausnutzung schützt, ein kritisches Bewusstsein fördert und zum Perspektivenwechsel anregt (F11).[514]

[513] Vgl. Vaske (2016), Misstrauen und Vertrauen, S. 16f.

[514] Vgl. Vaske (2016), Misstrauen und Vertrauen, S. 93

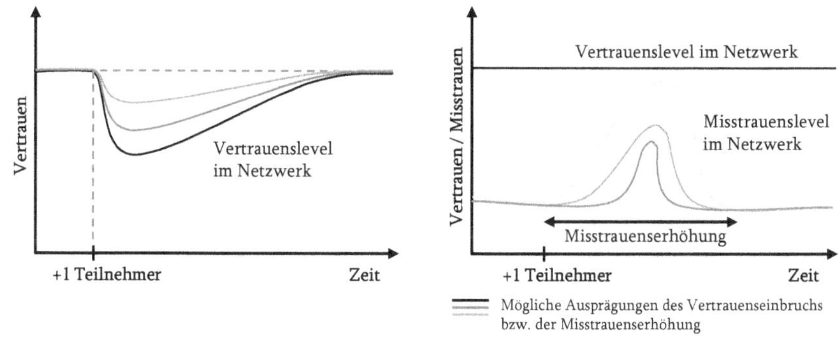

Abbildung 5-12: Einfluss des Netzwerkwachstums auf das Vertrauen und Misstrauen

Alle Teilnehmer stimmten der Aussage zu, dass die Fabrikplanung keine Kernkompetenz ist, über die Wettbewerbsvorteile erlangt werden und bestätigen somit die Ausführungen in Kapitel 2.2, in dem die Fabrikplanung als notwendige Planungskompetenz eingeordnet wurde (F12). Somit ist die Grundvoraussetzung geschaffen, dass sich die Netzwerkmitglieder überhaupt über Themen in diesem Bereich offen austauschen können und im nächsten Schritt auch sensible Inhalte teilen.

Tiefeninterviews - Aufbau von Vertrauen im Wissensnetzwerk

Im vierten Abschnitt der Interviews wurden abschließend Fragen zum Aufbau von Vertrauen im betrachteten Wissensnetzwerk aus Sicht der Netzwerkmitglieder gestellt. Das Vertrauen in ein neues Netzwerkmitglied wird am schnellsten gewonnen, wenn dieses dem Wissensnetzwerk einen Vertrauensvorschuss gewährt (F13). Das neue Mitglied sollte von Beginn an offen partizipieren und Wissen und Erfahrungen in der Gruppe teilen. Ein hohes Aktivitätsniveau des neuen Mitglieds wirkt sich somit positiv auf das Vertrauen aus. Neben dem Teilen fachlicher Informationen ist jedoch auch eine Offenheit, persönliche Informationen zu teilen wichtig, da der Aufbau von persönlichen Beziehungen ein wichtiger Faktor ist. Dieses kann durch den Netzwerkorchestrator sichergestellt werden, indem das neue Netzwerkmitglied zum einen ausreichend Gelegenheit bekommt sich und das Unternehmen, beispielsweise im Rahmen eines physischen Treffens, vorzustellen und zum anderen bereits bei der ersten Teilnahme einen fachlichen Beitrag leistet.

Im umgekehrten Fall ist ebenso ein Vertrauensvorschuss der Gruppe an das neue Netzwerkmitglied vonnöten, um dessen Vertrauen in das Wissensnetzwerk zügig auf das

Vertrauenslevel im Netzwerk zu bekommen (F14). Dem neuen Mitglied sollte die gleiche Ehrlichkeit und Offenheit entgegengebracht werden wie den anderen Mitgliedern. Weiterhin sind erste Interaktionen auf persönlicher Ebene von Vorteil für die Entwicklung von Vertrauen. Darüber hinaus ist es Aufgabe des Netzwerkorchestrators, das neue Mitglied im Vorfeld hinreichend über die Funktionsweise und Abläufe im Wissensnetzwerk zu informieren.

Aufgrund des bereits hohen Vertrauenslevels im Wissensnetzwerk, wird von den Mitgliedern zum Zeitpunkt der Befragung keine Notwendigkeit gesehen, verstärkt Vertrauen aufzubauen (F15). Bei starkem Wachstum ist diese Notwendigkeit jedoch gegeben. Insbesondere bei einer Verdopplung sehen die Teilnehmer dies aber als schwierig an wie oben bereits beschrieben.

5.4.4 Der Regler: Teilmodell der Wirkmechanismen der Vertrauensgenese

Mit der Vorstellung der Ergebnisse aus den Tiefeninterviews ist der vierstufige Mixed-Methods-Ansatz, bestehend aus Vertrauensskala, Trust Game, Card-Sort-Methode und Tiefeninterview, abgeschlossen. Aus den gewonnenen Erkenntnissen zu den Wirkmechanismen der Vertrauensgenese in interorganisationalen Wissensnetzwerken der Fabrikplanung kann nun das zentrale Teilmodell des Reglers im Orchestrationsmodell detailliert werden. Aus den empirischen Analysen im Rahmen der Fallstudie gehen die relevanten Wirkmechanismen hervor, die die Zusammenhänge der Entstehung von Vertrauen in einem interorganisationalen Wissensnetzwerk der Fabrikplanung erklären. Diese Wirkzusammenhänge sind in einem Regelkreis dargestellt, der einen geschlossenen Wirkungsablauf beschreibt (siehe Abbildung 5-13). Im Zentrum des Modells steht die zu regelnde Größe *Vertrauen*. Diese nimmt in einem positiven Wirkungsablauf Einfluss auf den offenen Austausch von Wissen und Erfahrungen im Wissensnetzwerk, zu dem auch das Teilen sensibler Informationen gehört, die einen besonderen Mehrwert für die Netzwerkmitglieder haben. Hierüber wird unternehmensübergreifend Expertise im Bereich Fabrikplanung aufgebaut. Dies ist wiederum verbunden mit einem gesteigerten Nutzen für jedes Netzwerkmitglied bzw. für das repräsentierte Unternehmen im Netzwerk. Der gesteigerte Nutzen korreliert schließlich positiv mit der Zufriedenheit der Netzwerkmitglieder. Das Vertrauen wiederum wird in Anlehnung an MAYER ET AL.[515] zum einen durch die persönliche Neigung zu Vertrauen beeinflusst, zum anderen durch die *netzwerkdynamischen Wirkmechanismen*. Aus der Analyse der Wirkmechanismen wird deutlich, dass diese einerseits den verschiedenen Prinzipien der *autonomen* und der *willentlichen Regelung* folgen. Andererseits

[515] Vgl. Mayer et al. (1995), Integrative Model of Organizational Trust, S. 709ff.

können sie unterschiedlich stark durch einen Netzwerkorchestrator beeinflusst werden. Daher wurden die Wirkmechanismen in drei Kategorien der Beeinflussbarkeit eingeteilt: *Strukturen und Regelprozesse* (starke Beeinflussbarkeit); *inhärente, stabile Eigenschaften und Verhaltensweisen* (geringe Beeinflussbarkeit); *dynamische, selbstverstärkende Eigenschaften und Verhaltensweisen* (mittelstarke Beeinflussbarkeit). Die ersten beiden folgen dem Prinzip der willentlichen Regelung und sollten aktiv durch den Netzwerkorchestrator gestaltet und gelenkt werden. Dazu greift der Netzwerkorchestrator auf die Vertrauensskala als Messinstrument zurück, um das Vertrauenslevel im Status quo zu bestimmen und zielgerichtet agieren zu können. Sie werden daher auch als *orchestrierte netzwerkdynamische Wirkmechanismen* bezeichnet. Die dritte Kategorie umfasst die autonomen Regelungsprozesse, die als *autonome netzwerkdynamische Wirkmechanismen* bezeichnet werden.

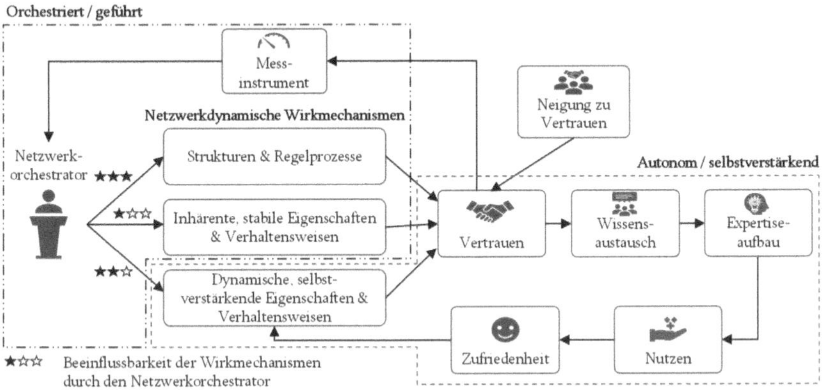

Abbildung 5-13: Wirkmodell der Vertrauensgenese

Orchestrierte netzwerkdynamische Wirkmechanismen

Die Wirkmechanismen in der Kategorie *Strukturen und Regelprozesse* liegen im unmittelbaren Gestaltungsspielraum des Netzwerkorchestrators und können durch diesen am stärksten beeinflusst werden. Durch seine Einflussnahme wird das Vertrauen im Wissensnetzwerk positiv beeinflusst, wodurch die weiteren positiven Effekte im beschriebenen Wirkungsablauf in Gang gesetzt werden. Die Wirkmechanismen in dieser Kategorie entstammen einerseits den in Kapitel 5.3 identifizierten Faktoren, die im Rahmen der Card-Sort-Methode in die Relevanzklassen „relevant“ und „sehr relevant“ eingeordnet wurden. Darüber hinaus wurden weitere Wirkmechanismen aus den Tiefeninterviews ermittelt (Reihenfolge in absteigender Relevanz):

- Beziehungslänge zwischen Netzwerkmitgliedern (ID 71)
- Geteilte Ziele der Netzwerkmitglieder (ID 95)
- Umgebung / Arbeitsatmosphäre im Wissensnetzwerk (ID 96)
- Transparenz im Wissensnetzwerk (ID 98)
- Wiederholte Interaktionen zwischen Netzwerkmitgliedern (Quantität) (ID 73)
- Soziale Homophilie / Ähnlichkeit der Netzwerkmitglieder (ID 84)
- Interpersonales Vertrauensmanagement im Wissensnetzwerk (ID 93)
- Regelmäßige Kommunikation im Wissensnetzwerk (Quantität) (ID 31)
- Kommunikationskanäle im Wissensnetzwerk (ID 34)
- Vertragliche Bindungen im Wissensnetzwerk (ID 99)
- Kongruenter Personenkreis (thematisch und fachlicher Hintergrund) (IN 11)[516]
- Professionelle Rahmenbedingungen im Wissensnetzwerk (IN 12)
- Beiträge neuer Netzwerkmitglieder von Beginn an (IN 13)
- Teambuildingmaßnahmen zum Aufbau persönlicher Beziehungen (IN 14)
- Außendarstellung des Wissensnetzwerks als offene Plattform (IN 15)
- Vertrauensvorschuss neuer Netzwerkmitglieder in das Netzwerk (IN 16)
- Vertrauensvorschuss d. Wissensnetzwerks in neue Netzwerkmitglieder (IN 17)
- Regeln der Zusammenarbeit (IN 18)

Die Wirkmechanismen in der Kategorie der *inhärenten, stabilen Eigenschaften und Verhaltensweisen* gehören ebenfalls zu den orchestrierten Wirkmechanismen. Allerdings sind diese nur sehr schwer bzw. indirekt durch den Netzwerkorchestrator beeinflussbar, da sie zu großen Teilen inhärente Eigenschaften der Netzwerkmitglieder umfassen, die mehr oder weniger stabil sind. Auch diese Wirkmechanismen entstammen den als „relevant" und „sehr relevant" eingestuften Faktoren sowie den Tiefeninterviews (Reihenfolge in absteigender Relevanz):

- Fairness der Netzwerkmitglieder (ID 21)
- Ehrlichkeit der Netzwerkmitglieder (ID 26)
- Diskretion und Geheimhaltung der Netzwerkmitglieder (ID 23)
- Offenheit der Netzwerkmitglieder gegenüber neuen Ansätzen, Herangehensweisen und neuen Mitgliedern im Wissensnetzwerk (ID 14)

[516] IN = Interview; diese Wirkmechanismen entstammen den Tiefeninterviews

- Kein Opportunismus bei den Netzwerkmitgliedern zu beobachten (ID 22)
- Zuverlässigkeit der Netzwerkmitglieder (ID 27)
- Toleranz der Netzwerkmitglieder (ID 15)
- Allgemeine Normen / Überzeugungen der Netzwerkmitglieder (ID 82)
- Vorhersehbarkeit / Berechenbarkeit der Netzwerkmitglieder (ID 42)
- Externe Reputation der Unternehmen der Netzwerkmitglieder (ID 62)
- Kommunikationsfähigkeiten der Netzwerkmitglieder (IN 21)
- Neutralität in der Zusammenarbeit bezüglich Titel und Positionen der Netzwerkmitglieder (IN 22)

Autonome netzwerkdynamische Wirkmechanismen

Die autonomen netzwerkdynamischen Wirkmechanismen werden durch *dynamische, selbstverstärkende Eigenschaften und Verhaltensweisen* definiert. Diese sind grundsätzlich durch den Netzwerkorchestrator mittelstark beeinflussbar. Ihnen ist jedoch gemein, dass sie sich auch ohne Einwirkung von außen, nur über den Ablauf von Zeit im Rahmen der Interaktionen im Wissensnetzwerk selbst verstärken. Dies liegt darin begründet, dass sie sich in dem oben beschriebenen positiven geschlossenen Wirkungsablauf befinden. Die Wirkmechanismen in dieser Kategorie entstammen zum einen den in Kapitel 5.3 identifizierten Faktoren, die im Rahmen der Card-Sort-Methode in die Relevanzklassen „relevant" und „sehr relevant" eingeordnet wurden. Zum anderen wurden weitere Wirkmechanismen aus den Tiefeninterviews ermittelt (Reihenfolge in absteigender Relevanz):

- Fachliche Kompetenz der Netzwerkmitglieder (ID 01)
- Respektvoller Umgang der Netzwerkmitglieder im Wissensnetzwerk (ID 44)
- Zufriedenheit bei vorheriger Interaktion von Netzwerkmitgliedern (Qualität) (ID 74)
- Hilfsbereitschaft der Netzwerkmitglieder (ID 11)
- Netzwerkmitglieder teilen (relevante / sensible) Informationen (ID 33)
- Kollektive Leistung im Wissensnetzwerk (ID 03)
- Persönliche Leistung der Netzwerkmitglieder (ID 06)
- Persönliche Beziehungen zwischen Netzwerkmitgliedern (ID 51)
- Freundlichkeit der Netzwerkmitglieder (ID 16)
- Reichhaltige Kommunikation im Wissensnetzwerk (Qualität) (ID 32)

- Wechselseitiger Austausch über Bedürfnisse und Erwartungen im Wissensnetzwerk (ID 36)
- Beziehungsbezogene Investitionen der Netzwerkmitglieder (ID 52)
- Interne Reputation der Netzwerkmitglieder im Wissensnetzwerk (ID 61)
- Verfügbarkeit der Netzwerkmitglieder (ID 45)
- Emotionen der Netzwerkmitglieder (ID 55)
- Authentische und offene Kommunikation im Wissensnetzwerk (IN 31)
- Realitätsnahe Wiedergabe von Erfahrungen ohne Beschönigung (IN 32)
- Ausgeglichenes Verhältnis aus Geben und Nehmen im Wissensnetzwerk (IN 33)
- Persönliche und fachliche Beteiligung der Netzwerkmitglieder (IN 34)

Das zweite Teilmodell des Reglers in Form eines Wirkmodells ist mithin ausreichend detailliert und ermöglicht einem Netzwerkorchestrator ein tiefgehendes Verständnis über die Mechanismen zur Entstehung von Vertrauen in interorganisationalen Wissensnetzwerken der Fabrikplanung. Darüber hinaus kann durch die Kategorisierung der Wirkmechanismen nach Beeinflussbarkeit und Relevanz sowie der Unterteilung in die zwei Wirkungsabläufe der willentlichen und autonomen Regelung eine zielgerichtete Orchestration von Vertrauen erfolgen. Hierauf aufbauend werden nun im nächsten Kapitel konkrete Strategien abgeleitet, die der Netzwerkorchestrator zur Orchestration von Vertrauen nutzen kann.

5.5 Teilmodell 5: Strategien zur Orchestration von Vertrauen

Das dritte Teilmodell des Reglers stellt eine Ableitung von zukunftsgerichteten Strategien zur Orchestration von Vertrauen aus den bis hierhin gewonnenen Erkenntnissen dar. Mit dem Ziel Vertrauen in einem interorganisationalen Wissensnetzwerk der Fabrikplanung aufzubauen, unterstützt das Teilmodell 5 den Netzwerkorchestrator als Anwender, zielgerichtete Handlungsalternativen auszuwählen und hat damit einen präskriptiv-normativen Charakter. In diesem Kapitel wird zunächst das Konzept des Teilmodells vorgestellt. Anschließend erfolgt die Detaillierung der Strategien anhand der vier Managementebenen normativ, strategisch, operativ und taktisch-koordinierend.

5.5.1 Der Regler: Teilmodell der Strategien zur Orchestration von Vertrauen

Das letzte Teilmodell des Reglers und mithin auch das letzte Teilmodell des Orchestrationsmodells verfolgt das Ziel, dem Netzwerkorchestrator konkrete Handlungsalternativen für die Orchestration von Vertrauen in interorganisationalen Wissensnetzwerken der Fabrikplanung aufzuzeigen. Hierzu werden aus den Wirkmechanismen, welche in Teilmodell 4 in Kapitel 5.4 entwickelt wurden, Strategien abgeleitet, mit denen Vertrauen im beschriebenen spezifischen Kontext aufgebaut und etabliert werden kann. Die Strategien werden im Einklang mit den Ausführungen in Kapitel 3.1.1 als Handlungsanleitung für die Gestaltung und Lenkung eines Wissensnetzwerks durch einen Netzwerkorchestrator verstanden. Das Teilmodell berücksichtigt zum einen die unterschiedliche Beeinflussbarkeit der Wirkmechanismen durch den Netzwerkorchestrator. Hierdurch wird dem Netzwerkorchestrator eine Priorisierung für die Orchestration von Vertrauen vorgegeben. Zuvorderst sollten die orchestrierten netzwerkdynamischen Wirkmechanismen mit einer hohen Beeinflussbarkeit gelenkt werden, wohingegen die Wirkmechanismen mit autonomem, selbstverstärkendem Charakter eher durch bestärkende Impulse geregelt werden sollten.[517] Zum anderen wird der konkreten Beschaffenheit des Systems der Regelstrecke interorganisationales Wissensnetzwerk, das in Kapitel 5.1 als lebensfähiges System charakterisiert wurde, entsprochen. Auch hierin wird dem Netzwerkorchestrator eine Priorisierung der Strategien vorgegeben. So sollten zunächst Strategien auf taktisch-koordinierender und operativer Ebene in Angriff genommen werden, um die Entstehung initialen Vertrauens in persönlichen Interaktionen der Netzwerkmitglieder zu lenken. Darauf aufbauend sollten dann die Strategien auf strategischer und normativer Ebene angewendet werden, um das Vertrauen nachhaltig zu etablieren. Die entwickelten Strategien werden somit in eine zweidimensionale Matrix eingeordnet, die die Perspektiven der *Beeinflussbarkeit der Wirkmechanismen* und der *Managementebenen in der Netzwerkorchestration* berücksichtigt (siehe Abbildung 5-14). In dieser Matrix wurden sieben Handlungsfelder definiert, für die eine Leitstrategie sowie weitere konkretisierende Strategien formuliert wurden. Im Folgenden werden diese Strategien entlang der vier Managementebenen normativ, strategisch, operativ und taktisch-koordinierend vorgestellt.

[517] Die Verknüpfung der Wirkmechanismen und Strategien ist im Anhang in Tabelle A-5 aufgeführt

Beeinflussbarkeit durch Netzwerkorchestrator

Wirkmechanismen / Orchestrationsebene	Strukturen & Regelprozesse	Dynamische, selbstverstärkende Eigenschaften & Verhaltensweisen	Inhärente, stabile Eigenschaften & Verhaltensweisen
Normativ	Netzwerksatzung	Code of Conduct	
Strategisch	Außenwirkung & Teilnehmermanagement	Strategische Ziele & Partnerakquisition	
Operativ	Vertrauensvorschuss	Leistungssteuerung	
Taktisch-koordinierend	Kommunikation		-

Handlungsfeld mit Strategien zur Orchestration

Abbildung 5-14: Handlungsfelder der Strategien zur Orchestration von Vertrauen

5.5.2 Handlungsfelder und Strategien auf normativer Ebene

In Anlehnung an das Verständnis einer Unternehmung im Kontext des St. Galler Management-Modells hat die normative Managementebene im Netzwerk eine konstitutive Rolle. Sie dient der Sinn-, Identitäts- und Nutzenstiftung und definiert den Zweck des Netzwerks. Hierdurch wird die Lebens- und Entwicklungsfähigkeit des Netzwerks ermöglicht.[518] In die normative Orchestrationsebene wurden daher jene Wirkmechanismen eingeordnet, die den übergreifenden Netzwerkzweck, Normen, Werte und allgemeine Verhaltensregeln betreffen. Hieraus wurden die zwei Handlungsfelder *Netzwerksatzung* und *Code of Conduct* abgeleitet, in denen die Strategien formuliert werden.

Netzwerksatzung

Für das Handlungsfeld Netzwerksatzung wird folgende Leitstrategie definiert:

***Leitstrategie N-1:** Für ein interorganisationales Wissensnetzwerk ist eine Netzwerksatzung zu definieren. Diese stellt die bindende Rechtsnorm des Wissensnetzwerks dar und definiert den Zweck des Wissensnetzwerks.*

[518] Vgl. Bleicher (2017), Konzept Integriertes Management, S. 151f.

Die Netzwerksatzung soll als bindende Rechtsnorm für alle Netzwerkmitglieder gelten, die den grundsätzlichen Zweck der Zusammenarbeit regelt. Für eine größtmögliche Akzeptanz sollte diese gemeinsam mit den Netzwerkmitgliedern erarbeitet werden. Neue Netzwerkmitglieder haben diese bei Eintritt zu akzeptieren. Es sollte aber turnusmäßig, beispielsweise jährlich eine gemeinsame Überprüfung und bei Bedarf Anpassung erfolgen. Die Leitstrategie wird durch folgende Strategien konkretisiert:

Strategie N-1.1: *Der Zweck der Kooperation im Wissensnetzwerk definiert den Nutzen für die Netzwerkmitglieder und besteht übergreifend in dem interorganisationalen Aufbau von Expertise im Bereich Fabrikplanung durch Wissens- und Erfahrungsaustausch zwischen den kooperierenden Unternehmen.*

Strategie N-1.2: *Die Netzwerksatzung sollte neben dem Zweck grundlegende Bestimmungen über den Ein- und Austritt von Netzwerkmitgliedern regeln sowie die Diskretion im Netzwerk über eine Geheimhaltungserklärung sicherstellen.*

Strategie N-1.3: *Verstöße gegen die Netzwerksatzung sind entsprechend zu sanktionieren. Hierzu ist ein Prozess bei Verstoß und ein Maßnahmenkatalog zu definieren, die den Weg zur Wiederherstellung des Vertrauens begleiten.*

Für den Aufbau und Inhalt einer Netzwerksatzung bietet sich eine erste Orientierung an der Vereinssatzung im deutschen Vereinsrecht an, in der Mindesterfordernisse und Sollinhalte definiert sind.[519] Mögliche Inhalte einer Netzwerksatzung können darüber hinaus der nachfolgenden Checkbox entnommen werden. Änderungen an der Netzwerksatzung sollten nur mit Zustimmung einer definierten Mehrheit von zum Beispiel drei Viertel der Netzwerkmitglieder möglich sein, um das Vertrauen der Netzwerkmitglieder in die Netzwerksatzung zu erhöhen.[520]

---

[519] Vgl. § 57 (Mindesterfordernisse an die Vereinssatzung); § 58 (Sollinhalt der Vereinssatzung)

[520] Vgl. § 33 Abs. 1 BGB (Satzungsänderung)

Checkbox: *Netzwerksatzung*

Auswahl wichtiger Inhalte und Bestimmungen für die Netzwerksatzung

- ☑ Zweck und Ziele des Wissensnetzwerks
- ☑ Anforderungen an die Mitgliedschaft
- ☑ Aufnahmeprozess von neuen Netzwerkmitgliedern
- ☑ Austritt von Netzwerkmitgliedern
- ☑ Mitgliedsbeiträge
- ☑ Mitgliederversammlungen
- ☑ Satzungsänderungen
- ☑ Datenschutz
- ☑ Geheimhaltungserklärung
- ☑ Auflösung des Wissensnetzwerks
- ☑ Sanktionsmaßnahmen für Verstöße

Abbildung 5-15: Checkbox Netzwerksatzung

Code of Conduct

Für das Handlungsfeld Code of Conduct wird folgende Leitstrategie definiert:

***Leitstrategie N-2:** Die Netzwerkmitglieder in einem interorganisationalen Wissensnetzwerk sollten sich zu einem definierten Verhalten und erwünschten Umgang miteinander verpflichten. Dies ist in einem Code of Conduct niederzuschreiben.*

Der Code of Conduct stellt im Gegensatz zur Netzwerksatzung eine freiwillige Selbstverpflichtung der Netzwerkmitglieder dar und sollte ebenfalls gemeinschaftlich definiert werden. Auch dieser ist grundsätzlich von neuen Netzwerkmitgliedern bei Eintritt zu akzeptieren. Es sollte aber turnusmäßig, beispielsweise jährlich eine gemeinsame Überprüfung und bei Bedarf Anpassung erfolgen. Der Code of Conduct enthält als Leitbild die grundsätzlichen Verhaltensregeln im Wissensnetzwerk und beschreibt den erwünschten Umgang miteinander sowie die geteilten moralischen Werte. Da die Einhaltung des Code of Conducts freiwillig ist, sollten keine Sanktionsmaßnahmen für Verstöße definiert werden. Allerdings unterliegt die Einhaltung einem gewissen sozialen Druck. Gemäß dem Prinzip der Reziprozität verhalten sich die Netzwerkmitglieder nach dem Kodex und erwarten dieses Verhalten entsprechend auch von den anderen Mitgliedern. Somit droht bei Nichteinhaltung ein Reputationsverlust. Die Leitstrategie wird durch folgende Strategien konkretisiert:

***Strategie N-2.1:** Der Code of Conduct sollte die grundsätzlichen Verhaltensregeln der Zusammenarbeit schriftlich festhalten und hat die Form eines Verhaltenskodex.*

***Strategie N-2-2:** Der Code of Conduct sollte den Netzwerkmitgliedern Orientierung geben, indem er die im Wissensnetzwerk geteilten moralischen Werte definiert.*

Konkrete Inhalte des Code of Conducts orientieren sich an den entsprechenden netzwerkdynamischen Wirkmechanismen und sind in nachfolgender Checkbox aufgeführt:

Checkbox: *Code of Conduct*

Grundlegende Verhaltensregeln und Werte für eine vertrauensvolle Zusammenarbeit im Wissensnetzwerk

- ☑ Ehrlichkeit
- ☑ Fairness
- ☑ Freundlichkeit
- ☑ Diskretion
- ☑ Hilfsbereitschaft
- ☑ Respektvoller Umgang miteinander
- ☑ Toleranz
- ☑ Zuverlässigkeit
- ☑ Kein opportunistisches Verhalten
- ☑ Ausgeglichenes Geben und Nehmen im Wissensnetzwerk
- ☑ Persönliche und fachlich aktive Beteiligung im Wissensnetzwerk
- ☑ Gleichberechtigte Behandlung aller Netzwerkmitglieder (Neutralität)

Abbildung 5-16: Checkbox Code of Conduct

5.5.3 Handlungsfelder und Strategien auf strategischer Ebene

Die strategische Managementebene im Netzwerk positioniert das Wissensnetzwerk in seiner dynamisch verändernden Umwelt, zu der es die Schnittstelle darstellt. Neben dieser Positionierungsfunktion definiert sie die strategischen Erfolgspotenziale des Netzwerks in der Zukunft und hat einen ausrichtenden Charakter.[521] Weiterhin ist sie das Bindeglied zwischen normativer und operativer Ebene. In Bezug auf den Aufbau von Vertrauen wurden in die strategische Orchestrationsebene daher jene Wirkmechanismen eingeordnet, die die Außendarstellung des Wissensnetzwerks und die Integration neuer Netzwerkmitglieder betreffen. Hieraus wurden die zwei Handlungsfelder *Außenwirkung & Teilnehmermanagement* und *Strategische Ziele & Partnerakquisition* abgeleitet, in denen die Strategien formuliert werden.

Außenwirkung & Teilnehmermanagement

Für das Handlungsfeld Außenwirkung & Teilnehmermanagement wird folgende Leitstrategie definiert:

***Leitstrategie S-1:** Der Netzwerkorchestrator sollte eine positive Außenwahrnehmung des interorganisationalen Wissensnetzwerks als erfolgreiche Plattform zum Wissens- und Erfahrungsaustausch und zum Aufbau von Fabrikplanungsexpertise sicherstellen.*

[521] Vgl. Bleicher (2017), Konzept Integriertes Management, S. 153

Die Außenwirkung des Wissensnetzwerks ist besonders wichtig, um langfristig eine ausreichende Diversität und Heterogenität durch den Eintritt neuer Netzwerkmitglieder sicherzustellen. Hierüber wird das Vertrauen in das Netzwerk über einen stetig hohen Nutzen für die Netzwerkmitglieder positiv beeinflusst. Folgende Strategien unterstützen in der Erfüllung dieses Ziels:

Strategie S-1.1: *Ein kontinuierliches Teilnehmermanagement des Netzwerkorchestrators beinhaltet den Abgleich der Ziele des Netzwerks mit den vorhandenen Kompetenzen und stellt eine optimale Zusammensetzung der Netzwerkmitglieder sicher.*

Strategie S-1.2: *Experten sollten regelmäßig themengesteuert in das Wissensnetzwerk eingeladen werden, um Impulse und spezifisches Fachwissen von außen in das Netzwerk einzubringen.*

Strategie S-1.3: *Der Netzwerkorchestrator sollte ein regelmäßiges Screening potenzieller Partnerunternehmen durchführen und auf neue Netzwerkmitglieder, die aufgrund ihrer Kompetenz und Erfahrung, aber auch interessanter Produkte oder Produktionsprozesse eine Bereicherung für das Netzwerk darstellen, aktiv anwerben.*

Strategie S-1.4: *Der Netzwerkorchestrator sollte ein regelmäßiges Screening von Technologietrends sowie neuer Methoden und Ansätze durchführen und diese zwecks Expertiseerweiterung in das Wissensnetzwerk einbringen.*

Mögliche Ideen und Vertriebskanäle für eine erfolgreiche Außenvermarktung des Wissensnetzwerks können der nachfolgenden Checkbox entnommen werden:

Checkbox: *Vermarktung des Wissensnetzwerks*

Mögliche Ansätze für eine Steigerung der Außenwahrnehmung des Wissensnetzwerks

- ☑ Eigene Online-Präsenz (Zweck und Ziele des Wissensnetzwerks, teilnehmende Unternehmen, Projekte- und Themenlandschaft)
- ☑ Nutzung von Social Media-Kanälen für Posts zu Netzwerktreffen und Projekten (Facebook, LinkedIn, Xing etc.)
- ☑ Veröffentlichung von Fachartikeln zu entwickelten Methoden und Standards im Bereich Fabrikplanung
- ☑ Werbung und Präsenz auf Fachmessen der produzierenden Industrie
- ☑ Zusammenarbeit mit Vertretern von Hochschulen und Industrieverbänden
- ☑ Angebot von Seminaren und Fortbildungen zum Thema Fabrikplanung

Abbildung 5-17: Checkbox Vermarktung des Wissensnetzwerks

Strategische Ziele & Partnerakquisition

Für das Handlungsfeld Strategische Ziele & Partnerakquisition wird folgende Leitstrategie definiert:

Leitstrategie S-2: Für die Sicherstellung eines hohen Vertrauens im Wissensnetzwerk sollten die strategischen Ziele gemeinsam definiert und abgestimmt werden und der Netzwerk-Fit bei der Auswahl neuer Netzwerkmitglieder berücksichtigt werden.

Die strategischen Ziele des Wissensnetzwerks prägen die Zusammenarbeit über einen längeren Zeitraum und geben dem Netzwerk eine thematische Orientierung. Die Entwicklung dieser Ziele sollte in enger Abstimmung mit den Netzwerkmitgliedern erfolgen. Da der Eintritt neuer Netzwerkmitglieder, insbesondere deren fachliche Hintergründe, repräsentierte Unternehmen und Persönlichkeit, großen Einfluss auf das bestehende Vertrauenslevel im Wissensnetzwerk haben, empfiehlt es sich den „Fit" zum Netzwerk vor Eintritt zu überprüfen und dazu die relevanten Wirkmechanismen zu berücksichtigen.[522] Folgende Strategien konkretisieren die Leitstrategie:

Strategie S-2.1: Die strategischen Ziele prägen die Zusammenarbeit im Wissensnetzwerk über einen Zeitraum von mehr als zwei Jahren und sollten die Themen vorgeben, die im Netzwerk diskutiert und gemeinsam erarbeitet werden.

Strategie S-2.2: Der Netzwerkorchestrator sollte für den Eintritt neuer Netzwerkmitglieder Auswahlkriterien definieren, um den Netzwerk-Fit zu überprüfen und die Grundvoraussetzungen für eine vertrauensvolle Kooperation sicherzustellen.

Mögliche Auswahlkriterien für die Aufnahme neuer Netzwerkmitglieder können der nachfolgenden Checkbox entnommen werden:

[522] Zur Überprüfung des strategischen Fits von Kooperationspartnern in einem Netzwerk siehe auch Nee (2014), Strategien für Wertschöpfungsnetzwerke

Checkbox: *Auswahlkriterien für Netzwerkmitglieder*

Mindestens zu berücksichtigende Kriterien bei der Auswahl neuer Partner für das Wissensnetzwerk

- ☑ Das Unternehmen bietet durch seine Produkte oder Produktionsprozesse spannende Einsichten für das Wissensnetzwerk und erhöht die Diversität
- ☑ Das Unternehmen steht in keiner unmittelbaren Konkurrenzsituation zu einem bestehenden Netzwerkmitglied
- ☑ Das Unternehmen teilt die Werte und Ziele des Wissensnetzwerks gemäß Netzwerksatzung und Code of Conduct
- ☑ Das potenzielle Netzwerkmitglied weist Fachkompetenz und erste Erfahrungen im Bereich der Fabrikplanung auf
- ☑ Das potenzielle Netzwerkmitglied bringt eine generelle Offenheit gegenüber neuen Ansätzen, Herangehensweisen und neuen Netzwerkmitgliedern mit
- ☑ Das potenzielle Netzwerkmitglied weist einen persönlichen Fit zu den bestehenden Netzwerkmitgliedern auf

Abbildung 5-18: Checkbox Auswahlkriterien für Netzwerkmitglieder

5.5.4 Handlungsfelder und Strategien auf operativer Ebene

Die operative Managementebene im Netzwerk ist für die Umsetzung der normativen und strategischen Vorgaben verantwortlich.[523] Darüber hinaus stellt sie im Sinne des Modells lebensfähiger Systeme die innere Stabilität des Wissensnetzwerks sicher und trägt die Verantwortung für die Erreichung eines Gesamtoptimums. In die operative Orchestrationsebene wurden daher jene Wirkmechanismen eingeordnet, die das Innere des Netzwerks bzw. dessen Betrieb betreffen. Hieraus wurden die zwei Handlungsfelder *Vertrauensvorschuss* und *Leistungssteuerung* abgeleitet, in denen die Strategien formuliert werden.

Vertrauensvorschuss

Für das Handlungsfeld Vertrauensvorschuss wird folgende Leitstrategie definiert:

Leitstrategie O-1: Der Netzwerkorchestrator sollte an neue Netzwerkmitglieder appellieren, dem Wissensnetzwerk einen Vertrauensvorschuss zu gewähren. Das Netzwerk sollte diesen Vertrauensvorschuss ebenso an das neue Mitglied erwidern.

Da Vertrauen Zeit benötigt, um sich zu entwickeln und zu Beginn einer Vertrauensbeziehung Interaktionspartner wenig übereinander wissen, ist das Gewähren eines Vertrauensvorschusses besonders wichtig. Hierüber gelingt es, das Vertrauen bei Eintritt neuer Netzwerkmitglieder zügig im Wissensnetzwerk wieder anzugleichen. Dar-

[523] Vgl. Bleicher (2017), Konzept Integriertes Management, S. 154

über hinaus ist ein aktives Vertrauensmanagement des Netzwerkorchestrators vonnöten, das das Vertrauenslevel regelmäßig misst, Vertrauenshindernisse aufdeckt und Konflikte auflöst. Die Leitstrategie wird durch folgende Strategien konkretisiert:

Strategie O-1.1: *Der Netzwerkorchestrator sollte mit Hilfe der Vertrauensskala in regelmäßigen Abständen das Vertrauenslevel messen.*

Strategie O-1.2: *Der Netzwerkorchestrator sollte Konflikte im Wissensnetzwerk umgehend auflösen und entstandenes Misstrauen ansprechen und bearbeitbar machen.*

Ein möglicher Prozessablauf für die Gewährung eines Vertrauensvorschusses, der durch den Netzwerkorchestrator begleitet werden sollte, ist in nachfolgender Checkbox aufgeführt:

Checkbox: *Vertrauensvorschuss*

Prozessablauf zur Gewährung eines Vertrauensvorschuss

- ☑ Netzwerkorchestrator appelliert an neues Netzwerkmitglied, dem Netzwerk einen Vertrauensvorschuss zu gewähren; ebenso Appell an bestehende Mitglieder, dem neuen Mitglied zu vertrauen
- ☑ Interaktionspartner bringen gegenseitig Vertrauen entgegen, z. B. indem sensible Informationen preisgegeben werden
- ☑ Wird das Vertrauen vom Interaktionspartner erwidert, bestärkt man die Vertrauensbeziehung durch erneutes Vertrauen (Reziprozitätsnorm)
- ☑ Wird das Vertrauen nicht erwidert oder gar missbraucht durch z. B. opportunistisches Verhalten, wird das kooperative Verhalten eingestellt und das Vertrauen entzogen und dies auch so kommuniziert
- ☑ Nach einer begrenzten Zeitspanne wird dem Interaktionspartner erneut Vertrauen entgegengebracht, der nun eine zweite (letzte) Chance bekommt, sich vertrauenswürdig zu erweisen
- ☑ Der Netzwerkorchestrator sollte an dieser Stelle erneut eindringlich zur Gewährung eines Vertrauensvorschusses appellieren
- ☑ Sollte das Vertrauen erneut nicht erwidert oder missbraucht werden, muss der Netzwerkorchestrator einschreiten und die Kooperation mit dem nicht vertrauenswürdigen Mitglied beenden

Abbildung 5-19: Checkbox Prozess der Gewährung eines Vertrauensvorschusses[524]

[524] Zur Gewährung eines Vertrauensvorschuss und dem Aufbau von Vertrauen siehe auch Sprenger (2003), Vertrauen als Führungsinstrument, S. 256ff.; Sprenger (2012), Radikal führen, S. 263ff.

Leistungssteuerung

Für das Handlungsfeld Leistungssteuerung wird folgende Leitstrategie definiert:

Leitstrategie O-2: Der Netzwerkorchestrator sollte ein ansprechendes Leistungsangebot im Wissensnetzwerk sicherstellen und auf den Austausch relevanter und ggf. sensibler Informationen, die tiefe Einblicke ermöglichen, positiv Einfluss nehmen.

Aus einem starken Leistungsangebot resultiert ein größerer Nutzen für die Netzwerkmitglieder. Daher muss aus Sicht der Vertrauensentwicklung eine aktive Leistungssteuerung durch den Netzwerkorchestrator erfolgen. Insbesondere tiefe Einblicke in die Herausforderungen und Erfahrungen von Unternehmen zu einem spezifischen Thema sind oftmals sensibler Natur, aber zugleich von unverkennbarem Wert für die Netzwerkmitglieder, um voneinander zu lernen. Daher sollte der Netzwerkorchestrator zum Teilen dieser Informationen ermutigen und die Wahrung der Geheimhaltung sicherstellen. Folgende Strategien konkretisieren die Leitstrategie:

Strategie O-2.1: Abgeleitet aus den strategischen Zielen sollte im Wissensnetzwerk eine thematische Agenda definiert werden, die neben Fokusthemen auch zu entwickelnde Methoden und Standards umfasst.

Strategie O-2.2: Der Netzwerkorchestrator sollte für ausreichend externe Expertise sorgen, um die Erarbeitung neuer Methoden und Standards zu befähigen.

Strategie O-2.3: Der Netzwerkorchestrator sollte die kollektive Leistung im Netzwerk lenken, indem er, gemäß der Kompetenzen und Herausforderungen der Netzwerkmitglieder, Expertenteams für beispielsweise die Erarbeitung eines Fabrikbaukastens für einen bestimmten Bereich oder Prozess in einer bestimmten Branche bildet.

5.5.5 Handlungsfelder und Strategien auf taktisch-koordinierender Ebene

Die taktisch-koordinierende Managementebene im Netzwerk hat eine koordinierende Rolle. Dazu stellt sie das harmonische Verhalten im Rahmen der Interaktionen im Wissensnetzwerk sicher und hat die bestmögliche Ausschöpfung von Synergien zum Ziel. In die taktisch-koordinierende Orchestrationsebene wurden daher jene Wirkmechanismen eingeordnet, die den Aufbau und Erhalt von Vertrauen in der direkten Interaktion der Netzwerkmitglieder betreffen. Hieraus wurde das Handlungsfeld *Kommunikation* abgeleitet, in dem die Strategien formuliert werden.

Kommunikation

Für das Handlungsfeld Kommunikation wird folgende Leitstrategie definiert:

Leitstrategie T-1: Im Wissensnetzwerk sollte eine regelmäßige, offene und transparente Kommunikation unter den Netzwerkmitgliedern sichergestellt werden, die neben fachlichem Austausch auch den Aufbau interpersonaler Beziehungen ermöglicht.

Kommunikation ist die Basis jeglicher Interaktion im interorganisationalen Wissensnetzwerk. In der direkten Interaktion zwischen den Netzwerkmitgliedern bildet sich das grundlegende Vertrauen untereinander aus. Der Netzwerkorchestrator fungiert auf dieser Ebene daher als Moderator der interpersonalen Interaktionen. Folgende Strategien konkretisieren die Leitstrategie:

Strategie T-1.1: Im Wissensnetzwerk sollte ein geeigneter Kommunikationsrahmen für den Wissens- und Erfahrungsaustausch gestaltet werden. Dies kann physische Netzwerktreffen oder eine digitale Plattform zum Wissensaustausch umfassen.

Strategie T-1.2: Der Netzwerkorchestrator sollte persönliche und auch digitale Treffen des Wissensnetzwerks moderieren, um eine zielgerichtete Kommunikation sicherzustellen, eine vertrauensvolle Arbeitsatmosphäre zu gewährleisten und mögliche Konflikte mit negativer Auswirkung auf das Vertrauen aufzulösen.

Strategie T-1.3: Der Netzwerkorchestrator sollte persönliche Interaktion im Wissensnetzwerk fördern und den Aufbau interpersonaler Beziehungen durch die Gestaltung eines passenden Rahmens begünstigen.

In nachfolgender Checkbox sind Hinweise, die der Netzwerkorchestrator bei der Gestaltung der Kommunikation im Wissensnetzwerk berücksichtigen sollte, aufgeführt.

Checkbox: *Kommunikation*

Wichtige Aspekte der Kommunikation für eine vertrauensvolle Zusammenarbeit im Wissensnetzwerk

- ☑ Regelmäßige und reichhaltige Kommunikation über verschiedene Kanäle:
  - Jährliche Workshop-Tagung
  - Quartalsweise Treffen vor Ort bei einem der Netzwerkunternehmen
  - Monatliche Webkonferenzen
  - Zusätzliche Onlineplattform zum Wissens- und Informationsaustausch
  - E-Mailverteiler mit Netzwerk-News sowie Social Media Posts
- ☑ Professionelle Rahmenbedingungen durch Netzwerkorchestrator sicherstellen
- ☑ Transparenz im Wissensnetzwerk
- ☑ Regelmäßige persönliche Interaktion der Netzwerkmitglieder zur Stärkung der interpersonalen Beziehungen

Abbildung 5-20: Checkbox Kommunikation

Der Aufbau von persönlichen Beziehungen unter den Netzwerkmitgliedern spielt für die Entwicklung eines hohen Vertrauenslevels eine herausragende Rolle. Hierdurch kann es gelingen, das höchste Entwicklungsstadium eines identifikationsbasierten Vertrauens zu erreichen.[525] Mögliche Ansatzpunkte, um interpersonale Beziehungen im Wissensnetzwerk zu stärken, sind in nachfolgender Checkbox aufgeführt:

Checkbox: *Interpersonale Beziehungen im Wissensnetzwerk*

Aspekte zur Stärkung der persönlichen Beziehungen im Wissensnetzwerk

- ☑ Regelmäßige und reichhaltige Interaktion vor allem in persönlichen Netzwerktreffen „Face-to-Face"
- ☑ Offene und ehrliche Kommunikation in lockerer Arbeitsatmosphäre
- ☑ Regelmäßige Feedbackrunden sowie offener und ehrlicher Austausch über die Zufriedenheit, Wünsche und Erwartungen
- ☑ Förderung des Interaktionslevels bei Netzwerktreffen durch verschiedene Workshop-Formate
- ☑ Förderung des persönlichen Austauschs abseits der Fachdiskussionen:
  - Abendveranstaltung, z. B. Team Dinner
  - Klassische Teambuildingmaßnahmen
  - Netzwerktreffen mit Freizeitaktivitäten in den Pausen
  - Exkursionen

Abbildung 5-21: Checkbox interpersonale Beziehungen im Wissensnetzwerk

[525] Zu den Entwicklungsstadien von Vertrauen siehe auch Kapitel 3.2.2

5.6 Rekapitulation des Orchestrationsmodells

In den vorherigen Kapiteln wurden die fünf Teilmodelle im Detail entwickelt, die gemeinsam das Orchestrationsmodell für die Vertrauensentwicklung in interorganisationalen Wissensnetzwerken der Fabrikplanung bilden. Das entwickelte Orchestrationsmodell ist in der Form eines kybernetischen Regelkreises aufgebaut und enthält Teilmodelle für die Regelstrecke, das Messglied und den Regler.

Interorganisationale Wissensnetzwerke in der Fabrikplanung bilden die Regelstrecke. Diese werden in Teilmodell 1 als lebensfähiges System beschrieben, dessen Untersysteme durch den Netzwerkorchestrator und die kooperierenden Unternehmen repräsentiert werden. Ziel der Kooperation ist der Aufbau einer überlegenen Expertise im Bereich Fabrikplanung durch unternehmensübergreifenden Wissens- und Erfahrungsaustausch und der gemeinsamen Entwicklung von Methoden und Standards. Auf das Wissensnetzwerk wirken externe sowie aus dessen Konstitution resultierende Einflussgrößen ein, die das Vertrauen unter den Netzwerkmitgliedern positiv und negativ beeinflussen können.

Das Messglied ermöglicht den Status quo des Vertrauens im Wissensnetzwerk zu messen und gibt konkrete Anhaltspunkte für Vertrauensdefizite im Netzwerk, an die der Netzwerkorchestrator anknüpfen kann. Hierzu ist Teilmodell 2 als Vertrauensskala realisiert, die als Fragebogen angewendet werden kann und die persönliche Vertrauensneigung eines Netzwerkmitglieds sowie das Vertrauenslevel im Wissensnetzwerk misst. Die Ergebnisse der Messung finden Eingang in den Regler, der auf Basis der Abweichung zwischen Vertrauenslevel und Vertrauensziel eine Regelung des Vertrauens im Wissensnetzwerk vornimmt.

Der Regler ist über drei Teilmodelle aufgebaut und erfüllt die Funktion der Regelung des Vertrauens in einem interorganisationalen Wissensnetzwerk der Fabrikplanung. Dazu werden in Teilmodell 3 und 4 die spezifischen netzwerkdynamischen Wirkmechanismen, die der Entstehung von Vertrauen in interorganisationalen Wissensnetzwerken der Fabrikplanung zugrunde liegen, beschrieben. In einem Wirkmodell werden ein autonomer und ein orchestrierter Wirkungsablauf unterschieden, denen die relevanten Wirkmechanismen zugeordnet werden. Zudem wird der Beeinflussbarkeitsgrad dieser Mechanismen durch den Netzwerkorchestrator unterschieden. Während die Wirkmechanismen im autonomen Wirkungsablauf einer automatischen, selbstverstärkenden Regelung unterliegen, sollten die Wirkmechanismen im orchestrierten Wirkungsablauf explizit durch den Netzwerkorchestrator gelenkt werden.

Abschließend werden in Teilmodell 5 konkrete Strategien abgeleitet, die dem Netzwerkorchestrator eine Handlungsanleitung für die Orchestration von Vertrauen im Wissensnetzwerk geben. Diese geben durch den Beeinflussbarkeitsgrad eine Priorisierung vor und sind in die vier Managementebenen normativ, strategisch, operativ und taktisch-koordinierend unterteilt. Weiterhin sind sie mit den Wirkmechanismen verknüpft, so dass die Strategien auf Basis einer Vertrauensmessung zielgerichtet eingesetzt werden können. Die Strategien stellen eine konkrete Handlungsanweisung dar, mit der der Netzwerkorchestrator auf die Regelstrecke Wissensnetzwerk einwirken kann und in diesem Vertrauen aufbauen und etablieren kann. Hierdurch wird der kybernetische Regelkreis zu einem geschlossenen Wirkungsablauf zusammengeführt.

Anwender der Lösung sind Netzwerkorchestratoren, die ein interorganisationales Wissensnetzwerk im Bereich der Fabrikplanung aufbauen wollen oder bereits koordinieren. Mit dem entwickelten Modell wird dem Anwender eine Handlungsanleitung gegeben, das Vertrauen in einem Wissensnetzwerk zu messen, dessen Entstehung zu verstehen und konkrete Strategien für den Aufbau und die Etablierung von Vertrauen anzuwenden.

Dem gewählten Forschungsvorgehen folgend, beginnt die vorliegende Arbeit mit der Beobachtung und Analyse eines Defizits in der Praxis: Mangelnde Expertise im Bereich der Fabrikplanung in Unternehmen der produzierenden Industrie. Basierend auf der Lösungshypothese, diese Expertise in unternehmensübergreifenden Wissensnetzwerken als organisationaler Ersatz aufzubauen, wird über eine quantitative Studie Vertrauen als zu gestaltende Schlüsselgröße im Netzwerk identifiziert. Für das Praxisproblem werden sodann die Analysebereiche des strategischen Managements von Netzwerken und der Messung und Entwicklung von Vertrauen bestimmt. Als Antwort auf die handlungsleitende Forschungsfrage wird darauf aufbauend in Kapitel 4 und Kapitel 5 ein Orchestrationsmodell für die Vertrauensentstehung auf den Grundlagen der Modelltheorie und Managementkybernetik konzipiert. Zur Lösungsfindung und für den Aufbau des Orchestrationsmodells wurde eine Fallstudie konzipiert, die empirische Analysen in einem realen interorganisationalen Wissensnetzwerk der Fabrikplanung ermöglicht. Die so entstandenen Teilmodelle entstammen somit neben den zugrundeliegenden Theorien aus dem Gestaltungsbereich dieser Arbeit vor allem aus der Empirie abgeleiteten Erkenntnissen. Hierdurch wird die Praxisnähe des entwickelten Modells unterstrichen. Das nachfolgende Kapitel dient der Rückführung der Forschungsergebnisse in die Praxis, indem das entwickelte Orchestrationsmodell in der Praxis angewendet wird und eine retrograde kritische Reflexion der Ergebnisse erfolgt.

6 Validierung und kritische Reflexion

Ziel dieses Kapitels ist es, das in Kapitel 4 konzipierte und in Kapitel 5 detaillierte Orchestrationsmodell zur Vertrauensentwicklung in interorganisationalen Wissensnetzwerken der Fabrikplanung in der Praxis anzuwenden. Die empirisch-induktive Validierung entspricht dem sechsten Schritt des Forschungsprozesses nach ULRICH, in dem die Regeln und Modelle im Anwendungszusammenhang geprüft werden (vgl. Kapitel 1.5). Die Anwendung erfolgt anhand von zwei Praxisbeispielen. Zunächst erfolgt eine retrospektive Validierung des Orchestrationsmodells mit dem in Kapitel 5.1.4 vorgestellten Wissensnetzwerk FP-1(Kapitel 6.1). Anschließend wird eine prospektive Validierung mit dem Wissensnetzwerk FP-2 durchgeführt (Kapitel 6.2).

6.1 Retrospektive Validierung des Orchestrationsmodells am Beispiel des Wissensnetzwerks FP-1

Das Praxisbeispiel des interorganisationalen Wissensnetzwerks FP-1 dient der retrospektiven Validierung der Erklärung der Vertrauensentwicklung im betrachteten Wissensnetzwerk durch das Orchestrationsmodell. Dazu wird das Vertrauenslevel in einem Abstand von einem Jahr gemessen und die Wirkung angewandter Strategien zur Vertrauensentwicklung auf einzelne Aspekte des Vertrauens mit dem Netzwerkorchestrator retrospektiv analysiert.

6.1.1 Ausgangssituation im Wissensnetzwerk FP-1

Das Wissensnetzwerk FP-1 dient dem offenen Wissens- und Erfahrungsaustausch zu Fabrikplanungsthemen zum Aufbau von Expertise in diesem Bereich in den beteiligten Unternehmen. Darüber hinaus werden in diesem Fabrikplanungsstandards entwickelt und Zukunftstrends in der Produktion sowie einzelne Methoden für ein effizienteres Planungsvorgehen diskutiert. Ein hohes Vertrauen unter den Netzwerkmitgliedern spielt daher für einen offenen Austausch mit tiefen Einblicken in die Fragestellungen der jeweiligen Unternehmen eine bedeutende Rolle. Das Netzwerk besteht aus 20 Mitgliedern aus elf verschiedenen Unternehmen diverser Branchen. Die Netzwerkmitglieder sind Fach- und Führungskräfte, vorwiegend aus den Bereichen der Produktions- sowie der Industriebauplanung. Das interorganisationale Wissensnetzwerk wurde in Kapitel 5.1.4 im Rahmen der übergreifenden Fallstudie dieser Arbeit ausführlich vorgestellt und wurde bereits für Analysen zur Lösungsentwicklung herangezogen. Im Februar 2020 fand im Rahmen eines Netzwerktreffens eine initiale Vertrauensmessung mit der entwickelten Vertrauensskala statt. Die Ergebnisse wurden in Kapitel 5.2.4 vorgestellt. Trotz eines bereits hohen Vertrauenslevels wurden in der Folge Strategien zur Etablierung von Vertrauen aus dem Orchestrationsmodell angewandt. Zudem hat sich über den Zeitraum von einem Jahr die Zusammensetzung des Netzwerks durch den Zuwachs, aber auch das Ausscheiden von Mitgliedern verändert. Weiterhin haben sich die äußeren Umstände durch die COVID-19 Pandemie verändert, wodurch Treffen im Wissensnetzwerk überwiegend auf digitale Formate umgestellt wurden. Im März 2021 fand nach Ablauf eines Jahres eine zweite Vertrauensmessung statt, um das angewandte Orchestrationsmodell retrospektiv zu validieren.

6.1.2 Anwendung des Orchestrationsmodells

Die Anwendung des Orchestrationsmodells im Rahmen des Praxisbeispiels umfasst die Validierung des Messglieds sowie der Teilmodelle des Reglers für die Wirkmechanismen der Vertrauensgenese und die Strategien zur Orchestration von Vertrauen.

Im ersten Schritt wird eine Vertrauensmessung durchgeführt, um die Veränderung des Vertrauenslevels innerhalb eines Jahres festzustellen. Eine initiale Messung des Vertrauenslevels im Wissensnetzwerk FP-1 fand im Februar 2020 mit zwölf Netzwerkmitgliedern statt. Auffällig hierbei war ein im Mittel hoher Wert des Vertrauens in das Netzwerk i. H. v. 2,94 auf einer fünfstufigen Skala von 0 bis 4. Das Vertrauen ins Netzwerk hat darüber hinaus die persönliche Vertrauensneigung bei der Mehrheit der Netzwerkmitglieder übertroffen (Mittelwert 2,85). Seit dieser ersten Messung sind sechs Netzwerkmitglieder und vier Unternehmen aus dem Netzwerk ausgeschieden. Demgegenüber sind fünf neue Netzwerkmitglieder aus vier neuen Unternehmen eingetreten. Zum Zeitpunkt der zweiten Messung im März 2021 besteht das Wissensnetzwerk somit aus 74% alten Mitgliedern und 26% neuen Mitgliedern mit einer Zugehörigkeit von weniger als einem Jahr. Die Fluktuation kann somit als mäßig bezeichnet werden. An der zweiten Messung nahmen 13 Netzwerkmitglieder teil. Eine wesentliche Umweltveränderung des Wissensnetzwerks ist in diesem Zeitraum durch die weltweite COVID-19 Pandemie aufgetreten, die dazu geführt hat, dass die Treffen im Netzwerk zum Wissens- und Erfahrungsaustausch auf ein rein digitales Format umgestellt wurden. Die Gegenüberstellung der beiden Messungen ist in Abbildung 6-1 abgebildet. Deutlich wird, dass die persönliche Vertrauensneigung im Mittel nahezu unverändert bleibt, die Streuung jedoch merklich zugenommen hat. Das Vertrauenslevel im Netzwerk hat sich trotz der zu erwartenden negativen Auswirkungen durch die Umweltveränderungen leicht verbessert und weist nun mit einem Mittelwert von 3,10 einen recht hohen Wert auf. Die Streuung bleibt auf einem niedrigen Niveau. Es lässt sich somit aus der Vertrauensmessung konstatieren, dass sich das Vertrauen im betrachteten Wissensnetzwerk über den Ablauf eines Jahres positiv entwickelt hat. Die Tatsache, dass bei 62% der Netzwerkmitglieder das Vertrauen in das Netzwerk die persönliche Neigung zu Vertrauen übersteigt, unterstreicht diese Entwicklung.

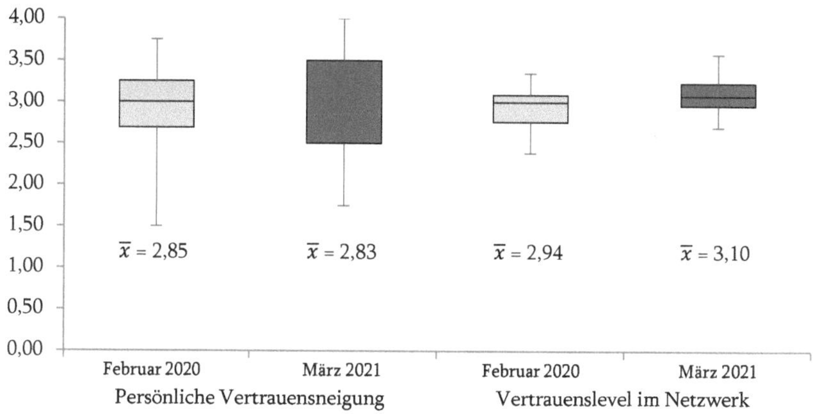

Abbildung 6-1: Vertrauensmessung im Wissensnetzwerk FP-1

Im zweiten Schritt werden nun mit Hilfe des Teilmodells für die Wirkmechanismen der Vertrauensgenese die Veränderungen im Vertrauenslevel erklärt. Beim Vergleich der beiden Messungen für die einzelnen Wirkmechanismen fällt auf, dass die Mittelwerte für die Wirkmechanismen in der zweiten Messung überwiegend gleichgeblieben sind oder sich leicht verbessert haben. Bei 9 von 18 gemessenen Wirkmechanismen liegt der Mittelwert in einem Bereich von +/- 0,2. Weitere acht Wirkmechanismen sind um mindestens 0,2 bis zu 0,76 Punkte gestiegen. Das Vertrauen hat sich somit in nahezu sämtlichen Facetten verbessert (siehe Tabelle 6-1).

ID	Wirkmechanismus	Item ID	Min. 2020	Min. 2021	Max. 2020	Max. 2021	$\bar{x}$ 2020	$\bar{x}$ 2021	$\Delta\bar{x}$
01	Fachliche Kompetenz	3.21, 3.22	3	3	4	4	3,38	3,54	0,16
11	Hilfsbereitschaft	3.17	2	2	4	4	3,25	3,31	0,06
14	Offenheit	3.18, 3.19	2	0	4	4	3,21	3,35	0,14
16	Freundlichkeit	3.20	3	3	4	4	3,33	3,23	-0,10
22	Kein Opportunismus	3.3	0	1	4	4	2,25	2,23	-0,02
23	Diskretion & Geheimhaltung	3.4	2	2	4	4	3,00	3,23	0,23
26	Ehrlichkeit	3.2	2	3	4	4	3,00	3,38	0,38
27	Zuverlässigkeit	3.1	2	3	4	4	3,25	3,69	0,44
32	Regelmäßige & reichhaltige Kommunikation	3.9	1	2	4	4	2,83	3,15	0,32
33	Informationsaustausch (relevant / sensibel)	3.8	1	1	3	3	2,25	2,23	-0,02
43	Reaktionsfähigkeit	3.13	2	2	4	4	3,08	3,00	-0,08
44	Respekt	3.15	3	3	4	4	3,50	3,77	0,27
51	Persönliche Beziehungen zwischen Netzwerkmitgliedern	3.12	0	1	3	3	1,17	1,92	0,76
52	Beziehungsbezogene Investitionen	3.10, 3.11	1	2	3	4	2,21	2,77	0,56
82	Allgemeine Normen / Überzeugungen	3.5, 3.6	2	2	4	4	3,38	3,27	-0,11
95	Geteilte Ziele	3.24	1	2	4	4	2,42	2,85	0,43
96	Umgebung / Arbeitsatmosphäre	3.25	3	3	4	4	3,50	3,69	0,19
99	Verträge	3.26	3	2	4	3	3,50	2,69	-0,81

Tabelle 6-1: Entwicklung der Wirkmechanismen zur Vertrauensgenese

Den größten Zuwachs haben die Wirkmechanismen *persönliche Beziehungen unter den Netzwerkmitgliedern* und *beziehungsbezogene Investitionen* erhalten. Dies ist insofern interessant, da im Ablauf eines Jahres keine physischen Netzwerktreffen stattfinden konnten, in denen erwartungsgemäß persönliche Beziehungen am einfachsten aufgebaut werden. Diese Beobachtung lässt sich jedoch dadurch erklären, dass zum Zeitpunkt der ersten Messung 2020 die Hälfte der Teilnehmer erst an einem oder maximal zwei Netzwerktreffen teilgenommen hat, wohingegen bei der zweiten Messung 2021 nur ein Teilnehmer an maximal zwei Netzwerktreffen teilgenommen hat. Darüber hinaus weisen die Hälfte der Teilnehmer eine Netzwerkzugehörigkeit von über zwei Jahren auf, so dass bessere persönliche Beziehungen stimmig sind. Eine stärkere Verbesserung ist weiterhin in den Wirkmechanismen *Zuverlässigkeit* und *Ehrlichkeit* zu verzeichnen. Diese zählen jedoch zu den inhärenten, stabilen Eigenschaften und Verhaltensweisen und sind somit mehr auf die Netzwerkmitglieder selbst als auf die aktive Einflussnahme des Netzwerkorchestrators zurückzuführen. Darüber hinaus haben sich die *geteilten Ziele im Wissensnetzwerk* sowie die *regelmäßige und reichhaltige Kommunikation* deutlich verbessert. Beide gehören zu den orchestrierten netzwerkdynamischen Wirkmechanismen, weshalb im nächsten Schritt untersucht werden soll, ob diese Beobachtung auf angewandte Strategien des Netzwerkorchestrators zurückzuführen ist. Hingegen hat sich der Punkt *vertragliche Bindungen* im Netzwerk merklich verschlechtert. Der Mittelwert ist von 3,5 auf 2,69 innerhalb eines Jahres gefallen, was bedeutet, dass die Netzwerkmitglieder bindende Verträge tendenziell für notwendiger erachten als noch vor einem Jahr. Dabei hat sich bei allen Netzwerkmitgliedern, die an der Messung im Vorjahr teilgenommen haben (6 von 13), die Ablehnung von bindenden Verträgen um einen Punkt auf der fünfstufigen Skala verringert. Auch dies wird im nächsten Schritt hinsichtlich der Rückführung auf Änderungen der Netzwerkstrukturen untersucht.

Im letzten Schritt werden die angewandten Strategien nach Ablauf eines knappen Jahres retrospektiv auf ihre Wirksamkeit analysiert und mithin Erklärungen für die Veränderungen der einzelnen Wirkmechanismen zur Vertrauensgenese gesucht. Dazu werden die angewandten Strategien aus Teilmodell 5 mit dem Netzwerkorchestrator erörtert und mit den verknüpften Wirkmechanismen in Zusammenhang gebracht. Mit Ausbruch der COVID-19 Pandemie und den eingeführten Kontakt- und Reisebeschränkungen ab März 2020 stand auch das Wissensnetzwerk für das kommende Jahr vor einer großen Herausforderung. Waren regelmäßige physische Netzwerktreffen vor Ort bei einem der Netzwerkunternehmen kennzeichnend für den offenen und tiefgreifenden Wissens- und Erfahrungsaustausch, konnten diese erst einmal auf unbestimmte Zeit nicht stattfinden. Es stand daher zu befürchten, dass der offene Austausch relevanter und sensibler Informationen abnehmen würde und mithin auch das allgemeine Vertrauenslevel im Netzwerk. Konkret wurde ein negativer Einfluss auf den Wirkmechanismus *regelmäßige und reichhaltige Kommunikation* (ID 32) sowie *Informationsaustausch* (ID 33) erwartet. Um dem entgegenzuwirken, wurden die Strategien aus dem Handlungsfeld Kommunikation angewandt. Gemeinsam mit den Netzwerkmitgliedern wurde vom Netzwerkorchestrator beschlossen, die Treffen nicht gänzlich einzustellen, sondern ein neues, digitales Format via Webkonferenz zu entwickeln. Zudem wurden neben Impulsvorträgen und Diskussionen in der großen Gruppe virtuelle Breakout-Sessions mit weniger Teilnehmern in das Konzept integriert, die das Interaktionslevel auch bei digitalen Meetings hochhalten. Darüber hinaus fanden regelmäßige Telefonkonferenzen zur Vorbereitung der Netzwerktreffen statt. Es lässt sich konstatieren, dass diese Strategien erfolgreich angewandt wurden, da der Wirkmechanismus *Informationsaustausch* nahezu konstant geblieben ist und die *Kommunikation* sich sogar um 0,32 Punkte gegenüber dem Vorjahr verbessert hat.

Auf operativer Ebene wurde das Konzept des Vertrauensvorschusses etabliert, indem vor allem an die neuen Netzwerkmitglieder durch den Netzwerkorchestrator appelliert wurde, dem Wissensnetzwerk einen Vertrauensvorschuss zu gewähren. Eine Betrachtung der vor einem Jahr neuen und im Jahr 2021 neuen Netzwerkmitglieder macht eine Aussage dazu möglich. Von denjenigen Netzwerkmitgliedern, die zum Zeitpunkt der ersten Messung erstmalig an einem Netzwerktreffen teilnahmen, nahmen zwei auch an der zweiten Messung teil. Bei beiden Netzwerkmitgliedern hat sich das Vertrauenslevel erhöht ($\Delta \bar{x}$ = 0,08 bzw. $\Delta \bar{x}$ = 0,31) und sie erreichen ein recht hohes Vertrauenslevel von 3,15 bzw. 2,69. Ein weiteres Netzwerkmitglied nahm zum Zeitpunkt der zweiten Messung erstmalig an einem Netzwerktreffen teil und erreicht bereits ein Vertrauenslevel von 2,92 und übertrifft damit seine persönliche Vertrauensneigung, die bei 2,0 liegt. Auch wenn die Wirkung des Appells an einen Vertrauensvorschuss nicht vollständig isoliert betrachtet werden kann, deuten die Ergebnisse dennoch darauf hin, dass auch diese Strategie erfolgreich angewandt werden konnte.

Auf strategischer Ebene fand im Jahr 2020 eine strukturelle Änderung des Wissensnetzwerks statt. Durch die Integration des Wissensnetzwerks in das übergeordnete *Center Factory Planning* an der RWTH Aachen University wurden die Mitgliedsverträge angepasst und in das Center überführt. Da diese Kooperationsverträge verhältnismäßig umfangreicher sind und mehr Regelungen enthalten, wurde vom Netzwerkorchestrator antizipiert, dass sich die Einstellung zu *vertraglichen Bindungen gegenüber informellen Vereinbarungen* (Wirkmechanismus ID 99) verschlechtert und mithin einen negativen Einfluss auf das Vertrauen im Wissensnetzwerk nimmt. Dies konnte jedoch nicht in der Form beobachtet werden, vielmehr war das Gegenteil der Fall. Während 2020 noch 100% der Netzwerkmitglieder informelle Vereinbarungen den vertraglichen vorzogen, sind 2021 immerhin vier Netzwerkmitglieder indifferent. Der Mittelwert für den Wirkmechanismus Verträge hat sich gegenüber dem Vorjahr um -0,81 verschlechtert. Es scheint also eine Tendenz dahin zu geben, dass Verträge als Absicherungsmaßnahme gegen möglichen Vertrauensmissbrauch begrüßt werden. Ein möglicher Zusammenhang könnte mit der globalen Pandemie und in der Folge auch wirtschaftlich unsichereren Zeiten gesehen werden, in denen das Sicherheitsbedürfnis tendenziell steigt und vertragliche Vereinbarungen diese Sicherheit gewährleisten können. Insgesamt muss man jedoch konstatieren, dass der Mittelwert mit 2,69 immer noch deutlich über der Schwelle zu einem Vorzug von vertraglichen gegenüber informellen Vereinbarungen liegt und auch keiner der Netzwerkmitglieder diese vorzieht. Darüber hinaus wurden durch die Einbettung in das Center die langfristigen Ziele des Wissensnetzwerks präzisiert und in einen übergeordneten Rahmen gesetzt. Hierdurch wurde ein positiver Effekt auf die Vertrauensentwicklung erwartet. Dies konnte auch so beobachtet werden, da sich der Wirkmechanismus *geteilte Ziele im Wissensnetzwerk* (ID 95) um 0,43 gegenüber dem Vorjahr verbessert hat, so dass diese Strategie als erfolgreich angewandt angesehen werden kann.

6.1.3 Kritische Reflexion der Anwendungserfahrung

Die Anwendung des Orchestrationsmodells zur Vertrauensentwicklung in interorganisationalen Wissensnetzwerken der Fabrikplanung zeigt zum einen, dass mit Hilfe der Vertrauensskala das Vertrauenslevel im Wissensnetzwerk valide gemessen werden und somit dessen Entwicklung über die Zeit beobachtet werden kann. Zum anderen lässt die Verknüpfung der Items der Vertrauensskala mit den Wirkmechanismen zur Vertrauensgenese eine detaillierte Analyse der Hintergründe zur Entwicklung des Vertrauens im Wissensnetzwerk zu. Insbesondere die Anwendung der Vertrauensskala erweist sich im praktischen Einsatz als leicht handhabbar und ermöglicht dem Netzwerkorchestrator zweckdienliche Transparenz über das vorherrschende Vertrauen. Zu berücksichtigen bleibt, dass nur zwei Messungen über einen Zeitraum von einem Jahr stattgefunden haben, in dem eine gewisse Fluktuation im Wissensnetzwerk vorhanden war. Da der Aufbau von Vertrauen vor allem über den Ablauf von Zeit erfolgt, wären weitere Messungen über einen längeren Zeitraum durchaus sinnvoll. Die retrospektive Validierung der angewandten Strategien zum Aufbau und zur Etablierung von Vertrauen im interorganisationalen Wissensnetzwerk konnte die Wirksamkeit der Strategien darüber hinaus bestätigen. Hierbei muss jedoch eingeschränkt werden, dass eine isolierte Betrachtung einzelner Strategien in der realen Praxis nicht möglich ist. Vielmehr können, dem Gedanken des systemischen Managements folgend, immer nur Strategien zur Regelung des Vertrauens auf das gesamte System Wissensnetzwerk angewandt werden und ihre Wirkung über das Messglied gemessen werden, um wiederum lenkende Anpassungen vorzunehmen (kybernetischer Regelkreis). Insofern wäre es interessant, nur einzelne Strategien anzuwenden und nach einem kürzeren Zeitabstand die Veränderung des Vertrauenslevels wieder zu messen. Letztlich konnten nicht sämtliche Strategien im betrachteten Zeitraum angewendet werden. Die Erörterung mit dem Netzwerkorchestrator bestätigte jedoch deren Einsetzbarkeit und prospektive Wirksamkeit.

6.2 Prospektive Validierung des Orchestrationsmodells am Beispiel des Wissensnetzwerks FP-2

Gegenstand des zweiten Praxisbeispiels bildet die Vertrauensmessung im interorganisationalen Wissensnetzwerk FP-2, worauf aufbauend prospektive Strategien zur Orchestration von Vertrauen mit dem Netzwerkorchestrator überprüft werden. Inhaltlich liegt somit in diesem Praxisbeispiel der Schwerpunkt mehr auf dem Messglied des Orchestrationsmodells und der praktischen Ableitung von Strategien, basierend auf einer Analyse des Vertrauenslevels.

6.2.1 Ausgangssituation im Wissensnetzwerk FP-2

Das Wissensnetzwerk FP-2 wurde im Jahr 2008 gegründet und besteht aus 16 verschiedenen Unternehmen der produzierenden Industrie. Die Netzwerkmitglieder sind vorwiegend technische Geschäftsführer oder Werkleiter in ihren Unternehmen und damit im oberen Management angesiedelt. Die Netzwerkorchestration erfolgt durch eine wissenschaftliche Einrichtung einer Universität. Pro Jahr finden drei Netzwerktreffen bei einem der beteiligten Unternehmen statt, mit dem Ziel, Leitbilder für Wertschöpfungsketten im Hochlohnland Deutschland zu entwickeln. Im Fokus des Wissens- und Erfahrungsaustausches stehen Best Practice-Lösungen im Betrieb der Fabriken der beteiligten Unternehmen. Dazu gehören beispielsweise die erfolgreiche Implementierung von Lean-Methoden oder die Integration von Digitalisierungstechnologien in der Produktion. Auch in diesem interorganisationalen Wissensnetzwerk gewähren die Unternehmen tiefe Einblicke in ihre Fabriken und Erfahrungen, so dass ein hohes Vertrauenslevel unter den Netzwerkmitgliedern Voraussetzung für einen intensiven Austausch ist. Zur Vertraulichkeit verpflichten sich die Netzwerkmitglieder in einer Konsortialvereinbarung. In Bezug auf die Netzwerkumwelt musste auch dieses Wissensnetzwerk mit den Folgen der COVID-19 Pandemie umgehen und ersetzte im Jahr 2020 die physischen Netzwerktreffen durch ein digitales Format. Da die Besichtigung umgesetzter Best Practices bei den jeweiligen Unternehmen vor Ort ein wesentlicher Bestandteil ist, fällt ein großer Teil des Wissensaustausches in dieser Zeit weg. Das Wachstum im Netzwerk kann als sehr moderat bezeichnet werden. In den vergangenen zwei Jahren ist ein Unternehmen dazugekommen, während keine Unternehmen das Wissensnetzwerk verlassen haben. Zudem unterliegt die Aufnahme neuer Mitglieder dem Vetorecht der bestehenden Netzwerkmitglieder. Die Messung des Vertrauenslevels im Wissensnetzwerk sowie die anschließende Diskussion prospektiv anwendbarer Strategien zur Orchestration von Vertrauen mit dem Netzwerkorchestrator fanden im März 2021 statt.

6.2.2 Anwendung des Orchestrationsmodells

Im ersten Schritt erfolgt eine Vertrauensmessung im Wissensnetzwerk. Die Ergebnisse der Vertrauensmessung, an der acht Netzwerkmitglieder teilnahmen, sind in Abbildung 6-2 aufgeführt. Auffällig hierbei ist, dass das Vertrauenslevel im Wissensnetzwerk einen hohen Wert von 3,01 bei gleichzeitig sehr geringer Streuung erreicht. Das Vertrauenslevel im Netzwerk liegt im Mittel leicht über der persönlichen Vertrauensneigung (2,88). Der Median des Vertrauenslevels (3,04) und der persönlichen Vertrauensneigung (3,00) liegen noch enger beieinander. Das Vertrauen in das Netzwerk übertrifft bei rund 38% der Netzwerkmitglieder die persönliche Neigung, anderen Menschen zu vertrauen. Es lässt sich somit vorerst konstatieren, dass das Vertrauen im betrachteten Wissensnetzwerk auf einem hohen Niveau angesiedelt ist.

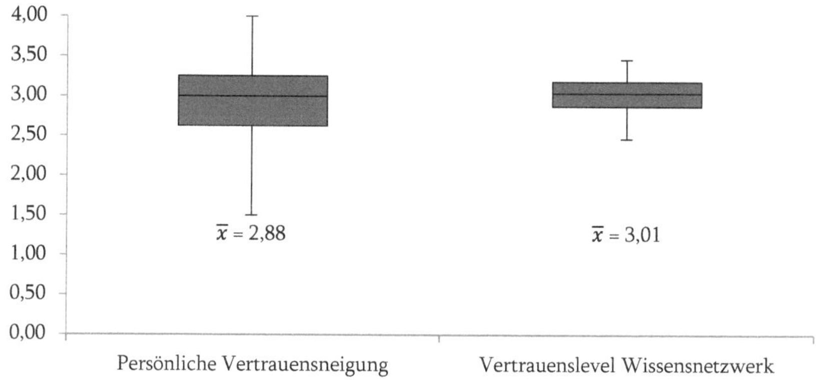

Abbildung 6-2: Vertrauensmessung im Wissensnetzwerk FP-2

Bei näherer Betrachtung der einzelnen Wirkmechanismen zur Vertrauensgenese fällt auf, dass kein einziger Wirkmechanismus einen Mittelwert unter 2,0 erreicht und somit alle positiv in Bezug auf das vorherrschende Vertrauen ausgeprägt sind (siehe Tabelle 6-2). Eine hohe Ausprägung von über 3,0 erreichen 10 von 18 gemessenen Wirkmechanismen. Die höchsten Werte erreichen die *fachliche Kompetenz der Netzwerkmitglieder* (ID 01), die *Diskretion und Geheimhaltung* (ID 23), der gegenseitige *Respekt* (ID 44) sowie die *positive Umgebung und Arbeitsatmosphäre* (ID 96), in der der Wissens- und Erfahrungsaustausch im Netzwerk stattfindet. Zusammen mit den darauffolgenden Wirkmechanismen *Offenheit* (ID 14) und *Zuverlässigkeit* (ID 27) spiegeln diese den Gesamteindruck des Netzwerkorchestrators von der Kooperation im

Wissensnetzwerk wider, die von einem sehr offenen Austausch geprägt ist. Acht weitere Wirkmechanismen sind etwas schwächer ausgeprägt und liegen zwischen 2,0 und 3,0 und somit unter dem Mittelwert des Vertrauenslevels im Netzwerk. Da in diesen das größte Potenzial liegt, das Vertrauen noch zu verstärken, werden diese hinsichtlich prospektiv anwendbarer Strategien zur Orchestration von Vertrauen untersucht.

ID	Wirkmechanismus	Item ID	Min.	Max.	$\bar{x}$
01	Fachliche Kompetenz	3.21, 3.22	3	4	3,38
11	Hilfsbereitschaft	3.17	3	4	3,25
14	Offenheit	3.18, 3.19	2	4	3,31
16	Freundlichkeit	3.20	2	4	3,00
22	Kein Opportunismus	3.3	1	3	2,13
23	Diskretion & Geheimhaltung	3.4	3	4	3,50
26	Ehrlichkeit	3.2	2	3	2,75
27	Zuverlässigkeit	3.1	3	4	3,25
32	Regelmäßige & reichhaltige Kommunikation	3.9	2	4	3,00
33	Informationsaustausch (relevant / sensibel)	3.8	1	3	2,25
43	Reaktionsfähigkeit	3.13	2	4	3,25
44	Respekt	3.15	3	4	3,50
51	Persönliche Beziehungen zwischen Netzwerkmitgliedern	3.12	1	4	2,50
52	Beziehungsbezogene Investitionen	3.10, 3.11	2	4	3,00
82	Allgemeine Normen / Überzeugungen	3.5, 3.6	0	4	3,13
95	Geteilte Ziele	3.24	2	4	3,13
96	Umgebung / Arbeitsatmosphäre	3.25	3	4	3,38
99	Verträge	3.26	1	4	2,25

Tabelle 6-2: Vergleich der Wirkmechanismen zur Vertrauensgenese

Die Wirkmechanismen *Freundlichkeit* (ID 16), *kein Opportunismus* (ID 22) und *Ehrlichkeit* (ID 26) sind als autonome netzwerkdynamische Wirkmechanismen (ID 16) bzw. inhärente, stabile Eigenschaften und Verhaltensweisen (ID 22, ID 26) grundsätzlich schwieriger durch den Netzwerkorchestrator beeinflussbar. Alle drei Wirkmechanismen sind den Strategien im Handlungsfeld Code of Conduct zugeordnet und könnten somit in einem Verhaltenskodex (N-2.1, N-2.2), in dem der erwünschte Umgang im Wissensnetzwerk miteinander definiert wird, als grundlegende Werte aufgenommen werden. Für ein neu gegründetes Netzwerk oder ein Netzwerk, in dem offenkundig das Vertrauen beschädigt ist, wird dies vom Netzwerkorchestrator als sinnvoll eingestuft. Im lange bestehenden Wissensnetzwerk FP-2 sind diese Werte jedoch überwiegend implizit bereits vorhanden und die nachträgliche Niederschrift in einem Verhaltenskodex eher schwierig umsetzbar. Die *Freundlichkeit* der Netzwerkmitglieder ist weiterhin dem Handlungsfeld Strategische Ziele & Partnerakquisition zugeordnet und könnte daher bei der Auswahl der Netzwerkmitglieder im Rahmen des persönlichen Fits (S-2.2) berücksichtigt werden. Da diese Auswahl aber auf Unternehmensebene stattfindet und die teilnehmenden Personen aus den Unternehmen über die Netzwerktreffen variieren, ist dies für das betrachtete Wissensnetzwerk kaum umsetzbar. Der Wirkmechanismus *kein Opportunismus* ist weiterhin den Strategien im Handlungsfeld Leistungssteuerung zugeordnet. Im betrachteten Wissensnetzwerk ist der Erfahrungsaustausch auf das ausrichtende Unternehmen des jeweiligen Netzwerktreffens fokussiert. Somit wäre denkbar, über zusätzliche Impulsvorträge der anderen Netzwerkmitglieder zu einem bestimmten Fokusthema oder im Rahmen von Workshops die anderen Mitglieder noch stärker in den Wissens- und Erfahrungsaustausch zu integrieren, um die kollektive Leistung im Netzwerk zu erhöhen (O-2.1, O-2.3).

Der Wirkmechanismus *regelmäßige & reichhaltige Kommunikation* (ID 32) ist den Strategien im Handlungsfeld Kommunikation zugeordnet. Die Strategien für das Kommunikationskonzept, insbesondere die aufgeführten Punkte aus der Checkbox Kommunikation (siehe Abbildung 5-20), wurden für sinnvoll erachtet, von denen die meisten bereits umgesetzt werden (T-1.1, T-1.2). Eine weitere Möglichkeit, die Kommunikation im Wissensnetzwerk zu erhöhen, sind monatliche Webkonferenzen zu ausgesuchten Themen, was sich aktuell in Umsetzung befindet.

Der *Austausch relevanter und sensibler Informationen* (ID 33) ist den Handlungsfeldern Kommunikation und Leistungssteuerung zugeordnet. In Bezug auf das Kommunikationskonzept gelten die vorgenannten Strategien, die für sinnvoll erachtet werden und zu großen Teilen auch bereits umgesetzt werden (T-1.1, T-1.2). In Bezug auf das Handlungsfeld Leistungssteuerung kann ein Grund für den niedrigen Wert im Vergleich zu den anderen Wirkmechanismen in dem starken Fokus der Netzwerktreffen auf das ausrichtende Unternehmen gesehen werden. Dieses gibt im jeweiligen Treffen viele Informationen, auch sensiblerer Natur preis, wenn es umgesetzte Projekte vorstellt. Die anderen Unternehmen sind somit weniger angesprochen, Wissen und Erfahrungen von sich aus preiszugeben und haben auch verhältnismäßig einen geringeren Nutzen vom Erfahrungsaustausch. An dieser Stelle wären inhaltliche Beiträge der anderen Netzwerkmitglieder oder die Durchführung von Workshops zu einem Fokusthema denkbar, um die kollektive Leistung und den kollektiven Nutzen zu erhöhen (O-2.1, O-2.3). Letzteres ist bereits Bestandteil von Netzwerktreffen, die jedoch aufgrund der COVID-19 Pandemie im Jahr 2020 nicht stattgefunden haben. Dies wäre eine weitere Erklärung für den etwas schwächer gemessenen Wert.

Die *persönlichen Beziehungen unter den Netzwerkmitgliedern* (ID 51) und die *beziehungsbezogenen Investitionen* (ID 53) sind dem Handlungsfeld Kommunikation zugeordnet. Diese können vorrangig über Strategien zur Erhöhung der persönlichen Interaktion gestärkt und vertieft werden (T-1.3). Die Strategien, insbesondere die aufgeführten Punkte aus der Checkbox interpersonale Beziehungen im Wissensnetzwerk (siehe Abbildung 5-21), wurden für sinnvoll erachtet und werden zu großen Teilen im Netzwerk bereits umgesetzt. So finden regelmäßige physische Netzwerktreffen statt, bei denen z. B. über Workshops das Interaktionslevel der Netzwerkmitglieder gesteigert wird. Über Feedbackrunden am Ende jedes Netzwerktreffens und zweimal jährliche Steuerkreise zur Weiterentwicklung des Netzwerks, findet ein offener und ehrlicher Austausch über Erwartungen und die Zufriedenheit statt. Darüber hinaus geben Abendveranstaltungen und zahlreiche Pausen zwischen einzelnen Agendapunkten die Möglichkeit zum persönlichen Austausch unter den Netzwerkmitgliedern.

Während *Verträge* (ID 99) gegenüber informellen Vereinbarungen grundsätzlich mit einem geringeren Vertrauen in Verbindung gebracht werden, werden diese im betrachteten Wissensnetzwerk tendenziell begrüßt und erreichen den zweitniedrigsten Wert. Eine grundlegende vertragliche Regelung der Netzwerkzusammenarbeit über eine Kooperationsvereinbarung oder eine Netzwerksatzung wird auch vom Netzwerkorchestrator befürwortet und nicht als Hindernis für eine vertrauensvolle Kooperation gesehen (N-1.1, N-1.2). Vielmehr bietet diese eine Absicherung aller Netzwerkmitglieder und sollte nur grundlegende Punkte regeln, worauf aufbauend dann Vertrauen über die Kooperation selbst etabliert werden kann.

6.2.3 Kritische Reflexion der Anwendungserfahrung

Die Anwendung des Orchestrationsmodells zur Vertrauensentwicklung in interorganisationalen Wissensnetzwerken der Fabrikplanung zeigt auch im zweiten Praxisbeispiel, dass das Vertrauenslevel im Wissensnetzwerk valide gemessen werden kann und darauf aufbauend konkrete Strategien zur Orchestration von Vertrauen angewendet werden können. Dazu erwies sich die Vertrauensskala als zweckorientiertes und leicht anwendbares Messinstrument, das den Netzwerkorchestrator bei der Einschätzung des

Vertrauens unter den Netzwerkmitgliedern unterstützt und praktische Anknüpfungspunkte für eine weitere Steigerung des Vertrauens gibt. Die aufgezeigten Facetten von Vertrauen, die in Form der Wirkmechanismen unterschiedlich stark ausgeprägt sind, deckten sich mit dem Gesamteindruck des Netzwerkorchestrators. Zu berücksichtigen bleibt, dass eine einmalige Vertrauensmessung nur eine Momentaufnahme zeigt und sich eine absolute Einschätzung der einzelnen Messwerte in der Praxis als schwierig erweist. Daher sollte diese Messung regelmäßig erfolgen, um Vergleichswerte zu schaffen und die Entwicklung des Vertrauens über einen längeren Zeitraum zu beobachten. Auch die prospektive Anwendung von Strategien zur Orchestration von Vertrauen, aufbauend auf den gemessenen schwächer ausgeprägten Wirkmechanismen, erwies sich als gut handhabbar und für den praktischen Einsatz geeignet. So wurden 10 von 19 Strategien auf Basis der Vertrauensmessung für eine prospektive Anwendung ausgewählt, von denen sieben in der Diskussion mit dem Netzwerkorchestrator auch gut und praktisch umsetzbar wären bzw. teilweise auch schon so im Wissensnetzwerk verfolgt werden. Positiv hervorgehoben wurde an dieser Stelle, dass die Strategien sowie deren Operationalisierung in Form von Checkboxen dem Netzwerkorchestrator konkrete Handlungsalternativen an die Hand geben. Ein möglicher Weiterentwicklungsschritt kann in der Priorisierung und Gewichtung der einzelnen Wirkmechanismen gesehen werden. So ist in einem eher formellen Netzwerktyp beispielsweise der gegenseitige Respekt unter den Netzwerkmitgliedern eher zu erwarten und designiertes Ziel als die Freundlichkeit der Mitglieder. Ebenso spielt in einem Wissensnetzwerk auf höherer Managementebene die Diskretion eine bedeutendere Rolle, während in einem Wissensnetzwerk auf Planerebene, in dem beispielsweise konkrete Fabrikstandards gemeinsam entwickelt werden, der offene Austausch relevanter und sensibler Informationen wichtiger ist. Auch mit diesem Praxisbeispiel war keine vollständige Validierung des Modells möglich. Dazu müssten mehr als zwei Wissensnetzwerke über einen längeren Zeitraum beobachtet und analysiert werden. Insofern bleibt letztlich zu konstatieren, dass, dem Gedanken des kritischen Rationalismus folgend, keine uneingeschränkte Gültigkeit des Orchestrationsmodells durch zwei Praxisbeispiele nachgewiesen werden kann. Jedoch ist der Autor durch die Wahl der zwei repräsentativen interorganisationalen Wissensnetzwerke der Fabrikplanung und die Diskussion mit Experten davon überzeugt, dass eine hinreichende Gültigkeit des Orchestrationsmodells zur Vertrauensentwicklung nachgewiesen ist.

7 Zusammenfassung und Ausblick

In einer turbulenten Unternehmensumwelt sehen sich produzierende Unternehmen zahlreichen Herausforderungen ausgesetzt, die eine häufigere strategische Neuausrichtung und technologische Weiterentwicklung ihrer Fabriken bedingen. Gleichwohl ist die Fabrikplanung eine für jedes Unternehmen notwendige Planungskompetenz, die über die Leistungsfähigkeit der Produktionsstätten und mithin die Wettbewerbsfähigkeit des Unternehmens bestimmt. In der Praxis mangelt es vielen Unternehmen jedoch an Expertise in diesem Bereich und der Return on Planning in Fabrikplanungsprojekten bleibt aufgrund einer geringen Effektivität und Effizienz auf einem niedrigen Niveau. Durch den Eintritt in ein professionelles interorganisationales Wissensnetzwerk versprechen sich Unternehmen den Aufbau von Expertise in der Fabrikplanung durch unternehmensübergreifenden Wissens- und Erfahrungsaustausch. Aus der Managementperspektive scheitern diese Netzwerke jedoch häufig, da Ressentiments gegenüber der Kooperation – allen voran Vertrauen – nicht ausreichend adressiert werden. Vor diesem Hintergrund wurde die Forschungsfrage definiert, wie ein interorganisationales Wissensnetzwerk der Fabrikplanung orchestriert werden muss, um Vertrauen unter den Netzwerkmitgliedern nachhaltig aufzubauen.

Ziel und Ergebnis dieser Arbeit ist ein *Orchestrationsmodell zur Vertrauensentwicklung in interorganisationalen Wissensnetzwerken der Fabrikplanung*. Somit wird ein Beitrag geleistet zum strategischen Management von Wissensnetzwerken im Bereich der Fabrikplanung, in denen ein offener Wissens- und Erfahrungsaustausch über Unternehmensgrenzen hinweg gefordert wird.

Aufbauend auf der Modelltheorie und der Managementkybernetik wurde ein systemischer Lösungsansatz gewählt, um der Struktur von Netzwerken als komplexes System gerecht zu werden. Der kybernetische Regelkreis bildet daher den konzeptionellen Rahmen des Orchestrationsmodells. Dieses wurde durch fünf Teilmodelle entwickelt, welche die Regelstrecke, das Messglied und den Regler beinhalten. Die Regelstrecke interorganisationales Wissensnetzwerk in der Fabrikplanung wurde als lebensfähiges

System konzipiert und eine Fallstudie ermöglichte die empirische Gewinnung von Erkenntnissen. Das Messglied wurde als Vertrauensskala realisiert, welche Transparenz über das Vertrauenslevel im Wissensnetzwerk und über die persönliche Vertrauensneigung der Netzwerkmitglieder ermöglicht. Der Regler beinhaltet die zentralen Wirkmechanismen, die der Entstehung von Vertrauen im spezifischen Netzwerktypus zugrunde liegen und bringt die zentralen Erkenntnisse der Arbeit hervor. Darüber hinaus bauen hierauf die Strategien zur Orchestration von Vertrauen auf, die dem Netzwerkorchestrator eine praktische Handlungsanleitung geben.

Aus Sicht der Praxis ermöglicht das Orchestrationsmodell einem Netzwerkorchestrator ein tiefgreifendes Verständnis über die Wirkzusammenhänge, wie im spezifischen Fall interorganisationaler Wissensnetzwerke in der Fabrikplanung Vertrauen entsteht. Das Vertrauen ist eine wesentliche Schlüsselgröße, um einen offenen Wissens- und Erfahrungsaustausch unter den Netzwerkmitgliedern sicherzustellen und muss daher in das Netzwerkmanagement integriert werden. Hierzu werden dem Netzwerkorchestrator aufbauend auf den Wirkmechanismen konkrete Strategien an die Hand gegeben, um Vertrauen aufzubauen und nachhaltig zu erhalten. Ein wesentliches praktisches Instrument ist hierbei die Vertrauensskala, die in Form eines Fragebogens die Messung des Vertrauenslevels im Wissensnetzwerk ermöglicht und durch die Kopplung mit den Wirkmechanismen konkrete Anhaltspunkte für den Aufbau von Vertrauen gibt. Dies führt dazu, dass der Netzwerkorchestrator gezielt Strukturen und Prozesse im Netzwerk gestalten kann, so dass eine vertrauensvolle Kooperation entsteht. In der Folge wird somit der unternehmensübergreifende Aufbau einer überlegenen Expertise im Bereich der Fabrikplanung im Wissensnetzwerk befähigt.

Der Beitrag zur Wissenschaft besteht nicht nur in einer umfassenden Analyse und Diskussion bestehender wissenschaftlicher Ansätze zur Messung und Entwicklung von Vertrauen in Netzwerken, sondern in einem kybernetischen Ansatz, der die Prinzipien der autonomen und willentlichen Regelung von Führungsprozessen in die Orchestration von Vertrauen in interorganisationalen Wissensnetzwerken der Fabrikplanung integriert und die Besonderheiten dieses spezifischen Netzwerktypus berücksichtigt. Besonderer Mehrwert für die Wissenschaft liegt außerdem in der Verknüpfung systemorientierter Managementansätze vor dem Hintergrund der Auffassung von Netzwerken als komplexes System mit zentralen Erkenntnissen aus der Vertrauensforschung, die in der Management-Praxis zunehmend an Bedeutung gewinnt. Mit dem Orchestrationsmodell für die Vertrauensentwicklung wurde das in der Praxis häufig relevante Vertrauensphänomen wissenschaftlich aufgearbeitet, das zwar in vielen Wissenschaftsdisziplinen bereits behandelt wurde, jedoch noch nicht hinreichend aus einer Management-Perspektive im spezifischen Fall von interorganisationalen Wissensnetzwerken in der Fabrikplanung betrachtet wurde.

Mit der vorliegenden Arbeit wurde so ein neuer Ansatz entwickelt, systematisch Vertrauen in interorganisationalen Wissensnetzwerken der Fabrikplanung zu etablieren. Das entwickelte Orchestrationsmodell leistet somit einen Beitrag zum systemorientierten Management von Netzwerken und mithin zum strategischen Management im Allgemeinen. Mit ihm kann die Frage beantwortet werden, wie ein interorganisationales Wissensnetzwerk in der Fabrikplanung durch einen Netzwerkorchestrator gestaltet und gelenkt werden muss, um eine vertrauensvolle Kooperation für einen offenen Wissens- und Erfahrungsaustausch unter den Netzwerkmitgliedern zu ermöglichen. Die Ergebnisse dieser Arbeit ermöglichen einige interessante Anknüpfungspunkte für weitere Forschungsarbeiten. Ein Ausblick ergibt sich insbesondere in drei Aspekten, die weiterführend untersucht werden könnten:

- *Ausweitung des Betrachtungsbereichs* – Das Modell könnte auf interorganisationale Wissensnetzwerke für andere Unternehmensbereiche wie das Supply Chain Management, die besondere Relevanz für die Wettbewerbsfähigkeit des Unternehmens haben, aber keine Kernkompetenz sind, übertragen werden.
- *Erweiterung des Orchestrationsmodells* – Die empirische Studie aus Kapitel 2 hat weitere Ressentiments gegenüber Netzwerkkooperationen offenbart, die erfolgskritisch für die Kooperation sind und im Netzwerkmanagement zu berücksichtigen sind und um welche das Modell erweitert werden könnte.
- *Regeneration von Vertrauen* – Gescheiterte Netzwerke oder jene, in denen das Vertrauen stark beschädigt ist, könnten mit dem Modell empirisch untersucht werden, um herauszufinden, welche Wirkmechanismen für die Regeneration von Vertrauen bedeutsam sind.

Literaturverzeichnis

Abel, D., Regelungstechnik und Ergänzungen (Höhere Regelungstechnik), 38. Auflage, Mainz, Aachen, 2014.

Abrams, L.; Cross, Rob; Lesser, Eric; Levin, Daniel Z., Nurturing interpersonal trust in knowledge-sharing networks, In: Academy of Management Perspectives, Nr. 4, 17. Jg., 2003, S. 64-77.

Aggteleky, B., Fabrikplanung - Optimale Projektierung, Planung und Ausführung von Industrieanlagen, Hanser, München, 1970.

Aggteleky, B., Fabrikplanung - Werksentwicklung und Betriebsrationalisierung, 2., durchgesehene Auflage, Hanser, München, 1987.

Albach, H., Vertrauen in der ökonomischen Theorie, In: Zeitschrift für die gesamte Staatswissenschaft, Nr. 1, 136. Jg., 1980, S. 2-11.

Andrews, K. R., The Concept of Corporate Strategy, 6. Aufl., Richard D Irwin, Homewood, 1980.

Ansoff, H. I., Corporate Strategy - An Analytic Approach to Business Policy for Growth and Expansion, MacGraw-Hill, New York, 1965.

Apelt, M., Vertrauen in der zwischenbetrieblichen Kooperation, Dissertation, Universität Lüneburg, 1999.

Ashby, W., Mathematical models and computer analysis of the function of the central nervous system, In: Annual review of physiology, 28. Jg., 1966, S. 89-106.

Ashnai, B.; Henneberg, Stephan C.; Naudé, Peter; Francescucci, Anthony, Inter-personal and inter-organizational trust in business relationships: An attitude–behavior–outcome model, In: Industrial Marketing Management, 52. Jg., 2016, S. 128-139.

Astley, G., Toward an Appreciation of Collective Strategy, In: Academy of Management Review, Nr. 3, 9. Jg., 1984, S. 526-535.

Babbage, C., On the Economy of Machinery and Manufactures, Cambridge University Press, Cambridge, 1832.

Barney, J., Firm Resources and Sustained Competitive Advantage, In: Journal of Management, Nr. 1, 17. Jg., 1991, S. 99-120.

Barney, J. B.; Hesterly, W. S., Strategic Management and Competitive Advantage - Concepts and cases, 5. ed., global ed., Pearson, Harlow, Essex, 2015.

Bayerl, G.; Troitzsch, U., Die Antizipation der Industrie, In: Grimm, C. (Hrsg.): Linien der Entwicklungsgeschichte, Walter de Gruyter GmbH, Berlin, 1985, S. 87-106.

BCG (2020), The Green Factory of the Future, URL: https://www.bcg.com/de-de/publications/2020/green-factory-of-future, 25.03.2021.

Becker, T.; Dammer, I.; Howaldt, J.; Killich, S.; Loose, A., Netzwerke - praktikabel und zukunftsfähig, In: Becker, T.; Dammer, I.; Loose, A. (Hrsg.): Netzwerkmanagement - Mit Kooperation zum Unternehmenserfolg, 3. Aufl.; Springer, Heidelberg, 2011, S. 3-12.

Beer, S., Kybernetik und Management, S. Fischer Verlag, 1962.

Beer, S., Kybernetische Führungslehre, Herder & Herder, Frankfurt, New York, 1973.

Beer, S., Diagnosing the system for organizations, Reprinted, Wiley, Chichester, 2004.

Bennett, N.; Lemoine, G. James, What a difference a word makes - Understanding threats to performance in a VUCA world, In: Business Horizons, Nr. 3, 57. Jg., 2014, S. 311-317.

Bennett, N.; Lemoine, G. James, What VUCA really means for you, In: Harvard business review, Nr. 1/2, 92. Jg., 2014, S. 27.

Berg, J.; Dickhaut, John W.; McCabe, Kevin A., Trust, Reciprocity, and Social History, In: Games and Economic Behavior, Nr. 1, 10. Jg., 1995, S. 122-142.

Bergholz, M., Objektorientierte Fabrikplanung, Dissertation, RWTH Aachen, 2005.

Bertling, M.; Caroli, H.; Dannapfel, M.; Burggräf, P., The Minimal Viable Production System (MVPS) – An Approach for Agile (Automotive) Factory Planning in a Disruptive Environment, In: Schmitt, R.; Schuh, G. (Hrsg.): Advances in Production Research, Springer International Publishing, Cham, 2019, S. 24-33.

Bickhoff, N.; Böhmer, C.; Eilenberger, G.; Hansmann, K.-W.; Niggemann, M.; Ringle, C.; Spremann, K.; Tjaden, G., Mit Virtuellen Unternehmen zum Erfolg - Ein Quick-Check für Manager, Softcover reprint of the original 1st ed. 2003, Springer Berlin, Berlin, 2014.

Binder, V. A.; Kantowsky, J., Technologiepotentiale - Neuausrichtung der Gestaltungsfelder des Strategischen Technologiemanagements, Deutscher Universitätsverlag, Wiesbaden, 1996.

Blank, N., Vertrauenskultur - Voraussetzung für Zukunftsfähigkeit von Unternehmen, 1. Auflage, Springer, Wiesbaden, 2011.

Bleicher, K., Das Konzept Integriertes Management - Visionen - Missionen - Programme, 9. aktualisierte und erweiterte Auflage, Campus Verlag, Frankfurt, New York, 2017.

Bode, A.; Däberitz, Ingo; Fionik, Juri, Messung von Kooperationserfolg in Clustern, In: Zeitschrift für betriebswirtschaftliche Forschung, Nr. 7, 63. Jg., 2011, S. 662-688.

Bogers, M.; Zobel, Ann-Kristin; Afuah, Allan; Almirall, Esteve; Brunswicker, Sabine; Dahlander, Linus; Frederiksen, Lars; Gawer, Annabelle; Gruber, Marc; Haefliger, Stefan; Hagedoorn, John; Hilgers, Dennis; Laursen, Keld; Magnusson, Mats G.; Majchrzak, Ann; McCarthy, Ian P.; Moeslein, Kathrin M.; Nambisan, Satish; Piller, Frank T.; Radziwon, Agnieszka; Rossi-Lamastra, Cristina; Sims, Jonathan; Ter Wal, Anne L. J., The open innovation research landscape - Established perspectives and emerging themes across different levels of analysis, In: Industry and Innovation, Nr. 1, 24. Jg., 2017, S. 8-40.

Bogner, K.; Landrock, U., Antworttendenzen in standardisierten Umfragen, Mannheim, 2015.

Braithwaite, V.; Levi, Margaret, Trust and governance, Russell Sage Foundation, New York, 1998.

Brand, M.; Herrmann, Florian, Elektromobile Wertschöpfungskette, In: ZWF Zeitschrift für wirtschaftlichen Fabrikbetrieb, Nr. 10, 107. Jg., 2012, S. 717-721.

Brandenburger, A.; Nalebuff, B., Coopetition: kooperativ konkurrieren - Mit der Spieltheorie zum Geschäftserfolg, 4. Aufl., Christian Rieck Verlag, Eschborn, 2009.

Brocke, J. vom*; Simons, A.; Niehaves, B.; Riemer, K.; Plattfaut, R.; Cleven, A.*, Reconstructing the giant: On the importance of rigour in documenting the literature search process, In: Newell, S.; Whitley, E. A.; Pouloudi, N.; Wareham, J.; Mathiassen, L. (Hrsg.): 17th European Conference on Information Systems (ECIS 2009), Verona, Italien, 2009, S. 2206-2217.

Bruns, M., Systemtechnik - Ingenieurwissenschaftliche Methodik zur interdisziplinären Systementwicklung, Springer, Berlin, Heidelberg, 1991.

Burggräf, P., Wertorientierte Fabrikplanung, Dissertation, RWTH Aachen, 2012.

Burggräf, P.; Adlon, Tobias; Schneidermann, Dennis; Uelpenich, Jérôme; Xu, Tingni; Schupp, Steffen; Dackweiler, Jonas; Geukes, Corinna, Die Fabrik der Zukunft: Eine branchenübergreifende Studie zu Zukunftstrends, In: Zeitschrift für wirtschaftlichen Fabrikbetrieb, Nr. 7-8, 117. Jg., 2022, S. 436-441.

Burggräf, P.; Dannapfel, Matthias; Schneidermann, Dennis; Ebade Esfahani, Matthias, Network-based factory planning for small and medium-sized enterprises, In: Production Planning & Control, Nr. 12, 33. Jg., 2022, S. 1173-1181.

Burggräf, P.; Dannapfel, Matthias; Schneidermann, Dennis; Ebade Esfahani, Matthias; Schwamborn, N., Integrated factory modelling: Using BIM to disrupt the interface between manufacturing and construction in factory planning, In: de Wilde, W. P., Mahdjoubi, L., Galiano Garrigós, A. (Hrsg.): Building Information Modelling (BIM) in Design, Construction and Operations, Southampton, 2019, S. 143-155.

Burggräf, P.; Dannapfel, Matthias; Schneidermann, Dennis; Kurm, Christopher, Network-based factory planning - Survey data on challenges and resentments in network cooperation of manufacturing companies, In: Data in Brief, 2021. (Die Studie wurde im Journal Data in Brief eingereicht und befindet sich im Review, Stand: April 2022).

Burggräf, P.; Schuh, Fabrikplanung - Handbuch Produktion und Management 4, 2. Aufl.; Springer-Verlag, Berlin, Heidelberg, 2021.

Burggräf, P., Schuh, G.; Ebade Esfahani; M., Dannapfel, M.; Nöcker, J.; Wesch-Potente, C., Einführung in die Fabrikplanung, In: Burggräf, P.; Schuh, G. (Hrsg.): Fabrikplanung - Handbuch Produktion und Management 4, 2. Aufl.; Springer-Verlag, Berlin, Heidelberg, 2021, S. 1-62.

Burggräf, P.; Wagner, J.; Saßmannshausen, T., Sustainable Interaction of Human and Artificial Intelligence in Cyber Production Management Systems, In: Behrens, B.-A.; Brosius, A.; Hintze, W. (Hrsg.): Production at the leading edge of technology - Proceedings of the 10th Congress of the German Academic Association for Production Technology (WGP), Dresden, 23-24 September 2020, 1st ed. 2021, 2021, S. 508-517.

Burt, R.; Knez, M., Trust and third-party gossip, In: Kramer, R.; Tyler, T. (Hrsg.): Trust in organizations: Frontiers of theory and research, SAGE, Thousand Oaks, California, 1996, S. 68-89.

Butler, J., Toward understanding and measuring conditions of trust: Evolution of a conditions of trust inventory, In: Journal of Management, Nr. 3, 17. Jg., 1991, S. 643-663.

Butler, J.; Cantrell, R. Stephen, A behavioral decision theory approach to modeling dyadic trust in superiors and subordinates, In: Psychological Reports, Nr. 1, 55. Jg., 1984, S. 19-28.

Campos, E.; Pomeda, Jesus Rodriguez, On knowledge, networks, social capital and trust in innovation environments, In: International Journal of Entrepreneurship and Innovation Management, Nr. 6, 7. Jg., 2007, S. 575-592.

Campos, E. de; Resende, Luis Mauricio; Pontes, Joseane, Barriers, external aspects and trust factors in horizontal networks of companies: A theoretical proposal for the construction of a model for evaluation of trust, In: Journal of Intelligent Manufacturing, Nr. 4, 30. Jg., 2019, S. 1547-1562.

Capgemini (2020), Den Klimawandel aufhalten: Die CO2-neutrale Fabrik, URL: https://www.capgemini.com/at-de/2020/04/den-klimawandel-aufhalten-die-co2-neutrale-fabrik/, 25.03.2021.

Caspers, R.; Bickhoff, Nils; Bieger, Thomas, Interorganisatorische Wissensnetzwerke - Mit Kooperationen zum Erfolg, Springer, Berlin, 2004.

Chandler, A. D., Strategy and Structure - Chapters in the History of the Industrial Enterprise, M.I.T. Press, Cambridge, 1962.

Cheikhrouhou, N.; Pouly, Michel; Madinabeitia, Garikoitz, Trust categories and their impacts on information exchange processes in vertical collaborative networked organisations, In: International Journal of Computer Integrated Manufacturing, Nr. 1-2, 26. Jg., 2013, S. 87-100.

Child, J.; Faulkner, D.; Tallman, S. B., Cooperative Strategy - Managing Alliances, Networks and Joint Ventures, 2. Aufl., Oxford University Press, Oxford, New York, 2005.

Clausewitz, C. v., Vom Kriege, Behr, Berlin, 1915.

Cleff, T., Deskriptive Statistik und moderne Datenanalyse - Eine computergestützte Einführung mit Excel, PASW (SPSS) und STATA, 2., überarbeitete und erweiterte Auflage, Gabler, Wiesbaden, 2012.

Conant, R.; Ashby, W. Ross, Every good regulator of a system must be a model of that system, In: International Journal of Systems Science, Nr. 2, 1. Jg., 1970, S. 89-97.

Corsten, H., Grundlagen der Koordination in Unternehmungsnetzwerken, In: Corsten, H. (Hrsg.): Unternehmungsnetzwerke - Formen unternehmungsübergreifender Zusammenarbeit, 1. Aufl., Reprint; Oldenbourg; De Gruyter, München, S.l., 2001, S. 1-58.

Cummings, L.; Bromiley, P., The organizational trust inventory (OTI): Development and validation, In: Kramer, R.; Tyler, T. (Hrsg.): Trust in organizations: Frontiers of theory and research, SAGE, Thousand Oaks, California, 1996, S. 302-330.

Currall, S.; Judge, Timothy A., Measuring trust between organizational boundary role persons, In: Organizational Behavior and Human Decision Processes, Nr. 2, 64. Jg., 1995, S. 151-170.

Daimler AG (2019), Factory 56 - Mercedes-Benz Cars steigert Flexibilität und Effizienz in der Produktion, URL: https://www.daimler.com/innovation/produktion/factory-56.html, 25.03.2021.

Dannapfel, H., Ein systemisches Management-Modell für die Fabrikplanung, Dissertation, RWTH Aachen, 2019.

Deutsch, M., Trust and suspicion, In: Journal of Conflict Resolution, Nr. 4, 2. Jg., 1958, S. 265-279.

Deutsch, M., The Resolution of Conflict - Constructive and destructive processes, Yale University Press, New Haven, 1973.

Dhanaraj, C.; Parkhe, Arvind, Orchestrating Innovation Networks, In: Academy of Management Review, Nr. 3, 31. Jg., 2006, S. 659-669.

Döring, N.; Bortz, J., Forschungsmethoden und Evaluation in den Sozial- und Humanwissenschaften, 5. vollständig überarbeitete, aktualisierte und erweiterte Auflage, Springer, Berlin, Heidelberg, 2016.

Drucker, P. F., Sinnvoll wirtschaften - Notwendigkeit und Kunst, die Zukunft zu meistern, 1. Aufl., Econ-Verlag, Wien und Düsseldorf, 1965.

Duden (2021), Ressentiment, URL: https://www.duden.de/rechtschreibung/Ressentiment, 25.03.2021.

Eichhorn, K., Item und Skala - Empirische Untersuchungen zur Gültigkeit psychologischer Messungen anhand physikalischer Merkmale, Dissertation, Ludwig-Maximilians-Universität München, 2019.

Ennsfellner, I.; Jiménez, Paulino; Krenn-Neuwirth, Erika, Das Geheimnis erfolgreicher Unternehmensnetzwerke - Erfolgs- und Hemmfaktoren für kleine Unternehmen, In: ZFO - Zeitschrift Führung und Organisation, Nr. 6, 81. Jg., 2012, S. 410-415.

Erikson, E. H., Jugend und Krise - Die Psychodynamik im sozialen Wandel, 3. Auflage, Klett, Stuttgart, 1980.

Evans, M.; Wensley, Anthony K. P., Predicting the influence of network structure on trust in knowledge communities: Addressing the interconnectedness of four network principles and trust, In: Electronic Journal of Knowledge Management, Nr. 1, 7. Jg., 2009, S. 41-54.

Felix, H., Unternehmens- und Fabrikplanung - Planungsprozesse, Leistungen und Beziehungen, 1. Auflage, Hanser, München, 1998.

Ferrin, D.; Dirks, Kurt T.; Shah, Pri P., Direct and indirect effects of third-party relationships on interpersonal trust, In: The Journal of Applied Psychology, Nr. 4, 91. Jg., 2006, S. 870-883.

Fink, M.; Harms, Rainer; Möllering, Guido, Introduction: A Strategy for Overcoming the Definitional Struggle, In: The International Journal of Entrepreneurship and Innovation, Nr. 2, 11. Jg., 2010, S. 101-105.

FOCUS Online (2019), Eskalation im Handelskrieg - Zahlt China Trump die Strafzölle heim, leiden auch BMW und Daimler, URL: https://www.focus.de/finanzen/boerse/bmw-daimler-und-tesla-unter-beschuss-autobauer-leiden-unter-trumps-sonderzoellen-aber-wer-profitiert_id_10678545.html, 25.03.2021.

Foerster, H., Cybernetics of Cybernetics, In: Foerster, H. (Hrsg.): Understanding Understanding - Essays on Cybernetics and Cognition, Springer, New York, 2003, S. 283-286.

Franzen, A., Antwortskalen in standardisierten Befragungen, In: Baur, N.; Blasius, J. (Hrsg.): Handbuch Methoden der empirischen Sozialforschung, 2. Aufl.; Springer VS, Wiesbaden, 2019, S. 843-854.

Frazier, M.; Johnson, Paul D.; Fainshmidt, Stav, Development and validation of a propensity to trust scale, In: Journal of Trust Research, Nr. 2, 3. Jg., 2013, S. 76-97.

Frey, V.; Buskens, Vincent; Corten, Rense, Investments in and returns on network embeddedness: An experiment with trust games, In: Social Networks, 56. Jg., 2019, S. 81-92.

Gälweiler, A., Strategische Unternehmensführung, 3. Auflage, Campus Verlag, Frankfurt, New York, 2005.

Garfinkel, H., Studies in Ethnomethodology, Prentice-Hall, Englewood Cliffs, NJ, 1967.

Gargiulo, M.; Ertug, G., The dark side of trust, In: Zaheer, A.; Bachmann, R. (Hrsg.): Handbook of trust research, Edward Elgar, Cheltenham, U.K, Northampton, Mass, 2006, S. 165-186.

Gartzen, T., Diskrete Migration als Anlaufstrategie für Montagesysteme, Dissertation, RWTH Aachen, 2012.

Gausdal, A.; Svare, H.; Möllering, G., Why don't all high-trust networks achieve strong benefits? A case-based exploration of cooperation in Norwegian SME networks, In: Journal of Trust Research, Nr. 2, 6. Jg., 2016, S. 194-212.

Giest, S., Trust dynamics in innovation networks: The chicago life science cluster, In: Administration & Society, Nr. 2, 51. Jg., 2019, S. 325-343.

Gillespie, N., Survey measures of trust in organizational contexts: An overview, In: Lyon, F.; Möllering, G.; Saunders, M. (Hrsg.): Handbook of research methods on trust, 2. Auflage; Edward Elgar Publishing, Cheltenham, 2015, S. 225-239.

Giudici, A.; Reinmoeller, Patrick; Ravasi, Davide, Open-System Orchestration as a Relational Source of Sensing Capabilities - Evidence from a Venture Association, In: Academy of Management Journal, Nr. 4, 61. Jg., 2018, S. 1369-1402.

Goodhart, C. A. E.; Pradhan, M., The Great Demographic Reversal - Ageing Societies, Waning Inequality, and an Inflation Revival, Palgrave Macmillan, Cham Switzerland, 2020.

Gouldner, A., Die Norm der Reziprozität - Eine vorläufige Formulierung, In: Gouldner, A. W.; Weingarten, E. (Hrsg.): Reziprozität und Autonomie - Ausgewählte Aufsätze, Suhrkamp, Frankfurt am Main, 1984, S. 79-117.

Gratl, R., Management virtueller Unternehmensnetzwerke unter besonderer Berücksichtigung der Erfolgsevaluation von Internet-Strategien, Dissertation, Universität St. Gallen, 2002.

Grundig, C.-G., Fabrikplanung - Planungssystematik - Methoden - Anwendungen, 5., aktualisierte Auflage, Hanser, München, 2015.

Guba, E.; Lincoln, Y., Competing Paradigms in Qualitative Research, In: Denzin, N. K.; Lincoln, Y. S. (Hrsg.): Handbook of Qualitative Research, SAGE Publications, London, 1994, S. 105-117.

Gulati, R.; Sytch, Maxim, Does familiarity breed trust? Revisiting the antecedents of trust, In: Managerial and Decision Economics, Nr. 2-3, 29. Jg., 2008, S. 165-190.

Gupta, N.; Ho, Violet; Pollack, Jeffrey M.; Lai, Lei, A multilevel perspective of interpersonal trust: Individual, dyadic, and cross-level predictors of performance, In: Journal of Organizational Behavior, Nr. 8, 37. Jg., 2016, S. 1271-1292.

Haberfellner, R.; Nagel, P.; Becker, M.; Büchel, A.; Massow, H. von; *Daenzer, W. F.; Huber, F.*, Systems Engineering - Methodik und Praxis, 9. Aufl., Verlag Industrielle Organisation, Zürich, 1997.

Hagedoorn, J.; Schakenraad, Jos, The effect of strategic technology alliances on company performance, In: Strategic Management Journal, Nr. 4, 15. Jg., 1994, S. 291-309.

Hakanen, M.; Häkkinen, Mia, Management possibilities for interpersonal trust in a business network - Case: Health-, exercise- and wellbeing markets, In: Nordic Journal of Business, Nr. 4, 64. Jg., 2015, S. 249-265.

Hamel, G.; Prahalad, C. K., Competing for the future, Harvard Business School Press, Boston, Mass., 1994.

Handelsblatt (2019), BMW eröffnet erstes Werk in Mexiko – mitten im Handelsstreit, URL: https://www.handelsblatt.com/unternehmen/industrie/autobauer-bmw-eroeffnet-erstes-werk-in-mexiko-mitten-im-handelsstreit/24431936.html?ticket=ST-7994882-wF2xRtg3rhKFUqen5Qo1-ap1, 25.03.2021.

Handelsblatt (2021), Corona lässt die Wirtschaftsleistung 2020 um fünf Prozent schrumpfen, URL: https://www.handelsblatt.com/politik/konjunktur/nachrichten/konjunktur-corona-laesst-die-wirtschaftsleistung-2020-um-fuenf-prozent-schrumpfen/26797884.html?ticket=ST-7253805-PubXrlX7I1rtCdbeCyKi-ap2, 25.03.2021.

Harrigan, K., Strategic Alliances and Partner Asymmetries, In: Contractor, F. J.; Lorange, P. (Hrsg.): Cooperative strategies in international business, Lexington Books, Lexington, Massachusetts, Toronto, 1988, S. 205-226.

Hartlieb, E.; Vorbach, S.; Willfort, R., Innovationsnetzwerke für kleine und mittlere Unternehmen, In: Graggober, M.; Ortner, J.; Sammer, M. (Hrsg.): Wissensnetzwerke - Konzepte, Erfahrungen und Entwicklungsrichtungen, Gabler Edition Wissenschaft; Deutscher Universitätsverlag, Wiesbaden, 2003, S. 209-228.

Hashim, K.; Tan, Felix B., The mediating role of trust and commitment on members' continuous knowledge sharing intention: A commitment-trust theory perspective, In: International Journal of Information Management, Nr. 2, 35. Jg., 2015, S. 145-151.

Heinrich, B.; Schneider, W., Grundlagen Regelungstechnik, 5., überarbeitete und erweiterte Auflage, 2019.

Hernández Morales, R., Systematik der Wandlungsfähigkeit in der Fabrikplanung, Dissertation, Universität Hannover, 2003.

Hess, T., Netzwerkcontrolling - Instrumente und ihre Werkzeugunterstützung, Deutscher Universitätsverlag, Wiesbaden, 2002.

Heylighen, F., Foundations and Methodology for an Evolutionary World View: A Review of the Principia Cybernetica Project, In: Foundations of Science, Nr. 4, 5. Jg., 2000, S. 457-490.

Hinterhuber, A., Value Chain Orchestration in Action and the Case of the Global Agrochemical Industry, In: Long Range Planning, Nr. 6, 35. Jg., 2002, S. 615-635.

Höfer, S., Strategische Allianzen und Spieltheorie - Analyse des Bildungsprozesses strategischer Allianzen und planungsunterstützender Einsatzmöglichkeiten der Theorie der strategischen Spiele, Dissertation, Universität Göttingen, 1996.

Hungenberg, H., Strategisches Management in Unternehmen - Ziele - Prozesse - Verfahren, 6., überarb. Aufl., Gabler, Wiesbaden, 2011.

Kampker, A.; Burggräf, P.; Krunke, M.; Kreisköther, K.; Voet, H.; Backs, M., Das Aachener Fabrikplanungsvorgehen - Agile Fabrikplanung im turbulenten Umfeld, In: wt Werkstattstechnik online, Nr. 4, 104. Jg., 2014, S. 192-196.

Kampker, A.; Meckelnborg, A.; Burggräf, P.; Netz, T., Factory Planning Scrum : Integrative Factory Planning with Agile Project Management, In: Dimiter, D.; Corné Schutte (Hrsg.): Proceedings International Conference on Competitive Manufacturing: COMA ' 13; 30 January - 1 February 2013, Stellenbosch, South Africa, 2013.

Kenning, P., Customer trust management - Ein Beitrag zum Vertrauensmanagement im Lebensmitteleinzelhandel, Deutscher Universitätsverlag, Wiesbaden, 2002.

Kettner, H.; Schmidt, J.; Greim, H.-R., Leitfaden der systematischen Fabrikplanung, Hanser, München, 1984.

Khvatova, T.; Block, Madeleine; Zhukov, Dmitry; Lesko, Sergey, How to measure trust: The percolation model applied to intra-organisational knowledge sharing networks, In: Journal of Knowledge Management, Nr. 5, 20. Jg., 2016, S. 918-935.

Kiechel, W., Das Jahrhundert des Managements, In: Harvard-Business-Manager, Nr. 1, 35. Jg., 2013, S. 26-41.

Koller, M., Psychologie interpersonalen Vertrauens - Eine Einführung in theoretische Ansätze, In: Schweer, M. K. W. (Hrsg.): Interpersonales Vertrauen - Theorien und empirische Befunde, Verlag für Sozialwissenschaften, Wiesbaden, 1997, S. 13-26.

Kothandaraman, P.; Wilson, David T., The Future of Competition, In: Industrial Marketing Management, Nr. 4, 30. Jg., 2001, S. 379-389.

Kraege, R., Controlling strategischer Unternehmungskooperationen - Aufgaben, Instrumente und Gestaltungsempfehlungen, Dissertation, Universität Hannover, 1997.

Kramer, R., Pursuing ecological validity in trust Pursuing ecological validity in trust research: merits of multi-method research, In: Lyon, F.; Möllering, G.; Saunders, M. (Hrsg.): Handbook of research methods on trust, 2. Auflage; Edward Elgar Publishing, Cheltenham, 2015, S. 25-35.

Kreis-Hoyer, P.; Grünberg, J., Definition und Typologie von Wissensnetzwerken, In: Caspers, R.; Bickhoff, N.; Bieger, T. (Hrsg.): Interorganisatorische Wissensnetzwerke - Mit Kooperationen zum Erfolg, Springer, Berlin, 2004, S. 109-148.

Krunke, M., Reifegradmanagement in der Fabrikplanung, Dissertation, RWTH Aachen, 2017.

Kubicek, H., Heuristische Bezugsrahmen und heuristisch angelegte Forschungsdesigns als Elemente einer Konstruktionsstrategie empirischer Forschung, In: Köhler, R. (Hrsg.): Empirische und handlungstheoretische Forschungskonzeptionen in der Betriebswirtschaftslehre - Bericht über die Tagung in Aachen, März 1976, Poeschel, Stuttgart, 1977, S. 3-36.

Kuhn, T. S., Die Struktur wissenschaftlicher Revolutionen, 1. - 4. Tsd., Suhrkamp, Frankfurt am Main, 1967.

Landes, D. S.; Becker, F., Der entfesselte Prometheus - Technologischer Wandel und industrielle Entwicklung in Westeuropa von 1750 bis zur Gegenwart, Kiepenheuer & Witsch, Köln, 1973.

Landwehr, R., Über die Notwendigkeit, ein neues Berufsbild Fabrikplaner zu entwickeln, In: wt Werkstattstechnik online, Nr. 3, 97. Jg., 2007, S. 175-177.

Lau, D.; Liden, Robert C., Antecedents of coworker trust: Leaders' blessings, In: The Journal of Applied Psychology, Nr. 5, 93. Jg., 2008, S. 1130-1138.

Levesque, V.; Calhoun, Aram J. K.; Bell, Kathleen P.; Johnson, Teresa R., Turning contention into collaboration: Engaging power, trust, and learning in collaborative networks, In: Society & Natural Resources, Nr. 2, 30. Jg., 2017, S. 245-260.

Levy, Y.; Ellis, Timothy J., A systems approach to conduct an effective literature review in support of information systems research, In: Informing Science, 9. Jg., 2006, S. 181-212.

Lewicki, R.; Brinsfield, C., Trust research: measuring trust beliefs and behaviours, In: Lyon, F.; Möllering, G.; Saunders, M. (Hrsg.): Handbook of research methods on trust, 2. Auflage; Edward Elgar Publishing, Cheltenham, 2015, S. 46-64.

Lewicki, R.; Bunker, B., Trust in relationships - A model of development and decline, In: Bunker, B. B.; Rubin, J. Z. (Hrsg.): Conflict, cooperation, and justice - Essays inspired by the work of Morton Deutsch, 1. Auflage; Jossey-Bass, San Francisco, 1995, S. 132-173.

Lewicki, R.; McAllister, Daniel J.; Bies, Robert J., Trust And Distrust: New Relationships and Realities, In: Academy of Management Review, Nr. 3, 23. Jg., 1998, S. 438-458.

Lewicki, R.; Tomlinson, Edward C.; Gillespie, Nicole, Models of interpersonal trust development: Theoretical approaches, empirical evidence, and future directions, In: Journal of Management, Nr. 6, 32. Jg., 2006, S. 991-1022.

Luhmann, N., Soziale Systeme - Grundriß einer allgemeinen Theorie, 1. Aufl., Suhrkamp, Frankfurt am Main, 1983.

Luhmann, N., Vertrauen - Ein Mechanismus der Reduktion sozialer Komplexität, 5. Auflage, UVK Verlagsgesellschaft, Konstanz, 2014.

Lyon, F.; Möllering, Guido; Saunders, Mark, Handbook of research methods on trust, 2. Auflage, Edward Elgar Publishing, Cheltenham, 2015.

Maaß, F.; Suprinovič, O.; Werner, A., FuE-Kooperationen von KMU - Interne und externe Erfolgsfaktoren aus organisationsökonomischer Sicht, 1. Aufl., Dt. Univ.-Verl., Wiesbaden, 2006.

Macharzina, K.; Wolf, J., Unternehmensführung - Das internationale Managementwissen : Konzepte - Methoden - Praxis, 10. Aufl., Springer Gabler, Wiesbaden, 2018.

Mack, O.; Khare, Anshuman; Krämer, Andreas; Burgartz, Thomas, Managing in a VUCA World, Springer, Cham, Heidelberg, New York, Dordrecht, London, 2016.

Malik, F., Systemisches Management, Evolution, Selbstorganisation - Grundprobleme, Funktionsmechanismen und Lösungsansätze für komplexe Systeme, 2. überarb. Aufl., Haupt, Bern, 2000.

Malik, F., Strategie des Managements komplexer Systeme - Ein Beitrag zur Management-Kybernetik evolutionärer Systeme, 8., unveränd. Aufl., Haupt, Bern, 2003.

Malik, F., Management - Das A und O des Handwerks, 2., komplett überarb. und erw. Aufl., Campus Verlag, Frankfurt am Main, 2013.

Malik, F., Führen Leisten Leben - Wirksames Management für eine neue Welt, 1. Auflage, Campus, Frankfurt, 2019.

Manager Magazin (2019), Musk will Tesla-Fabrik in China in Rekordzeit hochziehen, URL: https://www.manager-magazin.de/unternehmen/autoindustrie/tesla-elon-musk-startet-bau-der-china-gigafactory-in-shanghai-a-1246752.html, 25.03.2021.

Marsden, P., Network data and measurement, In: Annual Review of Sociology, Nr. 1, 16. Jg., 1990, S. 435-463.

Mayer, R.; Davis, James H., The effect of the performance appraisal system on trust for management: A field quasi-experiment, In: The Journal of Applied Psychology, Nr. 1, 84. Jg., 1999, S. 123-136.

Mayer, R.; Davis, James H.; Schoorman, F. David, An Integrative Model Of Organizational Trust, In: Academy of Management Review, Nr. 3, 20. Jg., 1995, S. 709-734.

McAllister, D., Affect- and Cognition-Based Trust as Formations for Interpersonal Cooperation in Organizations, In: Academy of Management Journal, Nr. 1, 38. Jg., 1995, S. 24-59.

McEvily, B.; Tortoriello, Marco, Measuring trust in organisational research: Review and recommendations, In: Journal of Trust Research, Nr. 1, 1. Jg., 2011, S. 23-63.

Meckelnborg, A., Integrative Fabrikplanung durch effiziente Koordinationsmodelle, Dissertation, RWTH Aachen, 2015.

Meckelnborg, A., Integrative Fabrikplanung durch effiziente Koordinationsmodelle, Dissertation, RWTH Aachen, 2015.

Meißner, F., Fabrikplanung, Hippolyt-Verlag, Wien, 1956.

Mintzberg, H.; Ahlstrand, B. W.; Lampel, J., Strategy safari - A guided tour through the wilds of strategic management, Free Press, New York, 1998.

Mintzberg, H.; McHugh, Alexandra, Strategy Formation in an Adhocracy, In: Administrative Science Quarterly, Nr. 2, 30. Jg., 1985, S. 160-197.

Möller, K.; Svahn, Senja, Managing Strategic Nets - A Capability Perspective, In: Marketing Theory, Nr. 2, 3. Jg., 2003, S. 209-234.

Msanjila, S., The insight of trust engineering for 21st century organizations, In: The International Journal of Management Science and Information, Nr. 7, 2013, S. 49-74.

Msanjila, S.; Afsarmanesh, Hamideh, On modelling evolution of trust in organisations towards mediating collaboration, In: Production Planning & Control, Nr. 5-6, 22. Jg., 2011, S. 518-537.

Nambisan, S.; Sawhney, Mohanbir, Orchestration Processes in Network-Centric Innovation - Evidence From the Field, In: Academy of Management Perspectives, Nr. 3, 25. Jg., 2011, S. 40-57.

Nasr, N., Building manufacturing resilience after COVID-19, In: ISE: Industrial & Systems Engineering at Work, Nr. 9, 52. Jg., 2020, S. 22.

Nee, C., Strategien für Wertschöpfungsnetzwerke in der Elektromotorenproduktion, Dissertation, RWTH Aachen, 2014.

Neumann, J. von; *Morgenstern, O.*, Theory of games and economic behavior, Princeton Univ. Press, Princeton, 1947.

Newell, S.; Swan, Jacky, Trust and inter-organizational networking, In: Human Relations, Nr. 10, 53. Jg., 2000, S. 1287-1328.

Niemann, B., Analyse und Messung des Zusammenhangs von Vertrauen und Performance in F & E-Kooperationen, Springer, Wiesbaden, 2013.

Nöcker, J., Zustandsbasierte Fabrikplanung, Dissertation, RWTH Aachen, 2012.

Nooteboom, B., Trust, opportunism and governance: A process and control model, In: Organization Studies, Nr. 6, 17. Jg., 1996, S. 985-1010.

Partanen, J.; Möller, Kristian, How to build a strategic network: A practitioner-oriented process model for the ICT sector, In: Industrial Marketing Management, Nr. 3, 41. Jg., 2012, S. 481-494.

Patzak, G., Systemtechnik - Planung komplexer innovativer Systeme - Grundlagen, Methoden, Techniken, Springer Berlin Heidelberg, Berlin, Heidelberg, 1982.

Pawellek, G., Ganzheitliche Fabrikplanung - Grundlagen, Vorgehensweise, EDV-Unterstützung, 2. Auflage, Springer, Berlin, 2014.

Piricz, N., The determinants of trust in business relationships - Dissertation summary, Dissertation, University of Miskolc – Institute of Marketing Sciences, 2016.

Piricz, N., Affecting determinants of trust in business relationships, In: Serbian Journal of Management, Nr. 2, 13. Jg., 2018, S. 281-291.

Planko, J.; Chappin, Maryse M.H.; Cramer, Jacqueline M.; Hekkert, Marko P., Managing strategic system-building networks in emerging business fields - A case study of the Dutch smart grid sector, In: Industrial Marketing Management, 67. Jg., 2017, S. 37-51.

Poppo, L.; Zhou, Kevin Zheng; Ryu, Sungmin, Alternative origins to interorganizational trust: An interdependence perspective on the shadow of the past and the shadow of the future, In: Organization Science, Nr. 1, 19. Jg., 2008, S. 39-55.

Porter, M. E., Wettbewerbsvorteile - Spitzenleistungen erreichen und behaupten = (Competitive Advantage), 8., durchges. Aufl., Campus-Verlag, Frankfurt am Main, 2014.

Prahalad, C.; Hamel, Gary, The Core Competence of the Corporation, In: Harvard business review, Nr. 3, 68. Jg., 1990, S. 79-91.

Ralls, J. G.; Webb, A., The nature of chaos in business - Using complexity to foster successful global alliances, Gulf Publishing Company, Houston, Texas, 1999.

Rampersad, G.; Quester, Pascale; Troshani, Indrit, Examining network factors: Commitment, trust, coordination and harmony, In: Journal of Business & Industrial Marketing, Nr. 7, 25. Jg., 2010, S. 487-500.

REFA, Methodenlehre der Planung und Steuerung - Teil 1, 4. Aufl., Hanser, München, 1985.

REFA, Methodenlehre der Planung und Steuerung - Teil 5, 4. Aufl., Hanser, München, 1985.

Reimann, M.; Schilke, Oliver; Cook, Karen S., Trust is heritable, whereas distrust is not, In: Proceedings of the National Academy of Sciences of the United States of America, Nr. 27, 114. Jg., 2017, S. 7007-7012.

Reinema, C.; Pompe, Andre; Nyhuis, Peter, Agiles Projektmanagement, In: ZWF Zeitschrift für wirtschaftlichen Fabrikbetrieb, Nr. 3, 108. Jg., 2013, S. 113-117.

RKI (2020), Risikobewertung zu COVID-19, URL: https://www.rki.de/DE/Content/InfAZ/N/Neuartiges_Coronavirus/Risikobewertung.html, 25.03.2021.

Ropohl, G., Allgemeine Technologie - Eine Systemtheorie der Technik, 3. Aufl., Universitätsverlag Karlsruhe, Karlsruhe, 2009.

Rosenthal, R.; Jacobson, Lenore, Pygmalion in the classroom, In: The Urban Review, Nr. 1, 3. Jg., 1968, S. 16-20.

Rotter, J., A new scale for the measurement of interpersonal trust, In: Journal of personality, Nr. 4, 35. Jg., 1967, S. 651-665.

Rotter, J., Generalized expectancies for interpersonal trust, In: American Psychologist, Nr. 5, 26. Jg., 1971, S. 443-452.

Rotter, J., Interpersonal trust, trustworthiness, and gullibility, In: American Psychologist, Nr. 1, 35. Jg., 1980, S. 1-7.

Rousseau, D.; Sitkin, Sim B.; Burt, Ronald S.; Camerer, Colin, Not so different after all: A cross-discipline view of trust, In: The Academy of Management Review, Nr. 3, 23. Jg., 1998, S. 393-404.

Rüegg-Stürm, J.; Grand, S., Das St. Galler Management-Modell - Management in einer komplexen Welt, 2., überarbeitete Auflage, 2020.

Rugg, G.; McGeorge, Peter, The sorting techniques: a tutorial paper on card sorts, picture sorts and item sorts, In: Expert Systems, Nr. 3, 22. Jg., 2005, S. 94-107.

Rumer, K., Internationale Kooperationen und Joint Ventures - Standortvorteile nutzen, neue Märkte und Technologien erschließen, Gabler Verlag, Wiesbaden, s.l., 1994.

Saßmannshausen, T.; Burggräf, Peter; Wagner, J.; Hassenzahl, M.; Heupel, T.; Steinberg, F., Trust in artificial intelligence within production management: An exploration of antecedents, In: Ergonomics, Nr. 10, 64. Jg., 2021, S. 1333-1350.

Saunders, M., Using mixed methods - Combining card sorts and in-depth interviews, In: Lyon, F.; Möllering, G.; Saunders, M. (Hrsg.): Handbook of research methods on trust, 2. Auflage; Edward Elgar Publishing, Cheltenham, 2015, S. 134-144.

Saunders, M.; Dietz, Graham; Thornhill, Adrian, Trust and distrust: Polar opposites, or independent but co-existing?, In: Human Relations, Nr. 6, 67. Jg., 2014, S. 639-665.

Schenk, M.; Wirth, S.; Müller, E., Fabrikplanung und Fabrikbetrieb - Methoden für die wandlungsfähige, vernetzte und ressourceneffiziente Fabrik, 2., vollständig überarbeitete und erweiterte Auflage, Springer, Berlin, 2014.

Scheuss, R., Handbuch der Strategien - 220 Konzepte der weltbesten Vordenker, 3., komplett aktualisierte und überarbeitete Auflage, Campus Verlag, Frankfurt, New York, 2016.

Schmigalla, H., Fabrikplanung - Begriffe und Zusammenhänge, 1. Auflage, Hanser, München, 1995.

Schneider, A.; Grösser, Stefan N., Elektromobilität - Ist das Elektrofahrzeug eine disruptive Innovation?, In: Zeitschrift für die gesamte Wertschöpfungskette Automobilwirtschaft, Nr. 1, 2013, S. 34-42.

Schoorman, F.; Mayer, Roger C.; Davis, James H., An Integrative Model of Organizational Trust: Past, Present, and Future, In: The Academy of Management Review, Nr. 2, 32. Jg., 2007, S. 344-354.

Schoorman, F.; Wood, M.; Breuer, C., Would Trust by Any Other Name Smell as Sweet? - Reflections on the Meanings and Uses of Trust Across Disciplines and Context, In: Bornstein, B. H.; Tomkins, A. J. (Hrsg.): Motivating cooperation and compliance with authority - The role of institutional trust ; [Nebraska Symposium on Motivation, volume 62 ; ... held on April 24-25, 2014, Springer, Cham, 2015, S. 13-35.

Schoorman, F. D.; Ballinger, G. A., Leadership, trust and client service in veterinary hospitals - Working Paper, West Lafayette, 2006.

Schuh, G.; Boos, W.; Kampker, A.; Gartzen, U., Strategie, In: Schuh, G.; Kampker, A. (Hrsg.): Strategie und Management produzierender Unternehmen - Handbuch Produktion und Management 1, 2. Aufl.; Springer-Verlag, Berlin, Heidelberg, 2011, S. 63-132.

Schuh, G.; Gulden, A.; Gottschalk, S.; Kampker, A., Komplexitätswissenschaft in der Fabrikplanung, In: wt Werkstattstechnik online, Nr. 4, 96. Jg., 2006, S. 167-170.

Schuh, G.; Kampker, Achim, Strategie und Management produzierender Unternehmen - Handbuch Produktion und Management 1, 2. Aufl., Springer-Verlag, Berlin, Heidelberg, 2011.

Schuh, G.; Kampker, A.; Rittstieg, M., Vernetzte Wertschöpfung und Kooperationsmanagement, In: Schuh, G.; Kampker, A. (Hrsg.): Strategie und Management produzierender Unternehmen - Handbuch Produktion und Management 1, 2. Aufl.; Springer-Verlag, Berlin, Heidelberg, 2011, S. 463-536.

Schuh, G.; Kampker, A.; Wesch-Potente, C., Condition based factory planning, In: Production Engineering, Nr. 1, 5. Jg., 2011, S. 89-94.

Seppänen, R.; Blomqvist, Kirsimarja; Sundqvist, Sanna, Measuring inter-organizational trust - A critical review of the empirical research in 1990-2003, In: Industrial Marketing Management, Nr. 2, 36. Jg., 2007, S. 249-265.

Setzer, P. (2018), Mit Standgas in die Zukunft - Wie Google & Co. Deutschlands Autobauer überholen, URL: https://www.manager-magazin.de/unternehmen/autoindustrie/wie-google-co-deutschlands-autobauer-ueberholen-a-1178492.html, 25.03.2021.

Shapiro, D.; Sheppard, Blair H.; Cheraskin, Lisa, Business on a handshake, In: Negotiation Journal, Nr. 4, 8. Jg., 1992, S. 365-377.

Shazi, R.; Gillespie, Nicole; Steen, John, Trust as a predictor of innovation network ties in project teams, In: International Journal of Project Management, Nr. 1, 33. Jg., 2015, S. 81-91.

Siebert, H., Ökonomische Analyse von Unternehmensnetzwerken, In: Sydow, J. (Hrsg.): Management von Netzwerkorganisationen - Beiträge aus der "Managementforschung", 5., aktualisierte Auflage; Gabler, Wiesbaden, 2010, S. 7-28.

Simon, F. B., Einführung in Systemtheorie und Konstruktivismus, 2. Aufl., Carl-Auer, Heidelberg, 2007.

Slovic, P.; Flynn, James H.; Layman, Mark, Perceived risk, trust, and the politics of nuclear waste, In: Science, Nr. 5038, 254. Jg., 1991, S. 1603-1607.

Sparrowe, R.; Liden, Robert C., Two routes to influence: Integrating leader-member exchange and social network perspectives, In: Administrative Science Quarterly, Nr. 4, 50. Jg., 2005, S. 505-535.

Sprenger, R., Vertrauen als Führungsinstrument, In: Binder, K.; Goleman, D.; Hammer, M.; Kotler, P.; Mader, F.; Malik, F.; Minzberg, H.; Sprenger, R. K. (Hrsg.): Campus Management - Business. The Ultimate Resource, 1. Aufl.; Campus Verlag GmbH, Frankfurt am Main, 2003, S. 256-259.

Sprenger, R. K., Radikal führen, Campus, Frankfurt am Main, 2012.

Stachowiak, H., Allgemeine Modelltheorie, Springer, Wien, 1973.

Statista (2021), Anteil der Wirtschaftszweige an der Bruttowertschöpfung* in Deutschland im Jahr 2020, URL: https://de.statista.com/statistik/daten/studie/36846/umfrage/anteil-der-wirtschaftsbereiche-am-bruttoinlandsprodukt/, 25.03.2021.

Statista (2021), Veränderung des Bruttoinlandsprodukts (BIP) in Deutschland gegenüber dem Vorjahr von 1992 bis 2020, URL: https://de.statista.com/statistik/daten/studie/2112/umfrage/veraenderung-des-bruttoinlandprodukts-im-vergleich-zum-vorjahr/, 25.03.2021.

Svare, H.; Gausdal, A.; Möllering, G., The function of ability, benevolence and integrity-based trust in innovation networks, In: Industry and Innovation, Nr. 6, 27. Jg., 2019, S. 1-20.

Sydow, J., Management von Netzwerkorganisationen - Zum Stand der Forschung, In: Sydow, J. (Hrsg.): Management von Netzwerkorganisationen - Beiträge aus der "Managementforschung", 5., aktualisierte Auflage; Gabler, Wiesbaden, 2010, S. 373-470.

Sydow, J.; Möllering, G., Produktion in Netzwerken - Make, buy & cooperate, 3. Aufl., Verlag Franz Vahlen, München, 2015.

Sydow, J.; van Well, B., Wissensintensiv durch Netzwerkorganisation - Strukturationstheoretische Analyse eines wissensintensiven Netzwerks, In: Sydow, J. (Hrsg.): Management von Netzwerkorganisationen - Beiträge aus der "Managementforschung", 5., aktualisierte Auflage; Gabler, Wiesbaden, 2010, S. 143-186.

Thoma, J.; Funken, C., Innovation durch funktionales Misstrauen - latentes und kommuniziertes Misstrauen in Innovationsprozessen von KMU-Netzwerken, In: Becke, G.; Funken, C.; Klinke, S.; Scholl, W. (Hrsg.): Innovationsfähigkeit durch Vertrauensgestaltung? - Befunde und Instrumente zur nachhaltigen Organisations- und Netzwerkentwicklung, 1. Aufl.; Peter Lang, Frankfurt am Main, 2013, S. 179-192.

Tomczak, T., Forschungsmethoden in der Marketingwissenschaft - Ein Plädoyer für den qualitativen Forschungsansatz, In: Marketing ZFP, Nr. 2, 14. Jg., 1992, S. 77-87.

Uhl, K., Humane Rationalisierung? - Die Raumordnung der Fabrik im fordistischen Jahrhundert, Habilitation, Universität Darmstadt, 2012.

Uhl, K. (2015), Räume der Arbeit - Von de frühneuzeitlichen Werkstatt zur modernen Fabrik, URL: http://ieg-ego.eu/de/threads/crossroads/technisierte-lebenswelten/karsten-uhl-raeume-der-arbeit-von-der-fruehneuzeitlichen-werkstatt-zur-modernen-fabrik, 25.03.2021.

Uhl, K., Eine lange Geschichte der menschenleeren Fabrik - Automatisierungsvisionen und techologischer Wandel im 20. Jahrhundert, In: Butollo, F.; Nuss, S. (Hrsg.): Marx und die Roboter - Vernetzte Produktion, künstliche Intelligenz und lebendige Arbeit, 1. Auflage, 2019, S. 74-90.

Ulrich, H., Der systemorientierte Ansatz in der Betriebswirtschaftslehre, In: Ulrich, H.; Dyllick, T.; Probst, G. J. B. (Hrsg.): Management, Haupt Verlag, Bern, Stuttgart, 1984, S. 31-48.

Ulrich, H., Die Betriebswirtschaftslehre als anwendungsorientierte Sozialwissenschaft, In: Ulrich, H.; Dyllick, T.; Probst, G. J. B. (Hrsg.): Management, Haupt Verlag, Bern, Stuttgart, 1984, S. 168-199.

Ulrich, H.; Dyllick, Thomas; Probst, Gilbert J. B., Management, Haupt Verlag, Bern, Stuttgart, 1984.

Ulrich, H.; Probst, G. J. B., Anleitung zum ganzheitlichen Denken und Handeln, Haupt, Bern, 2001.

Ulrich, P.; Hill, Wilhelm, Wissenschaftstheoretische Grundlagen der Betriebswirtschaftslehre (Teil I), In: Wirtschaftswissenschaftliches Studium: Zeitschrift für Ausbildung und Hochschulkontakt, Nr. 7, 5. Jg., 1976, S. 304-309.

Umweltbundesamt (2020), Siedlungs- und Verkehrsfläche, URL: https://www.umweltbundesamt.de/daten/flaeche-boden-land-oekosysteme/flaeche/siedlungs-verkehrsflaeche#anhaltender-flachenverbrauch-fur-siedlungs-und-verkehrszwecke-, 25.03.2021.

Ure, A., The philosophy of manufactures - or, an exposition of the scientific, moral, and commercial economy of the factory system of Great Britain, C. Knight, London, 1835.

Vaske, C., Misstrauen und Vertrauen - Zur Beziehung beider Konstrukte und den Wechselwirkungen innerhalb organisationaler Teams, Dissertation, Universität Vechta, 2016.

VDI Verein Deutscher Ingenieure, Fabrikplanung, VDI 5200 Blatt 1Beuth, Berlin, 2011.

Verma, S.; Gustafsson, Anders, Investigating the emerging COVID-19 research trends in the field of business and management: A bibliometric analysis approach, In: Journal of business research, 118. Jg., 2020, S. 253-261.

Vizjak, A., Wachstumspotentiale durch strategische Partnerschaften - Bausteine einer Theorie der externen Synergie, Dissertation, LMU München, 1990.

Vlaar, P.; van den Bosch, Frans A. J.; Volberda, Henk W., On the Evolution of Trust, Distrust, and Formal Coordination and Control in Interorganizational Relationships, In: Group & Organization Management, Nr. 4, 32. Jg., 2007, S. 407-428.

Voet, H., Baukastensysteme für die Fabrikplanung in kleinen und mittleren Unternehmen, Dissertation, RWTH Aachen, 2018.

Wegehaupt, P., Führung von Produktionsnetzwerken, Dissertation, RWTH Aachen, 2004.

Weishäupl, M., Strategien zur Erreichung von Wettbewerbsvorteilen - Ein systematischer und kritischer Überblick über die Welt des strategischen Managements, 1. Aufl., Eul, Lohmar, Köln, 2003.

Welge, M. K.; Al-Laham, A.; Eulerich, M., Strategisches Management - Grundlagen - Prozess - Implementierung, 7., überarbeitete und aktualisierte Auflage, Springer Gabler, Wiesbaden, 2017.

Westkämper, E., Einführung in die Organisation der Produktion, Springer, Berlin, Heidelberg, 2006.

Westkämper, E., Towards the Re-Industrialization of Europe - A Concept for Manufacturing for 2030, Springer, Berlin, Heidelberg, 2014.

Wiendahl, H.-P.; Reichardt, J.; Nyhuis, P., Handbuch Fabrikplanung - Konzept, Gestaltung und Umsetzung wandlungsfähiger Produktionsstätten, 2., überarbeitete und erweiterte Auflage, Hanser, München, 2014.

Wiener, N., Cybernetics - or control and communication in the animal and the machine, 2. ed., 10. print, MIT Press, Cambridge, Mass., 1961.

Willem, A.; Lucidarme, Steffie, Pitfalls and challenges for trust and effectiveness in collaborative networks, In: Public Management Review, Nr. 5, 16. Jg., 2014, S. 733-760.

Yin, R. K., Case Study Research and Applications - Design and Methods, Sixth edition, SAGE, Los Angeles, London, New Dehli, Singapore, Washington DC, Melbourne, 2018.

Zaheer, A.; McEvily, Bill; Perrone, Vincenzo, Does trust matter? Exploring the effects of interorganizational and interpersonal trust on performance, In: Organization Science, Nr. 2, 9. Jg., 1998, S. 141-159.

Zand, D., Trust and managerial problem solving, In: Administrative Science Quarterly, Nr. 2, 17. Jg., 1972, S. 229-239.

A Anhang

A.1 Studie „Netzwerkbasierte Fabrikplanung“

In den nachfolgenden Tabellen sind die Hypothesen je Cluster und der Fragebogen zur Studie „Netzwerkbasierte Fabrikplanung“ aufgeführt (vgl. Kapitel 2.1.3 und 2.3.3).

Cluster	Hypothese
Erfahrung / Kompetenz	Bei geringer Unternehmensgröße besitzen Unternehmen keine spezifischen Kompetenzen in der Fabrikplanung
Frequenz	Bei geringer Unternehmensgröße treten Fabrikplanungsprojekte nur mit niedriger Frequenz auf, weshalb auf Erfahrungen aus der Vergangenheit meist nicht zurückgegriffen werden kann
Kapazität / Ressourcen	Fabrikplanungsprojekte werden von den Verantwortlichen häufig neben dem eigentlichen Tagesgeschäft und mit vergleichsweise wenig Kapazität durchgeführt
Strategische Werkeentwicklung	Aufgrund des hohen Umsetzungsdrucks im Tagesgeschäft und des kurzfristigen Umsetzungsdrucks in Fabrikplanungsprojekten werden langfristige Entwicklungsperspektiven für das Werk nur unzureichend berücksichtigt
Verhandlungsposition / Markt	Abseits von Großkonzernen besitzen viele Unternehmen in Fabrikplanungsprojekten auf Grund ihrer Größe und des Projektumfangs nur eine schwache Verhandlungsposition bei der Aushandlung von Verträgen und Preisen am Markt und können kaum von Skaleneffekten profitieren
Akzeptanz	Die Kooperation in einem Netzwerk kann bei Mitarbeitern eine mangelnde Identifikationsmöglichkeit und abnehmende Bindung mit ihrem Unternehmen hervorrufen
Autonomie / Abhängigkeit	Bei der Kooperation in einem Netzwerk befürchten viele Unternehmen den Verlust von Autonomie und Eigenständigkeit sowie Abhängigkeiten und vertragliche Bindungen, welche zu Inflexibilität führen können
Koordination	Viele Unternehmen fürchten Koordinationskosten, -schwierigkeiten und Kommunikationsaufwände, welche bei einer Kooperation im Netzwerk auftreten
Kapazität / Ressourcen	In vielen Unternehmen sind Personalressourcen knapp bemessen, so dass ein klarer Ressourcenplan für eine erfolgreiche Zusammenarbeit im Netzwerk erforderlich ist
Kultur / Werte	Eine Diversität der Kooperationspartner, von denen jeder eine eigene Kultur, Wertevorstellungen und Spielregeln mitbringt, kann zu Konflikten führen und das Finden von gemeinsamen Zielen und Berührungspunkten erschweren
Netzwerkbildung / Kooperationspartner	Die Auswahl geeigneter Kooperationspartner bei der Netzwerkbildung hat einen hohen Stellenwert für den Erfolg des Netzwerks

Opportunismus	In Netzwerken besteht die Gefahr des „Free-Riding"-Effekts, welcher dann auftritt, wenn Netzwerkmitglieder sich bewusst weniger einbringen, um auf opportunistische Weise von den Ergebnissen im Netzwerk zu profitieren
Recht / Verträge	Für den Erfolg des Netzwerks ist es wichtig, im Vorhinein die Rechte am geistigen Eigentum, welches aus der Kooperation im Netzwerk hervorgeht, zu klären
Leistungsmodell	Zum Erfolg eines Netzwerks ist die Ausarbeitung eines Leistungsmodells von großer Wichtigkeit, in welchem allen am Netzwerk Beteiligten vermittelt wird, welche Leistungen das Netzwerk bzw. der Koordinator erbringen sollen
Verantwortlichkeiten / Rollen	Eine klare Zurechnung von Verantwortlichkeiten und Rollen im Netzwerk ist von großer Wichtigkeit für den Erfolg einer Kooperation
Vertrauen / Zuverlässigkeit	Die Etablierung von unternehmensübergreifendem Vertrauen und eine ausgeprägte Zuverlässigkeit von Kooperationspartnern sind wichtig für den Erfolg eines Netzwerks
Wissensabfluss / Wissensmissbrauch	Viele Unternehmen befürchten bei der Kooperation im Netzwerk einen Verlust von Kernkompetenzen, Know-how Abfluss sowie den Missbrauch sensibler firmeninterner Daten
Zweck und Ziele des Netzwerks	Ein gemeinsames Zielverständnis und eine klare Zieldefinition in Fabrikplanungsprojekten sind von großer Wichtigkeit für den Erfolg eines Netzwerks

Tabelle A-1: Hypothesen der Studie „Netzwerkbasierte Fabrikplanung"

Teil 1: Fabrikplanung		
ID	Item	Kodierung
Cluster Erfahrung / Kompetenz		
E-1	Gibt es in Ihrem Unternehmen eine Fabrikplanungsabteilung?	ja/nein
E-2	Gibt es in Ihrem Unternehmen einen Fabrikplanungsexperten?	ja/nein
E-3	Haben Sie ein methodisches Vorgehen bei Fabrikplanungsprojekten in Form von beispielsweise einem standardisierten Planungsprozess oder Fabrikstandards?	ja/nein
E-3.1	Wenn Sie Frage E-3 mit „Ja" beantwortet haben: Welches methodische Vorgehen verwenden Sie?	Freitext
E-4	Wie schätzen Sie die Expertise Ihres Unternehmens auf dem Gebiet der Fabrikplanung ein?	sehr gering - sehr hoch + k. A.
E-4.1	Wenn Ihre Einschätzung „hoch" oder „sehr hoch" ausgefallen ist: Woran machen Sie diese Einschätzung fest?	Freitext
Cluster Frequenz		
F-1	Vor wie vielen Jahren wurde letztmalig in Ihrem Unternehmen ein Fabrikplanungsprojekt durchgeführt?	<2 J.; 2-5 J.; 5-10 J.; 10-20 J.; > 20 J.
F-2	Wie viel Zeit vergeht im Durchschnitt zwischen zwei Fabrikplanungsprojekten in Ihrem Unternehmen?	sinkt stark - steigt stark + k. A.
F-3	Vor dem Hintergrund der aktuellen Dynamik in Ihrem Unternehmensumfeld: Wie schätzen Sie die Veränderung der Häufigkeit von Fabrikplanungsprojekten in Ihrem Unternehmen in den nächsten zehn Jahren ein?	
Cluster Kapazität / Ressourcen		
K-1	Gibt es bestimmte Mitarbeiter in Ihrem Unternehmen, deren Haupttätigkeit Fabrikplanungsprojekte sind?	ja/nein
K-2	Von wem werden Aufgaben, insbesondere die Leitung im Rahmen von Fabrikplanungsprojekten, übernommen?	Auswahl + Freitext
K-3	Welcher Anteil der Wochenarbeitszeit dieser Mitarbeiter wird für Fabrikplanungsprojekte während der Projektlaufzeit verwendet?	Freitext
Cluster Strategische Werkeentwicklung		
S-1	Betreiben Sie eine strategische Werkeentwicklung in Ihrem Unternehmen?	ja/nein
S-1.1	Wenn Sie Frage S-1 mit „Nein" beantwortet haben: Aus welchen Gründen betreiben Sie keine strategische Werkeentwicklung?	Auswahl + Freitext
S-1.2	Wenn Sie Frage S-1 mit „Nein" beantwortet haben: Wenn keine strategische Werkeentwicklung betrieben wird, besteht oftmals ein hoher Zeitdruck bereits vor Projektbeginn. Wie schätzen Sie diese Aussage auf Basis Ihrer Erfahrungen ein?	stimme nicht zu - stimme zu + k. A.
Cluster Verhandlungsposition am Markt		
V-1	Wie groß ist der typische finanzielle Umfang, d. h. sämtliche Kosten für Planung und Realisierung von Fabrikplanungsprojekten in Ihrem Unternehmen?	Freitext
V-2	Wie schätzen Sie Ihre Verhandlungsposition am Markt gegenüber Lieferanten im Vergleich zum direkten Wettbewerb ein?	schwach; gleichwertig; stark

Tabelle A-2: Fragebogen Teil 1 der Studie „Netzwerkbasierte Fabrikplanung"

Teil 2: Netzwerkkooperationen		
ID	**Item**	**Kodierung**
NW-1	Den Ansatz einer netzwerkbasierten Fabrikplanung finde ich persönlich interessant.	stimme nicht zu - stimme zu + k. A.
NW-2	Den Ansatz einer netzwerkbasierten Fabrikplanung finde ich für unser Unternehmen interessant.	stimme nicht zu - stimme zu + k. A.
Cluster Akzeptanz		
AK-1	Wie schätzen Sie die Relevanz des Gestaltungselements „Akzeptanz" ein?	sehr gering - sehr hoch + k. A.
Cluster Autonomie / Abhängigkeit		
AU-1	Wie schätzen Sie die Relevanz des Gestaltungselements „Autonomie / Abhängigkeit" ein?	sehr gering - sehr hoch + k. A.
AU-2	In welchen Punkten würden Sie sich vertraglich an das Netzwerk binden, um gemeinsame Tätigkeiten durchzuführen?	Auswahl + Freitext
Cluster Koordination		
KO-1	Wie schätzen Sie die Relevanz des Gestaltungselements „Koordination" ein?	sehr gering - sehr hoch + k. A.
KO-2	Wären Sie bereit einen Netzwerkorchestrator zu stellen?	ja/nein
KO-3	Wären Sie bereit für einen externen Netzwerkorchestrator zu zahlen?	ja/nein
Cluster Kapazität / Ressourcen		
KR-1	Wie schätzen Sie die Relevanz des Gestaltungselements „Kapazität / Ressourcen" ein?	sehr gering - sehr hoch + k. A.
KR-2	Für die Bearbeitung welcher Themengebiete im Netzwerk würden Sie Mitarbeiter Ihres Unternehmens bereitstellen?	Auswahl + Freitext
Cluster Kultur / Werte		
KW-1	Wie schätzen Sie die Relevanz des Gestaltungselements „Kultur / Werte" ein?	sehr gering - sehr hoch + k. A.
KW-2	Könnte dieses Konfliktpotenzial durch klare vertragliche Regelungen beseitigt werden?	ja/nein + k. A.
KW-3	Wie hoch schätzen Sie die Wahrscheinlichkeit ein, dass die Kooperation in einem Netzwerk auf Grund kultureller Differenzen scheitert?	sehr gering - sehr hoch + k. A.
Cluster Netzwerkbildung / Kooperationspartner		
NK-1	Wie schätzen Sie die Relevanz des Gestaltungselements „Netzwerkbildung / Kooperationspartner" ein?	sehr gering - sehr hoch + k. A.
NK-2	Welche der folgenden Punkte sind Ihnen wichtig bei einem Kooperationspartner?	Auswahl + Freitext
Cluster Opportunismus		
O-1	Wie schätzen Sie die Relevanz des Gestaltungselements „Opportunismus" ein?	sehr gering - sehr hoch + k. A.
Cluster Recht / Verträge		
RV-1	Wie schätzen Sie die Relevanz des Gestaltungselements „Recht / Verträge" ein?	sehr gering - sehr hoch + k. A.
RV-2	Welche der folgenden Punkte sollten vertraglich geregelt werden?	Auswahl + Freitext
RV-3	Welche Rechte sollte Ihrer Meinung nach der Netzwerkorchestrator besitzen?	Auswahl + Freitext
Cluster Leistungsmodell		
L-1	Wie schätzen Sie die Relevanz des Gestaltungselements „Leistungsmodell" ein?	sehr gering - sehr hoch + k. A.

Cluster Verantwortlichkeiten / Rollen		
VR-1	Wie schätzen Sie die Relevanz des Gestaltungselements „Verantwortlichkeiten / Rollen“ ein?	sehr gering - sehr hoch + k. A.
Cluster Vertrauen / Zuverlässigkeit		
VZ-1	Wie schätzen Sie die Relevanz des Gestaltungselements „Vertrauen / Zuverlässigkeit“ ein?	sehr gering - sehr hoch + k. A.
Cluster Wissensabfluss / Wissensmissbrauch		
W-1	Wie schätzen Sie die Relevanz des Gestaltungselements „Wissensabfluss / Wissensmissbrauch“ ein?	sehr gering - sehr hoch + k. A.
W-2	Wie kritisch schätzen Sie den Informationsaustausch mit anderen Kooperationspartnern ein, welche in einer anderen Branche tätig sind?	sehr gering - sehr hoch + k. A.
W-3	Wie kritisch schätzen Sie den Informationsaustausch mit anderen Kooperationspartnern ein, welche in derselben Branche tätig sind?	sehr gering - sehr hoch + k. A.
W-4	Wie kritisch schätzen Sie den Informationsaustausch mit anderen Kooperationspartnern ein, welche direkte Konkurrenten sind?	sehr gering - sehr hoch + k. A.
W-5	Wie kritisch schätzen Sie den Informationsaustausch mit dem Netzwerkorchestrator ein?	sehr gering - sehr hoch + k. A.
Cluster Zweck und Ziele des Netzwerks		
Z-1	Wie schätzen Sie die Relevanz des Gestaltungselements „Zweck und Ziele des Netzwerks“ ein?	sehr gering - sehr hoch + k. A.
Z-2	Der Zweck des Netzwerks kann auf unterschiedliche Art und Weise definiert werden. Welche der beiden folgenden Aussagen entspricht Ihrer Ansicht?	Auswahl

Tabelle A-3: Fragebogen Teil 2 der Studie „Netzwerkbasierte Fabrikplanung“

A.2 Klassifizierung von Netzwerktypen

Die nachfolgende Abbildung zeigt eine Morphologie mit der Unternehmenskooperationen klassifiziert werden können und aus der Implikationen für das Management bestimmter Netzwerktypen abgeleitet werden können (vgl. Kapitel 2.3.2)

<table>
<tr><th>Merkmal</th><th colspan="12">Ausprägung</th></tr>
<tr><td>Bindungsintensität</td><td colspan="4">Absprache</td><td colspan="4">Vertrag</td><td colspan="4">Kapitalbeteiligung</td></tr>
<tr><td>Integrationsgrad</td><td colspan="4">autonom</td><td colspan="4">koordiniert</td><td colspan="4">integriert</td></tr>
<tr><td>Struktur</td><td colspan="6">monozentrisch</td><td colspan="6">polyzentrisch</td></tr>
<tr><td>Entscheidungs-
reichweite</td><td colspan="6">= 1</td><td colspan="6">> 1</td></tr>
<tr><td>Richtung</td><td colspan="4">horizontal</td><td colspan="4">vertikal</td><td colspan="4">diagonal/lateral</td></tr>
<tr><td>Räumliche
Dimension</td><td colspan="3">lokal</td><td colspan="3">regional</td><td colspan="3">national</td><td colspan="3">international</td></tr>
<tr><td>Dauer</td><td colspan="4">projektbezogen</td><td colspan="4">terminlich begrenzt</td><td colspan="4">unbefristet</td></tr>
<tr><td>Bereich</td><td colspan="2">Forschung &
Entwicklung</td><td colspan="2">Beschaffung</td><td colspan="2">Fertigung</td><td colspan="2">Montage</td><td colspan="2">Vertrieb</td><td colspan="2">Service</td></tr>
<tr><td>Kapazitäten</td><td colspan="4">komplementär</td><td colspan="4">redundant</td><td colspan="4">komplementär-redundant</td></tr>
<tr><td>Kompetenzen</td><td colspan="4">komplementär</td><td colspan="4">redundant</td><td colspan="4">komplementär-redundant</td></tr>
<tr><td>Anzahl der Partner</td><td colspan="3">dyadisch</td><td colspan="3">triadisch</td><td colspan="3">einfache
Netzwerke</td><td colspan="3">komplexe
Netzwerke</td></tr>
<tr><td>Koordination</td><td colspan="6">implizit ungeführt</td><td colspan="6">explizit geführt</td></tr>
</table>

Abbildung A-1: Morphologie für Unternehmenskooperationen[526]

[526] In Anlehnung an Schuh et al. (2011), Vernetzte Wertschöpfung, S. 500

A.3 Strategietypen

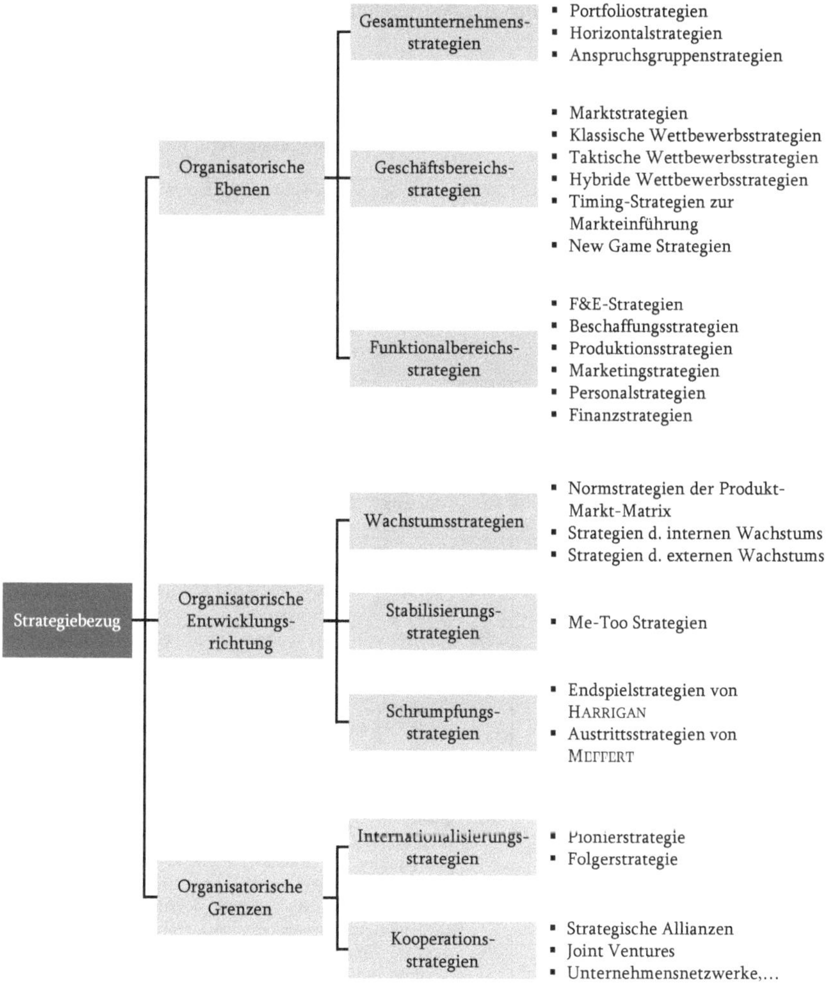

Abbildung A-2: Ordnungsrahmen Strategietypen[527]

[527] In Anlehnung an Welge et al. (2017), Strategisches Management, S. 467ff.; Weishäupl (2003), Strategien zur Erreichung von Wettbewerbsvorteilen, S. 22

A.4 Originalwortlaut der Wirkmechanismen von Vertrauen

Die nachfolgende Tabelle führt die Wirkmechanismen von Vertrauen im Originalwortlaut auf, welche in den in Kapitel 3.4.1 vorgestellten Ansätzen zur Entwicklung von Vertrauen untersucht wurden.

Autor	Titel	Jahr	Wirkmechanismen im Originalwortlaut
MAYER ET AL.	Integrative Model of Organizational Trust	1995	ability, benevolence, integrity
SCHOORMAN ET AL.	Organizational Trust	2007	ability, benevolence, integrity, emotions
ABRAMS ET AL.	Interpersonal trust in knowledge-sharing networks	2003	act with discretion, be consistent between word and deed, ensure frequent and rich communication, engage in collaborative communication, ensure that decisions are fair and transparent, establish and ensure shared vision and language, hold people accountable for trust, create personal connections, give away something of value, disclose your expertise and limitations
ASHNAI ET AL.	Inter-personal and inter-organizational trust	2016	opportunistic behavior, commitment, information sharing, relationship-specific investments, financial performance, non-economic (soft) performance, emotions, rationality
BUTLER & CANTRELL	Modeling dyadic trust	1984	competence, integrity, consistency, loyalty, openness
BUTLER	Conditions of trust	1991	availability, competence, consistency, discreetness, fairness, integrity, loyalty, openness, promise fulfillment, receptivity
CAMPOS & POMEDA	Knowledge, networks, social capital and trust	2007	ability to predict what another will do, transparency, childhood and adult life experiences, others act in our best interest, another acts at risk, we do not expect self-sacrifice, caring, genuine teamwork
CAMPOS ET AL.	Barriers, external aspects and trust factors	2019	opportunistic behavior, antagonistic behavior interpersonal and intergroup, group attitudes, cultural identity, norms and beliefs, values and principles, formal contracts, informal contracts, communication channels, interactivity levels, technical skills shared, collective effort, people management, relational governance, endogenous and exogenous pressures, performance and production, economic interaction
CHEIKHROUHOU ET AL.	Trust categories and their impacts	2013	quality, timeliness/punctuality, reliability, spirit of cooperation, customisation/adaptation, transparency, permeability/confidentiality, honesty, information sharing, shared value, commitment to the relationship, benevolent/supportive/relational flexibility, predictable behaviour, friendliness/politeness, reputation, work standards, financial stability, qualification of employees, duration of partnership, dependence/asymmetric relation, opportunistic behaviour, own specific asset
EVANS & WENSLEY	Influence of network structure on trust	2009	homophily, social network closure, brokerage, degree of separation
FREY ET AL.	Network embeddedness	2019	endogenous embeddedness, exogenous embeddedness

GIEST	Trust dynamics in innovation networks	2019	competence, intentions, personal relationships, third parties [...] extending trust from one individual to another, ongoing communication, repeated interaction, common history, length of prior interaction
HAKANEN & HÄKKINEN	Management possibilities for interpersonal trust	2015	manage interpersonal trust, communication plan and strategy, communication regular, straight talk, genuine listening, quality and amount of communication, a lot of rich interaction, shared targets, commitment, keeping promises, atmosphere in network, balance of informal and formal meetings, openness, partners behind their corporate roles, chemistry and benevolence
LEVESQUE ET AL.	Turning contention into collaboration	2017	norms that promote inclusive and respectful dialogue, sub-groups that allowed participants who share similar interests to express concerns in a safe environment, boundary rules of who participated included an element of time
MSANJILA & AFSARMANESH	On modelling evolution of trust	2011	integrity, reliability, openness, honesty, vulnerability, popularity/branding, influence mutuality, satisfaction, commitment, shared values, previous fruitful interactions, practised ethical and/or moral behaviours
MSANJILA	The insight of trust engineering	2013	shared values, previous fruitful interactions, practised ethical and/or moral behaviours
WILLEM & LUCIDARME	Pitfalls and challenges for trust	2014	reciprocal and recurring exchange, social similarity, norms/structures/institutions, interaction of past exchange experiences, expectations of continuity in the inter-organizational relationships, communication, cooperation, performance

Tabelle A-4: Wirkmechanismen von Vertrauen im Originalwortlaut

A.5 Wirkmechanismen und Strategien zur Vertrauensentstehung

Die nachfolgende Tabelle zeigt die Verknüpfung der einzelnen Wirkmechanismen zur Vertrauensentstehung mit den Strategien zur Orchestration von Vertrauen. Basierend auf einer Vertrauensmessung unterstützt die Matrix somit den Netzwerkorchestrator in der zielgerichteten Anwendung der Strategien. Die jeweiligen Strategien N-1, N-2, S-1, S-2, O-1, O-2 und T-1 sind in Kapitel 4.3.2 und 5.5 aufgeführt.

ID	Wirkmechanismus	Kat.	Beeinfl.	Verknüpfte Strategien						
				N-1	N-2	S-1	S-2	O-1	O-2	T-1
ID 71	Beziehungslänge zwischen Netzwerkmitgliedern	S+R				x				
ID 95	Geteilte Ziele der Netzwerkmitglieder	S+R					x			
ID 96	Umgebung / Arbeitsatmosphäre im Wissensnetzwerk	S+R								x
ID 98	Transparenz im Wissensnetzwerk	S+R								x
ID 73	Wiederholte Interaktionen zwischen Netzwerkmitgliedern (Quantität)	S+R								x
ID 84	Soziale Homophilie / Ähnlichkeit der Netzwerkmitglieder	S+R				x				
ID 93	Interpersonales Vertrauensmanagement im Wissensnetzwerk	S+R						x		
ID 31	Regelmäßige Kommunikation im Wissensnetzwerk (Quantität)	S+R								x
ID 34	Kommunikationskanäle im Wissensnetzwerk	S+R								x
ID 99	Vertragliche Bindungen im Wissensnetzwerk	S+R		x						
IN 11	Kongruenter Personenkreis (thematisch und fachlicher Hintergrund)	S+R				x				
IN 12	Professionelle Rahmenbedingungen im Wissensnetzwerk	S+R								x
IN 13	Beiträge neuer Netzwerkmitglieder von Beginn an	S+R						x		
IN 14	Teambuildingmaßnahmen zum Aufbau persönlicher Beziehungen	S+R								x
IN 15	Außendarstellung des Wissensnetzwerks als offene Plattform	S+R				x				
IN 16	Vertrauensvorschuss neuer Netzwerkmitglieder in das Netzwerk	S+R						x		
IN 17	Vertrauensvorschuss d. Wissensnetzwerks in neue Netzwerkmitglieder	S+R						x		
IN 18	Regeln der Zusammenarbeit	S+R		x						
ID 01	Fachliche Kompetenz der Netzwerkmitglieder	DSE					x			
ID 44	Respektvoller Umgang der Netzwerkmitglieder im Wissensnetzwerk	DSE			x					
ID 74	Zufriedenheit bei vorheriger Interaktion von Netzwerkmitgliedern (Qualität)	DSE								x
ID 11	Hilfsbereitschaft der Netzwerkmitglieder	DSE			x		x			
ID 33	Netzwerkmitglieder teilen (relevante / sensible) Informationen	DSE							x	x
ID 03	Kollektive Leistung im Wissensnetzwerk	DSE							x	
ID 06	Persönliche Leistung der Netzwerkmitglieder	DSE							x	
ID 51	Persönliche Beziehungen zwischen Netzwerkmitgliedern	DSE								x
ID 16	Freundlichkeit der Netzwerkmitglieder	DSE			x		x			
ID 32	Reichhaltige Kommunikation im Wissensnetzwerk (Qualität)	DSE								x
ID 36	Wechselseitiger Austausch über Bedürfnisse und Erwartungen im Wissensnetzwerk	DSE								x
ID 52	Beziehungsbezogene Investitionen der Netzwerkmitglieder	DSE								x
ID 61	Interne Reputation der Netzwerkmitglieder im Wissensnetzwerk	DSE							x	
ID 45	Verfügbarkeit der Netzwerkmitglieder	DSE							x	
ID 55	Emotionen der Netzwerkmitglieder	DSE					x			

IN 31	Authentische und offene Kommunikation im Wissensnetzwerk	DSE								x
IN 32	Realitätsnahe Wiedergabe von Erfahrungen ohne Beschönigung	DSE			x					
IN 33	Ausgeglichenes Verhältnis aus Geben und Nehmen im Wissensnetzwerk	DSE			x					
IN 34	Persönliche und fachliche Beteiligung der Netzwerkmitglieder	DSE			x					
ID 21	Fairness der Netzwerkmitglieder	ISE			x					
ID 26	Ehrlichkeit der Netzwerkmitglieder	ISE			x					
ID 23	Diskretion und Geheimhaltung der Netzwerkmitglieder	ISE			x		x			
ID 14	Offenheit der Netzwerkmitglieder gegenüber neuen Ansätzen, Herangehensweisen und neuen Mitgliedern im Wissensnetzwerk	ISE					x			
ID 22	Kein Opportunismus bei den Netzwerkmitgliedern zu beobachten	ISE			x				x	
ID 27	Zuverlässigkeit der Netzwerkmitglieder	ISE			x		x			
ID 15	Toleranz der Netzwerkmitglieder	ISE			x		x			
ID 82	Allgemeine Normen / Überzeugungen der Netzwerkmitglieder	ISE					x			
ID 42	Vorhersehbarkeit / Berechenbarkeit der Netzwerkmitglieder	ISE							x	
ID 62	Externe Reputation der Unternehmen der Netzwerkmitglieder	ISE					x			
IN 21	Kommunikationsfähigkeiten der Netzwerkmitglieder	ISE					x			
IN 22	Neutralität in der Zusammenarbeit bezüglich Titel und Positionen der Netzwerkmitglieder	ISE			x					x

Legende: Kat. = Kategorie | Beeinfl. = Beeinflussbarkeit durch den Netzwerkorchestrator
S+R = Strukturen und Regelprozesse | DSE = Dynamische, selbstverstärkende Eigenschaften und Verhaltensweisen | ISE = Inhärente, stabile Eigenschaften und Verhaltensweisen

Tabelle A-5: Verknüpfung der Wirkmechanismen und Strategien zur Vertrauensentstehung

A.6 Weiterführende Ergebnisse der Vertrauensmessung

Die nachfolgenden Tabellen zeigen weitere, detailliertere Ergebnisse der Vertrauensmessung im Wissensnetzwerk im Rahmen der Fallstudie (vgl. Kapitel 5.2.4).

Teilnehmer ID	$\bar{x}$ (Persönliche Neigung zu Vertrauen)	$\bar{x}$ (Vertrauenslevel im Netzwerk)
01	3,00	3,08
02	2,00	2,85
03	2,50	2,77
04	1,50	3,12
05	2,75	3,08
06	3,75	3,35
07	2,75	3,04
08	3,25	2,96
09	3,50	2,58
10	3,00	3,15
11	3,00	2,38
12	3,25	2,88
Minimum	1,50	2,38
Maximum	3,75	3,35
Mittelwert	2,85	2,94
Median	3,00	3,00

Tabelle A-6: Einzelwerte je Teilnehmer der Vertrauensmessung im Wissensnetzwerk

ID	Item	$\bar{x}$	Min.	Max.
3.16*	Ich konnte im Wissensnetzwerk Rivalitäten unter Netzwerkmitgliedern beobachten, was wiederum negative Auswirkungen auf andere Netzwerkmitglieder hatte.	3,75	3	4
3.5	Die Kompatibilität der Normen und Werte der Netzwerkmitglieder fördert die Vertrauensbildung im Wissensnetzwerk.	3,50	3	4
3.15	Das Verhalten der Netzwerkmitglieder ist von gegenseitigem Respekt geprägt.	3,50	3	4
3.25	Die Umgebung, in welcher physische Treffen stattfinden, trägt stets zu einer positiven Arbeitsatmosphäre bei.	3,50	3	4
3.26*	Im Wissensnetzwerk erachte ich es für notwendig, informelle Vereinbarungen durch bindende Verträge zu ersetzen.	3,50	3	4
3.21	Die Netzwerkmitglieder haben spezifische Expertise, welche die Performance des Wissensnetzwerks steigert.	3,42	3	4
3.14*	Einige Netzwerkmitglieder legen Verhaltensweisen an den Tag, welche die Entwicklung von Vertrauen negativ beeinträchtigen.	3,33	2	4
3.18	Es herrscht eine Kultur der Offenheit für neue Methoden, Ansätze und Herangehensweisen im Wissensnetzwerk.	3,33	2	4
3.20	Es herrscht stets ein Geben und Nehmen zwischen den Netzwerkmitgliedern. Diese gehen aufeinander zu und versuchen die Sichtweisen der anderen zu verstehen.	3,33	3	4
3.22	Professionalität und Einsatz kennzeichnen die Arbeit im Wissensnetzwerk.	3,33	3	4
3.1	Die Netzwerkmitglieder sind zuverlässig.	3,25	2	4
3.6	Mir gefallen die Normen und Werte im Wissensnetzwerk.	3,25	2	4
3.17	Gegenseitige Unterstützung ist ein wichtiger Bestandteil des Wissensnetzwerks.	3,25	2	4
3.23	Ich glaube den Informationen und Inhalten, die im Wissensnetzwerk geteilt werden.	3,25	3	4
3.13	Ich beobachte stets hohes Engagement bei den Netzwerkmitgliedern.	3,08	2	4
3.19*	Bei der Aufnahme neuer Netzwerkmitglieder stehe ich diesen zunächst skeptisch und zurückhaltend gegenüber.	3,08	2	4
3.2	Ich bin davon überzeugt, dass die Netzwerkmitglieder stets die Wahrheit erzählen.	3,00	2	4
3.4	Diskretion und Geheimhaltung sind stets gegeben im Wissensnetzwerk.	3,00	2	4
3.9	Es gibt regelmäßige und reichhaltige Kommunikation im Wissensnetzwerk.	2,83	1	4
3.24	Es gibt gemeinsame Ziele und Visionen im Wissensnetzwerk.	2,42	1	4
3.3*	Meiner Meinung nach hat das Wohlwollen der Netzwerkmitglieder opportunistische Hintergründe.	2,25	0	4
3.8	Ich teile im Netzwerk alle bekannten & relevanten Informationen bei wichtigen Themenstellungen, auch wenn dies kritische oder sensible Informationen beinhaltet.	2,25	1	3
3.10	Ich empfinde ein starkes Gefühl der Bindung zum Wissensnetzwerk.	2,25	1	3
3.11	Ich investiere langfristig in Beziehungen im Wissensnetzwerk.	2,17	1	3
3.7*	Ich denke sorgfältig nach, bevor ich meine Meinung im Wissensnetzwerk teile.	1,33	1	2
3.12	Ich habe auch persönliche Beziehungen zu Netzwerkmitgliedern aufgebaut.	1,17	0	3

Tabelle A-7: Messwerte der einzelnen Items der Vertrauensmessung

Teilnehmer ID	Trust Game		Vertrauenslevel im Netzwerk
	Offenheit des Erfahrungsaustauschs (Item ID 2.3)	Austausch sensibler Informationen (Item ID 2.4)	Austausch relevanter und sensibler Informationen (Item ID 3.8)
01	3	4	2
02	3	3	2
03	3	3	1
04	4	3	3
05	4	4	2
06	4	4	3
07	3	3	2
08	3	1	3
09	4	3	1
10	4	4	3
11	3	2	2
12	3	3	3

Tabelle A-8: Diskrepanzen bezüglich der Offenheit und des Informationsaustausches

A.7 Items der Card-Sort-Methode

Die nachfolgende Tabelle führt die ausgewählten Faktoren zur Entstehung von Vertrauen auf, welche im Rahmen der Card-Sort-Methode im betrachteten Wissensnetzwerk in der Fallstudie bewertet wurden (vgl. Kapitel 5.4.1).

ID	Faktor
01	Fachliche Kompetenz der Netzwerkmitglieder
03	Kollektive Leistung im Wissensnetzwerk
05	Pünktlichkeit der Netzwerkmitglieder
06	Persönliche Leistung der Netzwerkmitglieder
11	Hilfsbereitschaft der Netzwerkmitglieder
14	Offenheit der Netzwerkmitglieder gegenüber neuen Ansätzen, Herangehensweisen und neuen Mitgliedern im Wissensnetzwerk
15	Toleranz der Netzwerkmitglieder
16	Freundlichkeit der Netzwerkmitglieder
21	Fairness der Netzwerkmitglieder
22	Kein Opportunismus bei den Netzwerkmitgliedern zu beobachten
23	Diskretion und Geheimhaltung der Netzwerkmitglieder

26	Ehrlichkeit der Netzwerkmitglieder
27	Zuverlässigkeit der Netzwerkmitglieder
31	Regelmäßige Kommunikation im Wissensnetzwerk (Quantität)
32	Reichhaltige Kommunikation im Wissensnetzwerk (Qualität)
33	Netzwerkmitglieder teilen (relevante / sensible) Informationen
34	Kommunikationskanäle im Wissensnetzwerk
36	Wechselseitiger Austausch über Bedürfnisse und Erwartungen im Wissensnetzwerk
42	Vorhersehbarkeit / Berechenbarkeit der Netzwerkmitglieder
43	Reaktionsfähigkeit/ -geschwindigkeit der Netzwerkmitglieder
44	Respektvoller Umgang der Netzwerkmitglieder im Wissensnetzwerk
45	Verfügbarkeit der Netzwerkmitglieder
51	Persönliche Beziehungen zwischen Netzwerkmitgliedern
52	Beziehungsbezogene Investitionen der Netzwerkmitglieder
55	Emotionen der Netzwerkmitglieder
61	Interne Reputation der Netzwerkmitglieder im Wissensnetzwerk
62	Externe Reputation der Unternehmen der Netzwerkmitglieder
71	Beziehungslänge zwischen Netzwerkmitgliedern
73	Wiederholte Interaktionen zwischen Netzwerkmitgliedern (Quantität)
74	Zufriedenheit bei vorheriger Interaktion von Netzwerkmitgliedern (Qualität)
81	Kulturelle Identität der Netzwerkmitglieder
82	Allgemeine Normen / Überzeugungen der Netzwerkmitglieder
84	Soziale Homophilie / Ähnlichkeit der Netzwerkmitglieder
91	Teilnehmermanagement im Wissensnetzwerk
93	Interpersonales Vertrauensmanagement im Wissensnetzwerk
95	Geteilte Ziele der Netzwerkmitglieder
96	Umgebung / Arbeitsatmosphäre im Wissensnetzwerk
98	Transparenz im Wissensnetzwerk
99	Vertragliche Bindungen im Wissensnetzwerk

Tabelle A-9: Faktoren zur Bewertung im Rahmen der Card-Sort-Methode

Lebenslauf

Persönliche Daten

Name	Dennis Schneidermann
Geburtsdatum und -ort	08.10.1989 in Dortmund
Staatsangehörigkeit:	Deutsch
Eltern	Beate und Gerhard Schneidermann

Ausbildung

2009 - 2015	Studium des Wirtschaftsingenieurwesens, Fachrichtung Maschinenbau an der RWTH Aachen University Abschluss: M.Sc. RWTH
2000 - 2009	Leibniz-Gymnasium, Dortmund Abschluss: Allgemeine Hochschulreife

Beruflicher Werdegang

Seit 2021	MANN+HUMMEL GmbH, Ludwigsburg
2018 - 2021	Gruppenleiter Werksstrukturplanung am Werkzeugmaschinenlabor WZL der RWTH Aachen University
2016 - 2021	Wissenschaftlicher Mitarbeiter am Werkzeugmaschinenlabor WZL der RWTH Aachen University
2013 - 2014	Studentischer Mitarbeiter am Werkzeugmaschinenlabor WZL der RWTH Aachen University
2009 - 2015	Praktika und Masterarbeit in verschiedenen Industrieunternehmen und Beratungen im In- und Ausland

Ladenburg, im Dezember 2022

In der Reihe **Ergebnisse aus der Produktionstechnik** zuletzt erschienen:

Schneidermann, Dennis:
Orchestration von Vertrauen in interorganisationalen Wissensnetzwerken der Fabrikplanung
ISBN: 978-3-98555-153-8
Erscheinungsdatum: 15.05.2023

Welsing, Martin:
Bewertung der ökologischen Nachhaltigkeit von Produktionsnetzwerkkonfigurationen
ISBN: 978-3-98555-155-2
Erscheinungsdatum: 19.04.2023

Beckers, Alexander:
Auslegung wirtschaftlich-technologisch optimierter Fertigungsprozessfolgen mittels prozessübergreifender Modellierung
ISBN: 978-3-98555-154-5
Erscheinungsdatum: 18.04.2023

Gipperich, Marius:
Untersuchung eines Zweistrahlprozesses als Ansatz zur Prozessstabilitätserhöhung des drahtbasierten Laserauftragschweißens
ISBN: 978-3-98555-151-4
Erscheinungsdatum: 15.03.2023

Motschke, Tobias:
Analyse und Modellierung der Dämpfungseigenschaften von Spindellagern
ISBN: 978-3-98555-148-4
Erscheinungsdatum: 06.03.2023

Greipel, Jonathan:
Grouping of Inspection Characteristics to Reduce Costs of Adaptive Inspection Planning in Variant Production
ISBN: 978-3-98555-157-6
Erscheinungsdatum: 03.05.2023

Troß, Nico:
Mehrskalenmodellierung der thermomechanischen Werkzeugbelastung beim Trockenwälzfräsen
ISBN: 978-3-98555-158-3
Erscheinungsdatum: 19.04.2023

Nicksch, Christoph:
Konfiguration verteilter Large-Scale Metrology Systeme in rekonfigurierbaren Montageumgebungen
ISBN: 978-3-98555-152-1
Erscheinungsdatum: 20.03.2023

Ahmad, Mubarik:
Anregungsgerechte Auslegung und Tolerierung schnelllaufender Getriebe unter Berücksichtigung kurz- und langwelliger Verzahnungsabweichungen
ISBN: 978-3-98555-130-9
Erscheinungsdatum: 06.03.2023

Priwisch, Martin:
Kontaktfreie Bahnlaufregelung zur Herstellung funktionaler Mehrlagensysteme in einem kontinuierlichen Laminierprozess
ISBN: 978-3-98555-139-2
Erscheinungsdatum: 27.02.2023

Edition Wissenschaft
Apprimus

Frye, Maik:
Recommending Data Preprocessing Pipelines for Machine Learning Applications in Production
ISBN: 978-3-98555-147-7
Erscheinungsdatum: 15.02.2023

Schmidhuber, Matthias:
Sozio-technische Problemlösungsfähigkeit von PPS-Systemen
ISBN: 978-3-98555- 143-9
Erscheinungsdatum: 07.02.2023

Schwarberg, Thomas:
Bestimmung der Logik von Innovationsideen für technische Systeme
ISBN: 978-3-98555- 142-2
Erscheinungsdatum: 07.02.2023

Nienheysen, Philipp:
Werkstattgerechte Schadensanalyse in CFK-Strukturbauteilen mit optisch georteter Ultraschallmesstechnik
ISBN: 978-3-98555-136-1
Erscheinungsdatum: 30.01.2023

Kreß, Julian Maximilian:
Erbringung hybrider Leistungsangebote in Wertschöpfungsnetzwerken
ISBN: 978-3-98555-128-6
Erscheinungsdatum: 24.01.2023

Bickendorf, Philipp:
Tribologische und geometrische Auslegung von additiv hergestellten Werkzeug-einsätzen zur Feinblech-umformung
ISBN: 978-3-98555-133-0
Erscheinungsdatum: 24.01.2023

Cremer, Sven:
Controlling der Migration in Produktionsnetzwerken
ISBN: 978-3-98555-145-3
Erscheinungsdatum: 09.02.2023

Ohlert, Marius:
Contact between Abrasive Media and Workpiece in Robot-guided Centrifugal Finishing
ISBN: 978-3-98555- 144-6
Erscheinungsdatum: 07.02.2023

Graberg, Tim:
Operationalisierung von digitalen Schatten im Werkzeugbau
ISBN: 978-3-98555-141-5
Erscheinungsdatum: 06.02.2023

Müller, Tobias:
Modellbildung mittels Symbolischer Regression zur Messunsicherheits-bestimmung komplexer Messprozesse
ISBN: 978-3-98555-146-0
Erscheinungsdatum: 30.01.2023

Behrens, Jan:
Selbstkalibrierung von 5-Achs-Bearbeitungszentren mit Dreh-/Schwenktisch
ISBN: 978-3-98555-124-8
Erscheinungsdatum: 24.01.2023

Vierschilling, Sebastian Patrick:
Automatisierung der Standortauswahl in der Fabrikplanung
ISBN: 978-3-98555-134-7
Erscheinungsdatum: 09.01.2023

Edition Wissenschaft
Apprimus

Zeitfracht Medien GmbH
Ferdinand-Jühlke-Straße 7
99095 Erfurt, Deutschland
produktsicherheit@kolibri360.de